背景噪声被动源成像方法

〔法〕若斯兰·加尼耶（Josselin Garnier）
〔美〕乔治·帕帕尼古劳（George Papanicolaou） 著

李信富　黄妃妃　吴　彪　张文琦　王希敏　译

李信富　校

科 学 出 版 社

北 京

图字：01-2020-6559 号

内 容 简 介

本书是一本经典地震学教程，它系统地阐述了走时估计和背景噪声互相关成像的原理与方法，内容涵盖了格林函数估计的噪声互相关方法、走时估计的驻相法、传统检波器阵列成像方法、背景噪声反射体成像、背景噪声成像分辨率分析、弱散射介质中背景噪声走时估计、弱散射介质中背景噪声互相关成像、均匀介质中的虚源成像、散射介质中的虚源成像、光强度互相关成像、随机介质中波传播回顾及数值分析与概率论的基本理论等。

本书内容全面，深入浅出，既可以作为高校地震学专业研究生的教材，也可以作为地震科技工作者背景噪声互相关成像或面波成像基础知识和基本理论的理论教材，更是开展地震学研究的重要参考书。

This is a simplified Chinese edition of the following title published by Cambridge University Press:
Passive Imaging with Ambient Noise (ISBN: 9781107135635)
This simplified Chinese edition for the People's Republic of China (excluding Hong Kong, Macau and Taiwan) is published by arrangement with the Press Syndicate of the University of Cambridge, Cambridge, United Kingdom.

图书在版编目(CIP)数据

背景噪声被动源成像方法 / (法) 若斯兰·加尼耶 (Josselin Garnier), (美) 乔治·帕帕尼古劳 (George Papanicolaou) 著；李信富等译. -- 北京：科学出版社，2024. 11. -- ISBN 978-7-03-079834-3

Ⅰ. P631.4

中国国家版本馆 CIP 数据核字第 2024CF3311 号

责任编辑：崔 妍 柴良木 / 责任校对：何艳萍
责任印制：赵 博 / 封面设计：无极书装

科学出版社 出版
北京东黄城根北街 16 号
邮政编码：100717
http://www.sciencep.com
北京天宇星印刷厂印刷
科学出版社发行 各地新华书店经销
*
2024 年 11 月第 一 版 开本：787×1092 1/16
2025 年 1 月第二次印刷 印张：14 3/4 彩插：4
字数：344 000
定价：168.00 元
（如有印装质量问题，我社负责调换）

写在前面的话

检波器阵列所记录到的由随机源或背景噪声源产生的波，可用于对其穿过的介质进行成像。地震干涉测量研究取得了丰硕的成果，为声学、电磁学及光学研究开辟了新的领域。作者首次以专著的形式对基于互相关的背景噪声成像进行自洽而统一的描述。为了便于理解一些核心知识，作者在该书中介绍了大量与传统阵列成像、复杂介质中地震波传播及波传播的高频渐近分析有关的内容。本书写作采用了跨学科方式，采用的数学工具包括概率论、偏微分方程、渐近分析及其与波传播物理本质及数值模拟的结合。本书适用于应用数学及地球物理工作者，也可作为应用数学、物理学、工程学及地球物理学专业研究生和科研人员的重要参考。

若斯兰·加尼耶（Josselin Garnier）是法国巴黎狄德罗大学数学系教授。他的专业是应用概率论，在随机介质中地震波传播与成像领域具有多年的研究经验。他在 2007 年获得法国科学院的布莱斯帕斯卡奖（Blaise Pascal Prize），在 2008 年获得欧洲数学学会的菲利克斯克莱恩奖（Felix Klein Prize）。

乔治·帕帕尼古劳（George Papanicolaou）是美国斯坦福大学数学系教授。他擅长于应用和计算数学、偏微分方程、随机过程研究。他在 2006 年获得了工业和应用数学学会颁发的约翰·冯·诺依曼奖，在 2010 年获得了应用数学领域的威廉本特奖（William Benter Prize）。他于 2000 年当选为美国科学院院士，并于 2012 年当选为美国数学学会会士。

原 书 序

阵列成像的目标就是利用地震波探测未知介质特性，实现这一目标需要两个步骤：数据采集与数据处理。在数据采集阶段，接收阵列记录由激发阵列发出且穿过介质到达接收阵列的波；而在数据处理阶段，则是从采集到的数据中提取关于介质特性的信息，比如介质中反射体的位置等。近期在复杂介质成像及被动源成像研究的进展中，背景噪声成像技术在许多不同的应用领域产生了深远的影响，恰恰是这些进展激起了我们写这本书的兴致。

长期以来，对复杂、散射介质中地震波传播的研究一直是一个活跃的领域。对介质进行成像研究的许多领域都与此有关，如利用地震成像方法探测地球岩石圈结构，对混凝土结构进行无损检测，利用医学 CT 检查病人身体，大气湍流的光学成像或利用声学成像方法对浅表水环境成像等。这些介质往往非常复杂，然而我们通常只是对介质的某些特定属性成像。事实证明，当背景介质存在散射时，本书中描述的已经确立的一些成像方法就不成立了。仅仅在最近，利用随机介质模拟地震波在复杂介质中的传播才得以成型，这为发展可以弱化随机散射效应的地震成像方法提供了一种可能的途径。

很长一段时间以来，人们在许多研究领域中对阵列成像方法进行了研究。传感器技术的进步、数据存储成本的降低，以及计算能力的提升使得人们可以布设大规模的地震阵列。尤其是，由于被动源阵列探测技术具有巨大的潜在应用市场，该项技术成为了近期研究的热点。这里被动源的意思是我们只利用接收器阵列，而不是传统意义上的激发源/检波器阵列，仅仅由未知的、不可控的、非同时发生的或随机源提供照明信息。这本书的主题就是背景噪声成像。当然，被动源阵列数据结构与主动源阵列迥异，这也需要发展新的成像技术。

不论是在复杂介质波成像还是在基于背景噪声的被动源成像领域，理论分析表明记录信号的互相关分析均具有重要作用。这是因为互相关信号中不仅携带着波传播介质的重要信息，而且这种互相关还可降低伪噪声效应。干涉成像是另一个常用的相关成像术语。波场相关性研究是本书的核心内容。基于背景噪声的相关成像方法的出现对地震学研究产生了深远的影响。以往，对地球内部成像的唯一手段就是利用地震记录。借助于相关成像技术，由地表分布式地震台网记录到的视地震噪声可以提供有关地球内部结构的大量信息。除了地震学研究，相关成像方法还在许多新兴领域得到广泛应用。例如，被动源合成孔径雷达或通信领域的光色斑强度相关和成像，这些都将在本书的最后一章进行介绍。

本书是跨学科的，采用的数学工具包括概率论及随机过程、偏微分方程、渐近分析及其与复杂介质中波传播的物理本质和影像学模拟的结合。然而，本书的主要结果都可以在初级水平上通过多维驻相法获得。本书的读者群体广泛，包括对跨学科知识有兴趣的人员，尤其是从事波传播和传感器阵列有关研究的学生和科研工作者。

致　谢

首先要感谢我们从事随机介质成像研究的同事和合作者，他们是：哈比卜·阿马里（Habib Ammari），阿纪尧姆·巴尔（Guillaume Bal），格雷格·布罗扎（Greg Beroza），比翁多·比翁迪（Biondo Biondi），利利安娜·博尔恰（Liliana Borcea），托马斯·卡罗汉（Thomas Callaghan），米歇尔·坎皮略（Michel Campillo），乔恩·布拉尔布特（Jon Claerbout），尼科莱·钦克（Nicolai Czink），马诺斯·扎斯卡拉斯基（Manos Daskalakis），马尔滕·德霍普（Maarten de Hoop），舒尔德·德里德（Sjoerd de Ridder），克里斯托斯·埃万利迪斯（Christos Evangelides），艾伯特·范将（Albert Fannjiang），克里斯托夫·戈麦斯（Christophe Gomez），荆文甲（Wenjia Jing），乔·凯勒（Joe Keller），尼科斯·梅利斯（Nicos Melis），米格尔·莫斯科索（Miguel Moscoso），阿列克谢·诺维科夫（Alexei Novikov），埃罗斯瓦米·波尔拉（Arogyaswami Paulraj），莱尼亚·雷日克（Lenya Ryzhik），阿伦·施密特（Arlen Schmidt），阿德林·肖明（Adrien Semin），克努特·索尔纳日（Knut Sølna），克里斯乌拉·托格卡（Chrysoula Tsogka），以及霍华德·泽伯克（Howard Zebker）。他们在复杂介质成像不断扩大的领域中的贡献和运用对我们的写作产生了深远的影响。

乔治·帕帕尼古劳要感谢在美国空军研究实验室工作的阿里扬·纳赫曼（Arje Nachman）博士多年以来在随机介质和成像方面的帮助。若斯兰·加尼耶要感谢欧洲研究理事会对本书的支持。

本书的大部分工作是我们在伊维特河畔布雷斯高等科学研究所访学期间完成的。我们对研究所同事的支持和热情表示衷心的感谢。

法国巴黎狄德罗大学　若斯兰·加尼耶

美国加利福尼亚州斯坦福大学　乔治·帕帕尼古劳

译者前言

地震干涉技术起源于20世纪50年代，该技术将光的干涉特性应用到地震波的研究中，被动源地震成像就是在干涉技术的基础上发展而来的一种新的地震成像方法。被动源是指地下存在的非人工激发的天然地震和微震等地质活动，由这些地质活动激发的震动不断地向地表传播，通过在地表接收这些振动响应，应用地震干涉技术，可以将地表检波器中的一个模拟成为虚拟震源，来合成反射波记录（又称虚炮集记录），该记录等价于地表地震剖面记录。同时由地质活动激发的震动在常规地震勘探中被视为噪声，应用地震干涉技术可以从噪声中提取有用信息。长期以来，对复杂、散射介质中的被动源成像研究一直是一个活跃的领域。仅仅在最近，利用随机介质模拟地震波在复杂介质中的传播才得以成型，这为发展可以弱化随机散射效应的地震成像方法提供了一种可能的途径。

Passive Imaging with Ambient Noise 是一本经典地震学教程，它系统地阐述了走时估计和背景噪声互相关成像的原理与方法，内容涵盖了格林函数估计的噪声互相关方法、走时估计的驻相法、传统检波器阵列成像方法、背景噪声反射体成像、背景噪声成像分辨率分析、弱散射介质中背景噪声走时估计、弱散射介质中背景噪声互相关成像、均匀介质中的虚源成像、散射介质中的虚源成像、光强度互相关成像、随机介质中波传播回顾及数值分析与概率论的基本理论等。该书内容全面，深入浅出，既是地震科技工作者从事背景噪声互相关成像或面波成像基础知识和基本理论的理想教材，也是开展地震学研究的重要参考书。为尊重原著，本译著的变量及公式表述、参考文献格式均与原版书保持一致。

本书由李信富、黄妃妃、吴彪、张文琦、王希敏译，李信富校。具体分工如下：前言、序言、第1、11及13章由李信富译，第5、6、12章由黄妃妃译，第3、4、10章由吴彪译，第2、9章由张文琦译，第7、8章由王希敏译。李信富对全部书稿进行了校对和统筹。由于译者水平有限，表达欠妥或不当之处在所难免，请广大读者多批评指正。

李信富

2024年12月于北京

目　　录

第1章　导　论

本书围绕波动成像理论展开阐述，即通过对未知介质中传播的波信号进行分析从而对介质进行成像，其中的典型问题就是速度估计和反射体成像，前者是根据两个检波器之间的波传播时间对介质的背景速度场成像，而后者则是根据记录数据对介质中的异常体进行成像。尽管已经有解决这些成像问题的现成方法，但本书阐述的重点是如何有效地利用由环境噪声源产生的波动信号实现相关成像或干涉成像。这些方法最近引起了学者的广泛关注，为地震成像、合成孔径雷达及其他领域的研究提供了新的机会，这些领域中照明源都很稀少且源都是被动源。在本书的第 2 ~ 6 章，讨论了均匀和平滑变化介质的相关成像理论，在第 7 ~ 8 章中，讨论了介质散射的影响，在第 9 ~ 11 章中，使用本书中介绍的数学工具分析了基于相关技术的新的成像方法。

1.1　基于互相关理论的被动源成像方法

本节需要解释一下研究基于相关或干涉成像，特别是被动源成像的动机，介绍一些关于波传播的基本知识。在整本书中，只讨论标量波，尽管所考虑的一些应用涉及矢量波（如弹性波或电磁波），但是主要的思想、问题和技术均可以使用标量波模型进行有效的描述和分析。当 $\boldsymbol{y}$ 处的点源激发短脉冲 $f(t)$ 时，位于点 $(\boldsymbol{x}_j)_{j=1,\cdots,N}$ 处的接收器记录到的信号为 $[u(t,\boldsymbol{x}_j)]_{j=1,\cdots,N}$，其中 u 是以下波动方程的解：

$$\frac{1}{c^2(\boldsymbol{x})}\frac{\partial^2 u}{\partial t^2}-\Delta_x u=f(t)\delta(\boldsymbol{x}-\boldsymbol{y}),(t,\boldsymbol{x})\in\mathbb{R}\times\mathbb{R}^3 \tag{1.1}$$

初始条件为零，其中 $c(\boldsymbol{x})$ 是波速。信号 $u(t,\boldsymbol{x})$ 是源脉冲 $f(t)$ 与格林函数 $G(t,\boldsymbol{x},\boldsymbol{y})$ 的时间域卷积，即当震源为 $\delta(t)\delta(\boldsymbol{x},\boldsymbol{y})$ 时波动方程式（1.1）的基本解。从记录信号中估计格林函数是成像研究中的一个基本问题，因为格林函数包含有关介质特性的信息，如传播速度。由于检波器的排列方式和成像装置的不同，可能只能估计介质的某些特性。例如，可以估计波在台阵之间或台网之间的传播时间，或波在检波器阵列和反射界面之间的传播时间。

1.1.1　走时估计

假设介质是均匀的或其性质是平滑变化的。源在零时刻发射脉冲，在 x_j 处记录到的信号在时间等于波从 y 传播到 x_j 处的走时 $\mathcal{T}(\boldsymbol{x}_j,\boldsymbol{y})$ 时出现峰值。当介质均匀时，波的传播时间仅为 $\mathcal{T}(\boldsymbol{x}_j,\boldsymbol{y})=\frac{|\boldsymbol{x}_j-\boldsymbol{y}|}{c_0}$，即源与检波器之间的距离除以波在均匀介质中的传播速度 c_0。

$\boldsymbol{y}$ 处震源产生的波为球面波，记录信号中包含了时移等于波走时的源脉冲和由球面波的几何扩展效应所导致的增益因子。当介质性质平滑变化时，走时 $\mathcal{T}(\boldsymbol{x}_j,\boldsymbol{y})$ 可根据波速 $c(x)$ 由程函方程或费马原理计算得到。这是运动的粒子在速度场 $c(\boldsymbol{x})$ 中从源点 $\boldsymbol{y}$ 传播到接收点 x_j 的最小时间。当脉冲源持续时间比走时短时，$\boldsymbol{y}$ 处的源产生扰动，这些扰动在时间为 $\mathcal{T}(\boldsymbol{x}_j,\boldsymbol{y})$ 时到达记录信号的波前位置。

估计波在检波器之间传播的时间时通常需要使用脉冲源。然而，这些脉冲源往往不可用，或是难以获得且不可控。在地震学中，地震就是不可控事件，它主要发生在断层上，发生的概率较低且空间分布相当有限。然而，可以使用由背景噪声源产生并由 $(\boldsymbol{x}_j)_{j=1,\cdots,N}$ 处的检波器记录到的信号 $[u(t,\boldsymbol{x}_j)]_{j=1,\cdots,N}$ 来估计波在非均匀介质中两个检波器之间的传播时间，更准确地说，可以通过计算两个信号之间的互相关来达到此目的：

$$C_T(\tau,\boldsymbol{x}_j,\boldsymbol{x}_l)=\frac{1}{T}\int_0^T u(t,\boldsymbol{x}_j)u(t+\tau,\boldsymbol{x}_l)\,\mathrm{d}t,\quad j,l=1,\cdots,N,\quad \tau\in\mathbb{R}$$

其中，信号 $[u(t,\boldsymbol{x}_j)]_{j=1}^N$ 可以通过求解以下的波动方程得到：

$$\frac{1}{c^2(\boldsymbol{x})}\frac{\partial^2 u}{\partial t^2}-\Delta_x u=n(t,\boldsymbol{x}),(t,x)\in\mathbb{R}\times\mathbb{R}^3$$

式中，震源项 $n(t,\boldsymbol{x})$ 为模拟背景噪声源的平稳随机过程。正如将在本书中看到的，信号振幅的互相关包含了关于波动方程格林函数的信息。特别是，波的走时可以通过互相关或干涉法来估计。然后，可以根据覆盖目标区域的台网中检波器之间的波动走时来估计波在背景介质中的传播速度。在 1.1.3 小节中描述了如何使用走时信息来对介质中的反射体成像。

1.1.2 走时估计的应用

互相关技术可以应用于地震学研究，其中检波器就是记录地面垂向运动的地震台站。噪声源来自海浪与海底的非线性相互作用而产生的地震面波（Longuet-Higgins，1950；Stehly et al.，2006），研究目标是获得地球大部分地区的面波速度图像。早些时候，研究目标是定位海洋上的极端天气模式（Walker，1913；Bernard，1941）。在地震学中，相关成像通常被称为地震干涉测量。利用背景噪声和使用噪声信号的互相关来获取走时信息的方法也在日震学和勘探地震学中得到了广泛应用（Claerbout，1968；Duvall et al.，1993；Rickett and Claerbout，1999；Schuster et al.，2004；Draganov et al.，2006；Curtis et al.，2009）。这种方法已被应用于从区域到局部尺度的背景速度估计（Yao et al.，2006；Larose et al.，2006；Sabra et al.，2005；Shapiro et al.，2005；Gouédard et al.，2008），火山监测（Sabra et al.，2006；Brenguier et al.，2007，2008b，2014），二氧化碳赋存监测（Draganov et al.，2012），油藏和油田监测（Curtis et al.，2006；Draganov et al.，2013），海洋声学（Jensen et al.，2011）及室内无线电定位（Callaghan et al.，2011）。当噪声源所覆盖的范围扩展到全空间且噪声源相互之间不相关时（即它们的空间相关函数是 δ 函数），对记录信号的互相关结果求导即可得到检波器之间的对称格林函数（Roux et al.，2005）。如果波在遍历腔（ergodic cavity）中传播，空间局部噪声源分布所产生的格林函数也是对称的

(Colin de Verdière, 2009; Bardos et al., 2008)。从物理层面来讲，如果记录信号的能量来源是均匀分布的，则在开放和封闭环境中都会出现这种结果（Lobkis and Weaver, 2001; Weaver and Lobkis, 2001; Roux and Fink, 2003; Snieder, 2004; Malcolm et al., 2004)。在开放环境中，这意味着记录信号是来自所有方向平面波的有效不相关和各向同性叠加。在封闭环境中，这意味着记录信号是具有统计上不相关且满足相同分布规律的随机振幅正常模态的叠加。所有这些问题都将在本书中讨论。

然而，在许多应用中，噪声源的分布在空间上是有限的，并且记录信号能量来源分布并不均匀。因此，检波器记录到的信号能量与噪声源方向息息相关。记录信号的互相关依赖于检波器对相对于能量流动方向的方位。这些因素会对格林函数估计的质量产生显著影响。正如后面将要看到的，当检波器之间的波沿着能量流动方向传播时，格林函数质量是最优的，而垂直于能量流动方向传播时则是最差的（Stehly et al., 2006; Garnier and Papanicolaou, 2009; Godin, 2009)。

这些结果对于均匀或性质平滑变化的介质均成立。在散射介质中，情况将变得更加复杂，散射体可以发挥二次源的作用，因此将有助于提高待成像物体的照明质量（de Hoop et al., 2011, 2013; Derode et al., 2003; Garnier and Sølna, 2009b, 2011a)。研究表明，当噪声源分布空间有限且介质存在散射时，使用高阶面波互相关技术可以更有效地估计波的走时（Campillo and Stehly, 2007; Stehly et al., 2008; Garnier and Papanicolaou, 2009)。

1.1.3 反射体成像

现在假设有一个均匀的或是性质平滑变化的介质，在点 $\boldsymbol{z}_{\mathrm{r}}$ 处有一个点状反射体。当 $\boldsymbol{y}$ 处的点源发出脉冲时，在 $\boldsymbol{x}_j$ 处的接收器记录到的第一个信号峰值对应的时间为波从 $\boldsymbol{y}$ 到 $\boldsymbol{x}_j$ 的走时 $\mathcal{T}(\boldsymbol{y},\boldsymbol{x}_j)$，这个时间是直达球面波的到达时间，随后到达的第二峰值对应的时间为震源 $\boldsymbol{y}$ 与反射体 $\boldsymbol{z}_{\mathrm{r}}$ 之间的走时 $\mathcal{T}(\boldsymbol{y},\boldsymbol{z}_{\mathrm{r}})$ 及反射体与记录器 $\boldsymbol{x}_j$ 之间的走时 $\mathcal{T}(\boldsymbol{z}_{\mathrm{r}},\boldsymbol{x}_j)$ 之和 $\mathcal{T}(\boldsymbol{y},\boldsymbol{z}_{\mathrm{r}})+\mathcal{T}(\boldsymbol{z}_{\mathrm{r}},\boldsymbol{x}_j)$。第二个峰值来自反射体产生的散射波。如果反射体尺度比震源脉冲的特征波长小，则散射波本质上是以反射体为球心的球面波。

根据波形信息探测并确定反射点位置是成像的核心问题，已有方法需要使用有源阵列，即检波器既可用作源，也可用作接收器。

为了对位于 $(\boldsymbol{x}_j)_{j=1,\cdots,N}$ 处的反射点成像，首先需要构建阵列的脉冲响应矩阵 $[u(t,\boldsymbol{x}_j;\boldsymbol{x}_l)]_{j,l=1,\cdots,N,t\in\mathbb{R}}$，然后进行走时成像或基尔霍夫偏移（KM）成像（图1.1）。脉冲响应矩阵的第 (j,l) 个元素 $[u(t,\boldsymbol{x}_j;\boldsymbol{x}_l)]_{t\in\mathbb{R}}$ 是源在 $\boldsymbol{x}_l$ 处激发的波在 $\boldsymbol{x}_j$ 处被记录到的数据。为了成像，需要在源 $\boldsymbol{x}_l$ 和搜索域 Ω 中搜索点 $\boldsymbol{z}^s$ 之间的走时及搜索点 $\boldsymbol{z}^s$ 和记录器 $\boldsymbol{x}_j$ 之间的走时之和 $\mathcal{T}(x_l,z^s)+\mathcal{T}(z^s,x_j)$ 处计算脉冲响应矩阵的每个元素值。基尔霍夫偏移成像函数是所有源和接收器上偏移矩阵元素的总和，可由以下公式表达：

$$\mathcal{I}_{KM}(\boldsymbol{z}^s)=\sum_{j,l=1}^{N}u[\mathcal{T}(\boldsymbol{x}_l,\boldsymbol{z}^s)+\mathcal{T}(\boldsymbol{z}^s,\boldsymbol{x}_j),\boldsymbol{x}_j;\boldsymbol{x}_l]$$

这之所以能够成像，是因为脉冲响应信号在源 $\boldsymbol{x}_l$ 和局部反射体 z_{r} 之间的走时之和 $\mathcal{T}(x_l,z^s)+\mathcal{T}(z^s,x_j)$ 处出现峰值。因此，如果搜索点 $\boldsymbol{z}_s$ 与反射点位置 $\boldsymbol{z}_{\mathrm{r}}$ 重合或非常接近，

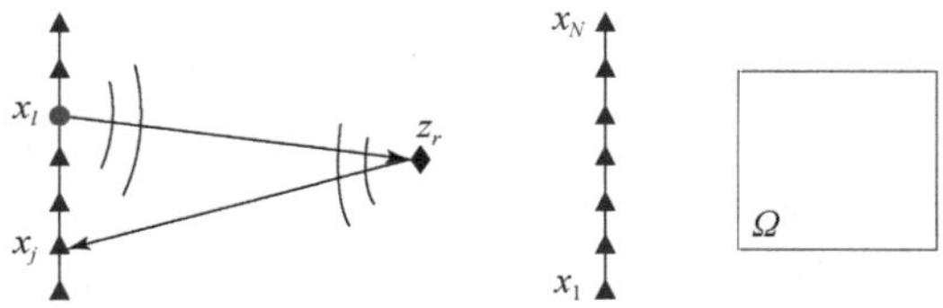

图 1.1　z_r 处存在反射点（菱形）时的检波器阵列成像示意图。左图：数据采集示意图，其中 x_l 处的第 l 个传感器发出短脉冲，x_j 处的第 j 个接收器记录到反射波。右图：成像函数的搜索区域 Ω。

则所有这些峰值是相干叠加的，基尔霍夫偏移成像函数在该点处出现明显的峰值。地震偏移成像方法可参考 Claerbout（1985）和 Biondi（2006）。

正如将要看到的，由背景噪声源产生并由被动检波器阵列（即仅接收器阵列）（图 1.2）记录的信号互相关中也包含了关于反射体的信息。因此，这些信号的互相关可用于对介质中的反射体成像（Garnier and Papanicolaou，2009，2010；Garnier and Sølna，2011b），所使用的数据是位于 $(\boldsymbol{x}_j)_{j=1,\cdots,N}$ 处被动源阵列检波器对之间的互相关矩阵 $[C_T(\tau,\boldsymbol{x}_j;\boldsymbol{x}_l)]_{j,l=1,\cdots,N},\tau\in\mathbb{R}$ 所表示的数据。Gouédard 等（2008）首先在室内通过超声波实验验证了这种成像方法的可行性。Harmankaya 等（2013）、Kaslilar 等（2013，2014）和 Konstantaki 等（2013）分别给出了该方法在无损检测、垃圾填埋场废物处理区成像和地震学研究中的应用。

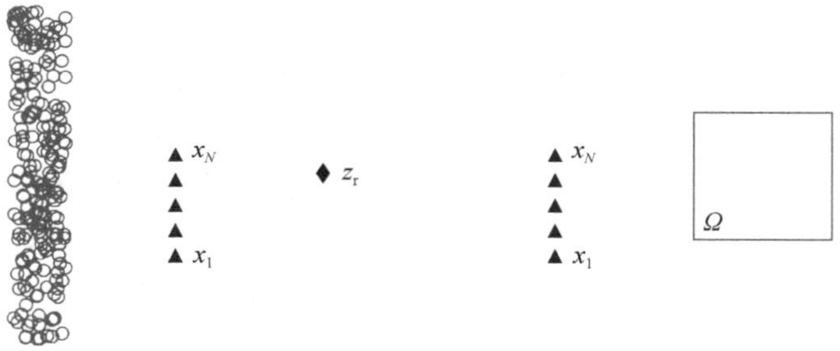

图 1.2　被动源检波器阵列（三角形）相关成像示意图。左图：数据采集示意图，其中待成像的反射点（菱形）位于 z_r 处，圆圈为用于照明的噪声源。右图：成像函数搜索区域 Ω。

1.1.4　辅助阵列或虚源成像

相关成像也可以使用辅助的、通常放置在待成像反射点附近的被动阵列记录的数据，而主要的有源阵列则可提供相对远离反射点的信号。噪声源和反射点之间的背景介质可以是均匀的，也可以具有散射性质。主阵列提供的信号必须是短的异步脉冲，这意味着脉冲的发射时间未知，发射的脉冲形式也未知。此外，主阵列的信号发射必须是交错的，也就是说，从阵列台站发出的脉冲，其发射时间必须完全不同。这种成像模式之所以有用，是因为它可以获得本质上不受介质散射性和不均匀性影响的图像。此外，这种情况即使在强散射的情况下也成立，而有源阵列却不可能实现这一目标。

2006 年，Bakulin 和 Calvert 在勘探地震学中提出了这种成像排列形式，其思想是将被动检波器放置于钻孔深部以形成辅助阵列，然后在地表记录到异步信号。Schuster（2009）和 Wapenaar 等（2010b）也讨论了这种地震成像形式。

考虑位于 $(\boldsymbol{x}_s)_{s=1}^{N_s}$ 的一个源阵列。如图 1.3 所示，当接收阵列与源阵列重合时，数据集构成阵列响应矩阵 $[u(t,\boldsymbol{x}_r;\boldsymbol{x}_s)]_{t\in\mathbb{R},r,s=1,\cdots,N_s}$，其中矩阵的第 (r,s) 个元素是第 s 个源发出尖脉冲而被第 r 个接收器记录到的信号。将阵列响应矩阵偏移到反射点位置即可得到偏移图像（Biondi，2006）。搜索点 $\boldsymbol{z}_s$ 处的基尔霍夫偏移函数为

$$\mathcal{I}(z^s)=\sum_{r,s=1}^{N_s} u[\mathcal{T}(x_s,z^s)+\mathcal{T}(z^s,x_r),x_r;x_s]$$

式中，$\mathcal{T}(\boldsymbol{x},\boldsymbol{y})$ 为根据背景介质中先验速度模型计算得到的点 x 和点 y 之间的走时。当模型介质均匀时，$\mathcal{T}(\boldsymbol{x},\boldsymbol{y})=\dfrac{|\boldsymbol{x}-\boldsymbol{y}|}{c_0}$，其中 c_0 为波速，在均匀介质中是常数。然而，当实际介质非均匀时，基于均匀模型的偏移结果就不理想了。在弱散射介质中，使用相干干涉法可以使图像具有统计学上的稳定性（Borcea et al.，2005，2006a，2006b，2007），这是一种特殊的基于相关的成像方法，但仍与本书中考虑的方法略有不同。统计稳定性意味着，相对于噪声或介质不均匀性的不确定性而言，图像具有更高的信噪比（SNR）。在强散射介质中，可以使用特殊的信号处理方法获得图像（Borcea et al.，2009），但通常根本无法获得任何图像，因为与介质的逆散射相比，阵列接收到的来自反射点的相干信号非常弱。

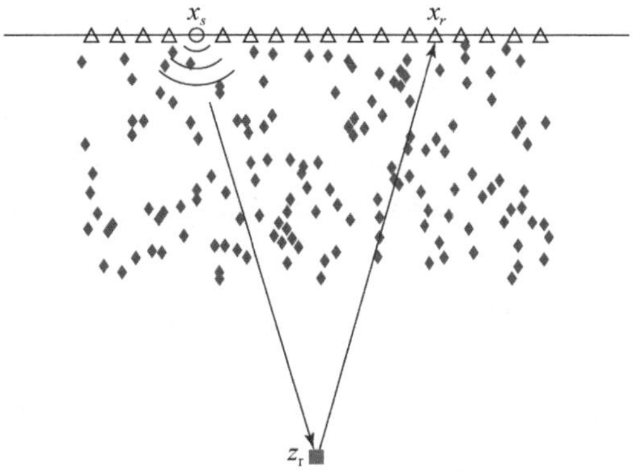

图 1.3　检波器阵列反射界点成像示意图。$\boldsymbol{x}_s$ 是源的位置，$\boldsymbol{x}_r$ 是接收位置，z_r 是反射点。

如图 1.4 所示，考虑这样一个成像装置：辅助被动源阵列位于$(\boldsymbol{x}_q)_{q=1}^{N_q}$处，该阵列和地表的源–接收阵列之间的介质为强散射介质。

此时，数据集构成矩阵$[u(t,\boldsymbol{x}_q;\boldsymbol{x}_s)]_{t\in\mathbb{R},s=1,\cdots,N_s,q=1,\cdots,N_q}$，其中 $u(t,\boldsymbol{x}_q;\boldsymbol{x}_s)$是第 s 个源发出短脉冲时第 q 个接收器记录到的信号。勘探地震中比较容易实现这样的排列方式，在勘探地震中，源可以放在地表，近地表的岩石层会发生强烈散射，辅助接收器可以放置在垂直或水平钻孔中。在钻孔中放置震源显然是不可能或不可取的（Bakulin and Calvert，2006；Schuster，2009；Wapenaar et al.，2010b）。

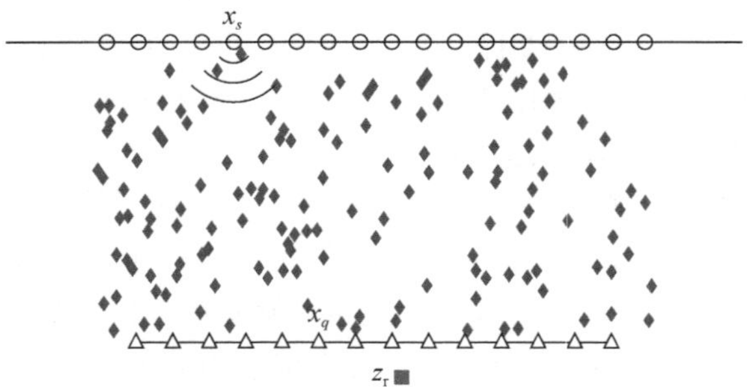

图 1.4　散射介质中辅助被动源阵列成像示意图。$\boldsymbol{x}_s$ 是源位置，$\boldsymbol{x}_q$ 是位于散射介质下部的接收位置，z_r 是反射点。

现在的主要问题是如何使用辅助被动源阵列数据来获得对强散射影响相对不敏感的背景介质的图像。通过与在$(\boldsymbol{x}_s)_{s=1,\cdots,N_s}$中存在 N_s 个不相关点源的情况进行类比，同样期望即使在有主动脉冲源的情况下，辅助阵列上的互相关矩阵

$$C_T(\tau,\boldsymbol{x}_q,\boldsymbol{x}_{q'})=\int_0^T\sum_{s=1}^{N_s}u(t,\boldsymbol{x}_q;\boldsymbol{x}_s)u(t+\tau,\boldsymbol{x}_{q'};\boldsymbol{x}_s)\,\mathrm{d}t,q,q'=1,\cdots,N_q \tag{1.2}$$

也可以大致表现为与辅助阵列脉冲响应矩阵类似的行为。这意味着它可以用于基尔霍夫偏移成像：

$$\mathcal{I}(z^s)=\sum_{q,q'=1}^{N_q}C_T[\mathcal{T}(\boldsymbol{x}_q,z^s)+\mathcal{T}(z^s,\boldsymbol{x}_{q'}),\boldsymbol{x}_q,\boldsymbol{x}_{q'}] \tag{1.3}$$

此时，走时由 $\mathcal{T}(\boldsymbol{x},\boldsymbol{y})=\dfrac{|\boldsymbol{x}-\boldsymbol{y}|}{c_0}$给出，这与波速为 c_0 的均匀介质模型相对应。Garnier 和 Papanicolaou（2012，2014a）及 Garnier 等（2015）给出了理论公式和数值模拟结果，以阐明使用成像函数式（1.3）使得强随机散射效应最小化甚至消除的条件。

1.1.5　被动源合成孔径成像

相对于在待成像反射点附近布设被动源辅助阵列的情况，可以使用一个单独的移动检波器来记录由远处的源阵列产生的信号（图 1.5）。

当照明充足时，通过对接收信号的自相关函数进行偏移，可以对反射点进行成像。在通常的合成孔径成像中（Cheney，2001；Borcea et al.，2012），移动接收器也是一个发射器（图 1.6），对沿天线系统移动路径记录到的信号做匹配滤波来成像。Farina 和 Kuschel（2012）讨论了雷达被动源合成孔径成像问题。

第 9 章分别讨论并比较了在均匀介质中被动源和主动源（即通常的合成孔径成像）成像问题。使用本书中发展的方法可以证明，当被动源情况下的信号足够强时，图像分辨率就不会有损失。

与虚源成像一样，当源和移动记录天线之间的背景介质随机不均匀时，基于相关的合成孔径成像几乎完全弱化了不均匀的影响。事实上，随机不均匀性甚至可以产生有益的效

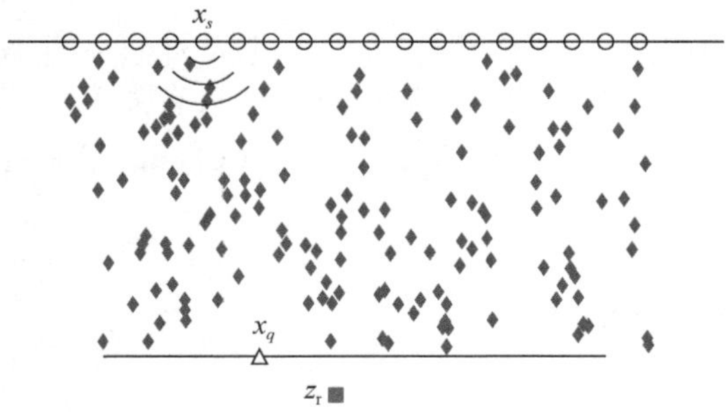

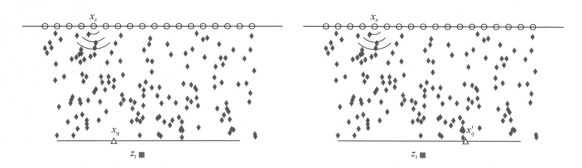

图 1.5 被动源合成孔径成像示意图。$\boldsymbol{x}_q$ 和 $\boldsymbol{x}_{q'}$ 是随机介质中移动检波器的位置。$\boldsymbol{x}_s$ 是源位置，z_r 是反射点。

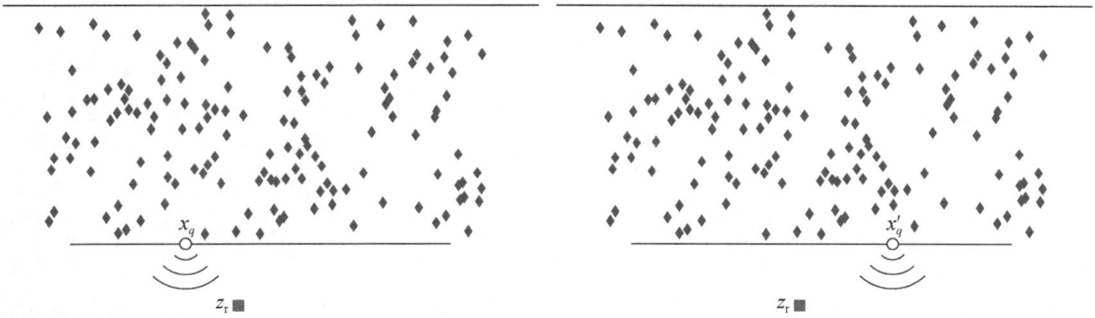

图 1.6 主动源合成孔径成像示意图。$\boldsymbol{x}_q$ 和 $\boldsymbol{x}_{q'}$ 是移动源和移动检波器的位置，z_r 是反射点。

果，因为它们可以使信号频率成分增加，信息更丰富。这也是首次在本书第 10 章提出的结果。

1.1.6 强度互相关成像

到目前为止，已经充分利用了信号的互相关，这些信号即使是快速振荡的，也可以被完全分解为时间序列。因此，互相关提供了可以用来成像的干涉信息。在地震成像中，使用标准电子设备可以方便地对信号进行完全解译。然而，随着信号主频的增加，如在 10GHz 以上的雷达或光学系统中，可以达到电子仪器快速采样以解译信号的极限。虽然记录器的性能在不断提升，但基于相关成像方法的应用仍然受限于硬件条件。

在高频情况下，记录信号的采样问题成为一个限制因素。虽然在本书中没有提及，但在成像中还存在其他采样问题。一个是接收阵列中的检波器间距，在整本书中都假设这个距离足够小（大约是主波长的一半），这样在分析中整个阵列可以近似为一个连续统。还假设信号激发源的间距足够近，近到可以用连续体来描述。在本书中，唯一考虑对采样产生影响的是第 11 章，在那里假设只能记录信号强度。这里所说的信号强度定义为实值波场平方在一个周期内的平均值。

这样，问题就来了，是否有可能只需要测量强度来成像。事实证明，这可以通过相关成像来实现，前提是，就像本书中经常出现的情况一样，源是时空不相干的。这意味着信号实际上来自噪声源。这也许令人惊讶，因为相关成像使用了干涉信息，当只有强度可用时，干涉信息可能会丢失。在第 11 章中进行的鬼波成像实验却并非如此（Cheng，2009；Li et al.，2010；Shapiro and Boyd，2012）。

1.2　本书各章内容简介

本书系统地阐述了走时估计和由背景噪声源产生并由被动源检波器阵列记录的信号互相关成像方法，介绍了用于背景噪声信号的相关或干涉成像的独立理论框架。接下来对每一章的内容作简要概括。

第 2 章：噪声互相关格林函数估计

在这一章中，提出了建立波动方程格林函数与背景噪声信号互相关之间联系的不同方法。第一种方法是显式的简单计算，但它只对均匀和开放介质有效，并且要求源在整个介质中均匀分布。如 2.1.3 小节所示，第二种方法是根据散度定理和 Sommerfeld 辐射条件得到的亥姆霍兹-基尔霍夫恒等式。这种方法简洁明了，但对噪声源的空间分布有特殊要求：即噪声源必须完全包围包括检波器在内的目标区域。本书目的之一就是要说明，虽然这些特殊要求是这一方法推广适用的必要条件，但在建立格林函数和背景噪声信号的互相关关系上却非必要。第三种方法是在物理学研究中基于能量均分原理提出来的（Lobkis and Weaver，2001；Weaver and Lobkis，2001），本书通过一个有界洞穴模型来说明这一方法。第四种方法是根据 Claerbout（1968，1985）的光照成像概念所提出，并在一维介质情况下对其进行了分析。在这一章的最后，可以清楚地看到，有必要发展一种基于弱假设的方法，以便能够应用于更真实的成像情况。

第 3 章：驻相法噪声互相关走时估计

本章发展了一种基于高频渐近分析的通用方法，用于建立格林函数和背景噪声信号互相关之间的关系（Garnier and Papanicolaou，2009）。利用多维驻相法分析了如何由两个检波器所记录的背景噪声信号的互相关估计这两个检波器之间的走时。与两个检波器之间的走时相比，当噪声源的退相干时间非常小时，这种渐近逼近是有效的。利用该方法，可以系统地分析走时估计对检波器之间射线相对于噪声源能流射线方向的方位依赖性。

第 4 章：传统检波器阵列成像方法回顾

本章回顾了传统的阵列成像方法，包括对未知源的被动源阵列成像和对反射体的有源阵列成像。这里说的传统方法是指，不管是未知源还是有源阵列的源都发射出短脉冲信号。随后，介绍了最小二乘法、逆时偏移、走时成像或基尔霍夫偏移函数。在接下来的章节中，将介绍偏移成像函数的基本分辨率分析，这些函数可以应用到背景噪声互相关成像中。

第 5 章：背景噪声被动阵列反射成像

本章将驻相分析扩展到相对于被动源位置和待成像反射体而言具有不同噪声源构成的反射体被动源成像中。当存在反射体时，任意两个检波器之间的互相关波形除了在延迟时间等于两个检波器之间波的走时处出现主峰外，还在与检波器到反射体之间走时相关的延迟时间处出现其他的峰值。同时，本书还分析了噪声源相对于阵列的不同空间构成下检波器与反射体之间互相关波形和走时的二次峰值之间的关系。正如 Garnier 和 Papanicolaou（2009）所做的那样，这里将展示如何利用这些信息通过互相关实现对反射体的偏移成像。

第 6 章：背景噪声成像的分辨率分析

本章采用驻相法对均匀介质中点状反射体的相关成像结果进行详细的分辨率分析，使用的核心参数是背景噪声源的目标走时与退相干时间之比。结果表明，分辨率取决于阵列的尺寸、阵列到反射体的距离以及噪声源的主频和带宽，这与脉冲源有源阵列成像的情形一样。特别注意到，当使用被动源阵列和背景噪声源成像时，如本书所述，分辨率取决于噪声源的时空相干性，因为其决定了有效的噪声带宽（Garnier and Papanicolaou，2009）。

第 7 章：弱散射介质背景噪声走时估计

如本章所述（Garnier and Papanicolaou，2009，2011），如果介质中存在多次散射，例如随机非均匀介质中的多次散射，用于速度分析的走时估计仍然是可行的。散射在这里起着双重作用：它增加了信号源的方位覆盖，因为散射体可以起到增强信号强度的二次源的作用，从而提高走时估计的分辨率；相反，由于多次散射的存在，互相关函数会产生扰动，从而降低走时估计的信噪比。散射引起的信噪比降低和分辨率提高是两个相互矛盾的方面。本章还对迭代互相关进行了研究，结果表明在弱散射介质中，在分辨率和稳定性之间取有利折中方面，四阶互相关比二阶互相关更有效。尤其是，只要采用辅助阵列的特殊四阶互相关函数，作为二次信号源的散射较弱且分布良好，即使采用不利的一次源信号也可以估计两个台站之间的走时。这里所说的不利是指来自噪声源的信号能流的主要分量大致垂直于两个台站之间的连线。

第 8 章：弱散射介质背景噪声互相关反射成像

如第 7 章所述，如果介质中存在多次散射，不仅可以进行速度分析，还可以使用被动源阵列对反射体成像。在第 8 章中，我们证明了利用介质的散射特性来提高反射体成像信号的方位覆盖是可能的。然而，散射也会增加互相关信号的扰动水平，因此会降低图像的信噪比。本章研究了被动源互相关成像中散射引起的分辨率增强和信噪比降低之间的折中（Garnier and Papanicolaou，2009，2011）。

【补充】关于信噪比和统计稳定性的说明

在典型的背景噪声成像中，噪声源一般有三种类型：第一种是测量仪器或记录仪器的本底噪声；第二种是源噪声（即来自自然界噪声源的未知随机信号）；第三种是由背景介质随机散射特性导致的噪声。在互相关成像中，往往忽略测量仪器本底噪声的影响，因为两个不同检波器记录的信号中仪器本底噪声在统计意义上是相互独立的，所以在进行互相关时可以有效地消除掉。但是，自相关中的仪器本底噪声不能忽略。本书重点讨论源噪声和介质的散射噪声。

统计稳定性是指包括图像本身在内的量都有高信噪比。对于走时估计和反射体成像，我们要特别注意用于成像的互相关函数的统计稳定性。如前所述，在这些问题中，我们要考虑两种统计稳定性：

（1）首先是关于噪声源的统计稳定性问题。之所以讨论这个问题，是因为经验互相关依赖于背景噪声信号。然而，如第 2 章所述，经验互相关是自平均（或统计稳定）的，即当间隔时间足够长时，在长时间间隔上的时间平均趋于其统计平均值。因此，当需要考虑诸如季节变化等非平稳效应时，可以通过选择足够长的记录时窗或通过叠加技术来控制噪声信号的统计稳定性。

（2）其次是关于散射介质的统计稳定性问题。这里讨论这个问题，是因为互相关还依赖于随机非均匀散射介质而实现。实际上，在本书中可以看到，由介质随机散射引起的互相关扰动可能有很大的标准差，因为该标准差依赖于噪声源的频谱和散射介质的统计特性。此外，随机介质的统计稳定性一般是不可控的。在第 7 ~ 8 章中，针对走时估计和反射体成像，分析了如何权衡由随机介质散射引起的分辨率增强和信噪比降低之间的折中问题（Garnier and Papanicolaou，2014b）。结果表明，采用迭代互相关可以提高信噪比。数值模拟结果也证实了通过渐近分析得到的理论预测结果在真实的成像中是可以观察到的。

第 9 章：均匀介质虚源成像

第 9 章将阐明如何将相关成像技术运用到主动源数据中，特别是被动源辅助阵列远离主动源阵列但接近待成像目标时。在虚源成像中，被动源接收阵列所记录数据的互相关矩阵与该阵列的脉冲响应矩阵有关。换言之，被动源辅助阵列可以被转换成虚拟的主动源阵列，本章通过对 Garnier 和 Papanicolaou（2012）的工作进行专门分析来解释这种现象是如何产生的。

本章还讨论了一个待成像反射体附近的单一移动检波器记录由远处的源阵列产生信号的情形。通过对接收信号的自相关函数进行偏移来对反射体成像，并将这种被动源合成孔径成像与通常的主动源合成孔径成像进行了比较。在主动源合成孔径成像中，对沿天线系统移动路径所记录的信号进行匹配滤波来成像，此时移动检波器也是信号发射器。利用本书中发展的方法，可以证明当被动源信号足够丰富时，与主动源情况相比并没有分辨率损失。

第 10 章：散射介质虚源成像

本章研究了当主动源与被动源辅助阵列之间的背景介质随机非均匀时，虚源成像问题中介质散射的影响，如第 9 章所述；证明了对于统计各向同性随机介质在前向散射或傍轴近似情况下，随机非均匀性不仅不会影响虚源成像的质量，实际上还可以提高成像分辨率。这是因为随机介质可以增加信号的方位角覆盖。可以用解析方法证明，这种情况不会发生在随机分层介质中，在随机分层介质情况下可能会有一些分辨率损失（Garnier and Papanicolaou，2014a）。

本章还考虑了这样一种情况：当源和移动记录天线之间的背景介质是随机非均匀时的被动源合成孔径成像问题。与虚源成像一样，基于相关的合成孔径成像技术几乎完全消除了非均匀性的影响。事实上，随机非均匀性可以产生有益的影响，因为它们可以增加信号的方位角覆盖。

第 11 章：强度互相关成像

如 1.1.6 节所述，本章讨论了仅使用强度进行成像的可能性，这可以通过相关成像来实现，前提是信号是时空非相干的，这意味着信号需要来自非相干噪声源。本章详细介绍和分析了鬼波成像的成像设置（Valencia et al.，2005；Cheng，2009；Li et al.，2010；Shapiro and Boyd，2012），所使用的成像方法依然以相关技术为基础，因为它通过将两个探测器测量的强度做相关来得到物体的图像：一个不对物体照明的高分辨率探测器和一个对物体照明的低分辨率探测器。图像的分辨率取决于用于照亮物体的噪声源的相干特性以及介质的散射特性。

【补充】关于采样率的说明

如第 1.1.6 节中所述，采样率在成像中发挥着重要作用，但在本书中没有讨论这个问题。一般来说，有三个采样问题需要考虑：第一个与高频信号记录有关，这将在 13.4 节中作进一步讨论；第二个是接收阵列的检波器间距，在整本书中都假设这个距离足够小(大约是主波长的一半)，在分析中阵列可以用连续体代替，在 4.2 节中首先将求和替换为用于密集接收阵列的积分，在本书的其余部分也继续采用这种方式；第三个涉及信号源的间距，假设信号源的间距足够近，从而可以用连续体来描述。本书假设背景噪声源由连续介质描述，因此不存在源间距问题，在 9.2 节中第一次用连续体替换源阵列。在用连续体来替换源阵列和检波器阵列时，仅假设在适当的条件下离散求和可以用黎曼积分来近似。

在书中，唯一考虑采样问题影响的地方是第 11 章，此处假设记录数据只有信号强度。如 13.4 节所述，信号强度被定义为实值波场平方在一个周期上的平均值。

第 12 章：随机介质中波传播回顾

本章回顾了波在随机介质中传播的一些基本理论问题。在本书的第 7 ~ 11 章中给出了标度域的渐近分析结果。首先描述了只在某些特定的高频区域有效的随机走时模型，在这些高频区域中随机介质的扰动只对波的相位产生显著影响（Tatarski，1961；Borcea et al.，2011）。其次分析了随机傍轴模型，其中逆散射可以忽略，但是当波传播距离很大时存在明显的横向散射（Uscinski，1977；Tappert，1977；Garnier and Sølna，2009a）。接下来研究随机分层介质，其中介质性质只沿纵向（传播方向）变化，且存在明显的逆散射(Fouque et al.，2007)。在随机介质中还存在许多与波传播相关的有趣区域：一种是辐射传输区域，在这里波动能量的方位角分布满足传输方程。Ryzhik（1996）、Sato 和 Fehler(1998)、van Rossum 和 Nieuwenhuizen（1999）等分析了随机介质中传输方程与波动之间的联系。波在随机介质中传播的一个有趣问题是当散射很强时，波场可以用高斯随机场近似，该模型通常用于通信理论研究（Clerckx and Oestges，2013），Garnier（2015）等将该现象应用于成像问题。

第 13 章：数学分析和概率论基本理论

第 13 章简要介绍了本书中使用的一些众所周知的定理：傅里叶变换、散度定理、多维驻相法、采样定理、概率论和随机过程，特别是高斯随机过程。

第 2 章　噪声互相关格林函数估计

本章回顾了作为波动方程基本解的格林函数的一些基本性质。这些性质包括互易性（命题 2.1）和亥姆霍兹-基尔霍夫恒等式（命题 2.2），它们在相关成像分析中起着重要作用。亥姆霍兹-基尔霍夫恒等式是格林第二恒等式和佐默费尔德（Sommerfeld）辐射条件的一个推论。利用互易定理和亥姆霍兹-基尔霍夫恒等式，本章将阐述两个检波器之间的格林函数是如何从不同条件下记录的噪声信号互相关中产生的：

（1）第 2.3 节针对不相关噪声源均匀分布的三维开放均匀介质进行了精确计算。这是一个特例，但在三重积分中对变量做代换就可以得到显式结果。

（2）第 2.4 节应用亥姆霍兹-基尔霍夫恒等式建立了两个台站噪声信号的互相关和这两个台站格林函数之间的关系。这种推导即使在非均匀介质情况下也是有效的，但只有当噪声源完全包围两个台站所在的目标区域时才成立。

（3）第 2.5 节针对不相干噪声源均匀分布的非均匀有界空腔建立了相同的关系。这里的关键是要证明该空腔是模态均分的，即模的振幅在统计意义上是相互独立且一致分布的。

（4）第 2.6 节证明了在光照成像实验中互相关与格林函数之间的关系，这是首次在反射地震学中建立这种关系（Claerbout，1968）。

2.1　标量波动方程及其格林函数

在本书中，我们都只考虑标量波的传播问题：

$$\frac{1}{c^2(\boldsymbol{x})}\frac{\partial^2 u}{\partial t^2}-\Delta_x u=n(t,\boldsymbol{x}) \tag{2.1}$$

式中，$n(t,\boldsymbol{x})$ 为震源项；$c(\boldsymbol{x})$ 为波速，假设在紧支撑区域外波速是常数，考虑三维情况。

引入时间域格林函数 $G(t,\boldsymbol{x},\boldsymbol{y})$，它是式（2.2）在初始条件式（2.3）下的基本解：

$$\frac{1}{c^2(\boldsymbol{x})}\frac{\partial^2 G}{\partial t^2}-\Delta_x G=\delta(t)\delta(\boldsymbol{x}-\boldsymbol{y}) \tag{2.2}$$

$$G(t,\boldsymbol{x},\boldsymbol{y})=0,t<0 \tag{2.3}$$

该格林函数的物理含义是位于 $\boldsymbol{y}$ 处的点源在 0 时刻发出的尖脉冲在介质中产生的波场。

如果介质是均匀的，即 $c(\boldsymbol{x})\equiv c_0$，则格林函数形式为

$$G(t,\boldsymbol{x},\boldsymbol{y})=\begin{cases}\dfrac{1}{4\pi|x-y|}\delta\left(t-\dfrac{|\boldsymbol{x}-\boldsymbol{y}|}{c_0}\right), & t>0\\ 0, & t\leqslant 0\end{cases}$$

这对应于以速度 c_0 传播的球面波（如 Fouque et al.，2007）。

频域格林函数是时域格林函数的傅里叶变换：

$$\hat{G}(t,x,y)=\int G(t,\boldsymbol{x},\boldsymbol{y})\mathrm{e}^{\mathrm{i}\omega t}\mathrm{d}t$$

它是亥姆霍兹方程［式（2.4）］满足佐默费尔德辐射条件［式（2.5）］［在无穷远处，$c(\boldsymbol{x})=c_0$］时的解：

$$\Delta_x\hat{G}+\frac{\omega^2}{c^2(\boldsymbol{x})}\hat{G}=-\delta(\boldsymbol{x}-\boldsymbol{y}) \tag{2.4}$$

$$\lim_{|\boldsymbol{x}|\to\infty}|\boldsymbol{x}|\left(\frac{\boldsymbol{x}}{|\boldsymbol{x}|}\cdot\nabla_x-\mathrm{i}\frac{\omega}{c_0}\right)\hat{G}(\omega,\boldsymbol{x},\boldsymbol{y})=0 \tag{2.5}$$

此外，在整个球面上关于$\frac{\boldsymbol{x}}{|\boldsymbol{x}|}$是一致收敛的，佐默费尔德辐射条件也表明

$$\lim_{|\boldsymbol{x}|\to\infty}\sup|\boldsymbol{x}|\,|\hat{G}(\omega,\boldsymbol{x},\boldsymbol{y})| \tag{2.6}$$

在球面上关于$\frac{\boldsymbol{x}}{|\boldsymbol{x}|}$是一致收敛的。此时，频域格林函数对应于一个在 $\boldsymbol{y}$ 处的点源发出的频率为 ω 的正弦信号在介质中的传播。

如果介质均匀，即 $c(\boldsymbol{x})\equiv c_0$，那么：

$$\hat{G}(\omega,\boldsymbol{x},\boldsymbol{y})=\frac{1}{4\pi|\boldsymbol{x}-\boldsymbol{y}|}\mathrm{e}^{\mathrm{i}\frac{\omega}{c_0}|\boldsymbol{x}-\boldsymbol{y}|} \tag{2.7}$$

当源为 $n(t,\boldsymbol{x})$ 时，波动方程的解可用格林函数与震源的卷积表示为

$$u(t,\boldsymbol{x})=\iint G(t-s,\boldsymbol{x},\boldsymbol{y})n(s,\boldsymbol{y})\mathrm{d}\boldsymbol{y}\mathrm{d}s \tag{2.8}$$

在本书中，除非另有说明，与时间变量有关的积分都是在（$-\infty,\infty$）上进行，与空间变量有关的积分都是在三维空间$\mathbb{R}^3$上进行。但请注意，根据式（2.3）可知，积分式（2.8）是具因果的，即从某种意义上说，u 在 t 时刻的值只依赖于 t 时刻之前震源的作用，即

$$u(t,\boldsymbol{x})=\int_{-\infty}^{t}\int_{\mathbb{R}^3}G(t-s,\boldsymbol{x},\boldsymbol{y})n(s,\boldsymbol{y})\mathrm{d}\boldsymbol{y}\mathrm{d}s$$

解的傅里叶变换

$$\hat{u}(\omega,\boldsymbol{x})=\int u(t,\boldsymbol{x})\mathrm{e}^{\mathrm{i}\omega t}\mathrm{d}t$$

可由下式计算得到

$$\hat{u}(\omega,\boldsymbol{x})=\int\hat{G}(\omega,\boldsymbol{x},\boldsymbol{y})\hat{n}(\omega,\boldsymbol{y})\mathrm{d}\boldsymbol{y}$$

2.1.1　佐默费尔德辐射条件

佐默费尔德辐射条件很重要。如果亥姆霍兹方程的解在所有方向上一致满足佐默费尔德辐射条件［式（2.5），无穷远处 $c(x)=c_0$］，则称为辐射方程。

亥姆霍兹方程［式（2.4）］有无穷多个解。例如，如果 $c(\boldsymbol{x})\equiv c_0$，那么，对于任意

复数 α，以下函数

$$\hat{G}_\alpha(\omega,\boldsymbol{x},\boldsymbol{y})=\frac{1-\alpha}{4\pi|\boldsymbol{x}-\boldsymbol{y}|}e^{i\frac{\omega}{c_0}|\boldsymbol{x}-\boldsymbol{y}|}+\frac{\alpha}{4\pi|\boldsymbol{x}-\boldsymbol{y}|}e^{-i\frac{\omega}{c_0}|\boldsymbol{x}-\boldsymbol{y}|}$$

是齐次亥姆霍兹方程的一个解。然而，只有 $\alpha=0$ 的解满足佐默费尔德辐射条件，它对应于一个从位置 $\boldsymbol{y}$ 辐射的场，其他的解都是“物理不可实现的”。例如，$\alpha=1$ 时的解可以解释为能量来自无穷远，而在 $\boldsymbol{y}$ 处收敛，这显然是不可能的。

下面的定理很重要：当波速 c 有界且在紧支撑区域外为常数时，亥姆霍兹方程有唯一的辐射解。Courant 和 Hilbert（1991）对这个定理进行了经典陈述，Perthame 和 Vega（2008）进一步对其对比并进行了阐述。

2.1.2　互易定理

格林函数满足的一个重要性质就是互易性。

命题 2.1　对于任意 $\boldsymbol{x},\boldsymbol{y}\in\mathbb{R}^3$，下式成立：

$$\hat{G}(\omega,\boldsymbol{x},\boldsymbol{y})=\hat{G}(\omega,\boldsymbol{y},\boldsymbol{x})\tag{2.9}$$

这一结果意味着，$\boldsymbol{y}$ 处的正弦时间信号源在 $\boldsymbol{x}$ 处产生的响应等于在 $\boldsymbol{x}$ 处的正弦时间信号源在 $\boldsymbol{y}$ 处产生的响应。从格林函数的显式表达式（2.7）可以看出，该命题在均匀介质情况下是显而易见的。

【证明】 考虑由$\boldsymbol{y}_1$ 和$\boldsymbol{y}_2$ 两个不同位置的源产生的格林函数所满足的方程（$\boldsymbol{y}_1\neq\boldsymbol{y}_2$）：

$$\Delta_x\hat{G}(\omega,\boldsymbol{x},\boldsymbol{y}_2)+\frac{\omega^2}{c^2(\boldsymbol{x})}\hat{G}(\omega,\boldsymbol{x},\boldsymbol{y}_2)=-\delta(\boldsymbol{x}-\boldsymbol{y}_2)$$

$$\Delta_x\hat{G}(\omega,\boldsymbol{x},\boldsymbol{y}_1)+\frac{\omega^2}{c^2(\boldsymbol{x})}\hat{G}(\omega,\boldsymbol{x},\boldsymbol{y}_1)=-\delta(\boldsymbol{x}-\boldsymbol{y}_1)$$

将第一个方程乘以 $\hat{G}(\omega,\boldsymbol{x},\boldsymbol{y}_1)$、第二个方程乘以 $\hat{G}(\omega,\boldsymbol{x},\boldsymbol{y}_2)$，然后二者相减，得到：

$$\begin{aligned}\nabla_x\cdot[\hat{G}(\omega,\boldsymbol{x},\boldsymbol{y}_1)\nabla_x\hat{G}(\omega,\boldsymbol{x},\boldsymbol{y}_2)-\hat{G}(\omega,\boldsymbol{x},\boldsymbol{y}_2)\nabla_x\hat{G}(\omega,\boldsymbol{x},\boldsymbol{y}_1)]&=\hat{G}(\omega,\boldsymbol{x},\boldsymbol{y}_2)\delta(\boldsymbol{x}-\boldsymbol{y}_1)\\&\quad-\hat{G}(\omega,\boldsymbol{x},\boldsymbol{y}_1)\delta(\boldsymbol{x}-\boldsymbol{y}_2)=\hat{G}(\omega,\boldsymbol{y}_1,\boldsymbol{y}_2)\delta(\boldsymbol{x}-\boldsymbol{y}_1)\\&\quad-\hat{G}(\omega,\boldsymbol{y}_2,\boldsymbol{y}_1)\delta(\boldsymbol{x}-\boldsymbol{y}_2)\end{aligned}$$

下一步，在球心为 $\mathbf{0}$、半径为 L，且包含点$\boldsymbol{y}_1$ 和$\boldsymbol{y}_2$ 的球面 $B(\mathbf{0},L)$ 上积分，并应用散度定理，得到：

$$\begin{aligned}\int_{\partial B(\mathbf{0},L)}\boldsymbol{n}(\boldsymbol{x})\cdot[\hat{G}(\omega,\boldsymbol{x},\boldsymbol{y}_1)\nabla_x\hat{G}(\omega,\boldsymbol{x},\boldsymbol{y}_2)-\hat{G}(\omega,\boldsymbol{x},\boldsymbol{y}_2)\nabla_x\hat{G}(\omega,\boldsymbol{x},\boldsymbol{y}_1)]\mathrm{d}\sigma(\boldsymbol{x})&=\hat{G}(\omega,\boldsymbol{y}_1,\boldsymbol{y}_2)\\&\quad-\hat{G}(\omega,\boldsymbol{y}_2,\boldsymbol{y}_1)\end{aligned}$$

其中，$\boldsymbol{n}(\boldsymbol{x})$是球面 $B(\mathbf{0},L)$ 的外法向单位向量，即 $\boldsymbol{n}(\boldsymbol{x})=\dfrac{\boldsymbol{x}}{|\boldsymbol{x}|}$。

如果 $\boldsymbol{x}\in\partial B(\mathbf{0},L)$且 $L\to\infty$，那么根据佐默费尔德辐射条件，得到：

$$\boldsymbol{n}\cdot\nabla_x\hat{G}(\omega,\boldsymbol{x},\boldsymbol{y})=i\frac{\omega}{c_0}\hat{G}(\omega,\boldsymbol{x},\boldsymbol{y})+O\left(\frac{1}{L}\right)$$

由于 $\hat{G}(\omega,\boldsymbol{x},\boldsymbol{y})=O\left(\frac{1}{L}\right)$，当 $L\to\infty$ 时

$$\hat{G}(\omega,\boldsymbol{y}_1,\boldsymbol{y}_2)-\hat{G}(\omega,\boldsymbol{y}_2,\boldsymbol{y}_1)=\mathrm{i}\frac{\omega}{c_0}\int_{\partial B(\boldsymbol{0},L)}\left[\hat{G}(\omega,\boldsymbol{x},\boldsymbol{y}_1)\hat{G}(\omega,\boldsymbol{x},\boldsymbol{y}_2)-\hat{G}(\omega,\boldsymbol{x},\boldsymbol{y}_2)\hat{G}(\omega,\boldsymbol{x},\boldsymbol{y}_1)\right]\mathrm{d}\sigma(\boldsymbol{x})=0$$

命题得证。

2.1.3 亥姆霍兹-基尔霍夫恒等式

考虑以下情形：x_1 和 x_2 是观测点，球心为 $\mathbf{0}$、半径为 D 的球形区域 $B(\mathbf{0},D)$ 内介质非均匀（图 2.1）。

定理 2.2 的第二部分具体描述了亥姆霍兹-基尔霍夫恒等式，它满足散度定理和佐默费尔德辐射条件。这一恒等式在声学（Blackstock，2000）和光学（Born and Wolf，1999）中有重要应用。观察式（2.11）可以发现，它将两个正弦时间格林函数的乘积（其中一个是复共轭的）与格林函数联系起来。在时间域中，该乘积具有互相关形式（见 13.1 节），这充分说明了亥姆霍兹-基尔霍夫恒等式对互相关成像的重要性，正如 2.4 节看到的那样。

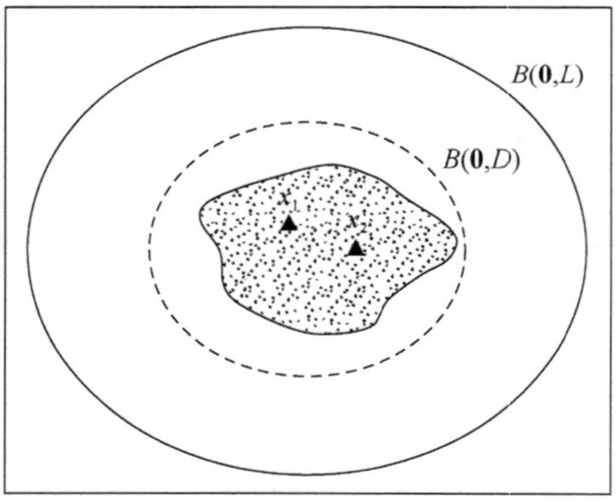

图 2.1 亥姆霍兹-基尔霍夫恒等式示意图，球形 $B(\mathbf{0},D)$ 外的介质是均匀的。

定理 2.2

（1）对于任何有界且光滑的开放区域 Ω，且任意 $\boldsymbol{x}_1,\boldsymbol{x}_2\in\Omega$，格林第二恒等式成立：

$$\begin{aligned}&\hat{G}(\omega,\boldsymbol{x}_1,\boldsymbol{x}_2)-\overline{\hat{G}}(\omega,\boldsymbol{x}_1,\boldsymbol{x}_2)\\&=\int_{\partial\Omega}\boldsymbol{n}(\boldsymbol{y})\cdot\left[\overline{\hat{G}}(\omega,\boldsymbol{y},\boldsymbol{x}_1)\nabla_y\hat{G}(\omega,\boldsymbol{y},\boldsymbol{x}_2)-\hat{G}(\omega,\boldsymbol{y},\boldsymbol{x}_2)\nabla_y\overline{\hat{G}}(\omega,\boldsymbol{y},\boldsymbol{x}_1)\right]\mathrm{d}\sigma(\boldsymbol{y})\end{aligned}\tag{2.10}$$

其中，$\boldsymbol{n}(\boldsymbol{y})$ 是 Ω 的外法向单位向量。

（2）如果介质在 $B(\mathbf{0},D)$ 之外是均匀的（即速度为常数 c_0），那么当 $L\gg D$ 时，对于所有 $\boldsymbol{x}_1,\boldsymbol{x}_2\in B(\mathbf{0},D)$ 有

$$\hat{G}(\omega,\boldsymbol{x}_1,\boldsymbol{x}_2)-\overline{\hat{G}}(\omega,\boldsymbol{x}_1,\boldsymbol{x}_2)=\frac{2\mathrm{i}\omega}{c_0}\int_{\partial B(\boldsymbol{0},L)}\overline{\hat{G}}(\omega,\boldsymbol{x}_1,\boldsymbol{y})\hat{G}(\omega,\boldsymbol{x}_2,\boldsymbol{y})\mathrm{d}\sigma(y) \tag{2.11}$$

正如本书所述，当分析障碍物对波的散射、时间反演实验中波的重聚焦以及背景噪声信号的互相关时，亥姆霍兹-基尔霍夫恒等式非常有用。

【证明】该证明基于散度定理和佐默费尔德辐射条件，以及前一节给出的互易定理，考虑如下两个方程：

$$\Delta_y\hat{G}(\omega,\boldsymbol{y},\boldsymbol{x}_2)+\frac{\omega^2}{c^2(\boldsymbol{y})}\hat{G}(\omega,\boldsymbol{y},\boldsymbol{x}_2)=-\delta(\boldsymbol{y}-\boldsymbol{x}_2)$$

$$\Delta_y\overline{\hat{G}}(\omega,\boldsymbol{y},\boldsymbol{x}_1)+\frac{\omega^2}{c^2(\boldsymbol{y})}\overline{\hat{G}}(\omega,\boldsymbol{y},\boldsymbol{x}_1)=-\delta(\boldsymbol{y}-\boldsymbol{x}_1)$$

将第一个方程乘以 $\overline{\hat{G}}(\omega,\boldsymbol{y},\boldsymbol{x}_1)$，第二个方程乘以 $\hat{G}(\omega,\boldsymbol{y},\boldsymbol{x}_2)$，将二者相减，得到：

$$\begin{aligned}&\nabla_y\cdot\left[\overline{\hat{G}}(\omega,\boldsymbol{y},\boldsymbol{x}_1)\nabla_y\hat{G}(\omega,\boldsymbol{y},\boldsymbol{x}_2)-\hat{G}(\omega,\boldsymbol{y},\boldsymbol{x}_2)\nabla_y\overline{\hat{G}}(\omega,\boldsymbol{y},\boldsymbol{x}_1)\right]\\&=\hat{G}(\omega,\boldsymbol{y},\boldsymbol{x}_2)\delta(\boldsymbol{y}-\boldsymbol{x}_1)-\overline{\hat{G}}(\omega,\boldsymbol{y},\boldsymbol{x}_1)\delta(\boldsymbol{y}-\boldsymbol{x}_2)\\&=\hat{G}(\omega,\boldsymbol{x}_1,\boldsymbol{x}_2)\delta(\boldsymbol{y}-\boldsymbol{x}_1)-\overline{\hat{G}}(\omega,\boldsymbol{x}_1,\boldsymbol{x}_2)\delta(\boldsymbol{y}-\boldsymbol{x}_2)\end{aligned}$$

此处使用了互易定理 $\hat{G}(\omega,\boldsymbol{x}_2,\boldsymbol{x}_1)=\hat{G}(\omega,\boldsymbol{x}_1,\boldsymbol{x}_2)$。

对上式在 Ω 域上积分，并利用散度定理就可以得到式（2.10）。当积分区域 Ω 为球 $B(\boldsymbol{0},L)$ 时，其外法向单位向量为 $\boldsymbol{n}=\frac{\boldsymbol{y}}{|\boldsymbol{y}|}$。格林函数在所有方向 $\frac{\boldsymbol{y}}{|\boldsymbol{y}|}$ 上均一致满足佐默费尔德辐射条件：

$$\lim_{|\boldsymbol{y}|\mapsto\infty}|\boldsymbol{y}|\left(\frac{\boldsymbol{y}}{|\boldsymbol{y}|}\cdot\nabla_y-\mathrm{i}\frac{\omega}{c_0}\right)\hat{G}(\omega,\boldsymbol{y},\boldsymbol{x}_1)=0$$

应用该特性，在球面 $\partial B(\boldsymbol{0},L)$ 上的面积分中用 $\mathrm{i}\frac{\omega}{c_0}\hat{G}(\omega,\boldsymbol{y},\boldsymbol{x}_2)$ 替换 $\boldsymbol{n}\cdot\nabla_y\hat{G}(\omega,\boldsymbol{y},\boldsymbol{x}_2)$，并且用 $-\mathrm{i}\frac{\omega}{c_0}\overline{\hat{G}}(\omega,\boldsymbol{y},\boldsymbol{x}_1)$ 替换 $n\cdot\nabla_y\overline{\hat{G}}(\omega,\boldsymbol{y},\boldsymbol{x}_1)$，就可以得到要证明的结果。

2.1.4　走时反演的应用

本小节将应用亥姆霍兹-基尔霍夫恒等式来研究时间反演问题。最初，时间反演是用于探讨能量聚焦问题，而不是为了成像。走时反演出现并应用在医学领域，对其最初的设想是把超声能量集中在肾结石上，以便摧毁它们（Fink，1997）。然而，正如将在本书中看到的那样，对这种情况的分析引发了许多关于逆时偏移和基于互相关的成像研究，这就是为什么首先要在一个相对简单的框架中考虑时间反演。

时间反演实验是基于一种称为时间反演镜的特殊装置开展的，这是一组既可以用作源也可以用作接收器的转换器。时间反演实验分两步进行：第一步，时间反演镜用作接收阵列；第二步，时间反演镜用作源阵列。此处仅考虑时间反演镜覆盖球 $B(\boldsymbol{0},L)$ 表面的理想情况（图 2.2）。

时间反演实验的第一步（图 2.2，左图）是假设 $\boldsymbol{y}$ 处的点源发射出脉冲 $f(t)$，则在球面 $\partial B(\boldsymbol{0},L)$ 上波场 $\hat{u}(\omega,\boldsymbol{x})$ 为

$$\hat{u}(\omega,\boldsymbol{x})=\hat{G}(\omega,\boldsymbol{x},\boldsymbol{y})\hat{f}(\omega),\quad \boldsymbol{x}\in\partial B(\boldsymbol{0},L)$$

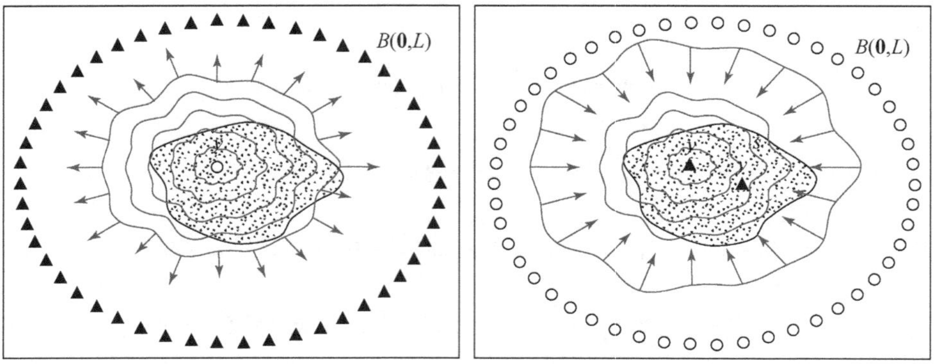

图 2.2　全孔径时间反演镜的时间反演实验。在第一步中（左图），球 B（$\boldsymbol{0},L$）表面的时间反演镜用作接收阵列。在第二步（右图）中，时间反演镜被用作源阵列。

在实验的第二步（图 2.2，右图）中，记录信号时间反演并发射回介质中。在$\boldsymbol{y}^S$ 处接收的信号 $\hat{u}_{\mathrm{TR}}(\omega,\boldsymbol{y}^S)$ 为

$$\hat{u}_{\mathrm{TR}}(\omega,\boldsymbol{y}^S)=\int_{\partial B(\boldsymbol{0},L)}\hat{G}(\omega,\boldsymbol{y}^S,\boldsymbol{x})\overline{\hat{G}(\omega,\boldsymbol{x},\boldsymbol{y})\hat{f}(\omega)}\,\mathrm{d}\sigma(\boldsymbol{x})$$

这里应用了逆时实值函数的傅里叶变换是该函数傅里叶变换的复共轭这一性质。借助于互易定理 $\hat{G}(\omega,\boldsymbol{x},\boldsymbol{y})=\hat{G}(\omega,\boldsymbol{y},\boldsymbol{x})$ 得到：

$$\hat{u}_{\mathrm{TR}}(\omega,\boldsymbol{y}^S)=\int_{\partial B(\boldsymbol{0},L)}\overline{\hat{G}}(\omega,\boldsymbol{y},\boldsymbol{x})\hat{G}(\omega,\boldsymbol{y}^S,\boldsymbol{x})\overline{\hat{f}}(\omega)\,\mathrm{d}\sigma(\boldsymbol{x})$$

根据亥姆霍兹–基尔霍夫恒等式：

$$\hat{G}(\omega,\boldsymbol{y},\boldsymbol{y}^S)-\overline{\hat{G}}(\omega,\boldsymbol{y},\boldsymbol{y}^S)=\frac{2\mathrm{i}\omega}{c_0}\int_{\partial B(\boldsymbol{0},L)}\overline{\hat{G}}(\omega,\boldsymbol{y},\boldsymbol{x})\hat{G}(\omega,\boldsymbol{y}^S,\boldsymbol{x})\,\mathrm{d}\sigma(\boldsymbol{x})$$

可以得到：

$$\hat{u}_{\mathrm{TR}}(\omega,\boldsymbol{y}^S)=\frac{c_0\left[\hat{G}(\omega,\boldsymbol{y},\boldsymbol{y}^S)-\overline{\hat{G}}(\omega,\boldsymbol{y},\boldsymbol{y}^S)\right]}{2\mathrm{i}\omega}\overline{\hat{f}}(\omega)$$

注意，$\boldsymbol{y}$ 是源的原始位置。因此，焦斑，即时间反转波的空间形式，可由格林函数的虚部决定：

$$\hat{u}_{\mathrm{TR}}(\omega,\boldsymbol{y}^S)=\frac{c_0}{\omega}\mathrm{Im}\left[\hat{G}(\omega,\boldsymbol{y},\boldsymbol{y}^S)\right]\overline{\hat{f}}(\omega)\tag{2.12}$$

在传播速度为 c_0 的均匀介质中：

$$\hat{G}(\omega,\boldsymbol{y},\boldsymbol{y}^S)=\frac{1}{4\pi\left|\boldsymbol{y}-\boldsymbol{y}^S\right|}\mathrm{e}^{\mathrm{i}\frac{\omega}{c_0}\left|\boldsymbol{y}-\boldsymbol{y}^S\right|}$$

从而可以得到焦斑：

$$\hat{u}_{\mathrm{TR}}(\omega,\boldsymbol{y}^S)=\frac{1}{4\pi}\mathrm{sinc}\left(\frac{\omega\,|\boldsymbol{y}-\boldsymbol{y}^S|}{c_0}\right)\overline{\hat{f}}(\omega),\ \mathrm{sinc}(s):=\frac{\sin s}{s} \tag{2.13}$$

这表明焦斑有一个半径，被称为衍射极限，定义为 sinc 函数的第一个零点，其值等于 $\frac{\lambda}{2}$，其中 $\lambda=\frac{2\pi c_0}{\omega}$是波长。

备注

在复杂介质中，$\mathrm{Im}[\hat{G}(\omega,\boldsymbol{y},\boldsymbol{y}^S)]$比在均匀介质中窄，这就是文献中提到的“超分辨率效应”（Lerosey et al.，2007）：如果一个微观结构的介质包围 $\boldsymbol{y}$ 处的原始震源，那么焦斑可以小于衍射极限$\frac{\lambda}{2}$。事实上，微结构介质的主要作用是将自由空间波长改造为更小的有效波长。

本小节基于亥姆霍兹-基尔霍夫恒等式证明了时间反演导致波在其原始源位置附近重新聚焦，它要求时间反演镜完全包围目标区域，即全孔径情况。实际上，使用有限空间的时间反演镜也可以使得时间反演重新聚焦，即时间反演对于部分孔径的情况也是成立的。在部分孔径情况下，即使不使用亥姆霍兹-基尔霍夫恒等式，也可以实现时间反演重聚焦，但这时遵循的原理是高频波传播的渐近理论，焦斑半径采用瑞利分辨率$\frac{\lambda}{\theta}$来描述，其中 θ 是孔径角。孔径角定义为阵列直径与台站覆盖范围的比值，此处覆盖范围是指从阵列到源的距离。在部分孔径情况下，孔径角较小，但焦斑尺寸大于衍射极限。第 4 章将对此进行详细说明。

2.2　含噪声源的标量波方程

考虑波速为 $c(\boldsymbol{x})$ 的三维非均匀介质中波动方程式（2.1）的解 u，其中 $c(\boldsymbol{x})$ 满足：

$$\frac{1}{c^2(\boldsymbol{x})}\frac{\partial^2 u}{\partial t^2}-\Delta_x u=n(t,\boldsymbol{x}) \tag{2.14}$$

$n(t,\boldsymbol{x})$ 是由噪声源产生的随机场，是由式（2.15）所示自相关函数描述的时间域零均值平稳随机过程：

$$\langle n(t_1,y_1)n(t_2,y_2)\rangle=\Gamma(t_2-t_1)\Gamma(y_1,y_2) \tag{2.15}$$

这里〈·〉表示噪声源分布的统计平均。为了简单起见，认为随机过程 n 具有高斯统计特性（见第 13.5 节）。

噪声源的时间分布特性由相关函数 $F(t_2-t_1)$表征，由于时间稳定性，相关函数 F 仅仅是 t_2-t_1 的函数。函数 F 满足规范化条件 $F(0)=1$。相关函数 $F(t)$的傅里叶变换 $\hat{F}(\omega)$是与源的功率谱密度成正比的非负、实值偶函数：

$$\hat{F}(\omega)=\int F(t)\,\mathrm{e}^{\mathrm{i}\omega t}\,\mathrm{d}t \tag{2.16}$$

噪声源的空间分布特征用自协方差函数 $\Gamma(y_1,y_2)$ 描述。在本书的大部分章节中，均假设随机过程 n 的空间分布是 δ-相关的：

$$\Gamma(y_1,y_2)=K(y_1)\delta(y_1-y_2) \tag{2.17}$$

其中，函数 K 描述源的空间支撑。

波动方程式（2.1）的解具有式（2.8）所示的积分表示式：

$$u(t,\boldsymbol{x})=\iint n(t-s,\boldsymbol{y})G(s,\boldsymbol{x},\boldsymbol{y})\mathrm{d}s\mathrm{d}y$$

其中，$G(t,\boldsymbol{x},\boldsymbol{y})$ 是时间域格林函数式（2.2）。

在 $\boldsymbol{x}_1$ 和 $\boldsymbol{x}_2$ 处记录信号的经验互相关可以用周期 T 上的积分表示为

$$C_T(\tau,\boldsymbol{x}_1,\boldsymbol{x}_2)=\frac{1}{T}\int_0^T u(t,x_1)u(t+\tau,x_2)\mathrm{d}t \tag{2.18}$$

如果积分时间 T 很大，则经验互相关 C_T 与噪声源的具体形式无关，而是等于它的期望值，在这个意义上，式（2.18）是一个统计意义上的稳定量。

命题 2.3

（1）经验互相关 C_T 的期望值与 T 无关：

$$\langle C_T(\tau,\boldsymbol{x}_1,\boldsymbol{x}_2)\rangle=C^{(1)}(\tau,\boldsymbol{x}_1,\boldsymbol{x}_2) \tag{2.19}$$

其中，统计互相关 $C^{(1)}$ 由下式给出：

$$C^{(1)}(\tau,\boldsymbol{x}_1,\boldsymbol{x}_2)=\frac{1}{2\pi}\iint \hat{F}(\omega)K(\boldsymbol{y})\overline{\hat{G}}(\omega,\boldsymbol{x}_1,\boldsymbol{y})\hat{G}(\omega,\boldsymbol{x}_2,\boldsymbol{y})\mathrm{e}^{-\mathrm{i}\omega\tau}\mathrm{d}\boldsymbol{y}\mathrm{d}\omega \tag{2.20}$$

式中，$\hat{G}(\omega,\boldsymbol{x},\boldsymbol{y})$ 为频域格林函数，即 $G(t,\boldsymbol{x},\boldsymbol{y})$ 的傅里叶变换。

（2）经验互相关 C_T 是一个概率意义上关于噪声源分布的自平均量：

$$C_T(\tau,\boldsymbol{x}_1,\boldsymbol{x}_2)\xrightarrow{T\to\infty}C^{(1)}(\tau,\boldsymbol{x}_1,\boldsymbol{x}_2) \tag{2.21}$$

（3）经验互相关 C_T 的协方差满足：

$$\begin{aligned}&2\pi T\mathrm{Cov}[C_T(\tau,\boldsymbol{x}_1,\boldsymbol{x}_2),C_T(\tau+\Delta\tau,\boldsymbol{x}_1,\boldsymbol{x}_2)]\\&\xrightarrow{T\to\infty}\int\left[\iint\overline{\hat{G}}(\omega,\boldsymbol{x}_1,\boldsymbol{y})\hat{G}(\omega,\boldsymbol{x}_2,\boldsymbol{y})K(\boldsymbol{y})\mathrm{d}y\right]^2[\hat{F}(\omega)]^2\mathrm{e}^{-\mathrm{i}\omega(2\tau+\Delta\tau)}\mathrm{d}\omega\\&\quad+\int\left[\iint|\hat{G}(\omega,\boldsymbol{x}_1,\boldsymbol{y})|^2K(\boldsymbol{y})\mathrm{d}y\right]\left[\iint|\hat{G}(\omega,\boldsymbol{x}_2,\boldsymbol{y})|^2K(\boldsymbol{y})\mathrm{d}y\right][\hat{F}(\omega)]^2\mathrm{e}^{-\mathrm{i}\omega\Delta\tau}\mathrm{d}\omega\end{aligned} \tag{2.22}$$

【证明】依据 Garnier 和 Papanicolaou（2009）的论述来证明命题 2.3。因为过程 n 是平稳的，乘积 $u(t,\boldsymbol{x}_1)u(t+\tau,\boldsymbol{x}_2)$ 本身就是 t 的平稳随机过程。因此 C_T 的平均值与 T 无关，且由下式表示：

$$\langle C_T(\tau,\boldsymbol{x}_1,\boldsymbol{x}_2)\rangle=\langle u(0,\boldsymbol{x}_1)u(\tau,\boldsymbol{x}_2)\rangle$$

使用式（2.8）可以得到互相关函数均值的积分表示为

$$\langle C_T(\tau,\boldsymbol{x}_1,\boldsymbol{x}_2)\rangle=\iint\mathrm{d}y_1\mathrm{d}y_2\iint\mathrm{d}s'\mathrm{d}sG(s,\boldsymbol{x}_1,\boldsymbol{y}_1)G(s',\boldsymbol{x}_2,\boldsymbol{y}_2)\langle n(-s,\boldsymbol{y}_1)n(\tau-s',\boldsymbol{y}_2)\rangle$$

利用源的自相关函数式（2.15），可以得到：

$$\langle C_T(\tau,\boldsymbol{x}_1,\boldsymbol{x}_2)\rangle=\iint\mathrm{d}y_1\mathrm{d}y_2\iint\mathrm{d}s'\mathrm{d}sG(s,\boldsymbol{x}_1,\boldsymbol{y}_1)G(\tau+s+s',\boldsymbol{x}_2,\boldsymbol{y}_2)F(s')\Gamma(\boldsymbol{y}_1,\boldsymbol{y}_2)$$

利用式（2.17），可以得到：

$$\langle C_T(\tau,\boldsymbol{x}_1,\boldsymbol{x}_2)\rangle=\int\mathrm{d}y\iint\mathrm{d}s\mathrm{d}s'G(s,\boldsymbol{x}_1,\boldsymbol{y})G(\tau+s+s',\boldsymbol{x}_2,\boldsymbol{y})F(s')K(\boldsymbol{y}) \tag{2.23}$$

式（2.23）的频率域形式即为式（2.20）。

本章后的附录 2. A 给出了式（2. 22）的证明，虽然计算很烦琐，但是很明了。由于噪声源具有高斯特性，因此可以将其四阶矩表示成二阶矩的乘积之和。

为了证明式（2. 21），即互相关函数 C_T 的自平均性质，可以通过令 $\Delta\tau=0$ 来计算其方差，这是式（2. 22）的直接推论。当 $T\to\infty$ 时，方差变为零，经验互相关在均方意义上收敛到其期望值，因此根据切比雪夫不等式可以得到：

$$\mathbb{P}\left(\left|C_T(\tau,\boldsymbol{x}_1,\boldsymbol{x}_2)-\langle C_T(\tau,\boldsymbol{x}_1,\boldsymbol{x}_2)\rangle\right|\geqslant\epsilon\right)\leqslant\frac{\mathrm{Var}[C_T(\tau,\boldsymbol{x}_1,\boldsymbol{x}_2)]}{\epsilon^2}$$

式（2. 22）右端第一项与期望的平方形式相同，但第二项却不同。当介质均匀且波在其中的传播速度为 c_0 时，假设源到检波器的距离为 L，则格林函数具有式（2. 7）的形式，且扰动的方差可以近似表示为

$$\mathrm{Var}[C_T(\tau,\boldsymbol{x}_1,\boldsymbol{x}_2)]\simeq\frac{1}{2^9\pi^5TL^4}\left[\int K(\boldsymbol{y})\mathrm{d}\boldsymbol{y}\right]\left\{\int[\hat{F}(\omega)]^2\mathrm{d}\omega\right\}\tag{2.24}$$

这表明：

（1）所有噪声源都对经验互相关的扰动有贡献，因为式（2. 24）中出现了源函数 K 的体积分。

（2）扰动的标准差按 $(BT)^{-1/2}$ 衰减。这里 T 是积分时间变量，B 是噪声带宽，即噪声源功率谱密度的宽度。如果令 $F(t)=F_0(Bt)$，F_0 是规范化函数，于是有 $\hat{F}(\omega)=B^{-1}\hat{F}_0(B^{-1}\omega)$，因此 $\int[\hat{F}(\omega)]^2\mathrm{d}\omega=B^{-1}\int[\hat{F}_0(\omega')]^2\mathrm{d}\omega'$；换句话说，功率谱密度平方的积分与噪声带宽成反比。

（3）扰动的标准差按 L^{-2} 衰减（L 为从源到检波器的距离）。

命题 2. 3 的式（2. 20）和式（2. 21）表明，当平均积分时间 T 不够长时可能会出现错误，因为 T 太小时，时间平均值不等于统计平均值（Gouédard et al.，2008）。然而，整本书中均假设时间 T 不是一个限制因素，因此这个误差可以减小到任意小的值并可以忽略不计。

备注

在地震干涉测量中，时间 T 不能无限大，尤其是研究背景速度场随时间缓慢变化时，有必要根据滑动时窗获得的互相关来估计波的走时，若该时窗足够大，则可以确保互相关的自平均时间，若该时窗足够小，则可以保证背景速度场缓慢变化的时间分辨率。因此，时窗大小的选择可能至关重要（Liu et al.，2010）。在时间 T 有限的情况下，为提高互相关估计的质量，有必要采用一定的信号处理技术，如加窗、分段、叠加和谱白化（Bensen et al.，2007），特别是在地震噪声存在季节性变化的情况下（Sens-Schönfelder and Wegler，2006）。有研究者开发了一个 Python 程序包来计算地震噪声信号的互相关（Lecocq et al.，2014）。实际上，可以采用一种简单的数值技术减少信号中能量最强部分的贡献，即不记录完整的波形，只记录信号的正负符号，对于正测量值，符号取+1，对于负测量值，符号取−1。这意味着实际上只考虑相位，而不考虑振幅。这种 one-bit 量化方法已经在时间反演中得到应用（Derode et al.，1999），后来的研究证明其完全可以应用于互相关估计（Shapiro et al.，2005；Larose et al.，2007；Yao and van der Hilst，2009；Cupillard et al.，2011）。

2.3　均匀开放介质中均匀分布源的格林函数估计

本节研究均匀开放介质中均匀分布源的格林函数，更准确地说，式（2.17）给出了在背景速度为 c_0 的均匀开放介质中，源分布在整个空间，即 $K\equiv 1$ 时，互相关与格林函数关系的初步证明。在这种情况下，信号振幅发散是因为远离检波器的噪声源能量没有衰减。为使公式适定，需要引入某个耗散系数，因此考虑带阻尼的波动方程式（2.25）的解 u：

$$\frac{1}{c_0^2}\left(\frac{1}{T_a}+\frac{\partial}{\partial t}\right)^2 u-\Delta_x u=n(t,\boldsymbol{x}) \tag{2.25}$$

命题 2.4　在三维开放耗散介质中，如果源分布扩展到所有空间［在式（2.17）中，$K\equiv 1$］，则

$$\frac{\partial}{\partial \tau}C^{(1)}(\tau,\boldsymbol{x}_1,\boldsymbol{x}_2)=-\frac{c_0^2T_a}{4}F*\left[G(\tau,\boldsymbol{x}_1,\boldsymbol{x}_2)\exp\left(-\frac{\tau}{T_a}\right)-G(-\tau,\boldsymbol{x}_1,\boldsymbol{x}_2)\exp\left(\frac{\tau}{T_a}\right)\right] \tag{2.26}$$

式中，$*$ 表示关于 τ 的卷积，卷积的形式为

$$F*g(\tau)=\int F(s)g(\tau-s)\,\mathrm{d}s$$

这里 G 是均匀无耗散介质的格林函数：

$$G(t,\boldsymbol{x}_1,\boldsymbol{x}_2)=\frac{1}{4\pi|\boldsymbol{x}_1-\boldsymbol{x}_2|}\delta\left(t-\frac{|\boldsymbol{x}_1-\boldsymbol{x}_2|}{c_0}\right)$$

均匀耗散介质的格林函数为

$$G_a(t,\boldsymbol{x}_1,\boldsymbol{x}_2)=G(t,\boldsymbol{x}_1,\boldsymbol{x}_2)\exp\left(-\frac{t}{T_a}\right)$$

换句话说，即有

$$\frac{\partial}{\partial \tau}C^{(1)}(\tau,\boldsymbol{x}_1,\boldsymbol{x}_2)=-\frac{c_0^2T_a}{4}F*[G_a(\tau,\boldsymbol{x}_1,\boldsymbol{x}_2)-G_a(-\tau,\boldsymbol{x}_1,\boldsymbol{x}_2)]$$

或等价表示为

$$\frac{\partial}{\partial \tau}C^{(1)}(\tau,\boldsymbol{x}_1,\boldsymbol{x}_2)=-\frac{c_0^2T_a}{16\pi|\boldsymbol{x}_1-\boldsymbol{x}_2|}\exp\left(-\frac{|\boldsymbol{x}_1-\boldsymbol{x}_2|}{c_0T_a}\right)\{F[\tau-\mathcal{T}(\boldsymbol{x}_1,\boldsymbol{x}_2)]-F[\tau+\mathcal{T}(\boldsymbol{x}_1,\boldsymbol{x}_2)]\}$$

其中，$\mathcal{T}(\boldsymbol{x}_1,\boldsymbol{x}_2)=\dfrac{|\boldsymbol{x}_1-\boldsymbol{x}_2|}{c_0}$是波在 $\boldsymbol{x}_1$ 和 $\boldsymbol{x}_2$ 之间的走时。因此，可以根据两个检波器在 $\boldsymbol{x}_1$ 和 $\boldsymbol{x}_2$ 处记录的背景噪声信号的互相关来估计走时 $\mathcal{T}(\boldsymbol{x}_1,\boldsymbol{x}_2)$，其精度为噪声源的退相干时间的阶数，即 F 的宽度。

【证明】均匀耗散介质的格林函数是

$$G_a(t,\boldsymbol{x}_1,\boldsymbol{x}_2)=G(t,\boldsymbol{x}_1,\boldsymbol{x}_2)\exp\left(-\frac{t}{T_a}\right)$$

互相关函数由下式给出：

$$C^{(1)}(\tau,\boldsymbol{x}_1,\boldsymbol{x}_2)=\int \mathrm{d}\boldsymbol{y}\iint \mathrm{d}s\mathrm{d}s'G_a(s,\boldsymbol{x}_1,\boldsymbol{y})G_a(\tau+s+s',\boldsymbol{x}_2,\boldsymbol{y})F(s')$$

对 s 和 s' 积分得到：

$$C^{(1)}(\tau, \boldsymbol{x}_1, \boldsymbol{x}_2) = \int \frac{1}{16\pi^2 |\boldsymbol{x}_1 - \boldsymbol{y}| |\boldsymbol{x}_2 - \boldsymbol{y}|} \exp\left(-\frac{|\boldsymbol{x}_1 - \boldsymbol{y}| + |\boldsymbol{x}_2 - \boldsymbol{y}|}{c_0 T_a}\right) \times F\left(\tau + \frac{|\boldsymbol{x}_1 - \boldsymbol{y}| - |\boldsymbol{x}_2 - \boldsymbol{y}|}{c_0}\right) \mathrm{d}\boldsymbol{y}$$

假设检波器的位置坐标为 $\boldsymbol{x}_1 = (-h, 0, 0)$，$\boldsymbol{x}_2 = (h, 0, 0)$，其中 $h>0$，对于 $\boldsymbol{y} = (x, y, z)$，使用如下形式的变量代换：

$$\begin{cases} x = h\sin\theta\cosh\phi, & \phi \in (0, \infty) \\ y = h\cos\theta\sinh\phi\cos\psi, & \theta \in (-\pi/2, \pi/2) \\ z = h\cos\theta\sinh\phi\sin\psi, & \psi \in (0, 2\pi) \end{cases}$$

其雅可比行列式为 $J = h^3\cos\theta\sinh\phi(\cosh^2\phi - \sin^2\theta)$。利用

$$|\boldsymbol{x}_2 - \boldsymbol{y}| = h(\cosh\phi - \sin\theta) \text{ 与 } |\boldsymbol{x}_1 - \boldsymbol{y}| = h(\cosh\phi + \sin\theta),$$

得到

$$C^{(1)}(\tau, \boldsymbol{x}_1, \boldsymbol{x}_2) = \frac{h}{8\pi} \int_0^{\infty} \mathrm{d}\phi \sinh\phi \int_{-\pi/2}^{\pi/2} \mathrm{d}\theta \cos\theta \times \exp\left(-\frac{2h\cosh\phi}{c_0 T_a}\right) F\left(\tau + \frac{2h\sin\theta}{c_0}\right)$$

再次做变量代换 $u = h\cosh\phi$ 和 $s = \dfrac{2h\sin\theta}{c_0}$，得到：

$$C^{(1)}(\tau, \boldsymbol{x}_1, \boldsymbol{x}_2) = \frac{c_0^2 T_a}{32\pi h} \exp\left(-\frac{2h}{c_0 T_a}\right) \int_{-2h/c_0}^{2h/c_0} F(\tau + s) \mathrm{d}s$$

对 τ 微分，得到：

$$\frac{\partial}{\partial \tau} C^{(1)}(\tau, \boldsymbol{x}_1, \boldsymbol{x}_2) = \frac{c_0^2 T_a}{32\pi h} \exp\left(-\frac{2h}{c_0 T_a}\right) \left[F\left(\tau + \frac{2h}{c_0}\right) - F\left(\tau - \frac{2h}{c_0}\right)\right]$$

由于 $|\boldsymbol{x}_1 - \boldsymbol{x}_2| = 2h$，结论得证。

2.4　非均匀开放介质中源扩展分布时的格林函数估计

本节研究非均匀开放介质中，当源分布范围扩大时，由互相关产生的格林函数。实际上，如序言所述，互相关函数与波从 $\boldsymbol{x}_1$ 传播到 $\boldsymbol{x}_2$ 时产生的对称格林函数密切相关，这一情况不仅仅在均匀介质中成立，在非均匀介质中也同样成立。如图 2.3 所示，当 $\boldsymbol{x}_1$ 与 $\boldsymbol{x}_2$ 处的噪声源位于包围非均匀区域和检波器的球体表面时，后面将基于亥姆霍兹-基尔霍夫恒等式给出上述结论简单而严格的证明。详细证明过程可以在 Wapenaar 等（2010b）的综述文章和 Schuster（2009）中找到。这个结论很简单，证明过程也很简洁，但正如前面提到的，它需要全孔径照明。

该证明过程可以总结如下：亥姆霍兹-基尔霍夫恒等式［式（2.11）］的右端项与互相关函数 $C^{(1)}$ 在傅里叶域的表示式（2.20）有关。因此，将式（2.11）代入式（2.20），可以得到以下命题。

命题 2.5　假设：

（1）球心为 0，半径为 D 的球 $B(\boldsymbol{0}, D)$ 外为均匀介质；

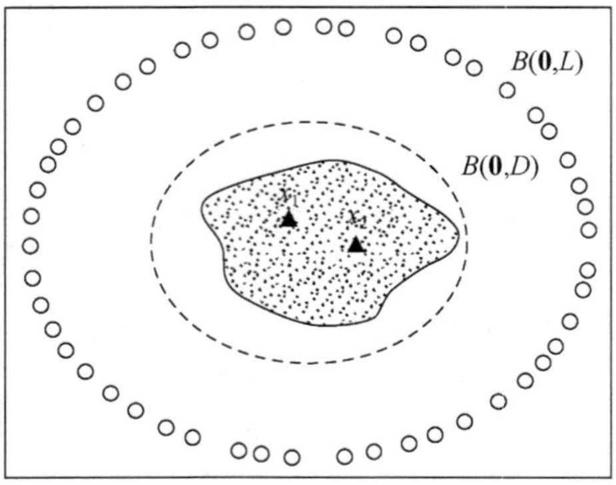

图 2.3　分布在球 $\partial B(\mathbf{0},L)$ 上的源，球 $B(\mathbf{0},D)$ 外为均匀介质。

（2）源在中心为 0 半径为 L 的球 $\partial B(\mathbf{0},L)$ 上均匀分布。

如果 $L \gg D$，那么对于任意 $\boldsymbol{x}_1,\boldsymbol{x}_2 \in B(\mathbf{0},D)$，有

$$\frac{\partial}{\partial \tau}C^{(1)}(\tau,\boldsymbol{x}_1,\boldsymbol{x}_2)=-\frac{c_0}{2}[F*G(\tau,\boldsymbol{x}_1,\boldsymbol{x}_2)-F*G(-\tau,\boldsymbol{x}_1,\boldsymbol{x}_2)] \tag{2.27}$$

【证明】 当源在球面上均匀分布时，统计互相关式（2.20）可表示为

$$C^{(1)}(\tau,\boldsymbol{x}_1,\boldsymbol{x}_2)=\frac{1}{2\pi}\int \hat{F}(\omega)\mathrm{e}^{-\mathrm{i}\omega\tau}\mathrm{d}\omega\int_{\partial B(\mathbf{0},L)}\overline{\hat{G}}(\omega,\boldsymbol{x}_1,y)\hat{G}(\omega,\boldsymbol{x}_2,y)\mathrm{d}\sigma(y)$$

对 τ 求偏导数得到：

$$\frac{\partial}{\partial \tau}C^{(1)}(\tau,\boldsymbol{x}_1,\boldsymbol{x}_2)=-\frac{1}{2\pi}\int \mathrm{i}\omega\hat{F}(\omega)\mathrm{e}^{-\mathrm{i}\omega\tau}\mathrm{d}\omega\int_{\partial B(\mathbf{0},L)}\overline{\hat{G}}(\omega,\boldsymbol{x}_1,y)\hat{G}(\omega,\boldsymbol{x}_2,y)\mathrm{d}\sigma(y)$$

利用亥姆霍兹–基尔霍夫恒等式［式（2.11）］可以将上式简化为

$$\frac{\partial}{\partial \tau}C^{(1)}(\tau,\boldsymbol{x}_1,\boldsymbol{x}_2)=-\frac{c_0}{4\pi}\int \hat{F}(\omega)\mathrm{e}^{-\mathrm{i}\omega\tau}\mathrm{d}\omega[\hat{G}(\omega,\boldsymbol{x}_1,\boldsymbol{x}_2)-\overline{\hat{G}}(\omega,\boldsymbol{x}_1,\boldsymbol{x}_2)]$$

当 $L \gg D$ 时，上式即为所求。

该命题是本章的主要结论。结果表明，当噪声源围绕目标区域时，在两个观测点记录的信号互相关的延迟时间的导数是这两个观测点之间的格林函数。

下面的例子说明了当介质均匀且背景速度为 c_0 时，命题 2.5 所述的结果是正确的。首先，在许多实际情况下，功率谱密度 $\hat{F}(\omega)$ 相当平滑，并且在零点处其值为零。事实上，仅当 $0<\omega_{\min}\leqslant\omega\omega_{\max}<\infty$ 时，它才是非零的。如果 $\hat{F}(\omega)=\omega^2\hat{F}_2(\omega)$，则 $F(t)=-F_2''(t)$（上标″表示对时间求二阶导数）且有互相关表达式：

$$C^{(1)}(\tau,\boldsymbol{x}_1,\boldsymbol{x}_2)=\frac{c_0}{8\pi|\boldsymbol{x}_1-\boldsymbol{x}_2|}\left[F_2'\left(\tau-\frac{|\boldsymbol{x}_1-\boldsymbol{x}_2|}{c_0}\right)-F_2'\left(\tau+\frac{|\boldsymbol{x}_1-\boldsymbol{x}_2|}{c_0}\right)\right]$$

其中，自相关函数：

$$C^{(1)}(\tau,\boldsymbol{x}_1,\boldsymbol{x}_1)=-\frac{1}{4\pi}F_2''(\tau)$$

这两个函数如图 2.4 所示，其中 F_2 为高斯函数：自相关函数 $C^{(1)}(\tau,\boldsymbol{x}_1,\boldsymbol{x}_2)$ 具有高斯

函数的二阶导数形式，并且互相关 $C^{(1)}(\tau,\boldsymbol{x}_1,\boldsymbol{x}_j)$，$j\geqslant 2$ 在$\pm\dfrac{|\boldsymbol{x}_1-\boldsymbol{x}_j|}{c_0}$处出现两个相互对称的峰值，其形式为高斯函数的一阶导数。

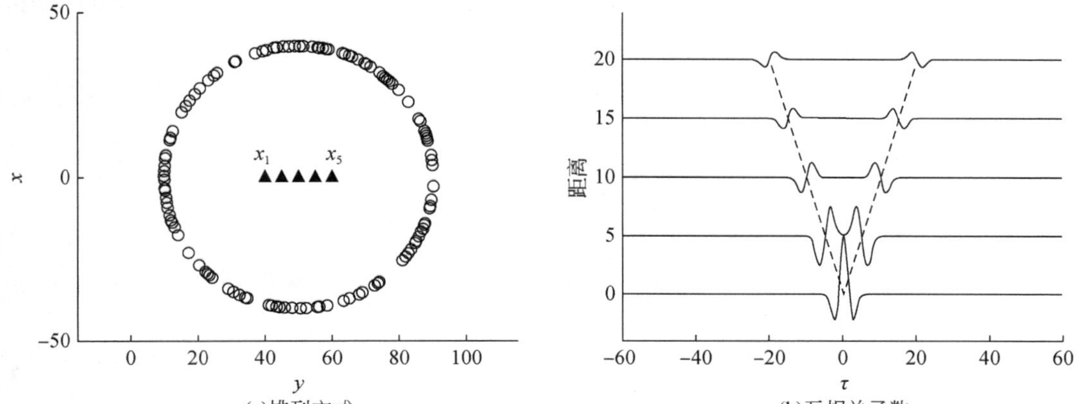

(a)排列方式　　(b)互相关函数

图 2.4　排列方式如图（a）中的平面（xy）所示：圆圈为噪声源，三角形为检波器（两个相邻检波器之间的距离为 5）。点源在中心为（0,50,0）半径为 40 的三维球体表面呈等概率密度独立均匀分布。图（b）显示了在(x_1,x_j),$j=1,\cdots,5$ 处检波器对之间的互相关 $\tau\to C^{(1)}(\tau,\boldsymbol{x}_1,\boldsymbol{x}_j)$ 与距离 $|\boldsymbol{x}_j-\boldsymbol{x}_1|$ 之间的对应关系。对于 $j\geqslant 2$，值需要乘以 6，因为自相关函数（$j=1$）的值高于互相关函数（$j\geqslant 2$）。这里的功率谱密度为$\hat{F}$（ω）$=\omega^2 e^{-\omega^2}$且 $c_0=1$。当 $j\geqslant 2$ 时，以$\pm\dfrac{|\boldsymbol{x}_j-\boldsymbol{x}_1|}{c_0}$为中心的高斯一阶导数形式的峰值可以清楚地分辨出来。

2.5　非均匀空腔中源扩展分布时的格林函数估计

本节讨论噪声源在有界空腔中发射出信号而产生的格林函数。Lobkis 和 Weaver（2001）证明了在这种情况下噪声信号的互相关与对称格林函数有关。对于这种情况的适定公式，需要再次引入某种耗散性质，因此需要考虑阻尼波动方程式（2.28）在有界开区间 $\Omega\subset\mathbb{R}^3$ 中满足 $\partial\Omega$ 上的 Dirichlet 边界条件 $u=0$ 的解：

$$\left(\frac{1}{T_a}+\frac{\partial}{\partial t}\right)^2 u-\Delta u=n(t,\boldsymbol{x}) \tag{2.28}$$

其中，运算符 Δ 定义为

$$\Delta=\nabla_x\cdot\left[c^2(\boldsymbol{x})\nabla_x\right]$$

在 $c(\boldsymbol{x})\equiv c_0$ 的均匀介质中，Δ 等于普通拉普拉斯算符 Δ_x 的 c_0^2 倍。这里假设波的瞬时传播速度 $c(\boldsymbol{x})$ 介于两个正常数之间。

噪声源 $n(t,\boldsymbol{x})$ 是零均值平稳随机过程，其自相关函数为

$$\langle n(t_1,\boldsymbol{y}_1)n(t_2,\boldsymbol{y}_2)\rangle=F(t_1-t_2)K(\boldsymbol{y}_1)\delta(\boldsymbol{y}_1-\boldsymbol{y}_2) \tag{2.29}$$

函数 K 表示源的空间支撑，且假设其在全空间 Ω 中成立。

在所考虑的有界非均匀介质情况下，当 $p \geq 1$ 时，格林函数可以用特征值 ω_p^2 和 $-\Delta$ 的正交特征函数 ϕ_p 来表示，即

$$\text{在 } \Omega \text{ 内}, -\Delta\phi_p = \omega_p^2\phi_p; \text{在边界 } \partial\Omega \text{ 上}, \phi_p = 0 \tag{2.30}$$

对于任意 $\boldsymbol{y} \in \Omega$，格林函数 $G(t, \boldsymbol{x}, \boldsymbol{y})$ 是式(2.31)在初始条件 $G(t, \boldsymbol{x}, \boldsymbol{y}) = 0 (t<0)$ 与边界条件 $G(t, \boldsymbol{x}, \boldsymbol{y}) = 0 (\boldsymbol{x} \in \partial\Omega)$ 下的解：

$$\frac{\partial^2 G}{\partial t^2} - \Delta G = \delta(t)\delta(\boldsymbol{x} - \boldsymbol{y}) \tag{2.31}$$

它满足如下的分布形式：

$$G(t, \boldsymbol{x}, \boldsymbol{y}) = \begin{cases} \sum_{p=1}^{\infty} \frac{\sin(\omega_p t)}{\omega_p} \phi_p(\boldsymbol{x}) \phi_p(\boldsymbol{y}), & t > 0 \\ 0, & t \leq 0 \end{cases} \tag{2.32}$$

阻尼波动方程［式（2.28）］解的积分表示为

$$u(t, \boldsymbol{x}) = \int_{\Omega} \int_{-\infty}^{t} n(s, \boldsymbol{y}) G(t-s, \boldsymbol{x}, \boldsymbol{y}) \mathrm{e}^{-\frac{1}{T_a}(t-s)} \mathrm{d}s\mathrm{d}y \tag{2.33}$$

此时，$\boldsymbol{x}_1$ 和 $\boldsymbol{x}_2$ 处信号的经验互相关可重新定义为

$$C_T(\tau, \boldsymbol{x}_1, \boldsymbol{x}_2) = \frac{1}{T} \int_0^T u(t, \boldsymbol{x}_1) u(t+\tau, \boldsymbol{x}_2) \mathrm{d}t \tag{2.34}$$

此时的统计互相关为

$$C^{(1)}(\tau, \boldsymbol{x}_1, \boldsymbol{x}_2) = \langle C_T(\tau, \boldsymbol{x}_1, \boldsymbol{x}_2) \rangle$$

经验互相关的统计稳定性与前几小节讨论的相同，这意味着当 $T \to \infty$ 时，在概率上可以表示为

$$C_T(\tau, \boldsymbol{x}_1, \boldsymbol{x}_2) = C^{(1)}(\tau, \boldsymbol{x}_1, \boldsymbol{x}_2)$$

统计互相关与格林函数之间的关系可以通过简正振型展开得到。

命题 2.6 如果源分布扩展到整个耗散均匀的三维非均匀空腔中［式（2.29），其中 $K(\boldsymbol{x}) \equiv 1_{\Omega}(\boldsymbol{x})$］，则有

$$\frac{\partial}{\partial \tau} C^{(1)}(\tau, \boldsymbol{x}_1, \boldsymbol{x}_2) = -\frac{T_a}{4} F * \left[G(\tau, \boldsymbol{x}_1, \boldsymbol{x}_2) \exp\left(-\frac{\tau}{T_a}\right) - G(-\tau, \boldsymbol{x}_1, \boldsymbol{x}_2) \exp\left(\frac{\tau}{T_a}\right) \right] \tag{2.35}$$

其中，$*$ 表示对 τ 做卷积，G 是式（2.32）表示的格林函数。

带耗散的格林函数是

$$G_a(t, \boldsymbol{x}_1, \boldsymbol{x}_2) = G(t, \boldsymbol{x}_1, \boldsymbol{x}_2) \exp\left(-\frac{t}{T_a}\right)$$

其中，G 由式（2.32）给出。此时，可以将式（2.35）写为

$$\frac{\partial}{\partial \tau} C^{(1)}(\tau, \boldsymbol{x}_1, \boldsymbol{x}_2) = -\frac{T_a}{4} F * [G_a(\tau, \boldsymbol{x}_1, \boldsymbol{x}_2) - G_a(-\tau, \boldsymbol{x}_1, \boldsymbol{x}_2)]$$

注意，$C^{(1)}$ 是关于 τ 的偶函数，因此其对 τ 的导数是奇函数。这一命题表明，互相关函数对 τ 的导数是格林函数的光滑对称形式。

【证明】 此证明是根据 Lobkis 和 Weaver（2001）物理文献中的推导以及 Colin de Verdière（2009）数学文献中的推导整理得到的。首先，假设源 $n(s, \boldsymbol{y})$ 是一个平稳时间过程，即 $n(s, \boldsymbol{y})_{s \in \mathbb{R}, y \in \Omega}$ 和 $n(t+s, \boldsymbol{y})_{s \in \mathbb{R}, y \in \Omega}$ 具有相同的统计分布。因此，记录信号式（2.36）

同样是一个平稳时间过程：

$$u(t,\boldsymbol{x})=\int_{\Omega}\int_{0}^{\infty}n(t-s,\boldsymbol{y})G(s,\boldsymbol{x},\boldsymbol{y})\mathrm{e}^{-\frac{s}{T_a}}\mathrm{d}s\mathrm{d}y \tag{2.36}$$

这意味着对于任意的时间 t，有

$$\langle u(t,\boldsymbol{x}_1)u(t+\tau,\boldsymbol{x}_2)\rangle=\langle u(0,\boldsymbol{x}_1)u(\tau,\boldsymbol{x}_2)\rangle$$

且互相关函数的平均值与 T 无关，如下式所示：

$$C^{(1)}(\tau,\boldsymbol{x}_1,\boldsymbol{x}_2)=\langle C_T(\tau,\boldsymbol{x}_1,\boldsymbol{x}_2)\rangle=\frac{1}{T}\int_0^T\langle u(t,\boldsymbol{x}_1)u(t+\tau,\boldsymbol{x}_2)\rangle\mathrm{d}t=\langle u(0,\boldsymbol{x}_1)u(\tau,\boldsymbol{x}_2)\rangle$$

利用式（2.36），得到统计互相关函数的积分表示为

$$C^{(1)}(\tau,\boldsymbol{x}_1,\boldsymbol{x}_2)=\int_0^{\infty}\int_0^{\infty}\iint_{\Omega^2}\langle n(-s,\boldsymbol{y}_1)n(\tau-s',\boldsymbol{y}_2)\rangle G(s,\boldsymbol{x}_1,\boldsymbol{y}_1)$$
$$\times G(s',\boldsymbol{x}_2,\boldsymbol{y}_2)\mathrm{e}^{-\frac{s-s'}{T_a}}\mathrm{d}y_1\mathrm{d}y_2\mathrm{d}s'\mathrm{d}s$$

时间过程 $n(t,\boldsymbol{y})$ 在空间上是 δ–相关的，因此：

$$C^{(1)}(\tau,\boldsymbol{x}_1,\boldsymbol{x}_2)=\int_0^{\infty}\int_0^{\infty}\mathrm{e}^{-\frac{s+s'}{T_a}}F(\tau-s'+s)\mathrm{d}s\mathrm{d}s'\int_{\Omega}G(s,\boldsymbol{x}_1,\boldsymbol{y})G(s',\boldsymbol{x}_2,\boldsymbol{y})\mathrm{d}y$$

接下来，用 $-\Delta$ 的特征值和特征函数替换格林函数的展开式（2.32）：

$$C^{(1)}(\tau,\boldsymbol{x}_1,\boldsymbol{x}_2)=\int_0^{\infty}\int_0^{\infty}\mathrm{e}^{-\frac{s+s'}{T_a}}F(\tau-s'+s)\mathrm{d}s\mathrm{d}s'\sum_{p,p'=1}^{\infty}\frac{\sin\omega_p s}{\omega_p}\frac{\sin\omega_{p'}s'}{\omega_{p'}}$$
$$\times\int_{\Omega}\phi_p(\boldsymbol{x}_1)\phi_p(\boldsymbol{y})\phi_{p'}(\boldsymbol{y})\phi_{p'}(\boldsymbol{x}_2)\mathrm{d}y$$

根据本征函数的正交性：

$$\int_{\Omega}\phi_p(\boldsymbol{y})\phi_{p'}(\boldsymbol{y})\mathrm{d}y=\delta_{pp'}$$

得到

$$C^{(1)}(\tau,\boldsymbol{x}_1,\boldsymbol{x}_2)=\sum_{p=1}^{\infty}\int_0^{\infty}\int_0^{\infty}\mathrm{d}s\mathrm{d}s'\mathrm{e}^{-\frac{s+s'}{T_a}}F(\tau-s'+s)$$
$$\times\frac{\sin\omega_p s}{\omega_p}\frac{\sin\omega_p s'}{\omega_p}\phi_p(\boldsymbol{x}_1)\phi_p(\boldsymbol{x}_2)$$

应用变量代换 $\alpha=\frac{s+s'}{2}$，$\beta=s'-s$ 并使用恒等式：

$$\sin\left[\omega_p\left(\alpha-\frac{\beta}{2}\right)\right]\sin\left[\omega_p\left(\alpha+\frac{\beta}{2}\right)\right]=\frac{\cos(\omega_p\beta)-\cos(\omega_p\alpha)}{2}$$

得到

$$C^{(1)}(\tau,\boldsymbol{x}_1,\boldsymbol{x}_2)=\sum_{p=1}^{\infty}\int_{-\infty}^{\infty}\mathrm{d}\beta\int_{\frac{|\beta|}{2}}^{\infty}\mathrm{d}\alpha\mathrm{e}^{-\frac{2\alpha}{T_a}}F(\tau-\beta)$$
$$\times\frac{\cos(\omega_p\beta)-\cos(\omega_p\alpha)}{2\omega_p^2}\phi_p(\boldsymbol{x}_1)\phi_p(\boldsymbol{x}_2)$$

通过计算 α 的积分，发现：

$$C^{(1)}(\tau,\boldsymbol{x}_1,\boldsymbol{x}_2)=\sum_{p=1}^{\infty}T_a^2\int_{-\infty}^{\infty}\mathrm{d}\beta F(\tau-\beta)\mathrm{e}^{-\frac{|\beta|}{T_a}}\times\frac{\omega_pT_a\cos(\omega_p|\beta|)+\sin(\omega_p|\beta|)}{4\omega_p(1+\omega_p^2T_a^2)}\phi_p(\boldsymbol{x}_1)\phi_p(\boldsymbol{x}_2)$$

因为 $F(t)$ 是偶函数，所以 $C^{(1)}$ 是关于 τ 的偶函数。对 τ 求偏导数，得到：

$$\begin{aligned}\frac{\partial}{\partial\tau}C^{(1)}(\tau,\boldsymbol{x}_1,\boldsymbol{x}_2)=&-\sum_{p=1}^{\infty}\frac{T_a}{4}\int_0^{\infty}\mathrm{d}\beta F(\tau-\beta)\mathrm{e}^{-\frac{|\beta|}{T_a}}\frac{\sin(\omega_p\beta)}{\omega_p}\phi_p(\boldsymbol{x}_1)\phi_p(\boldsymbol{x}_2)\\&+\sum_{p=1}^{\infty}\frac{T_a}{4}\int_{-\infty}^{0}\mathrm{d}\beta F(\tau-\beta)\mathrm{e}^{\frac{|\beta|}{T_a}}\frac{\sin(\omega_p\beta)}{\omega_p}\phi_p(\boldsymbol{x}_1)\phi_p(\boldsymbol{x}_2)\\=&-\frac{T_a}{4}F*\left[G(\tau,\boldsymbol{x}_1,\boldsymbol{x}_2)\mathrm{e}^{-\frac{\tau}{T_a}}-G(-\tau,\boldsymbol{x}_1,\boldsymbol{x}_2)\mathrm{e}^{\frac{\tau}{T_a}}\right]\end{aligned}$$

由此可根据式（2.32）确定式（2.35）。

在这一节中，考虑了一个空腔模型，并假设噪声源在腔内的分布是均匀的。在这种情况下，不需要关于空腔几何结构的任何假设就可以确保互相关与上述命题中的格林函数之间的关系。但是，当噪声源分布在空间上受限时，这种关系也成立，前提是空腔具有某种遍历性，并且衰减时间大于达到遍历性所需的临界时间。Bardos 等（2008）使用半经典分析法对此进行了分析。

2.6 一维非均匀介质中有限分布源的格林函数估计

Claerbout（1968，1985）及 Rickett 和 Claerbout（1999）在地震勘探中提出通过噪声信号互相关可以提取格林函数。Claerbout 观测到，由地表脉冲源激发，经地壳反射而在地表记录到的波与在地表记录并由地壳深处未知源产生的信号的自相关函数相同。在光照成像中，第一个震相是反射波，而第二个震相是在地表记录到的噪声信号的自相关波形。光照成像等价于反射地震成像的物理解释是通量守恒，本节给出了该等价关系完整而独立的数学分析。实际上，光照成像装置并非均匀、开放介质或空腔。本书包括这一部分是为了完整性，但其余部分不会提及它，在第一次阅读时可以跳过它。

在 2.6.1 小节中，给出了一维波动方程的一些基本结果：重新讨论了一维情况下的辐射条件；说明了地球内部的波场可以分解为下行波和上行波，其振幅满足具有适当边界条件的线性系统，但遇有震源时边界条件发生跃变。这种线性系统的传播矩阵（或基本解）具有基础作用，在反射地震实验和光照成像实验中的记录信号均可用该基本解来表达。在 2.6.2 小节中，给出了地表反射地震记录的传播矩阵表示；在第 2.6.3 小节中，给出了光照成像实验中地表记录信号自相关函数的传播矩阵表示；最后比较了这两种表示并确立了 Claerbout 所观察到的等价性。

2.6.1 一维波动方程

考虑半空间 $z\in(-\infty,0)$ 中的一维波动方程

$$\frac{1}{c^2(z)}\frac{\partial^2 u}{\partial t^2}-\frac{\partial^2 u}{\partial z^2}=n(t,z) \tag{2.37}$$

Dirichlet 边界条件为

$$u(t,z=0)=0 \tag{2.38}$$

当 u 表示应力场时，这个边界条件就表示地球物理学中的自由边界条件。这是一种特殊的边界条件，因为空气密度远低于地壳中物质的密度，所以在自由表面上可以认为应力为零。下面将分别研究反射地震实验（图 2.5）和光照成像实验。

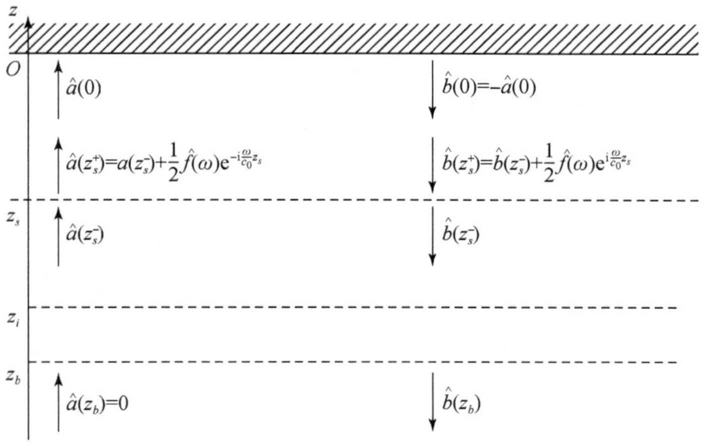

图 2.5　对于 $z=z_s$ 处的信号源 $f(t)$ 所产生的波在 $z=0$ 处的自由表面边界条件，$z=z_b$ 处的辐射条件及 $z=z_s$ 处的跃变条件示意图。在 $z=z_i$ 以下介质是均匀的。

1. 辐射条件

亥姆霍兹方程

$$\frac{\partial^2 \hat{u}}{\partial z^2}+\frac{\omega^2}{c^2(z)}\hat{u}=-\hat{n}(\omega,z) \tag{2.39}$$

的辐射条件解为简谐波场：

$$\hat{u}(\omega,z)=\int u(t,z)e^{i\omega t}dt$$

假设对于 $z_i<0$，区域 $z\in(-\infty,z_i]$ 中介质是均匀的，波在其中的传播速度为 c_0。在 $z\to-\infty$ 时的辐射条件可以表述为

$$\lim_{z\to-\infty}\frac{\partial}{\partial z}\hat{u}(\omega,z)+i\frac{\omega}{c_0}\hat{u}(\omega,z)=0 \tag{2.40}$$

假设源只存在于 $z_b<z_i$ 的区域，$z\leqslant z_b$ 时，$n(t,z)\equiv 0$。因此在区域 $z\in(-\infty,z_b]$ 中波场满足齐次亥姆霍兹方程：

$$\frac{\partial^2 \hat{u}}{\partial z^2}+\frac{\omega^2}{c_0^2}\hat{u}=0$$

其解的形式如下：

$$\hat{u}(\omega,z)=\hat{a}_{-}(\omega)\mathrm{e}^{\mathrm{i}\frac{\omega}{c_0}z}+\hat{b}_{-}(\omega)\mathrm{e}^{-\mathrm{i}\frac{\omega}{c_0}z}$$

根据辐射条件式（2.40）可知，$\hat{a}_{-}(\omega)=0$，且区域（$-\infty,z_b$］中的波是下行波：

$$\hat{u}(\omega,z)=\hat{b}_{-}(\omega)\mathrm{e}^{-\mathrm{i}\frac{\omega}{c_0}z}$$

它在时间域中的形式如下：

$$u(t,z)=\frac{1}{2\pi}\int\hat{u}(\omega,z)\mathrm{e}^{-\mathrm{i}\omega t}\mathrm{d}t=b_{-}\left(t+\frac{z}{c_0}\right)$$

上式表示一个沿负 z 方向以恒定速度 c_0 传播的波。

2. 波场分解

引入上、下行波振幅 $\hat{a}(\omega,z)$ 与 $\hat{b}(\omega,z)$：

$$\hat{a}(\omega,z)=\frac{1}{2}\left[\hat{u}(\omega,z)+\frac{c_0}{\mathrm{i}\omega}\frac{\partial\hat{u}}{\partial z}(\omega,z)\right]\mathrm{e}^{-\mathrm{i}\frac{\omega}{c_0}z} \tag{2.41}$$

$$\hat{b}(\omega,z)=\frac{1}{2}\left[\hat{u}(\omega,z)-\frac{c_0}{\mathrm{i}\omega}\frac{\partial\hat{u}}{\partial z}(\omega,z)\right]\mathrm{e}^{\mathrm{i}\frac{\omega}{c_0}z} \tag{2.42}$$

简谐波场 $\hat{u}$ 可以表示为

$$\hat{u}(\omega,z)=\hat{a}(\omega,z)\mathrm{e}^{\mathrm{i}\frac{\omega}{c_0}z}+\hat{b}(\omega,z)\mathrm{e}^{-\mathrm{i}\frac{\omega}{c_0}z}$$

其导数为

$$\frac{\partial\hat{u}}{\partial z}(\omega,z)=\frac{\mathrm{i}\omega}{c_0}\left[\hat{a}(\omega,z)\mathrm{e}^{\mathrm{i}\frac{\omega}{c_0}z}-\hat{b}(\omega,z)\mathrm{e}^{-\mathrm{i}\frac{\omega}{c_0}z}\right]$$

上行波和下行波振幅满足以下方程

$$\frac{\partial\hat{a}(\omega,z)}{\partial z}\mathrm{e}^{\mathrm{i}\frac{\omega}{c_0}z}+\frac{\partial\hat{b}(\omega,z)}{\partial z}\mathrm{e}^{-\mathrm{i}\frac{\omega}{c_0}z}=0$$

在速度为 c_0 的均匀介质中，振幅 $\hat{a}$ 和 $\hat{b}$ 并不依赖于 z，上行波形式为 $a\left(t-\frac{z}{c_0}\right)$，下行波形式为 $b\left(t+\frac{z}{c_0}\right)$。

将模式分解代入亥姆霍兹方程［式（2.39）］并令 $\hat{n}=0$，发现在 $\hat{n}=0$ 的区域，波的振幅满足线性系统：

$$\frac{\partial}{\partial z}\begin{pmatrix}\hat{a}\\ \hat{b}\end{pmatrix}=\boldsymbol{H}_{\omega}(z)\begin{pmatrix}\hat{a}\\ \hat{b}\end{pmatrix} \tag{2.43}$$

其中

$$\boldsymbol{H}_{\omega}(z)=\frac{\mathrm{i}\omega}{2}\left(\frac{c_0}{c^2(z)}-\frac{1}{c_0}\right)\begin{pmatrix}1 & \mathrm{e}^{-2\mathrm{i}\frac{\omega}{c_0}z}\\ -\mathrm{e}^{2\mathrm{i}\frac{\omega}{c_0}z} & -1\end{pmatrix} \tag{2.44}$$

据式（2.38）可知，波的振幅也满足自由表面 $z=0$ 处的边界条件：

$$\hat{a}(\omega,z=0)+\hat{b}(\omega,z=0)=0$$

据式（2.40）可知，振幅也满足底界面 $z=z_b$ 处的辐射条件（该界面以下介质均匀且无震源）：

$$\hat{a}(\omega, z=z_b)=0$$

最后，振幅亦满足在下一部分描述的源位置处的跳跃边界条件。

3. 源条件

对于 $z_s \in (z_b, 0)$，假设震源形式为

$$n(t,z)=-f(t)\delta'(z-z_s)$$

这种源的形式经常用于描述声压场（Fouque et al., 2007）。跨越 $z=z_s$ 对亥姆霍兹方程［式（2.39）］进行积分，得到 $\hat{u}$ 满足的跳跃边界条件为

$$[\partial_z \hat{u}(\omega,z)]_{z_s^-}^{z_s^+}=0$$

$$[\hat{u}(\omega,z)]_{z_s^-}^{z_s^+}=\hat{f}(\omega)$$

因此，波的振幅满足

$$\left[\hat{a}(\omega,z)\mathrm{e}^{\mathrm{i}\frac{\omega}{c_0}z}-\hat{b}(\omega,z)\mathrm{e}^{-\mathrm{i}\frac{\omega}{c_0}z}\right]_{z_s^-}^{z_s^+}=0$$

$$\left[\hat{a}(\omega,z)\mathrm{e}^{\mathrm{i}\frac{\omega}{c_0}z}+\hat{b}(\omega,z)\mathrm{e}^{-\mathrm{i}\frac{\omega}{c_0}z}\right]_{z_s^-}^{z_s^+}=\hat{f}(\omega)$$

可以得到

$$[\hat{a}(\omega,z)]_{z_s^-}^{z_s^+}=\frac{1}{2}\hat{f}(\omega)\mathrm{e}^{-\mathrm{i}\frac{\omega}{c_0}z_s},[\hat{b}(\omega,z)]_{z_s^-}^{z_s^+}=\frac{1}{2}\hat{f}(\omega)\mathrm{e}^{\mathrm{i}\frac{\omega}{c_0}z_s} \tag{2.45}$$

4. 传播算子

对于任意的 z，z'，若 z 和 z' 之间没有源，则线性系统式（2.43）的通解为

$$\begin{pmatrix}\hat{a}(\omega,z)\\ \hat{b}(\omega,z)\end{pmatrix}=\boldsymbol{P}_\omega(z,z')\begin{pmatrix}\hat{a}(\omega,z')\\ \hat{b}(\omega,z')\end{pmatrix}$$

其中，传播算子矩阵 $\boldsymbol{P}_\omega(z, z')$ 满足：

$$\frac{\partial}{\partial z}\boldsymbol{P}_\omega(z,z')=\boldsymbol{H}_\omega(z)\boldsymbol{P}_\omega(z,z') \tag{2.46}$$

初值为 $\boldsymbol{P}_\omega(z=z',z')=\boldsymbol{I}$，其中 $\boldsymbol{I}$ 是 2×2 的单位矩阵。

引理 2.7　传播算子矩阵形式如下

$$\boldsymbol{P}_\omega(z,z')=\begin{pmatrix}\alpha_\omega(z,z') & \bar{\beta}_\omega(z,z')\\ \beta_\omega(z,z') & \bar{\alpha}_\omega(z,z')\end{pmatrix} \tag{2.47}$$

其中，$[\alpha_\omega(z,z'),\beta_\omega(z,z')]$)是下列方程的解

$$\frac{\partial}{\partial z}\begin{pmatrix}\alpha_\omega(z,z')\\ \beta_\omega(z,z')\end{pmatrix}=\boldsymbol{H}_\omega(z)\begin{pmatrix}\alpha_\omega(z,z')\\ \beta_\omega(z,z')\end{pmatrix}$$

初值为 $[\alpha_\omega(z=z',z'),\beta_\omega(z=z',z')]=(1,0)$。这里的 $\boldsymbol{H}_\omega(z)$ 由式（2.44）定义。系数 $[\alpha_\omega(z,z'),\beta_\omega(z,z')]$ 满足能量守恒关系：

$$|\alpha_\omega(z,z')|^2-|\beta_\omega(z,z')|^2=1 \tag{2.48}$$

【证明】 对式（2.46）应用行列式导数的雅可比公式，得到：

$$\frac{\partial \det(\boldsymbol{P}_\omega)}{\partial z}=\mathrm{Tr}\left[\mathrm{Adj}(\boldsymbol{P}_\omega)\frac{\partial \boldsymbol{P}_\omega}{\partial z}\right]$$

其中，$\mathrm{Adj}(\boldsymbol{P}_\omega)$是 $\boldsymbol{P}_\omega$ 的共轭，它满足 $\boldsymbol{P}_\omega \mathrm{Adj}(\boldsymbol{P}_\omega)=\det(\boldsymbol{P}_\omega)\boldsymbol{I}$，使用式（2.46）可以得到：

$$\frac{\partial \det(\boldsymbol{P}_\omega)}{\partial z}=\mathrm{Tr}[\mathrm{Adj}(\boldsymbol{P}_\omega)\boldsymbol{H}_\omega\boldsymbol{P}_\omega]=\mathrm{Tr}[\boldsymbol{H}_\omega\boldsymbol{P}_\omega\mathrm{Adj}(\boldsymbol{P}_\omega)]$$

上式应用了关系式 $\mathrm{Tr}(\mathbf{MN})=\mathrm{Tr}(\mathbf{NM})$。利用 $\boldsymbol{P}_\omega$ 和 $\mathrm{Adj}(\boldsymbol{P}_\omega)$之间的关系，可以得到：

$$\frac{\partial \det(\boldsymbol{P}_\omega)}{\partial z}=\mathrm{Tr}(\boldsymbol{H}_\omega)\det(\boldsymbol{P}_\omega)$$

注意到矩阵 $\boldsymbol{H}_\omega$ 的迹为零，因此 $\boldsymbol{P}_\omega$ 的行列式是常数。初始条件为以下恒等式：

$$\det[\boldsymbol{P}_\omega(z,z')]=1 \tag{2.49}$$

如果$(\alpha_\omega,\ \beta_\omega)^{\mathrm{T}}$ 在初始条件$(1,\ 0)^{\mathrm{T}}$（上标 T 表示转置）下满足式（2.43），则$(\bar{\beta}_\omega,\bar{\alpha}_\omega)^{\mathrm{T}}$ 在初始条件$(0,\ 1)^{\mathrm{T}}$ 下满足相同的方程。由于这给出了两个线性无关解，可以推断出传播算子 $\boldsymbol{P}_\omega$ 具有式（2.47）的表示形式。关系式（2.48）是能量守恒的表现形式，实际上，位置 z 处的能量密度和能通量可以定义为

$$e(t,z)=\frac{1}{2c^2(z)}\partial_t u^2(t,z)+\frac{1}{2}\partial_z u^2(t,z),\pi(t,z)=-\partial_z u(t,z)\partial_t u(t,z)$$

如果对于任意的 $z_1\leqslant z_2\leqslant 0$，区域 $[z_1,\ z_2]$ 中没有源，则上式满足：

$$\partial_t\int_{z_1}^{z_2} e(t,z)\,\mathrm{d}z+\pi(t,z_2)-\pi(t,z_1)=0$$

对于简谐波场

$$u(t,z)=\hat{u}(\omega,z)\mathrm{e}^{-\mathrm{i}\omega t}+c.\,c.$$

而言（$c.\,c.$ 表示复共轭），$\pi(t,\ z)$ 作为 z 的函数，其时间平均值

$$\langle\pi(\ \cdot\ ,z)\rangle=-2\mathrm{Re}[\mathrm{i}\omega\partial_z\hat{u}(\omega,z)\overline{\hat{u}}(\omega,z)]$$

必然是常数。根据波的振幅表达式（2.41）、式（2.42），上式可以表达为

$$\langle\pi(\ \cdot\ ,z)\rangle=2\frac{\omega^2}{c_0}(|\hat{a}(\omega,z)|^2-|\hat{b}(\omega,z)|^2)$$

也就是说式（2.48）成立。

2.6.2 反射地震学

本小节考虑主动源反射地震学的情况。位于自由表面 $z=0$ 正下方的源 $f(t)$ 发出脉冲信号，位于自由表面的接收器记录垂直速度 $\partial_z u_{\mathrm{rs}}(t,z=0)$，$u_{\mathrm{rs}}$是源为 $n(t,\ z)=-f(t)\delta'(z-z_s)$时式(2.37)的解，其中 $z_s\simeq 0$。实验的目的是获得使下式成立的反射算子 $\mathcal{R}(t)$或其傅里叶变换 $\hat{\mathcal{R}}(\omega)$：

$$\partial_z\hat{u}_{\mathrm{rs}}(\omega,z=0)=\frac{\mathrm{i}\omega}{c_0}\hat{\mathcal{R}}(\omega)\hat{f}(\omega) \tag{2.50}$$

下面的引理介绍如何用上面引入的传播算子表示反射算子。在下一小节中，将证明反射算子也可以从背景噪声信号的相关函数中提取。

引理 2.8　在 $z=0$ 处的检波器记录的信号为

$$\partial_z \hat{u}_{\mathrm{rs}}(\omega, z=0)=\frac{\mathrm{i}\omega}{c_0}\hat{\mathcal{R}}(\omega)\hat{f}(\omega) \tag{2.51}$$

其中

$$\hat{\mathcal{R}}(\omega)=\frac{\alpha_\omega(z_i,0)+\bar{\beta}_\omega(z_i,0)}{\alpha_\omega(z_i,0)-\bar{\beta}_\omega(z_i,0)} \tag{2.52}$$

【证明】 记录信号为

$$\partial_z \hat{u}_{\mathrm{rs}}(\omega, z=0)=\frac{\mathrm{i}\omega}{c_0}[\hat{a}_{\mathrm{rs}}(\omega,0)-\hat{b}_{\mathrm{rs}}(\omega,0)]$$

自由表面边界条件为

$$\hat{a}_{\mathrm{rs}}(\omega,0)+\hat{b}_{\mathrm{rs}}(\omega,0)=0$$

由于自由表面下存在近地表的源，从而有

$$\begin{pmatrix}\hat{a}_{\mathrm{rs}}(\omega,0)\\ \hat{b}_{\mathrm{rs}}(\omega,0)\end{pmatrix}=\begin{pmatrix}\hat{a}_{\mathrm{rs}}(\omega,0^-)\\ \hat{b}_{\mathrm{rs}}(\omega,0^-)\end{pmatrix}+\frac{1}{2}\hat{f}(\omega)\begin{pmatrix}1\\ 1\end{pmatrix}$$

传播算子方程由下式给出：

$$\begin{pmatrix}\hat{a}_{\mathrm{rs}}(\omega,z_i)\\ \hat{b}_{\mathrm{rs}}(\omega,z_i)\end{pmatrix}=\boldsymbol{P}_\omega(z_i,0)\begin{pmatrix}\hat{a}_{\mathrm{rs}}(\omega,0^-)\\ \hat{b}_{\mathrm{rs}}(\omega,0^-)\end{pmatrix}$$

辐射条件表示为

$$\hat{a}_{\mathrm{rs}}(\omega,z_i)=\hat{a}_{\mathrm{rs}}(\omega,z_b)=0$$

这些关系式形成了一个线性系统，并且有

$$\hat{a}_{\mathrm{rs}}(\omega,0)=-\hat{b}_{\mathrm{rs}}(\omega,0)=\frac{1}{2}\frac{\alpha_\omega(z_i,0)+\bar{\beta}_\omega(z_i,0)}{\alpha_\omega(z_i,0)-\bar{\beta}_\omega(z_i,0)}\hat{f}(\omega)$$

结论得证。

2.6.3　光照成像

考虑与 Rickett 和 Claerbout（1999）描述的光照成像实验相对应的情况。位于目标区域 $[z_i,0]$ 下方未知位置 z_n 处的源发出未知噪声信号 $g(t)$，位于地面的检波器记录垂直速度并计算其自相关函数。检波器处的自相关函数为

$$C_{\mathrm{di},T}(\tau)=\frac{1}{T}\int_0^T \partial_z u_{\mathrm{di}}(t,z=0)\,\partial_z u_{\mathrm{di}}(t+\tau,z=0)\,\mathrm{d}t \tag{2.53}$$

式中，u_{di}是源为 $n(t,\ z)=-g'(t)\delta(z-z_{\mathrm{n}})$ 时式(2.37)的解。当源发出一个均值为零且协方差函数为 $F(t)=\langle g(t')g(t'+t)\rangle$ 的平稳噪声信号 $g(t)$时，可以证明自相关函数可以用前一小节中引入的反射算符 $\hat{\mathcal{R}}(\omega)$ 和源的功率谱 $\hat{F}(\omega)$ 来表示。

引理 2.9　当 $T\to\infty$ 时，地表检波器记录的噪声信号的经验自相关函数 $C_{\mathrm{di},T}$（τ）收敛到统计互相关：

$$C_{\mathrm{di}}^{(1)}(\tau)=\langle \partial_z u_{\mathrm{di}}(0,z=0)\partial_z u_{\mathrm{di}}(\tau,z=0)\rangle \tag{2.54}$$

其中

$$C_{\mathrm{di}}^{(1)}(\tau)=\frac{1}{2\pi}\int \frac{\omega^2}{c_0^2}\hat{S}(\omega)\hat{F}(\omega)\mathrm{e}^{-\mathrm{i}\omega\tau}\mathrm{d}\omega$$

且

$$\hat{S}(\omega)=\frac{1}{|\alpha_\omega(z_i,0)-\bar{\beta}_\omega(z_i,0)|^2}$$

【证明】 对经验自相关的统计稳定性讨论与前面小节中相同，这意味着从概率上来讲：

$$C_{\mathrm{di},T}(\tau)\xrightarrow{T\to\infty}C_{\mathrm{di}}^{(1)}(\tau)$$

检波器记录可以表示为

$$\partial_z\hat{u}_{\mathrm{di}}(\omega,z=0)=\frac{\mathrm{i}\omega}{c_0}[\hat{a}_{\mathrm{di}}(\omega,0)-\hat{b}_{\mathrm{di}}(\omega,0)]$$

自由表面边界条件为

$$\hat{a}_{\mathrm{di}}(\omega,0)+\hat{b}_{\mathrm{di}}(\omega,0)=0$$

传播算子方程由下式给出：

$$\begin{pmatrix}\hat{a}_{\mathrm{di}}(\omega,z_i)\\ \hat{b}_{\mathrm{di}}(\omega,z_i)\end{pmatrix}=\boldsymbol{P}_\omega(z_i,0)\begin{pmatrix}\hat{a}_{\mathrm{di}}(\omega,0)\\ \hat{b}_{\mathrm{di}}(\omega,0)\end{pmatrix}$$

波从 z_n 到 z_i 匀速传播时：

$$\begin{cases}\hat{a}_{\mathrm{di}}(\omega,z_n^+)=\hat{a}_{\mathrm{di}}(\omega,z_i)\\ \hat{b}_{\mathrm{di}}(\omega,z_n^+)=\hat{b}_{\mathrm{di}}(\omega,z_i)\end{cases}$$

由于在 $z=z_n$ 处存在源，从而有

$$\begin{pmatrix}\hat{a}_{\mathrm{di}}(\omega,z_n^+)\\ \hat{b}_{\mathrm{di}}(\omega,z_n^+)\end{pmatrix}=\begin{pmatrix}\hat{a}_{\mathrm{di}}(\omega,z_n^-)\\ \hat{b}_{\mathrm{di}}(\omega,z_n^-)\end{pmatrix}+\frac{1}{2}\hat{g}(\omega)\begin{pmatrix}\mathrm{e}^{-\mathrm{i}\frac{\omega}{c_0}z_n}\\ \mathrm{e}^{\mathrm{i}\frac{\omega}{c_0}z_n}\end{pmatrix}$$

辐射条件可以表示为

$$\hat{a}_{\mathrm{di}}(\omega,z_n^-)=\hat{a}_{\mathrm{di}}(\omega,z_b)=0$$

这些关系形成了一个线性系统，并且有

$$\hat{a}_{\mathrm{di}}(\omega,0)=-\hat{b}_{\mathrm{di}}(\omega,0)=\frac{1}{2}\frac{1}{\alpha_\omega(z_i,0)-\bar{\beta}_\omega(z_i,0)}\hat{g}(\omega)\mathrm{e}^{-\mathrm{i}\frac{\omega}{c_0}z_n}$$

从而得到 $\partial_z\hat{u}_{\mathrm{di}}(\omega,\ z=0)=\dfrac{\mathrm{i}\omega}{c_0}\dfrac{1}{\alpha_\omega(z_i,\ 0)-\bar{\beta}_\omega(z_i,\ 0)}\hat{g}(\omega)\mathrm{e}^{-\mathrm{i}\frac{\omega}{c_0}z_n}$，代入式（2.54）中可以得到：

$$\begin{aligned}C_{\mathrm{di}}^{(1)}(\tau)&=\frac{1}{4\pi^2}\iint \mathrm{d}\omega\mathrm{d}\omega'\langle\overline{\partial_z\hat{u}_{\mathrm{di}}(\omega)}\partial_z\hat{u}_{\mathrm{di}}(\omega')\rangle\mathrm{e}^{-\mathrm{i}\omega'\tau}\\&=\frac{1}{4\pi^2}\iint \mathrm{d}\omega\mathrm{d}\omega'\frac{\omega\omega'}{c_0^2}\overline{\frac{1}{\alpha_\omega(z_i,0)-\bar{\beta}_\omega(z_i,0)}}\frac{1}{\alpha_{\omega'}(z_i,0)-\bar{\beta}_{\omega'}(z_i,0)}\end{aligned}$$

$$
\begin{aligned}
& e^{i\frac{\omega-\omega'}{c_0}z_n}\langle\overline{\hat{g}(\omega)}\hat{g}(\omega')\rangle e^{-i\omega'\tau} \\
= & \frac{1}{2\pi}\int d\omega\frac{\omega^2}{c_0^2}\left|\frac{1}{\alpha_\omega(z_i,0)-\bar{\beta}_\omega(z_i,0)}\right|^2\hat{F}(\omega)e^{-i\omega\tau}
\end{aligned}
$$

其中

$$
\begin{aligned}
\langle\overline{\hat{g}(\omega)}\hat{g}(\omega')\rangle &= \iint e^{-i\omega t+i\omega' t'}\langle g(t)g(t')\rangle dtdt' \\
&= \iint e^{-i\frac{\omega+\omega'}{2}(t-t')-i(\omega-\omega')\frac{t+t'}{2}}F(t'-t)dtdt' \\
&= \int e^{i\frac{\omega+\omega'}{2}\tau}F(\tau)d\tau\int e^{i(\omega-\omega')T}dT \\
&= 2\pi\hat{F}(\omega)\delta(\omega-\omega')
\end{aligned}
$$

这就完成了引理的证明。

现在可以确定地说，在日光成像中，地面检波器记录的噪声信号与在主动源反射地震实验中记录信号的自相关之间有关系。

命题 2.10　如果$\hat{f}(\omega)=\omega^2\hat{F}(\omega)$，那么光照成像实验中由地表检波器记录的噪声信号的自相关函数式（2.53）与反射地震学实验中记录的信号式（2.50）有关：

$$
\partial_\tau C_{di}^{(1)}(\tau)=-\frac{1}{2c_0}[\partial_z u_{rs}(\tau,z=0)-\partial_z u_{rs}(-\tau,z=0)] \tag{2.55}
$$

【证明】 因为

$$
\begin{aligned}
\frac{\hat{\mathcal{R}}(\omega)+\overline{\hat{\mathcal{R}}(\omega)}}{2} &= \frac{1}{2}\frac{\alpha_\omega(z_i,0)+\bar{\beta}_\omega(z_i,0)}{\alpha_\omega(z_i,0)-\bar{\beta}_\omega(z_i,0)}+\frac{1}{2}\frac{\bar{\alpha}_\omega(z_i,0)+\beta_\omega(z_i,0)}{\bar{\alpha}_\omega(z_i,0)-\beta_\omega(z_i,0)} \\
&= \frac{|\alpha_\omega(z_i,0)|^2-|\beta_\omega(z_i,0)|^2}{|\alpha_\omega(z_i,0)-\bar{\beta}_\omega(z_i,0)|^2} \\
&= \frac{1}{|\alpha_\omega(z_i,0)-\bar{\beta}_\omega(z_i,0)|^2} \\
&= \hat{S}(\omega)
\end{aligned}
$$

所以，若假设$\hat{f}(\omega)=\omega^2\hat{F}(\omega)$，则有

$$
2i\omega c_0\hat{C}_{di}^{(1)}(\omega)=\partial_z\hat{u}_{rs}(\omega,z=0)-\overline{\partial_z\hat{u}_{rs}(\omega,z=0)}
$$

做傅里叶逆变换后就可以得到待证明的结论。

该命题表明，从相关函数式（2.53）中提取反射算子式（2.50）是可行的。

2.7　结　　论

在这一章中，研究了四种不同的情况，在每种情况下，由背景噪声源产生信号的互相关都与两个接收器之间的格林函数有关。这些结果可以扩展到矢量波方程，特别是弹性波的情形（Curtis and Halliday，2010；Schuster，2009；Snieder et al.，2007；van Manen et al.，2006；Wapenaar，2004；Wapenaar et al.，2010a，2010b），但它们需要理想的条件，

即噪声源应完全包围两个检波器所在的目标区域。在下一章中，将研究噪声源在空间上有限分布的实际情况，此种情况下，尽管完全恢复格林函数可能不太现实，但却可以估计走时和反射点位置。

附录 2. A：经验互相关的协方差

首先把 C_T 的协方差函数表示成一个包含随机过程 n 的四阶矩的多重积分，由于 n 是高斯型的，所以这个四阶矩可以写成二阶矩的乘积之和，这使得计算变得容易一些。利用式（2.8）和式（2.18），协方差函数的完整表达式可以表示为

$$\begin{aligned}
&\operatorname{Cov}[C_T(\tau,\boldsymbol{x}_1,\boldsymbol{x}_2),C_T(\tau+\Delta\tau,\boldsymbol{x}_1,\boldsymbol{x}_2)]\\
&=\frac{1}{T^2}\int_0^T\int_0^T \mathrm{d}t\mathrm{d}t'\int \mathrm{d}s\mathrm{d}s'\mathrm{d}u\mathrm{d}u'\int \mathrm{d}y_1\mathrm{d}y_1'\mathrm{d}y_2\mathrm{d}y_2'\\
&\quad\times G(s,\boldsymbol{x}_1,\boldsymbol{y}_1)G(u+\tau,\boldsymbol{x}_2,\boldsymbol{y}_2)G(s',\boldsymbol{x}_1,\boldsymbol{y}_1')G(u'+\tau+\Delta\tau,\boldsymbol{x}_2,\boldsymbol{y}_2')\\
&\quad\times[\langle n(t-s,\boldsymbol{y}_1)n(t-u,\boldsymbol{y}_2)n(t'-s',\boldsymbol{y}_1')n(t'-u',\boldsymbol{y}_2')\rangle\\
&\quad-\langle n(t-s,\boldsymbol{y}_1)n(t-u,\boldsymbol{y}_2)\rangle\langle n(t'-s',\boldsymbol{y}_1')n(t'-u',\boldsymbol{y}_2')\rangle]
\end{aligned}\tag{2.56}$$

随机过程 n 的二阶矩的乘积是

$$\begin{aligned}
\langle n(t-s,\boldsymbol{y}_1)n(t-u,\boldsymbol{y}_2)\rangle\langle n(t'-s',\boldsymbol{y}_1')n(t'-u',\boldsymbol{y}_2')\rangle &= F(s-u)F(s'-u')\\
&\quad\times K(\boldsymbol{y}_1)\delta(\boldsymbol{y}_1-\boldsymbol{y}_2)K(\boldsymbol{y}_1')\delta(\boldsymbol{y}_1'-\boldsymbol{y}_2')
\end{aligned}$$

高斯随机过程 n 的四阶矩为

$$\begin{aligned}
&\langle n(t-s,\boldsymbol{y}_1)n(t-u,\boldsymbol{y}_2)n(t'-s',\boldsymbol{y}_1')n(t'-u',\boldsymbol{y}_2')\rangle\\
&=F(s-u)F(s'-u')K(\boldsymbol{y}_1)\delta(\boldsymbol{y}_1-\boldsymbol{y}_2)K(\boldsymbol{y}_1')\delta(\boldsymbol{y}_1'-\boldsymbol{y}_2')\\
&\quad+F(t-t'-s+s')F(t-t'-u+u')K(\boldsymbol{y}_1)\delta(\boldsymbol{y}_1-\boldsymbol{y}_1')K(\boldsymbol{y}_2)\delta(\boldsymbol{y}_2-\boldsymbol{y}_2')\\
&\quad+F(t-t'-s+u')F(t-t'-u+s')K(\boldsymbol{y}_1)\delta(\boldsymbol{y}_1-\boldsymbol{y}_2')K(\boldsymbol{y}_2)\delta(\boldsymbol{y}_1'-\boldsymbol{y}_2)
\end{aligned}$$

因此，对于任意的 $T>0$：

$$\begin{aligned}
&\frac{1}{T^2}\int_0^T\int_0^T \mathrm{d}t\mathrm{d}t'[\langle n(t-s,\boldsymbol{y}_1)n(t-u,\boldsymbol{y}_2)n(t'-s',\boldsymbol{y}_1')n(t'-u',\boldsymbol{y}_2')\rangle\\
&\quad-\langle n(t-s,\boldsymbol{y}_1)n(t-u,\boldsymbol{y}_2)\rangle\langle n(t'-s',\boldsymbol{y}_1')n(t'-u',\boldsymbol{y}_2')\rangle]\\
&=S_T(s-s',u-u')K(\boldsymbol{y}_1)\delta(\boldsymbol{y}_1-\boldsymbol{y}_1')K(\boldsymbol{y}_2)\delta(\boldsymbol{y}_2-\boldsymbol{y}_2')\\
&\quad+S_T(s-u',u-s')K(\boldsymbol{y}_1)\delta(\boldsymbol{y}_1-\boldsymbol{y}_2')K(\boldsymbol{y}_2)\delta(\boldsymbol{y}_1'-\boldsymbol{y}_2)
\end{aligned}\tag{2.57}$$

其中

$$\begin{aligned}
S_T(s,u)&=\frac{1}{T^2}\int_0^T \mathrm{d}t\int_0^T \mathrm{d}t' F(t-t'-s)F(t-t'-u)\\
&=\frac{1}{4\pi^2}\int \mathrm{d}\omega\mathrm{d}\omega'\hat{F}(\omega)\hat{F}(\omega')\operatorname{sinc}^2\left(\frac{(\omega-\omega')T}{2}\right)\mathrm{e}^{-\mathrm{i}\omega s+\mathrm{i}\omega' u}
\end{aligned}$$

将式（2.57）代入式（2.56）中，得到 $T>0$ 的协方差函数表达式为

$$
\begin{aligned}
\mathrm{Cov}[C_T(\tau,\boldsymbol{x}_1,\boldsymbol{x}_2),C_T(\tau+\Delta\tau,\boldsymbol{x}_1,\boldsymbol{x}_2)]=&\frac{1}{4\pi^2}\int \mathrm{d}y_1\mathrm{d}y_2K(\boldsymbol{y}_1)K(\boldsymbol{y}_2)\\
&\times\int \mathrm{d}\omega\mathrm{d}\omega'\hat{F}(\omega)\hat{F}(\omega')\mathrm{e}^{\mathrm{i}\omega'\Delta\tau}\\
&\times\overline{\hat{G}}(\omega,\boldsymbol{x}_1,\boldsymbol{y}_1)\hat{G}(\omega,\boldsymbol{x}_1,\boldsymbol{y}_1)\hat{G}(\omega',\boldsymbol{x}_2,\boldsymbol{y}_2)\\
&\times\overline{\hat{G}}(\omega',\boldsymbol{x}_2,\boldsymbol{y}_2)\,\mathrm{sinc}^2\left(\frac{(\omega-\omega')T}{2}\right)\\
&+\frac{1}{4\pi^2}\int \mathrm{d}y_1\mathrm{d}y_2K(\boldsymbol{y}_1)K(\boldsymbol{y}_2)\\
&\times\int \mathrm{d}\omega\mathrm{d}\omega'\hat{F}(\omega)\hat{F}(\omega')\mathrm{e}^{\mathrm{i}(\omega'+\omega)\tau-\mathrm{i}\omega\Delta\tau}\\
&\times\overline{\hat{G}}(\omega,\boldsymbol{x}_1,\boldsymbol{y}_1)\hat{G}(\omega,\boldsymbol{x}_2,\boldsymbol{y}_1)\\
&\times\hat{G}(\omega',\boldsymbol{x}_2,\boldsymbol{y}_2)\overline{\hat{G}}(\omega',\boldsymbol{x}_1,\boldsymbol{y}_2)\\
&\times\mathrm{sinc}^2\left(\frac{(\omega-\omega')T}{2}\right)
\end{aligned}
\tag{2.58}
$$

取极限 $T\to\infty$，并利用恒等式 $\int \mathrm{sinc}^2 s\mathrm{d}s=\pi$，可知方差为$\frac{1}{T}$阶：

$$
\begin{aligned}
2\pi T\mathrm{Var}[C_T(\tau,\boldsymbol{x}_1,\boldsymbol{x}_2)]\xrightarrow{T\to\infty}&\int \mathrm{d}\omega\,[\hat{F}(\omega)]^2\left[\int \mathrm{d}y_1K(\boldsymbol{y}_1)\,|\hat{G}(\omega,\boldsymbol{x}_1,\boldsymbol{y}_1)|^2\right]\\
&\times\left[\int \mathrm{d}y_2K(\boldsymbol{y}_2)\,|\hat{G}(\omega,\boldsymbol{x}_2,\boldsymbol{y}_2)|^2\right]+\int \mathrm{d}\omega\,[\hat{F}(\omega)]^2\mathrm{e}^{-2\mathrm{i}\omega\tau}\\
&\times\left[\int \mathrm{d}y_1K(\boldsymbol{y}_1)\overline{\hat{G}}(\omega,\boldsymbol{x}_1,\boldsymbol{y}_1)\hat{G}(\omega,\boldsymbol{x}_2,\boldsymbol{y}_1)\right]^2
\end{aligned}
$$

注意，方差渐近值的第一项不依赖于 τ，这意味着它对应于其平均 $C^{(1)}$ 的互相关的扰动，它是稳态的并且涵盖整个时间轴。第二项依赖于 τ，对应于局部扰动，局限于统计互相关 $C^{(1)}$ 的主峰附近。渐近协方差函数可以用来量化互相关扰动的时间尺度：

$$
\begin{aligned}
2\pi T\mathrm{Cov}[C_T(\tau,\boldsymbol{x}_1,\boldsymbol{x}_2),C_T(\tau+\Delta\tau,\boldsymbol{x}_1,\boldsymbol{x}_2)]\xrightarrow{T\to\infty}&\int \mathrm{d}\omega\,[\hat{F}(\omega)]^2\mathrm{e}^{\mathrm{i}\omega\Delta\tau}\\
&\times\left[\int \mathrm{d}y_1K(\boldsymbol{y}_1)\,|\hat{G}(\omega,\boldsymbol{x}_1,\boldsymbol{y}_1)|^2\right]\\
&\times\left[\int \mathrm{d}y_2K(\boldsymbol{y}_2)\,|\hat{G}(\omega,\boldsymbol{x}_2,\boldsymbol{y}_2)|^2\right]\\
&+\int \mathrm{d}\omega\,[\hat{F}(\omega)]^2\mathrm{e}^{-\mathrm{i}\omega\Delta\tau-2\mathrm{i}\omega\tau}\\
&\times\left[\int \mathrm{d}y_1K(\boldsymbol{y}_1)\overline{\hat{G}}(\omega,\boldsymbol{x}_1,\boldsymbol{y}_1)\hat{G}(\omega,\boldsymbol{x}_2,\boldsymbol{y}_1)\right]^2
\end{aligned}
\tag{2.59}
$$

这表明 C_T 扰动的退相干时间与源的退相干时间成正比。

第3章　驻相法噪声互相关走时估计

通过上一章的讨论可知，只要噪声源在各个方向上是均匀的，格林函数就与被动源检波器记录的噪声信号的互相关之间有关系。但是，在很多情况下，噪声源的空间分布受到限制，并且照明具有一定的方向性，检波器记录的信号能量主要来自噪声源方向，记录信号的互相关依赖于这些检波器相对于能通量的方位，这将对格林函数的估计产生很大影响。

在本章中，分析了当噪声源空间分布受到限制时，利用信号的互相关估计走时的方法；介绍了如何使用驻相法从噪声信号的互相关来估计两个检波器之间的走时。当噪声源的退相干时间小于两个检波器之间的走时，这种渐近方法是有效的。利用驻相法，可以系统地分析走时估计对检波器之间射线方位及来自噪声源的能通量方向的依赖关系。

给定覆盖扩展区域的台网中检波器之间的走时估计值，就有可能反过来估计作为空间坐标函数的波的传播速度。正如 Shapiro 等（2005）所开展的工作，这通常可通过走时层析成像（Berryman，1990）来完成，也可以利用程函方程的走时反演来获得背景传播速度（Lin et al.，2009；Gouédard et al.，2012；de Ridder，2014）。

互相关方法还可以估计连续时间段内检波器之间的走时，这种走时估计可以用来研究背景传播速度的时间变化（Sens-Schönfelder and Wegler，2006；Stehly et al.，2007）。该技术可以通过监测火山岩地质结构随时间的变化来预测火山喷发（Brenguier et al.，2008b；Anggono et al.，2012；Brenguier et al.，2014）。

本章的具体结构如下：3.1 节介绍了高频波传播问题。3.2～3.3 节回顾了格林函数的几何光学近似和高频渐近表达，给出了本书其余部分中有关高频状态下波传播的结果。3.4 节中的命题 3.2 给出了对走时估计起重要作用的噪声源分布识别方法，命题 3.3 给出了这些分布中互相关的高频分量形式。3.4 节给出了一些主要结果的数值图形实例。

3.1　高频波传播

考虑三维非均匀介质中波动方程的解 $\boldsymbol{u}$：

$$\frac{1}{c^2(\boldsymbol{x})}\frac{\partial^2\boldsymbol{u}}{\partial t^2}-\Delta_x\boldsymbol{u}=n^\varepsilon(t,\boldsymbol{x}) \tag{3.1}$$

$n^\varepsilon(t,\boldsymbol{x})$ 项表示噪声源的随机分布，它是一个时间域零均值的稳态高斯过程，其自相关函数形式为

$$\langle n^\varepsilon(t_1,y_1)n^\varepsilon(t_2,y_2)\rangle=F_\varepsilon(t_2-t_1)K(y_1)\delta(y_1-y_2) \tag{3.2}$$

假设噪声源的退相干时间比检波器之间的典型传播时间小得多。如果用 ε（小量）表

示这两个时间尺度之比，那么就可以把相关函数 F_ε 写成如下形式：

$$F_\varepsilon(t_2-t_1)=F\left(\frac{t_2-t_1}{\varepsilon}\right) \tag{3.3}$$

式中，t_1 和 t_2 相对于典型走时按比例确定。对函数 F 进行正则化处理，使得 $F(0)=1$。相关函数的傅里叶变换 $\hat{F}_\varepsilon$ 是非负、实值偶函数，它与源的功率谱密度成正比：

$$\hat{F}_\varepsilon(\omega)=\varepsilon\hat{F}(\varepsilon\omega) \tag{3.4}$$

其中，傅里叶变换定义为

$$\hat{F}(\omega)=\int F(t)\mathrm{e}^{\mathrm{i}\omega t}\mathrm{d}t \tag{3.5}$$

备注

在面波层析成像中，首先对地震记录进行带通滤波，然后再进行互相关计算（Shapiro et al.，2005）。如果在噪声源带宽之内滤波器的主频足够高，使得对应的波长 λ 比波传播的典型距离 d 小得多，则有

$$\varepsilon=\frac{\lambda}{d}\ll 1$$

在走时估计中，距离 d 通常取道间距。在反射成像中，距离 d 通常取为检波器阵列与要成像的反射体之间的距离。正如将在下面看到的那样，互相关偏移成像中的距离分辨率与带宽成反比。因此，为获得高的分辨率，假设 $\varepsilon\ll 1$ 是顺理成章的。

3.2　均匀介质中格林函数的高频渐近分析

用光滑的背景速度场 $c(x)$ 模拟介质参数的扰动，该背景速度场在包围检波器和源的球形介质外是均匀的。介质中出射简谐波的格林函数是如下方程在无穷远处辐射条件下的解：

$$\Delta_x\hat{G}(\omega,\boldsymbol{x},\boldsymbol{y})+\frac{\omega^2}{c^2(\boldsymbol{x})}\hat{G}(\omega,\boldsymbol{x},\boldsymbol{y})=-\delta(\boldsymbol{x}-\boldsymbol{y}) \tag{3.6}$$

当背景介质均匀且波速 $c(x)\equiv c_0$ 时，则均匀出射简谐波的格林函数为

$$\hat{G}(\omega,\boldsymbol{x},\boldsymbol{y})=\frac{\mathrm{e}^{\mathrm{i}\frac{\omega}{c_0}|\boldsymbol{y}-\boldsymbol{x}|}}{4\pi|\boldsymbol{y}-\boldsymbol{x}|} \tag{3.7}$$

因此，格林函数的高频行为与均匀介质中的传播时间 $\mathcal{T}(\boldsymbol{x},\boldsymbol{y})=\frac{|\boldsymbol{x}-\boldsymbol{y}|}{c_0}$ 有关：

$$\hat{G}\left(\frac{\omega}{\varepsilon},\boldsymbol{x},\boldsymbol{y}\right)=\mathcal{A}(\boldsymbol{x},\boldsymbol{y})\mathrm{e}^{\mathrm{i}\frac{\omega}{\varepsilon}\mathcal{T}(\boldsymbol{x},\boldsymbol{y})}$$

对于传播速度为 $c(x)$ 的一般光滑变化背景介质，格林函数的高频行为也与走时相关，这将在下一节中详述。

3.3 光滑变化介质中格林函数的高频渐近分析

3.3.1 几何光学近似介绍

几何光学近似项是波动方程解的高频渐近展开中的最低阶项。本节讨论 $\varepsilon \to 0$ 时如下亥姆霍兹方程的解 $\hat{G}\left(\frac{\omega}{\varepsilon}, \boldsymbol{x}, \boldsymbol{y}\right)$ 的近似表达式：

$$\Delta_x \hat{G}\left(\frac{\omega}{\varepsilon}, \boldsymbol{x}, \boldsymbol{y}\right) + \frac{\omega^2}{c^2(\boldsymbol{x})\varepsilon^2}\hat{G}\left(\frac{\omega}{\varepsilon}, \boldsymbol{x}, \boldsymbol{y}\right) = -\delta(\boldsymbol{x}-\boldsymbol{y}) \tag{3.8}$$

在波速为常数 $c(\boldsymbol{x}) = c_0$ 的特定三维情况下，可以得到：

$$\hat{G}\left(\frac{\omega}{\varepsilon}, \boldsymbol{x}, \boldsymbol{y}\right) = \frac{1}{4\pi |\boldsymbol{x}-\boldsymbol{y}|} e^{i\frac{\omega}{\varepsilon}\frac{|x-y|}{c_0}}$$

上式具有平滑振幅和瞬时相位。受此启发，在一般情况下，当传播速度 $c(x)$ 光滑变化时，可以得到如下形式的展开式：

$$\hat{G}\left(\frac{\omega}{\varepsilon}, \boldsymbol{x}, \boldsymbol{y}\right) = e^{i\frac{\omega}{\varepsilon}\mathcal{T}(x,y)} \sum_{j=0}^{\infty} \frac{\varepsilon^j \mathcal{A}_j(\boldsymbol{x}, \boldsymbol{y})}{\omega^j}$$

这就是众所周知的 WKB 近似（Wentzel-Kramers-Brillouin approximation）或几何光学近似。如果把该近似代入 $\boldsymbol{x} \neq \boldsymbol{y}$ 的亥姆霍兹方程式（3.8）中，合并 ε 的同类项，则可以得到：

$$O\left(\frac{1}{\varepsilon^2}\right): |\nabla_x \mathcal{T}|^2 - \frac{1}{c^2(\boldsymbol{x})} = 0 \tag{3.9}$$

$$O\left(\frac{1}{\varepsilon}\right): 2\nabla_x \mathcal{T} \cdot \nabla_x \mathcal{A}_0 + \mathcal{A}_0 \Delta_x \mathcal{T} = 0 \tag{3.10}$$

式（3.9）是关于 $\mathcal{T}$（从 $\boldsymbol{x}$ 到 $\boldsymbol{y}$ 的走时）的程函方程，式（3.10）是关于振幅 $\mathcal{A}_0$ 的传输方程，这些方程都可以通过特征方程法求解（见 3.3.2 小节）。此时，格林函数的几何光学近似可以表达为

$$\hat{G}\left(\frac{\omega}{\varepsilon}, \boldsymbol{x}, \boldsymbol{y}\right) \sim \mathcal{A}(\boldsymbol{x}, \boldsymbol{y}) e^{i\frac{\omega}{\varepsilon}\mathcal{T}(x,y)} \tag{3.11}$$

当 $\varepsilon \ll 1$ 时式（3.11）成立，其中走时 $\mathcal{T}$ 可以根据程函方程式（3.9）或费马原理（参见 3.3.3 节）定义为

$$\mathcal{T}(\boldsymbol{x}, \boldsymbol{y}) = \inf\left\{T \text{ s. t. } \exists (\boldsymbol{X}_t)_{t\in[0,T]} \in \mathcal{C}^1, \boldsymbol{X}_0 = \boldsymbol{x}, \boldsymbol{X}_T = \boldsymbol{y}, \left|\frac{d\boldsymbol{X}_t}{dt}\right| = c(\boldsymbol{X}_t)\right\} \tag{3.12}$$

式中，$\mathcal{A}$ 为 WKB 展开式的首项 $\mathcal{A}_0$，该展开式是传输方程式（3.10）的解。使式（3.12）中的泛函取最小值的函数曲线称为射线。在本书中，均假设 $c(x)$ 是平滑的，并且在目标区域中的任意两点之间都有唯一的地震射线。请注意，在三维均匀介质中［$c(x) \equiv c_0$］，有

$$\hat{G}\left(\frac{\omega}{\varepsilon}, \boldsymbol{x}, \boldsymbol{y}\right) = \mathcal{A}(\boldsymbol{x}, \boldsymbol{y}) e^{i\frac{\omega}{\varepsilon}\mathcal{T}(x,y)}$$

其中

$$\mathcal{A}(\boldsymbol{x},\boldsymbol{y})=\frac{1}{4\pi|\boldsymbol{x}-\boldsymbol{y}|},\mathcal{T}(\boldsymbol{x},\boldsymbol{y})=\frac{|\boldsymbol{x}-\boldsymbol{y}|}{c_0}$$

且从 $\boldsymbol{x}$ 到 $\boldsymbol{y}$ 的地震射线是一条直线。

3.3.2　程函方程的射线解

作为导入，考虑关于未知量 $u(\boldsymbol{x})$ 的广义非线性方程：

$$\Psi[\boldsymbol{x},u(\boldsymbol{x}),\nabla_x u(\boldsymbol{x})]=0$$

式中，$(\boldsymbol{x},\ \boldsymbol{u},\ \boldsymbol{p})\in\mathbb{R}^3\times\mathbb{R}\times\mathbb{R}^3\to\Psi(\boldsymbol{x},\ \boldsymbol{u},\ \boldsymbol{p})\in\mathbb{R}$ 是光滑函数。考虑解 $u(\boldsymbol{x})$（假设它存在），并记 $\boldsymbol{p}(\boldsymbol{x})=\nabla_x\boldsymbol{u}(\boldsymbol{x})$。

首先，证明以下恒等式：

$$(\nabla_p\Psi\cdot\nabla_x)\boldsymbol{p}=-\nabla_x\Psi-(\partial_u\Psi)\boldsymbol{p} \tag{3.13}$$

【证明】 考虑一个初等变分 $\delta\boldsymbol{x}$，它所引起的 u 和 p 的变化量分别为 δu 和 δp。由于 $\Psi(\boldsymbol{x},\ \boldsymbol{u},\ \nabla_x\boldsymbol{u})=0$ 且 $\Psi(\boldsymbol{x}+\delta\boldsymbol{x},\ \boldsymbol{u}+\delta\boldsymbol{u},\ \boldsymbol{p}+\delta\boldsymbol{p})=0$，从而有

$$\nabla_x\Psi\cdot\delta\boldsymbol{x}+\partial_u\Psi\delta\boldsymbol{u}+\nabla_p\Psi\cdot\delta\boldsymbol{p}=0$$

由于 $\boldsymbol{u}=\boldsymbol{u}(\boldsymbol{x})$ 且 $\boldsymbol{p}=\boldsymbol{p}(\boldsymbol{x})$，从而有

$$\delta\boldsymbol{u}=\nabla_x\boldsymbol{u}\cdot\delta\boldsymbol{x}=\boldsymbol{p}\cdot\delta\boldsymbol{x}$$

$$\delta\boldsymbol{p}=(\delta\boldsymbol{x}\cdot\nabla_x)\boldsymbol{p}=(\delta\boldsymbol{x}\cdot\nabla_x)(\nabla_x\boldsymbol{u})=\nabla_x(\boldsymbol{p}\cdot\delta\boldsymbol{x})$$

得到方程式

$$[\nabla_x\Psi+(\partial_u\Psi)\boldsymbol{p}+(\nabla_p\Psi\cdot\nabla_x)\boldsymbol{p}]\cdot\delta\boldsymbol{x}=0$$

由于这个方程式对任意 $\delta\boldsymbol{x}$ 都成立，式（3.13）得证。

接下来考虑满足如下方程的路径$\boldsymbol{X}_s$：

$$\frac{\mathrm{d}\boldsymbol{X}_s}{\mathrm{d}s}=\nabla_p\Psi[\boldsymbol{X}_s,u(\boldsymbol{X}_s),\boldsymbol{p}(\boldsymbol{X}_s)] \tag{3.14}$$

定义符号 $U_s=\boldsymbol{u}(\boldsymbol{X}_s)$ 和 $\boldsymbol{\xi}_s=\boldsymbol{p}(\boldsymbol{X}_s)$，沿着这条微分路径将会有

$$\frac{\mathrm{d}\boldsymbol{X}_s}{\mathrm{d}s}=\nabla_p\Psi(\boldsymbol{X}_s,U_s,\boldsymbol{\xi}_s) \tag{3.15}$$

$$\begin{aligned}\frac{\mathrm{d}U_s}{\mathrm{d}s}&=\left(\frac{\mathrm{d}\boldsymbol{X}_s}{\mathrm{d}s}\cdot\nabla_x\right)u(\boldsymbol{X}_s)=\nabla_p\Psi[\boldsymbol{X}_s,u(\boldsymbol{X}_s),\boldsymbol{p}(\boldsymbol{X}_s)]\cdot\boldsymbol{p}(\boldsymbol{X}_s)\\&=\nabla_p\Psi(\boldsymbol{X}_s,U_s,\boldsymbol{\xi}_s)\cdot\boldsymbol{\xi}_s\end{aligned} \tag{3.16}$$

$$\begin{aligned}\frac{\mathrm{d}\boldsymbol{\xi}_s}{\mathrm{d}s}&=\left(\frac{\mathrm{d}\boldsymbol{X}_s}{\mathrm{d}s}\cdot\nabla_x\right)\boldsymbol{p}(\boldsymbol{X}_s)=\{\nabla_p\Psi[\boldsymbol{X}_s,u(\boldsymbol{X}_s),\boldsymbol{p}(\boldsymbol{X}_s)]\cdot\nabla_x\}\boldsymbol{p}(\boldsymbol{X}_s)\\&=-\nabla_x\Psi[\boldsymbol{X}_s,u(\boldsymbol{X}_s),\boldsymbol{p}(\boldsymbol{X}_s)]-\partial_u\Psi[\boldsymbol{X}_s,u(\boldsymbol{X}_s),\boldsymbol{p}(\boldsymbol{X}_s)]\boldsymbol{p}(\boldsymbol{X}_s)\\&=-\nabla_x\Psi(\boldsymbol{X}_s,U_s,\boldsymbol{\xi}_s)-\partial_u\Psi(\boldsymbol{X}_s,U_s,\boldsymbol{\xi}_s)\boldsymbol{\xi}_s\end{aligned} \tag{3.17}$$

式（3.15）~式（3.17）称为特征方程：它们是由 7 个常微分方程形成的线性系统，具有 7 个未知数 X_s，U_s 和 ξ_s，因此可以沿路径 X_s 求解 u。

将先前的结果应用于程函方程［式（3.9）］，且 $u(\boldsymbol{x})=\mathcal{T}(\boldsymbol{x},\boldsymbol{y})$（$y$ 恒定），以及 $\Psi(\boldsymbol{x},\boldsymbol{u},\boldsymbol{p})=\frac{1}{2}[|\boldsymbol{p}|^2-c^{-2}(\boldsymbol{x})]$，得到如下的特征方程：

$$\underbrace{\frac{\mathrm{d}\boldsymbol{X}_s}{\mathrm{d}s}=\boldsymbol{\xi}_s,\frac{\mathrm{d}\boldsymbol{\xi}_s}{\mathrm{d}s}=\frac{1}{2}\nabla_x(c^{-2})(\boldsymbol{X}_s)}_{\text{射线方程}},\frac{\mathrm{d}\mathcal{T}_s}{\mathrm{d}s}=|\boldsymbol{\xi}_s|^2=c^{-2}(\boldsymbol{X}_s)$$

将射线方程表示为经典哈密顿方程的形式，得到：

$$\frac{\mathrm{d}\boldsymbol{X}_s}{\mathrm{d}s}=\nabla_p\mathcal{H}(\boldsymbol{X}_s,\boldsymbol{\xi}_s),\frac{\mathrm{d}\boldsymbol{\xi}_s}{\mathrm{d}s}=-\nabla_x\mathcal{H}(\boldsymbol{X}_s,\boldsymbol{\xi}_s) \tag{3.18}$$

其中，哈密顿函数 $\mathcal{H}(\boldsymbol{x},\boldsymbol{\xi}_s)$ 形式为

$$\mathcal{H}(\boldsymbol{x},\boldsymbol{\xi}_s)=\frac{1}{2}[\,|\xi|^2-c^{-2}(\boldsymbol{x})\,] \tag{3.19}$$

这表明几何光学相当于单位质量粒子势为 $-\frac{1}{2}c^{-2}$（$\boldsymbol{x}$）时的经典力学：

$$\frac{\mathrm{d}^2\boldsymbol{X}_s}{\mathrm{d}s^2}=\frac{1}{2}\nabla_x(c^{-2})(\boldsymbol{X}_s)$$

通过将走时作为参考变量，射线方程可以用不同的方式来表达，并且有

$$\frac{\mathrm{d}t}{\mathrm{d}s}=c^{-2}(\boldsymbol{X}_s)$$

此时射线方程可以表示为

$$\frac{\mathrm{d}\boldsymbol{X}_t}{\mathrm{d}t}=c^2(\boldsymbol{X}_t)\boldsymbol{\xi}_t \tag{3.20}$$

$$\frac{\mathrm{d}\boldsymbol{\xi}_t}{\mathrm{d}t}=-\frac{1}{2}\nabla(c^2)(\boldsymbol{X}_t)|\boldsymbol{\xi}_t|^2 \tag{3.21}$$

$$\frac{\mathrm{d}\mathcal{T}_t}{\mathrm{d}t}=1 \tag{3.22}$$

这些方程都可由下面的哈密顿函数导出：

$$\mathcal{H}(\boldsymbol{x},\boldsymbol{\xi})=\frac{1}{2}c^2(\boldsymbol{x})|\boldsymbol{\xi}|^2 \tag{3.23}$$

3.3.3 费马原理

几何光学中的费马原理认为，光线在两点之间沿着走时最短的路径传播（Courant and Hilbert，1991）。根据费马原理，走时可以定义为

$$\begin{aligned}\mathcal{T}_F(\boldsymbol{x},\boldsymbol{y})&=\inf\left\{T\text{s. t. }\exists(\boldsymbol{X}_t)_{t\in[0,T]}\in\mathcal{C}^1,\boldsymbol{X}_0=\boldsymbol{x},\boldsymbol{X}_T=\boldsymbol{y},\left|\frac{\mathrm{d}\boldsymbol{X}_t}{\mathrm{d}t}\right|=c(\boldsymbol{X}_t)\right\}\\&=\inf\left\{\int_0^H\frac{1}{c(\boldsymbol{X}_h)}\left|\frac{\mathrm{d}\boldsymbol{X}_h}{\mathrm{d}h}\right|\mathrm{d}h\text{s. t. }(\boldsymbol{X}_h)_{h\in[0,H]}\in\mathcal{C}^1,\boldsymbol{X}_0=\boldsymbol{x},\boldsymbol{X}_H=\boldsymbol{y}\right\}\end{aligned}$$

定义拉格朗日泛函为

$$\mathcal{L}(\boldsymbol{X},\dot{\boldsymbol{X}})=|\dot{\boldsymbol{X}}|c^{-1}(\boldsymbol{X})$$

泛函 $\mathcal{T}_{\mathrm{F}}(\boldsymbol{x},\boldsymbol{y})$ 的极值 $(X_h,\dot{X}_h)_{0\leqslant h\leqslant H}$（其中 $\dot{X}_h=\frac{\mathrm{d}X_h}{\mathrm{d}h}$）满足欧拉–拉格朗日方程：

$$\nabla_X\mathcal{L}(\boldsymbol{X}_h,\dot{\boldsymbol{X}}_h)-\frac{\mathrm{d}}{\mathrm{d}h}\nabla_{\dot{X}}\mathcal{L}(\boldsymbol{X}_h,\dot{\boldsymbol{X}}_h)=0$$

其中

$$\nabla_X \mathcal{L}(\boldsymbol{X},\dot{\boldsymbol{X}}) = |\dot{\boldsymbol{X}}|\nabla(c^{-1})(\boldsymbol{X}),\nabla_{\dot{X}} \mathcal{L}(\boldsymbol{X},\dot{\boldsymbol{X}}) = \frac{\dot{\boldsymbol{X}}}{|\dot{\boldsymbol{X}}|}c^{-1}(\boldsymbol{X})$$

欧拉–拉格朗日方程正是 3.3.2 小节中描述的射线方程。实际上，通过变换

$$\boldsymbol{\xi}_h = \frac{\dot{\boldsymbol{X}}_h}{|\dot{\boldsymbol{X}}_h|}c^{-1}(\boldsymbol{X}_h)$$

并通过改变“时间”变量

$$\frac{\mathrm{d}t}{\mathrm{d}h} = \frac{|\dot{\boldsymbol{X}}_h|}{c(\boldsymbol{X}_h)} \tag{3.24}$$

可以得到极值满足的方程在形式上与式（3.20）、式（3.21）相同：

$$\frac{\mathrm{d}\boldsymbol{X}_t}{\mathrm{d}t} = \frac{\mathrm{d}h}{\mathrm{d}t}\dot{\boldsymbol{X}}_h\bigg|_{h=h(t)} = \frac{c(\boldsymbol{X}_h)}{|\dot{\boldsymbol{X}}_h|}\dot{\boldsymbol{X}}_h\bigg|_{h=h(t)} = \boldsymbol{\xi}_t c^2(\boldsymbol{X}_t) \tag{3.25}$$

$$\begin{aligned}\frac{\mathrm{d}\boldsymbol{\xi}_t}{\mathrm{d}t} &= \frac{\mathrm{d}h}{\mathrm{d}t}|\dot{\boldsymbol{X}}_h|\nabla(c^{-1})(\boldsymbol{X}_h)|_{h=h(t)} = \nabla(c^{-1})(\boldsymbol{X}_t)c(\boldsymbol{X}_t) = -\frac{1}{2}\nabla(c^2)(\boldsymbol{X}_t)c^{-2}(\boldsymbol{X}_t)\\ &= -\frac{1}{2}\nabla(c^2)(\boldsymbol{X}_t)|\boldsymbol{\xi}_t|^2\end{aligned} \tag{3.26}$$

通过比较式（3.22）和式（3.24），可以得到：

$$\frac{\mathrm{d}\mathcal{T}_h}{\mathrm{d}h} = \frac{|\dot{\boldsymbol{X}}_h|}{c(\boldsymbol{X}_h)}$$

这表明费马原理所定义的走时 $\mathcal{T}_{\mathrm{F}}$ 和由程函方程定义的走时 $\mathcal{T}$ 相等，即

$$\mathcal{T}_{\mathrm{F}}(\boldsymbol{x},\boldsymbol{y}) = \mathcal{T}(\boldsymbol{x},\boldsymbol{y}) \tag{3.27}$$

3.3.4　走时的性质

在射线理论中，射线是哈密顿式（3.20）、式（3.21）的解：

$$\frac{\mathrm{d}\boldsymbol{X}_t}{\mathrm{d}t} = c^2(\boldsymbol{X}_t)\xi_t,\quad \boldsymbol{X}_0(\boldsymbol{x},\boldsymbol{\xi}) = \boldsymbol{x}$$

$$\frac{\mathrm{d}\boldsymbol{\xi}_t}{\mathrm{d}t} = -\frac{1}{2}\nabla(c^2)(\boldsymbol{X}_t)|\boldsymbol{\xi}_t|^2,\quad \boldsymbol{\xi}_0(\boldsymbol{x},\boldsymbol{\xi}) = \boldsymbol{\xi}$$

式中，$|\boldsymbol{\xi}_t|c(\boldsymbol{X}_t) = |\boldsymbol{\xi}|c(\boldsymbol{x}) = 1$ 沿射线是恒定的。假设目标区域中的任意两点之间仅有一条射线，换句话说，对于任意射线起点 $\boldsymbol{y}$ 和观测点 $\boldsymbol{x}$，存在一个唯一的向量 $\boldsymbol{\xi}$ [其范数 $|\boldsymbol{\xi}|c(\boldsymbol{y}) = 1$]，使得当 $t = \mathcal{T}(\boldsymbol{x},\boldsymbol{y})$ 时 $\boldsymbol{X}_t(\boldsymbol{y},\boldsymbol{\xi}) = \boldsymbol{x}$。

引理 3.1

（1）如果$\nabla_y\mathcal{T}(\boldsymbol{y},\boldsymbol{x}_1) = \nabla_y\mathcal{T}(\boldsymbol{y},\boldsymbol{x}_2)$，则 $\boldsymbol{x}_1$ 和 $\boldsymbol{x}_2$ 位于从 $\boldsymbol{y}$ 出发的同一射线的同侧，并且：

$$|\mathcal{T}(\boldsymbol{y},\boldsymbol{x}_1) - \mathcal{T}(\boldsymbol{y},\boldsymbol{x}_2)| = \mathcal{T}(\boldsymbol{x}_1,\boldsymbol{x}_2) \tag{3.28}$$

（2）如果$\nabla_y\mathcal{T}(\boldsymbol{y},\boldsymbol{x}_1) = -\nabla_y\mathcal{T}(\boldsymbol{y},\boldsymbol{x}_2)$，则 $\boldsymbol{x}_1$ 和 $\boldsymbol{x}_2$ 位于从 $\boldsymbol{y}$ 出发的同一射线的异侧，

并且：

$$\mathcal{T}(\boldsymbol{y},\boldsymbol{x}_1)+\mathcal{T}(\boldsymbol{y},\boldsymbol{x}_2)=\mathcal{T}(\boldsymbol{x}_1,\boldsymbol{x}_2) \tag{3.29}$$

【证明】 从 $\boldsymbol{y}$ 到 $\boldsymbol{x}_1$ 的走时与一条唯一的射线相对应，可以认为这条射线从 $\boldsymbol{y}$ 出发，用 $\boldsymbol{\xi}_0$ 表示该射线在 $\boldsymbol{y}$ 处的初始出射角，也可以认为这条射线从 $\boldsymbol{x}_1$ 出发，用 $\boldsymbol{\xi}_1$ 表示该射线在 $\boldsymbol{x}_1$ 处的初始出射角（图 3. 1）。

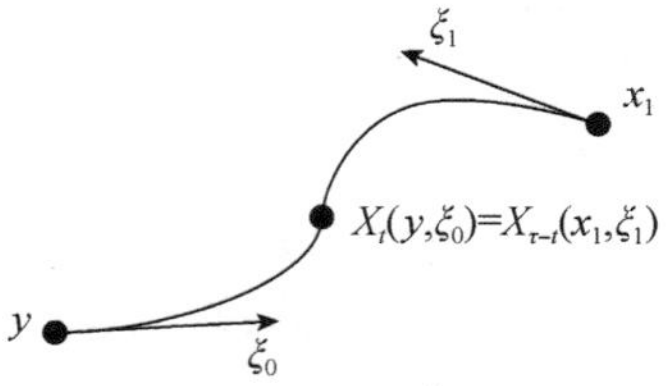

图 3. 1　连接 y 和 x_1 的射线可以看作以出射角 ξ_0 从 y 发出，也可以等效地看作以出射角 ξ_1 从 x_1 发出。

用 τ 表示从 $\boldsymbol{y}$ 到 $\boldsymbol{x}_1$ 的传播时间，可以得到：

$$\boldsymbol{X}_t(\boldsymbol{y},\boldsymbol{\xi}_0)=\boldsymbol{X}_{\tau-t}(\boldsymbol{x}_1,\boldsymbol{\xi}_1) \tag{3.30}$$

$$\boldsymbol{\xi}_t(\boldsymbol{y},\boldsymbol{\xi}_0)=-\boldsymbol{\xi}_{\tau-t}(\boldsymbol{x}_1,\boldsymbol{\xi}_1) \tag{3.31}$$

对于任意时间 t，出射角方向由下式确定

$$\boldsymbol{\xi}_t(\boldsymbol{x}_1,\boldsymbol{\xi}_1)=\nabla_2\mathcal{T}[\boldsymbol{x}_1,\boldsymbol{X}_t(\boldsymbol{x}_1,\boldsymbol{\xi}_1)] \tag{3.32}$$

此处的梯度满足第二类间断点条件。确实，一方面，由

$$\mathcal{T}[\boldsymbol{x},\boldsymbol{X}_t(\boldsymbol{x},\boldsymbol{\xi})]=t,\quad \mathcal{T}[\boldsymbol{x},\boldsymbol{X}_{t+\delta t}(\boldsymbol{x},\boldsymbol{\xi})]=t+\delta t$$

可以得到

$$\nabla_2\mathcal{T}[\boldsymbol{x},\boldsymbol{X}_t(\boldsymbol{x},\boldsymbol{\xi})]\cdot\frac{\mathrm{d}\boldsymbol{X}_t}{\mathrm{d}t}=1$$

亦即

$$\nabla_2\mathcal{T}[\boldsymbol{x},\boldsymbol{X}_t(\boldsymbol{x},\boldsymbol{\xi})]\cdot\boldsymbol{\xi}_t(\boldsymbol{x},\boldsymbol{\xi})=\frac{1}{c^2[\boldsymbol{X}_t(\boldsymbol{x},\boldsymbol{\xi})]}=|\boldsymbol{\xi}_t(\boldsymbol{x},\boldsymbol{\xi})|^2$$

另一方面，从程函方程可知

$$|\nabla_2\mathcal{T}[\boldsymbol{x},\boldsymbol{X}_t(\boldsymbol{x},\boldsymbol{\xi})]|^2=\frac{1}{c^2[\boldsymbol{X}_t(\boldsymbol{x},\boldsymbol{\xi})]}=|\boldsymbol{\xi}_t(\boldsymbol{x},\boldsymbol{\xi})|^2$$

因此，$|\nabla_2\mathcal{T}[\boldsymbol{x},\boldsymbol{X}_t(\boldsymbol{x},\boldsymbol{\xi})]-\boldsymbol{\xi}_t(\boldsymbol{x},\boldsymbol{\xi})|^2=0$，这表明 $\nabla_2\mathcal{T}[\boldsymbol{x},\boldsymbol{X}_t(\boldsymbol{x},\boldsymbol{\xi})]=\boldsymbol{\xi}_t(\boldsymbol{x},\boldsymbol{\xi})$，也就是说式（3. 32）成立。

在 $t=0$ 时刻和 $\tau=\mathcal{T}(\boldsymbol{x}_1,\ \boldsymbol{y})$ 时刻分别应用式（3. 31）及式（3. 32），得到：

$$-\boldsymbol{\xi}_0=\boldsymbol{\xi}_\tau(\boldsymbol{x}_1,\boldsymbol{\xi}_1)=\nabla_2\mathcal{T}[\boldsymbol{x}_1,\boldsymbol{X}_\tau(\boldsymbol{x}_1,\boldsymbol{\xi}_1)]=\nabla_2\mathcal{T}(\boldsymbol{x}_1,\boldsymbol{y})=\nabla_y\mathcal{T}(\boldsymbol{y},\boldsymbol{x}_1)$$

如果点 $\boldsymbol{x}_1$ 和 $\boldsymbol{x}_2$ 使得 $\nabla_y\mathcal{T}(\boldsymbol{y},\boldsymbol{x}_1)=\nabla_y\mathcal{T}(\boldsymbol{y},\boldsymbol{x}_2)$，则上面最后一个等式意味着连接 $\boldsymbol{y}$ 与 $\boldsymbol{x}_1$ 的射线和连接 $\boldsymbol{y}$ 与 $\boldsymbol{x}_2$ 的射线必须具有相同的出射角。这意味着 $\boldsymbol{x}_1$ 和 $\boldsymbol{x}_2$ 位于从 $\boldsymbol{y}$ 发出的同一射线上。

另外，对于 $t_1=\mathcal{T}(\boldsymbol{y},\boldsymbol{x}_1)$ 和 $t_2=\mathcal{T}(\boldsymbol{y},\boldsymbol{x}_2)$，$\boldsymbol{x}_1=\boldsymbol{X}_{t_1}(\boldsymbol{y},\boldsymbol{\xi}_0)$ 和 $\boldsymbol{x}_2=\boldsymbol{X}_{t_2}(\boldsymbol{y},\boldsymbol{\xi}_0)$ 成立。如果 $t_2>t_1$，则对于 $t_3=\mathcal{T}(\boldsymbol{x}_1,\boldsymbol{x}_2)$，$\boldsymbol{x}_2=\boldsymbol{X}_{t_3}(\boldsymbol{x}_1,-\boldsymbol{\xi}_1)$ 成立，这意味着 $\boldsymbol{x}_2=\boldsymbol{X}_{t_3}[\boldsymbol{X}_{t_1}(\boldsymbol{y},\boldsymbol{\xi}_0),$

$\boldsymbol{\xi}_{t_1}(\boldsymbol{y},\boldsymbol{\xi}_0)]=\boldsymbol{X}_{t_3+t_1}(\boldsymbol{y},\boldsymbol{\xi}_0)$，因此 $t_1+t_3=t_2$。这表明式（3.28）成立。

引理3.1的第（2）条可以用同样的方法来证明。

到此，对波动方程格林函数的高频渐近表达的介绍就结束了。这些描述虽然并不完备，但是包含了本书中所需的所有结果。有兴趣的读者可以在 Courant 和 Hilbert（1991）文献的第二卷第一章的第二小节中找到微积分变换、欧拉和哈密顿方程的一般介绍。有关几何光学的更多细节可以参考 Keller 等（1956）和 Bleistein 等（2001）的工作。

3.4　互相关的高频渐近分析

现在讨论当 ε 趋于无穷小时，x_1 和 x_2 之间互相关函数的行为。

命题3.2　当 ε 趋于零时，当且仅当穿过 x_1 和 x_2 的射线到达源区域，即到达式（3.2）中泛函 K 的支撑时，互相关函数 $C^{(1)}(\tau,\boldsymbol{x}_1,\boldsymbol{x}_2)$ 具有峰值。在这种情况下，在 $\tau=\pm\mathcal{T}(\boldsymbol{x}_1,\boldsymbol{x}_2)$ 处要么有一个波峰，要么有两个波峰。

更准确地说，任何从源区域到达 x_2 然后到达 x_1 的射线都会在 $\tau=-\mathcal{T}(\boldsymbol{x}_1,\boldsymbol{x}_2)$ 处出现峰值，而从源区域到达 x_1 然后到达 x_2 的射线在 $\tau=\mathcal{T}(\boldsymbol{x}_1,\boldsymbol{x}_2)$ 处出现峰值。

这个命题解释了为什么当穿过 x_1 和 x_2 的射线大致垂直于来自噪声源的能通量方向时走时估计不准确，如图3.2的中图所示。

下面的证明过程说明，对互相关峰值的稳相贡献来自成对的射线段。第一束射线从源传播到 x_2，第二束射线从源以相同的初始出射角传播到 x_1。峰值出现在这两个射线段之间的传播时间差处。在图3.2右图的情形中，峰值出现在 $\tau=\mathcal{T}(\boldsymbol{x}_1,\boldsymbol{x}_2)$ 处。

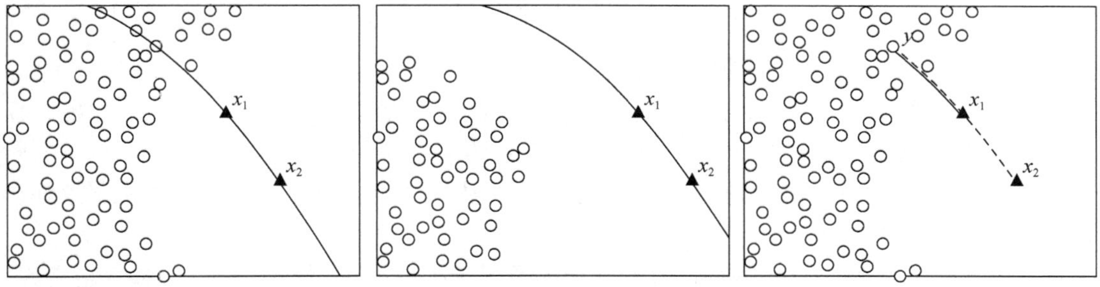

图3.2　左图：如果穿过 x_1 和 x_2 的射线（图中实线）进入源区域，则可以用互相关方法估计波的走时。中图：如果不是这种情况，则互相关函数在时间等于波的走时的时刻没有峰值。右图：从源区中的位置 $\boldsymbol{y}$ 以相同的初始出射角发出的地震射线，分别到达 $\boldsymbol{x}_1$（实线）和 $\boldsymbol{x}_2$（虚线）时，互相关函数出现峰值。

【证明】 通过式（2.20）可以得到：

$$C^{(1)}(\tau,\boldsymbol{x}_1,\boldsymbol{x}_2)=\frac{1}{2\pi}\int\mathrm{d}y\int\mathrm{d}\omega\,\overline{\hat{G}}\left(\frac{\omega}{\varepsilon},\boldsymbol{x}_1,\boldsymbol{y}\right)\hat{G}\left(\frac{\omega}{\varepsilon},\boldsymbol{x}_2,\boldsymbol{y}\right)\mathrm{e}^{-\mathrm{i}\frac{\omega}{\varepsilon}\tau}\hat{F}(\omega)K(\boldsymbol{y})$$

使用格林函数的 WKB 近似式（3.11）得到：

$$\mathrm{C}^{(1)}(\tau,\boldsymbol{x}_1,\boldsymbol{x}_2)=\frac{1}{2\pi}\int\mathrm{d}yK(\boldsymbol{y})\int\mathrm{d}\omega\hat{F}(\omega)\bar{\mathcal{A}}(\boldsymbol{x}_1,\boldsymbol{y})\mathcal{A}(\boldsymbol{x}_2,\boldsymbol{y})\mathrm{e}^{\mathrm{i}\frac{\omega}{\varepsilon}T_1(y)}$$

其中瞬时相位是

$$\omega \mathcal{T}_1(\boldsymbol{y})=\omega[\mathcal{T}(\boldsymbol{x}_2,\boldsymbol{y})-\mathcal{T}(\boldsymbol{x}_1,\boldsymbol{y})-\tau] \tag{3.33}$$

通过驻相法可知，相位的驻点（ω，y）满足

$$\partial_\omega[\omega \mathcal{T}_1(\boldsymbol{y})]=0\ ,\quad \nabla_y[\omega \mathcal{T}_1(\boldsymbol{y})]=0$$

这意味着

$$\mathcal{T}(\boldsymbol{y},\boldsymbol{x}_2)-\mathcal{T}(\boldsymbol{y},\boldsymbol{x}_1)=\tau,\quad \nabla_y\mathcal{T}(\boldsymbol{y},\boldsymbol{x}_2)=\nabla_y\mathcal{T}(\boldsymbol{y},\boldsymbol{x}_1)$$

根据引理 3.1，上式第二个条件$\nabla_y\mathcal{T}(\boldsymbol{y},\boldsymbol{x}_2)=\nabla_y\mathcal{T}(\boldsymbol{y},\boldsymbol{x}_1)$要求 x_1 和 x_2 位于从 y 发出的射线同一侧。如果这些点沿着射线按 $y\to x_1\to x_2$ 排列，则第一个条件等价于 $\boldsymbol{\tau}=\mathcal{T}(x_1,x_2)$。如果这些点沿着射线按 $y\to x_2\to x_1$ 排列，则第一个条件等价于 $\boldsymbol{\tau}=-\mathcal{T}(x_1,x_2)$。驻点 y 仅在作为源区域 K 的支撑中时才对积分起作用。这就完成了命题的证明。

通过稳态相位计算，可以得到 ε 趋于无穷小条件下互相关的以下表达式［式(3.34)］。

命题 3.3　当 ε 趋于零时，在背景速度为 c_0 的均匀介质中，互相关 $C^{(1)}(\boldsymbol{\tau},\boldsymbol{x}_1,\boldsymbol{x}_2)$的峰值由下式给出：

$$\partial_\tau C^{(1)}(\boldsymbol{\tau},\boldsymbol{x}_1,\boldsymbol{x}_2)=\frac{c_0}{2}\mathcal{A}(\boldsymbol{x}_1,\boldsymbol{x}_2)\{\mathcal{K}(\boldsymbol{x}_2,\boldsymbol{x}_1)F_\varepsilon[\tau+\mathcal{T}(\boldsymbol{x}_1,\boldsymbol{x}_2)]-\mathcal{K}(\boldsymbol{x}_1,\boldsymbol{x}_2)F_\varepsilon[\tau-\mathcal{T}(\boldsymbol{x}_1,\boldsymbol{x}_2)]\} \tag{3.34}$$

其中

$$\mathcal{A}(\boldsymbol{x}_1,\boldsymbol{x}_2)=\frac{1}{(4\pi|\boldsymbol{x}_1-\boldsymbol{x}_2|)},\mathcal{T}(\boldsymbol{x}_1,\boldsymbol{x}_2)=\frac{|\boldsymbol{x}_1-\boldsymbol{x}_2|}{c_0}$$

$$\mathcal{K}(\boldsymbol{x}_1,\boldsymbol{x}_2)=\int_0^\infty K\left(\boldsymbol{x}_1+\frac{\boldsymbol{x}_1-\boldsymbol{x}_2}{|\boldsymbol{x}_1-\boldsymbol{x}_2|}l\right)\mathrm{d}l \tag{3.35}$$

式中，K 是式（3.2）中噪声源的空间支撑函数。

$\mathcal{K}(\boldsymbol{x}_1,\boldsymbol{x}_2)$是沿从 x_1 发出方向为 x_1-x_2 的射线能量：请注意，仅当射线从 x_2 发出并经过 x_1 后延伸到源区域时，$\mathcal{K}(\boldsymbol{x}_1,\boldsymbol{x}_2)$不为零。换句话说，沿着从 x_1 出发方向为 x_1-x_2 的射线能量在 $\boldsymbol{\tau}=\mathcal{T}(\boldsymbol{x}_1,\boldsymbol{x}_2)$处出现峰值，反之，沿着从 x_2 发出方向为 x_2-x_1 的射线能量在 $\boldsymbol{\tau}=-\mathcal{T}(\boldsymbol{x}_1,\boldsymbol{x}_2)$处出现峰值。

式（3.34）表明，背景噪声信号的互相关可用于提取检波器对之间的走时。它表明，走时估计 $\mathcal{T}$的分辨率数量级约为噪声源退相干时间，也就是噪声带宽的倒数。

然而，高频格林函数的振幅 $\mathcal{A}$ 提取起来比较困难，因为它带有依赖于噪声源分布的高次项。如第 2 章所述，如果噪声源在整个球面上均匀分布，那么该高次项是恒定的，从而可以较容易地提取格林函数的振幅。

【证明】通过格林函数的显式表达式（3.7），得到：

$$C^{(1)}(\boldsymbol{\tau},\boldsymbol{x}_1,\boldsymbol{x}_2)=\frac{1}{32\pi^3}\int \mathrm{d}y\int \mathrm{d}\omega\,\frac{K(\boldsymbol{y})\hat{F}(\omega)}{|\boldsymbol{x}_1-\boldsymbol{y}|\,|\boldsymbol{x}_2-\boldsymbol{y}|}\mathrm{e}^{\mathrm{i}\frac{\omega}{\varepsilon}\mathcal{T}_1(y)} \tag{3.36}$$

其中

$$\mathcal{T}_1(\boldsymbol{y})=\frac{|\boldsymbol{x}_1-\boldsymbol{y}|}{c_0}-\frac{|\boldsymbol{x}_2-\boldsymbol{y}|}{c_0}-\tau$$

引入单位向量：

$$\hat{\boldsymbol{g}}_3=\frac{\boldsymbol{x}_1-\boldsymbol{x}_2}{|\boldsymbol{x}_1-\boldsymbol{x}_2|}$$

并用其他两个单位向量$(\hat{\boldsymbol{g}}_1,\hat{\boldsymbol{g}}_2)$与其构成完备正交基，然后作 $y\mapsto(s_1,s_2,s_3)$ 的变量替换

$$\boldsymbol{y}=\boldsymbol{x}_1+|\boldsymbol{x}_1-\boldsymbol{x}_2|[\varepsilon^{1/2}s_1\hat{\boldsymbol{g}}_1+\varepsilon^{1/2}s_2\hat{\boldsymbol{g}}_2+s_3\hat{\boldsymbol{g}}_3]$$

其行列式的值为 $\varepsilon|\boldsymbol{x}_1-\boldsymbol{x}_2|^3$。这给出了包含穿过 x_2 和 x_1 的射线的变量 y 的参数化。$s_3>0$ 片段对应于从 x_1 发出并沿 x_1-x_2 方向的射线。由命题 3.2 可知，它在 $\tau=\mathcal{T}(\boldsymbol{x}_1,\boldsymbol{x}_2)$时刻出现峰值。$s_3<-1$ 片段对应于从 x_2 发出并沿 x_2-x_1 方向的射线。从命题 3.2 知道，它在 $\tau=-\mathcal{T}(\boldsymbol{x}_1,\boldsymbol{x}_2)$处出现峰值。下面将再次回顾这些结果并对它们进行更加定量化的描述。

考虑走时 $\mathcal{T}(\boldsymbol{x}_1,\boldsymbol{x}_2)$附近 τ 的 ε 邻域，也就是说，将延迟时间 τ 参数化为

$$\tau=\frac{|\boldsymbol{x}_1-\boldsymbol{x}_2|}{c_0}+\varepsilon\tau_0$$

对 $\mathcal{T}_1(\boldsymbol{y})$ 进行泰勒展开，对于 $s_3>0$：

$$\mathcal{T}_1(\boldsymbol{y})=-\varepsilon\tau_0-\varepsilon\frac{s_1^2+s_2^2}{2c_0s_3(1+s_3)}|\boldsymbol{x}_1-\boldsymbol{x}_2|+O(\varepsilon^2)$$

对于 $s_3\in(-1,\ 0)$：

$$\mathcal{T}_1(\boldsymbol{y})=2\frac{|\boldsymbol{x}_1-\boldsymbol{x}_2|}{c_0}s_3-\varepsilon\tau_0+\varepsilon\frac{(s_1^2+s_2^2)(2s_3+1)}{2c_0s_3(1+s_3)}|\boldsymbol{x}_1-\boldsymbol{x}_2|+O(\varepsilon^2)$$

对于 $s_3<-1$：

$$\mathcal{T}_1(\boldsymbol{y})=-2\frac{|\boldsymbol{x}_1-\boldsymbol{x}_2|}{c_0}-\varepsilon\tau_0+\varepsilon\frac{(s_1^2+s_2^2)}{2c_0s_3(1+s_3)}|\boldsymbol{x}_1-\boldsymbol{x}_2|+O(\varepsilon^2)$$

在 $s_3<0$ 的情况下，式（3.36）在 $\varepsilon\to0$ 时平均值为零。$s_3>0$ 时

$$|\boldsymbol{x}_1-\boldsymbol{y}||\boldsymbol{x}_2-\boldsymbol{y}|=|\boldsymbol{x}_1-\boldsymbol{x}_2|s_3(1+s_3)+O(\varepsilon)$$

因此

$$C^{(1)}(\tau,\boldsymbol{x}_1,\boldsymbol{x}_2)=\frac{\varepsilon|\boldsymbol{x}_1-\boldsymbol{x}_2|}{32\pi^3}\int_0^\infty \mathrm{d}s_3\frac{K[\boldsymbol{x}_1+s_3(\boldsymbol{x}_1-\boldsymbol{x}_2)]}{s_3(1+s_3)}\int \mathrm{d}\omega\hat{F}(\omega)\mathrm{e}^{-\mathrm{i}\omega\tau_0}$$
$$\times\iint \mathrm{d}s_1\mathrm{d}s_2\mathrm{e}^{-\mathrm{i}\frac{\omega}{2c_0}\frac{s_1^2+s_2^2}{s_3(1+s_3)}|x_1-x_2|}$$

根据恒等式（Abramowitz and Stegun，1965）：

$$\int \mathrm{e}^{-\mathrm{i}\frac{s^2}{2}}\mathrm{d}s=\sqrt{2\pi}\,\mathrm{e}^{-\mathrm{i}\frac{\pi}{4}}$$

计算关于 s_1 和 s_2 的积分，得到：

$$\begin{aligned}C^{(1)}(\tau,\boldsymbol{x}_1,\boldsymbol{x}_2)&=\frac{c_0\varepsilon}{16\pi^2}\int_0^\infty K[\boldsymbol{x}_1+s_3(\boldsymbol{x}_1-\boldsymbol{x}_2)]\mathrm{d}s_3\int\frac{-\mathrm{i}}{\omega}\hat{F}(\omega)\mathrm{e}^{-\mathrm{i}\omega\tau_0}\mathrm{d}\omega\\&=\frac{c_0\varepsilon}{16\pi^2|\boldsymbol{x}_1-\boldsymbol{x}_2|}\mathcal{K}(\boldsymbol{x}_1,\boldsymbol{x}_2)\int\frac{-\mathrm{i}}{\omega}\hat{F}(\omega)\mathrm{e}^{-\mathrm{i}\omega\tau_0}\mathrm{d}\omega\end{aligned}$$

其中，$\mathcal{K}(\boldsymbol{x}_1,\boldsymbol{x}_2)$由式（3.35）定义。因此

$$\partial_\tau C^{(1)}(\tau,\boldsymbol{x}_1,\boldsymbol{x}_2)=\frac{1}{\varepsilon}\partial_{\tau_0}C^{(1)}(\tau,\boldsymbol{x}_1,\boldsymbol{x}_2)$$

$$= -\frac{c_0}{16\pi^2 |\boldsymbol{x}_1 - \boldsymbol{x}_2|} \mathcal{K}(\boldsymbol{x}_1, \boldsymbol{x}_2) \int \hat{F}(\omega) \mathrm{e}^{-\mathrm{i}\omega\tau_0} \mathrm{d}\omega$$

$$= -\frac{c_0}{8\pi |\boldsymbol{x}_1 - \boldsymbol{x}_2|} \mathcal{K}(\boldsymbol{x}_1, \boldsymbol{x}_2) F(\tau_0)$$

由于幅值 $\mathcal{A}(\boldsymbol{x}_1, \boldsymbol{x}_2) = 1/(4\pi|\boldsymbol{x}_1 - \boldsymbol{x}_2|)$，上式可以改写为

$$\partial_\tau C^{(1)}(\tau, \boldsymbol{x}_1, \boldsymbol{x}_2) = -\frac{c_0}{2} \mathcal{A}(\boldsymbol{x}_1, \boldsymbol{x}_2) \mathcal{K}(\boldsymbol{x}_1, \boldsymbol{x}_2) F_\varepsilon[\tau - \mathcal{T}(\boldsymbol{x}_1, \boldsymbol{x}_2)]$$

利用同样的方式，可以得到式（3.34）中的另一个峰值表达式，命题得证。

现在对背景速度为 c_0 的均匀介质中命题 3.3 所述结果进行说明。图 3.3 和图 3.5 绘制了当功率谱密度为 $\hat{F}(\omega) = \omega^2 \exp(-\omega^2)$ 且相关函数

$$F(t) = -F_2''(t), \quad F_2(t) = \frac{1}{2\sqrt{\pi}} \exp\left(-\frac{t^2}{4}\right)$$

是高斯函数二阶导数的负值时不同检波器对 $(\boldsymbol{x}_1, \boldsymbol{x}_j)$，$j \geq 1$ 之间的互相关函数 $C^{(1)}(\tau, \boldsymbol{x}_1, \boldsymbol{x}_j), j \geq 1$。当 $j = 1$ 时，可以看到自相关函数与高斯函数的二阶导数成正比，正如下面的理论公式所示：

$$C^{(1)}(\tau, \boldsymbol{x}_1, \boldsymbol{x}_1) = \frac{1}{32\pi^3} \int \mathrm{d}\boldsymbol{y} \int \mathrm{d}\omega \frac{K(\boldsymbol{y}) \hat{F}(\omega)}{|\boldsymbol{x}_1 - \boldsymbol{y}|^2} \mathrm{e}^{-\mathrm{i}\omega\tau} = -\left[\int \mathrm{d}\boldsymbol{y} \frac{K(\boldsymbol{y})}{16\pi^2 |\boldsymbol{x}_1 - \boldsymbol{y}|^2}\right] F_2''(\tau)$$

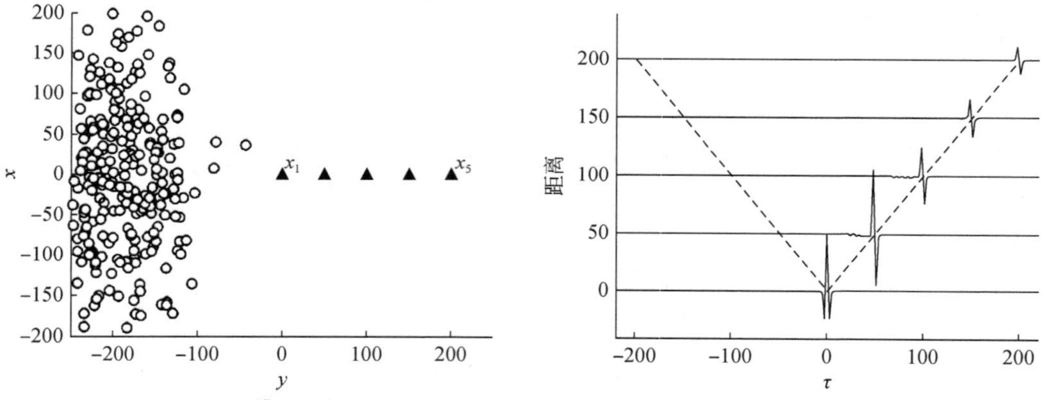

(a) 排列方式 (b) $C^{(1)}(\tau, \boldsymbol{x}_1, \boldsymbol{x}_j)$

图 3.3 图（a）为平面（xy）中成像排列方式示意图：圆圈表示噪声源，三角形表示检波器，相邻两个检波器之间的距离为 50。点源之间相互独立并以三维高斯密度分布形式均匀分布，以（0，-200，0）为中心，标准差为（100，50，100）。图（b）显示了检波器对 $(\boldsymbol{x}_1, \boldsymbol{x}_j)$，$j = 1, \cdots, 5$ 之间的互相关 $C^{(1)}(\tau, \boldsymbol{x}_1, \boldsymbol{x}_j)$ 与距离 $|\boldsymbol{x}_j - \boldsymbol{x}_1|$ 的关系。对于 $j \geq 2$ 的情况，需要将值乘以 12，因为自相关函数（$j = 1$）的取值要大于互相关函数（$j \geq 2$）。这里的功率谱密度是 $\hat{F}(\omega) = \omega^2 \exp(-\omega^2)$ 且 $c_0 = 1$。对于 $j \geq 2$，可以清楚地区分在 $\frac{|\boldsymbol{x}_j - \boldsymbol{x}_1|}{c_0}$ 处出现的高斯函数一阶导数形式的波峰。

当$j\geqslant 2$时，根据命题3.3可以预测，只要噪声源沿从x_j出发并通过x_1的射线分布，在$\frac{|\boldsymbol{x}_1-\boldsymbol{x}_j|}{c_0}$处就应该可以观测到高斯函数一阶导数形式的波峰：

$$C^{(1)}(\tau,\boldsymbol{x}_1,\boldsymbol{x}_j)=\frac{c_0\mathcal{K}(\boldsymbol{x}_1,\boldsymbol{x}_j)}{8\pi|\boldsymbol{x}_j-\boldsymbol{x}_1|}F_2'\left(\tau-\frac{|\boldsymbol{x}_j-\boldsymbol{x}_1|}{c_0}\right)$$

其中，$\mathcal{K}(\boldsymbol{x}_1,\boldsymbol{x}_j)$与$j$无关，因为从$x_j$发出并经过$x_1$的射线全部重叠。图3.3～图3.5中的数值模拟结果证实了这一理论预测。请注意以下几点：

（1）在图3.3中，从x_j发出并经过x_1的射线与源区域相交，可以看到$\frac{|\boldsymbol{x}_1-\boldsymbol{x}_j|}{c_0}$处的波峰具有高斯函数一阶导数的形式，这与理论分析相吻合。

（2）在图3.4中，从x_j发出并经过x_1的射线与源区域相交，但是检波器对之间的走时很小，与脉冲宽度量级相同。此时，可以看到在$\frac{|\boldsymbol{x}_1-\boldsymbol{x}_j|}{c_0}$处同样出现波峰，但其形式与$j=2$、3（对应于10、15的传播时间，约为脉冲宽度两倍的量级）的高斯函数一阶导数形式不完全相同，而是对应于$j=4$、5的高斯函数一阶导数形式。

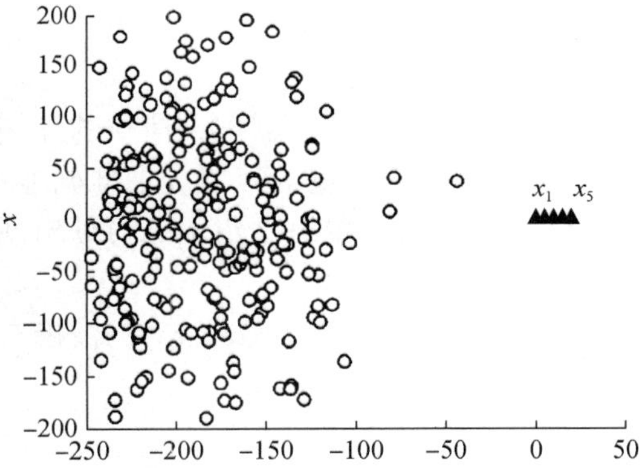

(a) 排列方式

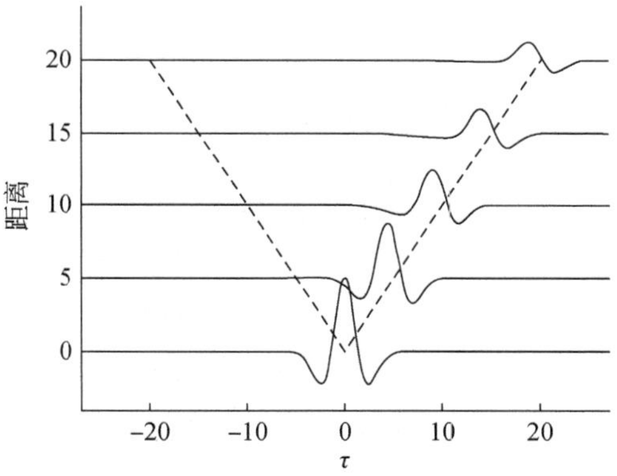

(b) $C^{(1)}(\tau,\boldsymbol{x}_1,\boldsymbol{x}_j)$

图3.4　成像排列方式与图3.3相同，但检波器间距不同（相邻两个检波器之间的距离为5）。对于$j\geqslant 2$，可以清楚地区分以$\frac{|\boldsymbol{x}_j-\boldsymbol{x}_1|}{c_0}$为中心的波峰，但是对于$j=2$、3（距离5、10）而言，它们并不完全是高斯函数一阶导数形式，而是类似于$j=4$、5（距离15、20）的高斯函数一阶导数。

实际上，命题3.3中描述的理论结果已经在高频情况下得到了证明，这意味着走时估计值比脉冲宽度要大。这与命题2.5中描述的理论结果相反：当照明均匀时，即使走时不大于脉冲宽度，式（2.27）仍然成立，如图2.4所示。

在图3.5中，从x_j到x_1的射线不与源区域相交，从而在互相关波形中没有波峰出现。

备注

在基于背景噪声的走时层析成像中，建议丢掉台站间距小于两个主波长的检波器对（Shapiro et al.，2005），这基本上符合本章中提出的理论观点。

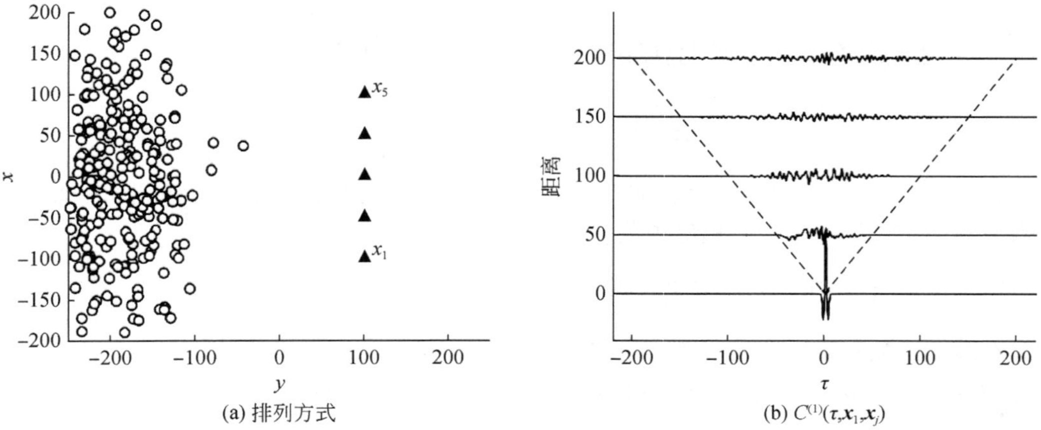

图 3.5　与图 3.3 类似，但检波器排列不同（相邻两个检波器之间的距离为 50）。如果 $j \geqslant 2$，则将值乘以 60。对于 $j \geqslant 2$，无可分辨的波峰出现。

3.5　结　　论

当噪声源的主波长与检波器之间的距离之比 ε 很小时，两个检波器记录信号的互相关在延迟时间等于它们之间的传播时间之和及之差时可能会出现明显的峰值。更准确地说，当且仅当穿过 x_1 和 x_2 的射线到达源区时，互相关 $C^{(1)}(\tau, \boldsymbol{x}_1, \boldsymbol{x}_2)$ 在 $\tau = \pm \mathcal{T}(\boldsymbol{x}_1, \boldsymbol{x}_2)$ 处出现可区分的波峰。结果［式（3.34）、式（3.35）］还表明：

（1）仅位于连接 x_1 和 x_2 的射线周围的射线管中的噪声源对 $C^{(1)}(\tau, \boldsymbol{x}_1, \boldsymbol{x}_2)$ 的波峰有贡献，这可以从线积分［式（3.35）］看到；

（2）波峰的宽度由噪声源的带宽确定；

（3）波峰的振幅不依赖于从源到检波器阵列的距离。

最后一个属性是根据驻相分析得到的结果，是由相互抵消的两方面因素导致的：一方面是作为从源到检波器距离的函数的格林函数幅度的几何衰减；另一方面是对波峰有贡献的围绕射线的射线管直径增加。

在第 5 章中将会看到，这些结果可以扩展到介质中存在反射体的情况，然后互相关波形在延迟时间等于检波器到反射体的走时处具有另外的峰值。

Bardos 等（2008）及 Garnier 和 Papanicolaou（2009）引入了小参数 $\varepsilon = \lambda / d$ 以系统地分析由高频渐近或驻相法进行走时估计（和反射体成像），其中 λ 是主波长，d 是检波器之间的距离。

第 4 章　传统检波器阵列成像方法回顾

为了理解检波器阵列成像中遇到的挑战性问题，首先概述了常规检波器阵列成像的两个基本问题：被动源成像和主动源反射成像。这里的“常规”是指信号源发出短的脉冲，而不是稳态的随机信号，即噪声。

在第 4.1 节中，将分析如何利用被动源接收器阵列记录的波对波源的空间分布进行成像，其中，数据集是由 N 个记录信号构成的向量。在讨论了最小二乘成像后，介绍了逆时偏移成像函数和基尔霍夫偏移成像函数，并对它们进行了分辨率分析。在 4.2.3 小节中对分辨率特性进行了系统梳理。

在 4.3 节中，将分析如何根据主动源检波器阵列记录的数据对介质中的反射体进行成像，这些检波器既可以用作源也可以用作接收器。其中，数据集是由 $N\times N$ 个信号数据构成的矩阵，矩阵的第（j，l）个元素表示第 l 个源发出短脉冲时第 j 个检波器记录的信号。与被动源成像一样，将讨论最小二乘成像、逆时偏移成像和基尔霍夫偏移成像，在 4.3.9 小节中对这几种成像方式的分辨率特性进行总结。

4.1　源的被动阵列成像

本节讨论如何利用被动阵列对震源进行成像，其中检波器仅用作接收器。

4.1.1　数据采集

在图 4.1 描述的成像装置中，y 处的源发出脉冲，$(x_r)_{r=1,\cdots,N}$ 处的检波器记录地震波。数据集是由信号 $[u(t,x_r)]_{t\in\mathbb{R},r=1,\cdots,N}$ 组成的向量，成像目标是确定源的位置 y。一般地讲，在源覆盖一定区域的情况下，成像目标是找到这一区域。

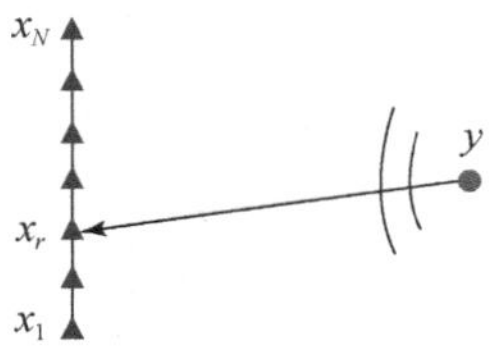

图 4.1　源的检波器阵列成像示意图。

4.1.2　成像函数

成像目的是找到在区域 $\Omega\subset\mathbb{R}^3$ 中源的空间分布 [不包含检波器位置 $(x_r)_{r=1,\cdots,N}$]。数据集为 $[u(t,x_r)]_{t\in\mathbf{R},r=1,\cdots,N}$。给定数据集，成像目的是在搜索域 Ω 中建立描述源分布图像的成像函数（图 4.2）：

$$\mathcal{I}:\left|\begin{array}{l}\Omega\mapsto\mathbb{R}^+\\ y^S\mapsto\mathcal{I}(y^S)\end{array}\right.$$

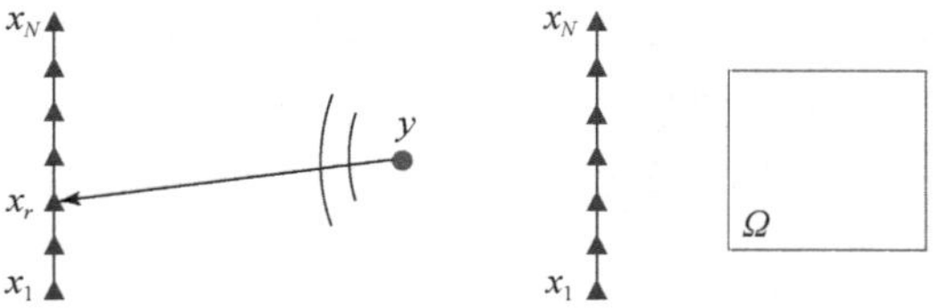

图 4.2　源的检波器阵列成像：数据采集装置（左）和成像函数的搜索区域（右）。

例如，在存在唯一点源的情况下，希望成像函数图像形态是以源位置为中心的尖峰，该成像函数称为点扩散函数，其中峰的宽度决定了成像函数的分辨率。

4.1.3　线性正演算子

假设震源函数形式为 $n(t,\boldsymbol{y})=\rho_{\text{real}}(\boldsymbol{y})\delta(t)$，为寻找源函数 ρ_{real}，假设格林函数是已知的，数据集为 $\hat{\boldsymbol{u}}=[\hat{u}(\omega,x_r)]_{\omega\in\mathbf{R},r=1,\cdots,N}$，其中：

$$\hat{\boldsymbol{u}}(\omega,\boldsymbol{x}_r)=\int_\Omega\hat{G}(\omega,\boldsymbol{x}_r,\boldsymbol{y})\rho_{\text{real}}(\boldsymbol{y})\,\mathrm{d}y$$

定义如下的正演算子：

$$[\hat{\boldsymbol{A}}\rho](\omega,\boldsymbol{x}_r)=\int_\Omega\hat{G}(\omega,\boldsymbol{x}_r,\boldsymbol{y})\rho(\boldsymbol{y})\,\mathrm{d}y \tag{4.1}$$

$\hat{\boldsymbol{A}}$ 是将源函数映射到数据集 $\hat{\boldsymbol{u}}$ 的线性算子，数据集：

$$\hat{\boldsymbol{u}}=\hat{\boldsymbol{A}}\rho_{\text{real}}$$

$\hat{\boldsymbol{A}}$ 定义了从标准标量积空间 $L^2(\Omega)$，即

$$(\mu,\mathcal{V})_{L^2}=\int_\Omega\overline{\mu(y)}\mathcal{V}(y)\,\mathrm{d}y$$

到由如下标量积定义的范数空间 $\mathcal{L}^2:=L^2$（$\mathbb{R}\times\{1,\cdots,N\}$）的一个映射：

$$(\hat{\nu},\hat{w})_{\mathcal{L}^2}=\int\mathrm{d}\omega\sum_{r=1}^{N}\overline{\hat{v}(\omega,x_r)}\,\hat{w}(\omega,x_r)$$

这里认为 $\hat{\nu}\in\mathcal{L}^2$ 是某个实值信号 $[v(t,x_r)]_{t\in\mathbf{R},r=1,\cdots,N}$ 的傅里叶变换，因此它满足 $\hat{v}(-\omega,\boldsymbol{x}_r)=\overline{\hat{v}(\omega,\boldsymbol{x}_r)}$。

4.1.4　伴随算子

由于线性算子 $\hat{\boldsymbol{A}}$ 通常是不可逆的，为了从观测数据中估计 ρ_{real}，需要在 $L^2(\Omega)$ 空间中寻找函数 ρ，使得 ρ 的观测值与理论预测值之间的差值最小，相应的最小二乘反演问题是使 $J_{\text{LS}}[\rho]$ 最小化：

$$J_{\text{LS}}[\rho]=\frac{1}{2\pi}\int \mathrm{d}\omega \sum_{r=1}^{N} \left|\hat{\boldsymbol{u}}(\omega,x_r)-[\hat{\boldsymbol{A}}\rho](\omega,\boldsymbol{x}_r)\right|^2 \tag{4.2}$$

正如将在 4.1.5 小节看到的（专门介绍最小二乘反演），考虑泛函 $J_{\text{LS}}[\rho]+\alpha\ \|\rho\|_{\text{REG}}^2$ 的正则化最小化问题或许有用，此处 $\|\rho\|_{\text{REG}}^2$ 是 L^2-范数，它可以使问题变光滑，但会降低分辨率。当然，也可以采用 L^1-范数，它会提高重构 ρ 的稀疏度（在少数几个离散点源分布较好的情况下很有效）。最近，为了从不完整数据中重构稀疏信号，L^1-最小化技术（或压缩感知）开始流行起来。在成像中，这意味着将 $\|\rho\|_{L^1}$ 最小化，以使得对于给定的正常数 $\in$ 有 $\|\hat{\boldsymbol{u}}-\hat{\boldsymbol{A}}\rho\|_{L^2}\leqslant\in$（Chai et al.，2014）。

通过求解如下的正态方程可以得到式（4.2）的最小二乘解：

$$\hat{\boldsymbol{A}}^*\hat{\boldsymbol{A}}\rho_{\text{LS}}=\hat{\boldsymbol{A}}^*\hat{\boldsymbol{u}}$$

式中，$\hat{\boldsymbol{A}}^*$ 为伴随算子，它满足：

$$[\hat{\boldsymbol{A}}^*\hat{v}](y)=\int \mathrm{d}\omega\sum_{r=1}^{N}\overline{\hat{G}(\omega,y,x_r)}\hat{v}(\omega,x_r) \tag{4.3}$$

实际上，对于任意的 $\mu\in L^2$（Ω）和 $\hat{\boldsymbol{v}}\in\mathcal{L}^2$：

$$\begin{aligned}(\hat{\boldsymbol{A}}\mu,\hat{\boldsymbol{v}})_{\mathcal{L}^2}&=\int \mathrm{d}\omega\sum_{r=1}^{N}\overline{[\hat{\boldsymbol{A}}\mu](\omega,x_r)}\hat{v}(\omega,x_r)\\&=\int \mathrm{d}\omega\sum_{r=1}^{N}\int_{\Omega}\mathrm{d}y\,\overline{\hat{G}(\omega,x_r,y)}\,\overline{\mu(y)}\hat{v}(\omega,x_r)\\&=\int_{\Omega}\mathrm{d}y\,\overline{\mu(y)}\int \mathrm{d}\omega\sum_{r=1}^{N}\overline{\hat{G}(\omega,x_r,y)}\hat{v}(\omega,x_r)\\&=\int_{\Omega}\mathrm{d}y\,\overline{\mu(y)}[\hat{\boldsymbol{A}}^*\hat{\boldsymbol{v}}](y)\\&=(\mu,\hat{\boldsymbol{A}}^*\hat{\boldsymbol{v}})_{L^2}\end{aligned}$$

由于 G 和 v 都是实数，因此有 $\overline{\hat{G}(\omega,\ y,\ x_r)}=\hat{G}(-\omega,\ y,\ x_r)$ 及 $\hat{v}(\omega,\ x_r)=\overline{\hat{v}(-\omega,\ x_r)}$，因此：

$$[\hat{\boldsymbol{A}}^*\hat{\boldsymbol{v}}](y)=\int \mathrm{d}\omega\sum_{r=1}^{N}\hat{G}(\omega,y,x_r)\overline{\hat{v}(\omega,x_r)}$$

注意，频率域中的复共轭对应于时间域中的逆时操作（详见 13.1 节）。这表明伴随算子对应于逆时数据向测试点 y 的反向传播。

正则化算子 $\hat{\boldsymbol{A}}^*\hat{\boldsymbol{A}}$ 由下式给出：

$$[\hat{\boldsymbol{A}}^*\hat{\boldsymbol{A}}\rho](y)=\int_{\Omega}\mathrm{d}y'a(y,y')\rho(y')$$

式中，核函数 $a(y,y')=\int \mathrm{d}\omega \sum_{r=1}^{N}\hat{G}(\omega,y,x_r)\overline{\hat{G}(\omega,y',x_r)}$。4.2 节对核函数 a 的性质进行了详细说明。

4.1.5　最小二乘反演

假设频率 ω 是固定的，这样可以使问题简化一些。数据集是向量 $\hat{\boldsymbol{u}}=[\hat{\boldsymbol{u}}(\boldsymbol{x}_r)]_{r=1,\cdots,N}$，通过线性关系 $\hat{u}=\hat{\boldsymbol{A}}\rho_{\mathrm{real}}$与未知函数 $\rho_{\mathrm{real}}=[\rho_{\mathrm{real}}(y)]_{y\in\Omega}$相联系，其中线性算子 $\hat{\boldsymbol{A}}$ 由式（4.1）定义。这里首先以一个简单的矩阵向量形式表示这个问题，为了实现这一点，通过在搜索域 Ω 中引入步长为 δy 的规则网格（y_j）$_{j=1,\cdots,M}$对问题进行离散化：

$$[\hat{\boldsymbol{A}}\rho](x_r)=\sum_{j=1}^{M}\hat{G}(\omega,x_r,y_j)\rho(y_j)(\delta y)^3$$

借助于如下方程的解向量 $\boldsymbol{\rho}=[\rho(y_j)]_{j=1,\cdots,M}$可以使问题得到简化。

$$\hat{\boldsymbol{u}}=\boldsymbol{A}\rho$$

式中，矩阵 $\boldsymbol{A}$ 的元素为 $A_{rj}=\hat{G}(\omega,x_r,y_j)(\delta y)^3$。但是，$\boldsymbol{A}$ 的大小为 $N\times M$，即使当 $M=N$ 时，它通常也不可逆。为了获得良态问题，需要寻找最小二乘反演问题的解，即找到使如下误差函数最小的向量 $\boldsymbol{\rho}$：

$$\varepsilon=\frac{1}{2}\|\hat{u}-\boldsymbol{A}\rho\|^2=\frac{1}{2}\sum_{r=1}^{N}|(\hat{u}-\boldsymbol{A}\rho)_r|^2$$

二次误差函数的极点满足如下约束：

$$\frac{\partial\varepsilon}{\partial\rho_j}=0,\quad \frac{\partial\varepsilon}{\partial\bar{\rho}_j}=0$$

即

$$\sum_{r=1}^{N}[\overline{\boldsymbol{A}}_{rj}(\hat{u}-\boldsymbol{A}\rho)_r]=[\boldsymbol{A}^{\boldsymbol{H}}(\hat{u}-\boldsymbol{A}\rho)]_j=0,j=1,\cdots,N$$

式中，上标 H 代表共轭转置。通过方程 $\boldsymbol{A}^{\mathrm{H}}(\hat{u}-\boldsymbol{A}\rho)=0$ 可以得出正则化方程：

$$\boldsymbol{A}^{\mathrm{H}}\boldsymbol{A}\rho=\boldsymbol{A}^{\mathrm{H}}\hat{u}$$

$\boldsymbol{A}^{\mathrm{H}}\boldsymbol{A}$ 是一个非负矩阵。当其正定时，可以求逆得到：

$$\rho=(\boldsymbol{A}^{\mathrm{H}}\boldsymbol{A})^{-1}\boldsymbol{A}^{\mathrm{H}}\hat{u}$$

当$\boldsymbol{A}^{\mathrm{H}}\boldsymbol{A}$ 非正时，或者当它是正值但病态时，有必要对最小化问题进行正则化。请注意，这种情况只要 $M>N$ 就会发生，这是成像过程中遇到的一类典型问题。Tykhonov 正则化是一种常用的正则化技术，待最小化的正则化问题是

$$\varepsilon=\frac{1}{2}\|\hat{u}-\boldsymbol{A}\rho\|^2+\frac{1}{2}\alpha\|\rho\|^2$$

其中 $\alpha>0$。该正则化问题的解是

$$\rho=(\boldsymbol{A}^{\mathrm{H}}\boldsymbol{A}+\alpha\mathrm{I})^{-1}\boldsymbol{A}^{\mathrm{H}}\hat{u}$$

当 α 较小时，可以引入 Moon-Penrose 伪逆（Golub and van Loan，1996），但这样会使问题变得不稳定并且会放大附加噪声。当 α 很大时，稳定性会增强但分辨率却会降低

(Borcea et al., 2010)。

4.1.6　逆时成像函数

最小二乘成像函数为

$$\mathcal{I}_{\mathrm{LS}}(y^S)=[(\hat{\boldsymbol{A}}^*\hat{\boldsymbol{A}})^{-1}\hat{\boldsymbol{A}}^*\hat{u}](y^S)$$

式中，$(\hat{\boldsymbol{A}}^*\hat{\boldsymbol{A}})^{-1}$是正则化算子的伪逆。事实证明，正则化算子$\hat{\boldsymbol{A}}^*\hat{\boldsymbol{A}}$的核函数 $a(y,y')$ 是逆时实验中 y 处的记录信号，该实验中 y 处的点源在 0 时刻发出尖脉冲，如 2.1.4 小节所述，位于位置$(x_r)_{r=1,\cdots,N}$处的点接收器/点源组成逆时成像镜像。通过逆时重聚焦特性，正则化算子的核通常集中在 $y=y'$周围，这意味着它接近对角化算子。受这些分析的启发，建议将归一化因子放在最小二乘函数中，这样得到的新函数比最小二乘函数更易求解，并且在一定条件下接近最小二乘函数。但是，这种简化会影响分辨率（Borcea et al., 2010）。搜索点 y^S 处的逆时成像函数定义如下：

$$\mathcal{I}_{\mathrm{RT}}(y^S)=\frac{1}{2\pi}[\hat{\boldsymbol{A}}^*\hat{u}](y^S)=\frac{1}{2\pi}\int \mathrm{d}\omega\sum_{r=1}^{N}\overline{\hat{G}(\omega,y^S,x_r)}\hat{u}(\omega,x_r)\tag{4.4}$$

$\mathcal{I}_{\mathrm{RT}}(y^S)=\dfrac{1}{2\pi}\displaystyle\int \mathrm{d}\omega\sum_{r=1}^{N}\overline{\hat{G}(-\omega,y^S,x_r)\hat{u}(-\omega,x_r)}=\dfrac{1}{2\pi}\displaystyle\int \mathrm{d}\omega\sum_{r=1}^{N}\hat{G}(\omega,y^S,x_r)\overline{\hat{u}(\omega,x_r)}$可解释为 $\mathcal{I}_{\mathrm{RT}}(y^S)=u_{\mathrm{RT}}(0,\ y^S)$。其中，$u_{\mathrm{RT}}\ (t,\ x)$ 是如下波动方程的解：

$$\frac{1}{c^2(x)}\frac{\partial^2 u_{\mathrm{RT}}}{\partial t^2}-\Delta_x u_{\mathrm{RT}}=n_{\mathrm{RT}}(t,x)$$

源 $n_{\mathrm{RT}}(t,x)$ 在 $(t,x)\in(-\infty,0)\times\{x_r,r=1,\cdots,N\}$ 中成立：

$$n_{\mathrm{RT}}(t,x)=\sum_{r=1}^{N}u(-t,x_r)\delta(x-x_r)$$

这表明，对背景介质中波动方程的求解必须考虑成像函数的计算成本。

4.1.7　基尔霍夫偏移（走时偏移）

如果使用格林函数的几何光学近似，并且忽略振幅的变化，也就是说，如果作近似 $\hat{G}(\omega,\boldsymbol{x},\boldsymbol{y})\simeq\exp[\mathrm{i}\omega\mathcal{T}(\boldsymbol{x},\boldsymbol{y})]$，其中 $\mathcal{T}(\boldsymbol{x},\boldsymbol{y})$是从 x 到 y 的走时，那么就可以得到基尔霍夫偏移成像函数：

$$\mathcal{I}_{\mathrm{KM}}(\boldsymbol{y}^S)=\frac{1}{2\pi}\int \mathrm{d}\omega\sum_{r=1}^{N}\exp[-\mathrm{i}\omega\mathcal{T}(\boldsymbol{x}_r,\boldsymbol{y}^S)]\hat{\boldsymbol{u}}(\omega,\boldsymbol{x}_r)=\sum_{r=1}^{N}\boldsymbol{u}(\mathcal{T}[\boldsymbol{x}_r,\boldsymbol{y}^S),\boldsymbol{x}_r]\tag{4.5}$$

Bleistein 等（2001）对基尔霍夫偏移进行了详细分析。基尔霍夫偏移是使用检波器阵列确定源位置的简单方法，在实践中得到了广泛应用。

4.2　被动源阵列成像的分辨率分析

本节中，假设位于 y 处的点源发出一个短脉冲 $f(t)$，在此基础上讨论均匀介质中逆时

成像函数的分辨率，即空间定位的精度。分辨率可以通过源位置处成像函数的峰宽来量化表示。逆时成像函数式（4.4）可以表示为

$$\mathcal{I}_{\mathrm{RT}}(y^S)=\frac{1}{2\pi}\int\hat{\mathcal{I}}_{\mathrm{RT}}(\omega,y^S)\hat{f}(\omega)\mathrm{d}\omega \tag{4.6}$$

$$\hat{\mathcal{I}}_{\mathrm{RT}}(\omega,y^S)=\sum_{r=1}^{N}\hat{G}(\omega,y^S,x_r)\overline{\hat{G}(\omega,x_r,y)} \tag{4.7}$$

其中，格林函数由下式给出

$$\hat{G}(\omega,x,y)=\frac{1}{4\pi|\boldsymbol{x}-\boldsymbol{y}|}\mathrm{e}^{\mathrm{i}\frac{\omega|x-y|}{c_0}}$$

4.2.1 全孔径阵列情形

在全孔径阵列情况下，分辨率分析是 2.1.4 节中逆时实验的一个具体应用。根据亥姆霍兹-基尔霍夫恒等式［式（2.11）］可以得到：

$$\hat{\mathcal{I}}_{\mathrm{RT}}(\omega,\boldsymbol{y}^S)\simeq\frac{c_0}{\omega}\mathrm{Im}[\hat{G}(\omega,\boldsymbol{y},\boldsymbol{y}^S)]=\frac{1}{4\pi}\mathrm{sinc}\left(\frac{\omega|\boldsymbol{y}^S-\boldsymbol{y}|}{c_0}\right)$$

这定义了一个依赖于检波器分布密度的振荡常数。实际上，可以根据 sinc 函数的第一个零点确定分辨率估计值。这表明 $\hat{\mathcal{I}}_{\mathrm{RT}}(\omega,\ y^S)$ 是一个以 y 为中心、宽度为$\frac{\lambda}{2}$的波峰，其中 $\lambda=\frac{2\pi c_0}{\omega}$是波长。

如果源的主频为 ω_0，带宽为 B，且 $B\ll\omega_0$，且包络为实数f_0，则有

$$f(t)=\mathrm{e}^{-\mathrm{i}\omega_0 t}f_0(Bt)+c.\ c. \tag{4.8}$$

$$\hat{f}(\omega)=\frac{1}{B}\left[\hat{f}_0\left(\frac{\omega-\omega_0}{B}\right)+\hat{f}_0\left(\frac{\omega+\omega_0}{B}\right)\right] \tag{4.9}$$

进而得到

$$\mathcal{I}_{\mathrm{RT}}(\boldsymbol{y}^S)=\frac{1}{2\pi}f_0(0)\,\mathrm{sinc}\left(\frac{\omega_0|\boldsymbol{y}^S-\boldsymbol{y}|}{c_0}\right)$$

这表明 $\mathcal{I}_{\mathrm{RT}}(y^S)$ 是一个以 y 为中心、宽度为$\frac{\lambda}{2}$的波峰，其中 $\lambda=\frac{2\pi c_0}{\omega}$是波长（图 4.3）。很明显，此时的分辨率为$\frac{\lambda}{2}$，这是众所周知的结果（Abbe 衍射极限）。

4.2.2 有限孔径阵列情形

从现在开始，考虑有限孔径阵列的情况（图 4.4）。记 $\boldsymbol{x}=(\boldsymbol{x}_\perp,z)\in\mathbb{R}^2\times\mathbb{R}$，假设阵列位于表面 $\{z=0\}$ 上，并且分布足够密，以至于可以用积分替换式（4.7）中的离散求和：

$$\hat{\mathcal{I}}_{\mathrm{RT}}(\omega,\boldsymbol{y}^S)=\int_{\mathbb{R}^2}\psi_r(\boldsymbol{x}_\perp)\hat{G}[\omega,\boldsymbol{y}^S,(\boldsymbol{x}_\perp,0)]\overline{\hat{G}[\omega,\boldsymbol{y},(\boldsymbol{x}_\perp,0)]}\mathrm{d}x_\perp \tag{4.10}$$

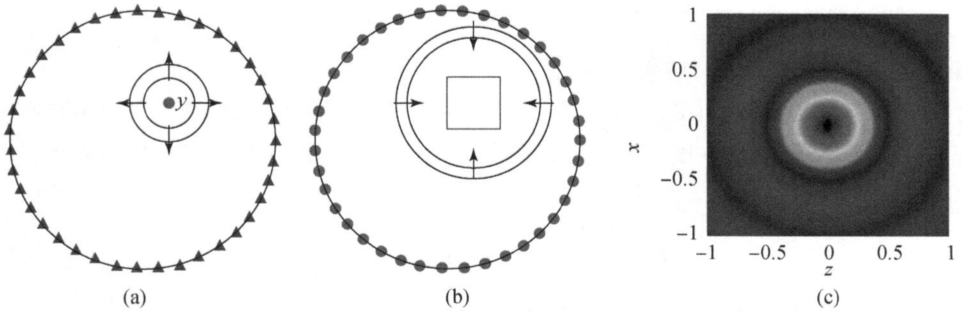

图 4.3　y 处点源发出短脉冲被环绕该源的检波器阵列记录［图（a）］。逆时成像函数以数字形式反传逆时记录信号［图（b）］。逆时偏移图像是一个以原始源位置为中心、宽度为 $\lambda/2$、sinc 函数形式的峰［图（c）绘制了该成像函数的模，其中 x 和 z 是主波长 λ 的倍数］（见彩插）。

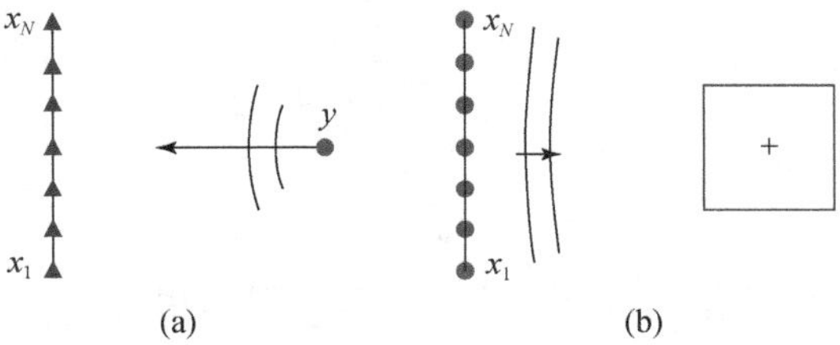

图 4.4　y 处的点源发出短脉冲［图（a）］。逆时成像函数将逆时信号反传回去以形成图像［图（b）］。

假定分布函数 ψ_r 是平滑和紧支撑的，从而有

$$\int_{\mathbb{R}^2} \psi_r(x_\perp)\,\mathrm{d}x_\perp = N$$

严格地说（见 13.4 节），当检波器之间的距离小于波长 $\lambda=\dfrac{2\pi c_0}{\omega}$ 的一半时，这种连续性近似才有效。

首先对成像函数进行高频分析，假设源脉冲的宽度 $f^\varepsilon(t)$ 很小，从而：

$$f^\varepsilon(t)=f\left(\frac{t}{\varepsilon}\right),\quad \hat{f}^\varepsilon(\omega)=\varepsilon\hat{f}(\varepsilon\omega)$$

其中，ε 是一个无量纲参数，表示脉冲宽度与从阵列到源的典型传播时间之比。成像函数具有以下形式：

$$\mathcal{I}^\varepsilon_{\mathrm{RT}}(\boldsymbol{y}^S)=\frac{1}{2\pi}\int \hat{\mathcal{I}}^\varepsilon_{\mathrm{RT}}(\omega,\boldsymbol{y}^S)\hat{f}(\omega)\,\mathrm{d}\omega \tag{4.11}$$

$$\hat{\mathcal{I}}^\varepsilon_{\mathrm{RT}}(\omega,\boldsymbol{y}^S)=\int_{\mathbb{R}^2} a(\boldsymbol{x}_\perp)\left(\mathrm{i}\,\frac{\phi_\omega(\boldsymbol{x}_\perp)}{\varepsilon}\right)\mathrm{d}x_\perp \tag{4.12}$$

其中

$$a(\boldsymbol{x}_\perp)=\frac{\psi_r(\boldsymbol{x}_\perp)}{16\pi^2\,|\boldsymbol{y}^S-(\boldsymbol{x}_\perp,0)|\,|\boldsymbol{y}-(\boldsymbol{x}_\perp,0)|}$$

$$\phi_\omega(\boldsymbol{x}_\perp)=\frac{\omega}{c_0}[\,|\boldsymbol{y}^S-(\boldsymbol{x}_\perp,0)|-|\boldsymbol{y}-(\boldsymbol{x}_\perp,0)|\,]$$

下面给出一个驻相法的结果（Wong，2001）。

引理 4.1 设 D 是$\mathbb{R}^2$ 中的一个紧凑域，a 和 ϕ 是光滑函数，使得 D 中最多有有限个点满足$\nabla_\perp\phi$（$\boldsymbol{x}_\perp$）=0，且 ϕ 的 Hessian 矩阵在这些点上是非退化的。那么当 $\varepsilon\to0$ 时以下积分的阶数最高为 ε。

$$I^\varepsilon=\int_D a(\boldsymbol{x}_\perp)\exp\left(\mathrm{i}\,\frac{\phi(\boldsymbol{x}_\perp)}{\varepsilon}\right)\mathrm{d}x_\perp$$

如 Wong（2001）所述，在 $\varepsilon\to0$ 的极限情况下，使$\nabla_\perp\phi(\boldsymbol{x}_\perp)=0$ 的临界点及在边界 ∂D 上 ϕ 的水平切线切点对积分值有贡献。如果 a 在 D 的边界处平滑地消失，则不存在第二种类型的点。

推论 4.2 假设 $\boldsymbol{y}$ 或 $\boldsymbol{y}^S$ 不在平面｛$z=0$｝上，以下结论在 $\varepsilon\to0$ 的高频情况下成立：

（1）如果 $\boldsymbol{y}^S=\boldsymbol{y}$，则有

$$\hat{\mathcal{I}}^\varepsilon_{\mathrm{RT}}(\omega,\boldsymbol{y})\xrightarrow{\varepsilon\to0}\frac{1}{16\pi^2}\int_{\mathbb{R}^2}\frac{\psi_r(\boldsymbol{x}_\perp)}{|(\boldsymbol{x}_\perp,0)-\boldsymbol{y}|^2}\mathrm{d}x_\perp=O(1)\tag{4.13}$$

（2）如果 $\boldsymbol{y}^S\neq\boldsymbol{y}$，则有

$$\hat{\mathcal{I}}^\varepsilon_{\mathrm{RT}}(\omega,\boldsymbol{y}^S)=O(\varepsilon)\tag{4.14}$$

【证明】 $\boldsymbol{y}^S=\boldsymbol{y}$ 的结果是显而易见的。假设 $\boldsymbol{y}^S\neq\boldsymbol{y}$ 并考虑式（4.12）。相位函数 $\varphi_\omega(\boldsymbol{x}_\perp)$ 满足表达式：

$$\nabla_\perp\phi_\omega(\boldsymbol{x}_\perp)=\frac{\omega}{c_0}\left[\frac{\boldsymbol{x}_\perp-\boldsymbol{y}^S_\perp}{|\boldsymbol{y}^S-(\boldsymbol{x}_\perp,0)|}-\frac{\boldsymbol{x}_\perp-\boldsymbol{y}_\perp}{|\boldsymbol{y}-(\boldsymbol{x}_\perp,0)|}\right]$$

当且仅当穿过 $\boldsymbol{y}$ 和 $\boldsymbol{y}^S$ 的射线相交于$(\boldsymbol{x}_\perp,0)$时，上式为零。因此，对于给定的点对 $y=(y_\perp,L)$与 $y^S=(y^S_\perp,L^S)$，最多有一个驻点 $x^*_\perp$。更确切地说，如果 $L=L^S$，则没有驻点。如果 $L\neq L^S$，则存在唯一的驻点：

$$x^*_\perp=\frac{Ly^S_\perp-L^Sy_\perp}{L-L^S}$$

该驻点是非退化的，因为在该点上，相位的 Hessian 矩阵为

$$\boldsymbol{H}[\phi_\omega](x^*_\perp)=\frac{\omega}{c_0}\,\frac{\dfrac{L}{L^S}-1}{|y-(x^*_\perp,0)|^3}\begin{pmatrix}L^2+(x^*_2-y_2)^2 & -(x^*_1-y_1)(x^*_2-y_2)\\ -(x^*_1-y_1)(x^*_2-y_2) & L^2+(x^*_1-y_1)^2\end{pmatrix}$$

它的行列式

$$\det\boldsymbol{H}[\phi_\omega](x^*_\perp)=\frac{\omega^2}{c_0^2}\,\frac{L^2\left(\dfrac{L}{L^S}-1\right)^2}{|y-(x^*_\perp,0)|^4}$$

不为零。然后根据引理 4.1 就可以得到要证的结论。

推论 4.2 表明，成像函数在震源点处有一个波峰，下面描述成像函数的分辨率。在高频段，推论 4.2 中的结果表明波峰的宽度小于 1。事实上，它的阶数为 ε。

假设 $\boldsymbol{y}=(\boldsymbol{y}_\perp,L)$的第三个坐标 L 为正，将搜索点 $\boldsymbol{y}^S$ 参数化为

$$\boldsymbol{y}^S=\boldsymbol{y}+\varepsilon\boldsymbol{z} \tag{4.15}$$

于是得到

$$|\boldsymbol{x}-\boldsymbol{y}^S|-|\boldsymbol{x}-\boldsymbol{y}|=-\varepsilon\frac{\boldsymbol{x}-\boldsymbol{y}}{|\boldsymbol{x}-\boldsymbol{y}|}\cdot\boldsymbol{z}+O(\varepsilon^2)$$

因此

$$\hat{\mathcal{I}}_{\mathrm{RT}}^{\varepsilon}(\omega,\boldsymbol{y}^S)\xrightarrow{\varepsilon\to 0}\hat{\mathcal{I}}_{\mathrm{RT}}^{0}(\omega,\boldsymbol{y}^S)$$

其中

$$\hat{\mathcal{I}}_{\mathrm{RT}}^{0}(\omega,\boldsymbol{y}^S)=\frac{1}{16\pi^2}\int_{\mathbb{R}^2}\frac{\psi_r(\boldsymbol{x}_\perp)}{|(\boldsymbol{x}_\perp,0)-\boldsymbol{y}|^2}\exp\left(-\mathrm{i}\frac{\omega}{c_0}\frac{\boldsymbol{x}-\boldsymbol{y}}{|\boldsymbol{x}-\boldsymbol{y}|}\cdot\boldsymbol{z}\right)\mathrm{d}x_\perp \tag{4.16}$$

用 $B_2=\{\boldsymbol{e}_\perp\in\mathbb{R}^2\quad s.t.\ |\boldsymbol{e}_\perp|<1\}$ 表示$\mathbb{R}^2$ 中的单位圆，引入由下式定义的函数 $\mathcal{X}_y$：$B_2\to\mathbb{R}^2$：

$$\mathcal{X}_y(\boldsymbol{e}_\perp)=\frac{\boldsymbol{e}_\perp}{\sqrt{1-|\boldsymbol{e}_\perp|^2}}L+\boldsymbol{y}_\perp$$

点 $[\mathcal{X}_y(\boldsymbol{e}_\perp),0]$ 是从 y 开始沿方向 $(\boldsymbol{e}_\perp,-\sqrt{1-|\boldsymbol{e}_\perp|^2})$ 的直线与平面 $\{z=0\}$ 的交点。函数 $\mathcal{X}_y$ 的逆是

$$\mathcal{X}_y^{-1}(\boldsymbol{x}_\perp)=\frac{\boldsymbol{x}_\perp-\boldsymbol{y}_\perp}{|(\boldsymbol{x}_\perp,0)-\boldsymbol{y}|}$$

其雅可比矩阵为

$$\mathrm{Jac}\mathcal{X}_y(\boldsymbol{e}_\perp)=\frac{L}{(1-|\boldsymbol{e}_\perp|^2)^{3/2}}\begin{pmatrix}1-e_2^2 & e_1e_2\\ e_1e_2 & 1-e_1^2\end{pmatrix}$$

其行列式为

$$|\mathrm{Jac}\mathcal{X}_y(\boldsymbol{e}_\perp)|=\frac{L^2}{(1-|\boldsymbol{e}_\perp|^2)^2}$$

直接在逆时成像函数的表达式［式（4.16）］中作变量代换 $\boldsymbol{x}_\perp\to\mathcal{X}_y^{-1}(\boldsymbol{x}_\perp)$ 得到

$$\hat{\mathcal{I}}_{\mathrm{RT}}^{0}(\omega,\boldsymbol{y}^S)=\frac{1}{16\pi^2}\int_{B_2}\frac{\psi_r[\mathcal{X}_y(\boldsymbol{e}_\perp)]}{1-|\boldsymbol{e}_\perp|^2}\exp\left[\mathrm{i}\frac{\omega}{c_0}\left(-\boldsymbol{e}_\perp,\sqrt{1-|\boldsymbol{e}_\perp|^2}\cdot\boldsymbol{z}\right)\right]\mathrm{d}e_\perp \tag{4.17}$$

如果阵列均匀分布在支撑区域 D 上，即

$$\psi_r(\boldsymbol{x}_\perp)=\frac{N}{|D|}\mathbf{1}_{D(\boldsymbol{x}_\perp)}$$

则有

$$\hat{\mathcal{I}}_{\mathrm{RT}}^{0}(\omega,\boldsymbol{y}^S)=\frac{N}{16\pi^2|D|}\int_{B_y}\frac{1}{1-|\boldsymbol{e}_\perp|^2}\exp\left[\mathrm{i}\frac{\omega}{c_0}\left(-\boldsymbol{e}_\perp,\sqrt{1-|\boldsymbol{e}_\perp|^2}\cdot\boldsymbol{z}\right)\right]\mathrm{d}e_\perp \tag{4.18}$$

其中

$$B_y=\mathcal{X}_y^{-1}(D)$$

单位向量集

$$\mathcal{C}_y=\{(-\boldsymbol{e}_\perp,\sqrt{1-|\boldsymbol{e}_\perp|^2}),\boldsymbol{e}_\perp\in B_y\}$$

形成点 y 的照明圆锥。式（4.18）给出了源点周围成像函数的局部形式，它是一个以源为中心的波峰，其宽度与波长相当。接下来将考虑圆形阵列和方形阵列的情况，以获得一些

显式而定量的公式，这些公式将有助于区分径向（z）和切向（$\boldsymbol{x}_\perp$）分辨率。

1. 圆形阵列

假设源位置是 $\boldsymbol{y}=(0,\ L)$，并且检波器的支撑区域是直径为 a 的圆盘：

$$D=\{(\boldsymbol{x}_\perp,0),|\boldsymbol{x}_\perp|\leqslant a/2\}$$

则

$$B_y=\left\{\boldsymbol{e}_\perp\in\mathbb{R}^2,|\boldsymbol{e}_\perp|\leqslant\frac{a}{\sqrt{a^2+4L^2}}\right\}$$

采用如下的球面坐标计算式（4.18）：

$$\boldsymbol{e}_\perp=(\sin\theta\cos\phi,\sin\theta\sin\phi)$$

其雅可比行列式为 $|Jac\boldsymbol{e}_\perp(\theta,\varphi)|=|\sin\theta\cos\theta|$，使用恒等式 $\int_0^{2\pi}\exp(\mathrm{i}x\sin\phi)\mathrm{d}\phi=2\pi J_0(x)$ 得到

$$\begin{aligned}\hat{\mathcal{I}}^0_{\mathrm{RT}}(\omega,\boldsymbol{y}^S)&=\frac{N}{4\pi^3a^2}\int_0^{\theta_y}\mathrm{d}\theta\int_0^{2\pi}\mathrm{d}\phi\tan\theta\exp\left\{\mathrm{i}\frac{\omega}{c_0}[-(\cos\phi z_1+\sin\phi z_2)\sin\theta+\cos\theta z_3]\right\}\\&=\frac{N}{2\pi^2a^2}\exp\left(\mathrm{i}\frac{\omega}{c_0}z_3\right)\int_0^{\theta_y}\mathrm{d}\theta\tan\theta J_0\left(\frac{\omega}{c_0}\sin\theta|\boldsymbol{z}_\perp|\right)\exp\left[-2\mathrm{i}\frac{\omega}{c_0}\sin^2\left(\frac{\theta}{2}\right)z_3\right]\end{aligned}$$

式中，$\theta_y=\arctan\left(\frac{a}{2L}\right)$。如果假设 $a\ll L$，那么上式可以改写为

$$\hat{\mathcal{I}}^0_{\mathrm{RT}}(\omega,\boldsymbol{y}^S)=\frac{N\theta_y^2}{2\pi^2a^2}\exp\left(\mathrm{i}\frac{\omega}{c_0}z_3\right)\int_0^1\mathrm{d}ssJ_0\left(\frac{\omega\theta_y}{c_0}|\boldsymbol{z}_\perp|s\right)\exp\left(-\mathrm{i}\frac{\omega\theta_y^2}{2c_0}z_3s^2\right)$$

或等价表示为

$$\hat{\mathcal{I}}^0_{\mathrm{RT}}(\omega,\boldsymbol{y}^S)=\frac{N}{16\pi^2L^2}\exp\left(\mathrm{i}\frac{\omega}{c_0}z_3\right)\Psi\left(\frac{a\boldsymbol{z}_\perp}{L\lambda},\frac{a^2z_3}{L^2\lambda}\right)\tag{4.19}$$

对于（$\xi_\perp$，η）$\in\mathbb{R}^2\times\mathbb{R}$，归一化的点扩散函数 Ψ 由下式给出

$$\Psi(\boldsymbol{\xi}_\perp,\eta)=2\int_0^1 sJ_0(\pi|\boldsymbol{\xi}_\perp|s)\mathrm{d}s\exp\left(-\mathrm{i}\pi\frac{\eta}{4}s^2\right)\tag{4.20}$$

根据式（4.19）、式（4.20），可以得到以下结论：

（1）在切向上，波峰的宽度为 $\frac{\lambda L}{a}$，其中 $\lambda=\frac{2\pi c_0}{\omega}$ 是波长，波峰的表达式为

$$\Psi(\boldsymbol{\xi}_\perp,0)=2\int_0^1 sJ_0(\pi|\boldsymbol{\xi}_\perp|s)\mathrm{d}s=2\frac{J_1(\pi|\boldsymbol{\xi}_\perp|)}{\pi|\boldsymbol{\xi}_\perp|}$$

这里运用了导数恒等式 $\partial_x[xJ_1(x)]=xJ_0(x)$。

（2）在径向上，波峰的宽度为 $\frac{\lambda L^2}{a^2}$，波峰的表达式为

$$\Psi(0,\eta)=2\int_0^1 s\exp\left(-\mathrm{i}\frac{\pi\eta}{4}s^2\right)\mathrm{d}s=4\frac{1-\mathrm{e}^{-\mathrm{i}\frac{\pi\eta}{4}}}{\mathrm{i}\pi\eta}$$

其模的平方为

$$|\Psi(\mathbf{0},\eta)|^2=\mathrm{sinc}^2\left(\frac{\pi\eta}{8}\right)$$

如果源的主频为 ω_0，带宽为 B，且 $B \ll \omega_0$，如式（4.8）所示，则有 $\mathcal{I}^{\varepsilon}_{\rm RT}(y^S) \xrightarrow{\varepsilon \to 0} \mathcal{I}^{0}_{\rm RT}(y^S)$ 且

$$\hat{\mathcal{I}}^0_{\rm RT}(\boldsymbol{y}^S) = \frac{N}{16\pi^2 L^2}\exp\left(\mathrm{i}\,\frac{\omega_0}{c_0}z_3\right)f_0\left(\frac{B}{c_0}z_3\right)\Psi\left(\frac{a\boldsymbol{z}_\perp}{L\lambda},\frac{a^2 z_3}{L^2\lambda}\right)+c.\ c. \tag{4.21}$$

这表明，$\hat{\mathcal{I}}^0_{\rm RT}(y^S)$ 是一个以 y 为中心的波峰，其横向宽度为$\dfrac{\lambda L}{a}$，其中 $\lambda = \dfrac{2\pi c_0}{\omega}$是波长，这就是所谓的瑞利分辨率公式。波峰的纵向宽度为 $\min\left\{\dfrac{\lambda L^2}{a^2},\ \dfrac{c_0}{B}\right\}$。换句话说，如果脉冲频带宽度 $B<\dfrac{\omega_0 a^2}{L^2}$，即窄带，则以原始震源位置为中心的波峰的径向分辨率形式由菲涅耳衍射确定（图 4.5），且有

$$\hat{\mathcal{I}}^0_{\rm RT}(y^S) = \frac{Nf_0(0)}{16\pi^2 L^2}\exp\left(\mathrm{i}\,\frac{\omega_0}{c_0}z_3\right)\Psi\left(\frac{a\boldsymbol{z}_\perp}{L\lambda},\frac{a^2 z_3}{L^2\lambda}\right)+c.\ c. \tag{4.22}$$

如果脉冲频带宽度 $B>\dfrac{\omega_0 a^2}{L^2}$，即宽带，则以原始震源位置为中心的波峰的径向分辨率由脉冲宽度确定，且有

$$\hat{\mathcal{I}}^0_{\rm RT}(y^S) = \frac{N}{16\pi^2 L^2}\exp\left(\mathrm{i}\,\frac{\omega_0}{c_0}z_3\right)f_0\left(\frac{B}{c_0}z_3\right)\Psi\left(\frac{a\boldsymbol{z}_\perp}{L\lambda},0\right)+c.\ c. \tag{4.23}$$

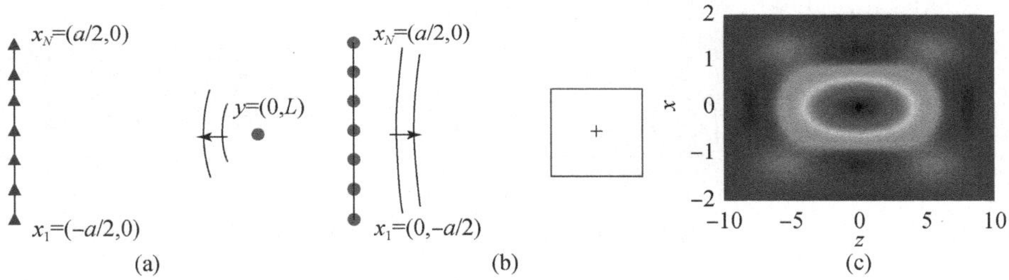

图 4.5　(a) 位于 $y=(0,0,L)$ 处的点源发出一个短脉冲，该短脉冲由 $\{\boldsymbol{x}_\perp \in \mathbb{R}^2, |\boldsymbol{x}_\perp| \le a/2\}\times\{0\}$ 中的圆形检波器阵列记录到。(b) 记录信号被逆时偏移函数反传。(c) 逆时偏移函数的模，其中 x 为 $\lambda L/a$ 的倍数，z 为 $\lambda L^2/a^2$ 的倍数，其图像是一个以源为中心的峰。这里假设源脉冲的带宽 B 小于 $\omega_0 a^2/L^2$，因此峰的径向形式不是由脉冲形式决定的，而是由菲涅耳衍射带决定的，见式（4.22）（见彩插）。

2. 方形列阵

假设源位置是 $y=(0,\ L)$，并且检波器的支撑区域是边长为 a 的正方形 D：

$$D=\left[-\frac{a}{2},\frac{a}{2}\right]\times\left[-\frac{a}{2},\frac{a}{2}\right]\times\{0\}=\left\{(\boldsymbol{x}_\perp,0),\ |\boldsymbol{x}_1|\le\frac{a}{2},\ |\boldsymbol{x}_2|\le\frac{a}{2}\right\}$$

则

$$B_y=\{e_\perp\in\mathbb{R}^2,(4L^2+a^2)e_j^2\le a^2(1-e_{3-j}^2),j=1,2\}$$

并且

$$\hat{\mathcal{I}}_{\mathrm{RT}}^{0}(\omega,y^S)=\frac{N}{16\pi^2a^2}\int_{B_y}\mathrm{d}e_1\mathrm{d}e_2\,\frac{1}{1-e_1^2-e_2^2}\exp\left\{\mathrm{i}\,\frac{\omega}{c_0}\left[-(e_1z_1+e_2z_2)+\sqrt{1-e_1^2-e_2^2}\,z_3\right]\right\}$$

如果假设 $a\ll L$，则此表达式可简化为

$$\hat{\mathcal{I}}_{\mathrm{RT}}^{0}(\omega,y^S)=\frac{N}{16\pi^2L^2}\exp\left(\mathrm{i}\,\frac{\omega}{c_0}z_3\right)\int_{-1/2}^{1/2}\mathrm{d}s_1\int_{-1/2}^{1/2}\mathrm{d}s_2$$
$$\times\exp\left[-\mathrm{i}\,\frac{\omega a}{c_0L}(s_1z_1+s_2z_2)-\mathrm{i}\,\frac{\omega a^2}{2c_0L^2}(s_1^2+s_2^2)z_3\right]$$

或等价表示为

$$\hat{\mathcal{I}}_{\mathrm{RT}}^{0}(\omega,y^S)=\frac{N}{16\pi^2L^2}\exp\left(\mathrm{i}\,\frac{\omega}{c_0}z_3\right)\Psi\left(\frac{az_\perp}{L\lambda},\frac{a^2z_3}{L^2\lambda}\right)\tag{4.24}$$

归一化的点扩散函数由下式给出

$$\Psi(\xi_\perp,\eta)=\int_{-1/2}^{1/2}\mathrm{d}s_1\int_{-1/2}^{1/2}\mathrm{d}s_2\exp\left[-2\mathrm{i}\pi(s_1\xi_1+s_2\xi_2)-\mathrm{i}\pi(s_1^2+s_2^2)\eta\right]\tag{4.25}$$

根据式（4.24）、式（4.25），可以得到以下结论：

（1）在横向上，波峰的宽度为$\frac{\lambda L}{a}$，表达式为

$$\Psi(\xi_\perp,0)=\int_{-1/2}^{1/2}\mathrm{d}s_1\int_{-1/2}^{1/2}\mathrm{d}s_2\exp\left[-2\mathrm{i}\pi(s_1\xi_1+s_2\xi_2)\right]=\mathrm{sinc}(\pi\xi_1)\,\mathrm{sinc}(\pi\xi_2)$$

（2）在纵向上，波峰的宽度为$\frac{\lambda L^2}{a^2}$，表达式为

$$\Psi(0,\eta)=\int_{-1/2}^{1/2}\mathrm{d}s_1\int_{-1/2}^{1/2}\mathrm{d}s_2\exp\left[-\mathrm{i}\pi(s_1^2+s_2^2)\eta\right]=\frac{\left[C\left(\sqrt{\frac{\pi\eta}{4}}\right)-\mathrm{i}S\left(\sqrt{\frac{\pi\eta}{4}}\right)\right]^2}{\frac{\pi\eta}{4}}$$

这里使用了菲涅耳面积分（Abramowitz and Stegun，1965）：

$$C(x)=\int_0^x\cos(s^2)\,\mathrm{d}s,\quad S(x)=\int_0^x\sin(s^2)\,\mathrm{d}s$$

如果源的主频为 ω_0，带宽为 B，且 $B\ll\omega_0$，如式（4.8）所示，则逆时成像函数可由式（4.21）给出，Ψ 由式（4.25）给出。这表明 $\mathcal{I}_{\mathrm{RT}}^{0}(y^S)$ 是一个以 y 为中心的波峰（图 4.6），其横向分辨率为$\frac{\lambda L}{a}$，其中 $\lambda=\frac{2\pi c_0}{\omega}$是主波长。波峰的纵向分辨率为 $\min\left\{\frac{\lambda L^2}{a^2},\ \frac{c_0}{B}\right\}$。

4.2.3 源的被动阵列成像分辨率分析总结

在本节中，分析了逆时成像函数的分辨率特性。由于相位项相同，结果也相同，基尔霍夫偏移成像函数可以用相同的方法进行分析。

在全孔径情况下，当被动源阵列完全包围震源时，震源的成像精度相当于衍射极限量级，即主波长 λ 的量级。

在偏孔径情况下，当被动源阵列的直径为 a 且从阵列到源的距离为 L 时，震源的成像精度在切向上约为瑞利（Rayleigh）分辨率公式确定的量级，也就是说，约为 $\lambda L/a$，其中

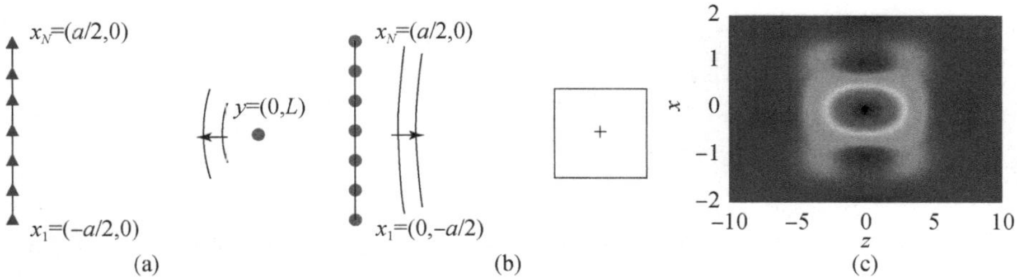

图 4.6　(a) 位于 $y=(0, 0, L)$ 处的点源发出一个短脉冲，该短脉冲由区域 $\left[-\frac{a}{2},\frac{a}{2}\right]\times\left[-\frac{a}{2},\frac{a}{2}\right]\times\{0\}$ 中的方形检波器阵列记录到。(b) 记录信号被逆时偏移函数反传。(c) 逆时偏移函数的模，其中 x 为 $\lambda L/a$ 的倍数，z 为 $\lambda L^2/a^2$ 的倍数，其图像是一个以源为中心的峰。这里假设源脉冲的带宽 B 小于 $\omega_0 a^2/L^2$，因此峰的径向分辨率不是由脉冲形式决定的，而是由菲涅耳衍射带决定的（见彩插）。

λ 是主波长。源的成像精度纵向分辨率为 $\min\{\lambda L^2/a^2, c_0/B\}$，其中 B 是源的带宽。

在本节中介绍的分辨率公式是众所周知的，并且已在许多书籍中有阐述。例如，可以在 Born 和 Wolf (1999) 的第 8.5 节中找到对切向分辨率公式的分析（针对各种形式的阵列），而在 Born 和 Wolf (1999) 的第 8.8 节中可以找到对纵向分辨率公式的分析。

4.3　主动源阵列反射成像

在本节中，假设检波器可用作源和/或接收器，从而对介质中的反射体成像。

4.3.1　数据采集

如图 4.7 所示，检波器阵列由 N 个检波器组成，数据采集分 N 步进行。每个源 $x_s: s=1,\cdots,N$ 发射一个脉冲，$x_r: r=1,\cdots,N$ 处的检波器记录用 $u(t,x_r,x_s)$ 表示，数据集是脉冲响应矩阵 $[u(t,x_r;x_s)]_{t\in\mathbf{R},r,s=1,\cdots,N}$，目的是找到反射体的位置 y。

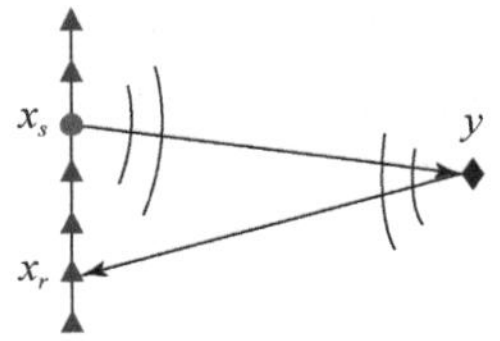

图 4.7　检波器阵列的反射成像

给定数据集，希望在搜索区域 $\Omega\subset\mathbb{R}^3$ 中确定成像函数：

$$\mathcal{I}:\left|\begin{array}{l}\Omega\mapsto\mathbb{R}^+\\ y^S\mapsto\mathcal{I}(y^S)\end{array}\right.$$

该函数图像描述了搜索区域中介质的反射率（图 4.8）。

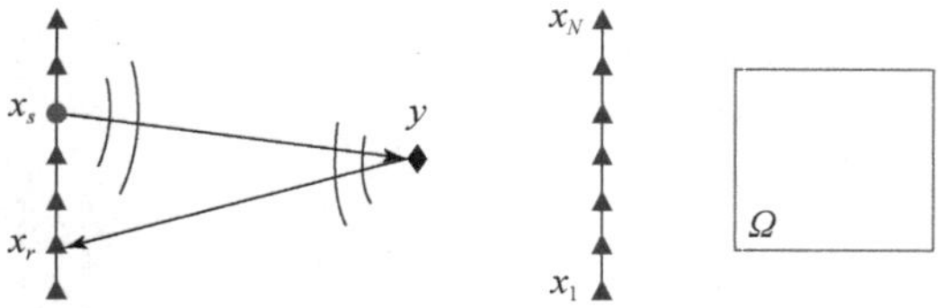

图 4.8　检波器阵列反射成像：数据采集示意图（左）和成像函数的搜索区域（右）。

4.3.2　源和反射阵列成像的比较

源和反射阵列成像是两个不同的过程。在源的阵列成像中，目标是在给定波矢量的情况下对未知源成像。在反射阵列成像中，目标是在给定阵列发射和记录的波矢量情况下对介质的反射率成像（图 4.9）。

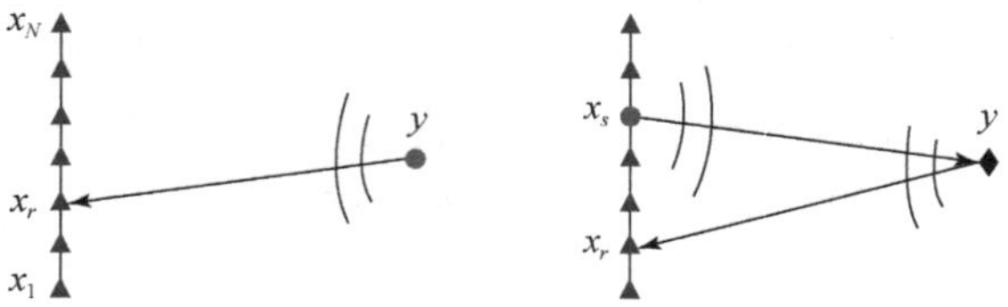

图 4.9　源和反射体的检波器阵列成像比较。(左）源的检波器阵列成像：检波器$(x_r)_{r=1}^N$是接收器，y 是未知源，数据集为$[u(t,x_r)]_{t\in\mathbf{R},r=1,\cdots,N}$；（右）检波器阵列反射成像：检波器$(x_r)_{r=1}^N$既是源也是接收器，$y$ 是未知反射体，数据集为 $[u(t,x_r;x_s)]_{t\in\mathbf{R},r,s=1,\cdots,N}$。

4.3.3　正演模拟

正演模拟的目的是确定介质中的波速 $[c_{\text{real}}(y)]_{y\in\Omega}$，假定 Ω 域外的波速是匀速的。记录信号的傅里叶变换为

$$\hat{u}(\omega,x_r;x_s)=\hat{G}(\omega,x_r,x_s;c_{\text{real}})\hat{f}(\omega)$$

式中，$\hat{f}(\omega)$ 是源的傅里叶变换，而 $\hat{G}(\omega,x,y;c)$是当传播速度为 $c(x)$ 及佐默费尔德辐射条件如式（2.5）所示时求解亥姆霍兹方程式（2.4）所得到的格林函数。注意，格林函数与速度 $c(x)$ 是线性无关的。

4.3.4　非线性反演

这里，数据集是信号矩阵：

$$\hat{\boldsymbol{u}}=[\hat{u}(\omega,x_r;x_s)]_{\omega\in\mathbf{R},r,s=1,\cdots,N}=[\hat{G}(\omega,x_r,x_s;c_{\text{real}})\hat{f}(\omega)]_{\omega\in\mathbf{R},r,s=1,\cdots,N}$$

为了估计传播速度 $c_{\text{real}}(x)$，需要找到最小化函数 c 以求解最小二乘反演问题：

$$J[c]+\alpha\ \|c\|_{\text{REG}}^2$$

式中，$J[c]$ 是误差函数：

$$J[c]=\frac{1}{2\pi}\int \mathrm{d}\omega \sum_{r,s=1}^{N} |\hat{u}(\omega,x_r;x_s)-\hat{G}(\omega,x_r,x_s;c)\hat{f}(\omega)|^2$$

α 是正则化参数，而 $\|c\|_{\mathrm{REG}}$ 是最小二乘问题的范数。注意，与源的检波器阵列成像相反，对于未知的传播速度 $c(x)$，这是一个非线性问题，并且误差函数不是二次函数。通常，求解这个问题非常困难，迭代方案虽然可行，但通常很不稳定，并且在很大程度上依赖于初值。

4.3.5　正演问题的线性化

考虑如下的传播速度模型：

$$\frac{1}{c^2(x)}=\frac{1}{c_0^2}[n_0^2(x)+\rho(x)] \tag{4.26}$$

式中，c_0 是参考速度（已知）；$n_0(x)$ 是光滑的背景折射率（已知，通常为常数）；$\rho(x)$ 是反射体的反射率（未知，但假定很小）。反射成像的目的是在给定数据集的情况下重建反射率 ρ。

格林函数满足：

$$\Delta_x\hat{G}+\frac{\omega^2}{c_0^2}[n_0^2(x)+\rho(x)]\hat{G}=-\delta(x-y)$$

背景格林函数是如下方程在佐默费尔德辐射条件下的解：

$$\Delta_x\hat{G}_0+\frac{\omega^2}{c_0^2}n_0^2(x)\hat{G}_0=-\delta(x-y)$$

借助于玻恩（Born）近似，可以得到如下的近似表达式：

$$\hat{G}(\omega,x,y)=\hat{G}_0(\omega,x,y)+\frac{\omega^2}{c_0^2}\int \hat{G}_0(\omega,x,z)\rho(z)\hat{G}_0(\omega,z,y)\,\mathrm{d}z \tag{4.27}$$

式（4.27）等号右端的第一项对应于直达波，第二项对应于从源点 y 发出、在 z 处散射（在 ρ 的支撑上）并被 x 处检波器接收到的单次散射波。当反射体的反射率足够小时，玻恩近似才有效。下面证明式（4.27）。

【证明】 考虑满足如下方程的格林函数和背景格林函数的完备解（$x\neq y$）：

$$\Delta_z\hat{G}(\omega,z,x)+\frac{\omega^2}{c_0^2}n_0^2(z)\hat{G}(\omega,z,x)=-\frac{\omega^2}{c_0^2}\rho(z)\hat{G}(\omega,z,x)-\delta(z-x)$$

$$\Delta_z\hat{G}_0(\omega,z,y)+\frac{\omega^2}{c_0^2}n_0^2(z)\hat{G}_0(\omega,z,y)=-\delta(z-y)$$

将第一个方程乘以 $\hat{G}_0(\omega,z,y)$，第二个方程乘以 $\hat{G}(\omega,z,x)$，然后将二者相减，得到：

$$\begin{aligned}&\nabla_z\cdot[\hat{G}_0(\omega,z,y)\nabla_z\hat{G}(\omega,z,x)-\hat{G}(\omega,z,x)\nabla_z\hat{G}_0(\omega,z,y)]\\&=-\frac{\omega^2}{c_0^2}\rho(z)\hat{G}(\omega,z,x)\hat{G}_0(\omega,z,y)-\hat{G}_0(\omega,z,y)\delta(z-x)+\hat{G}(\omega,z,x)\delta(z-y)\\&=-\frac{\omega^2}{c_0^2}\rho(z)\hat{G}(\omega,z,x)\hat{G}_0(\omega,z,y)-\hat{G}_0(\omega,x,y)\delta(z-x)+\hat{G}(\omega,y,x)\delta(z-y)\end{aligned}$$

$$\overset{\text{互易性}}{=} -\frac{\omega^2}{c_0^2}\rho(z)\hat{G}(\omega,x,z)\hat{G}_0(\omega,z,y)-\hat{G}_0(\omega,x,y)\delta(z-x)+\hat{G}(\omega,x,y)\delta(z-y)$$

在 $B(0,L)$ 上积分［L 足够大，以使得 $B(0,L)$ 包含 ρ，x 和 y 的支撑］，得到

$$0=-\frac{\omega^2}{c_0^2}\int \hat{G}(\omega,x,z)\rho(z)\hat{G}_0(\omega,z,y)\,\mathrm{d}z-\hat{G}_0(\omega,x,y)+\hat{G}(\omega,x,y)$$

从而可以得到精确的李普曼–施温格尔（Lippmann-Schwinger）方程（Martin，2003）：

$$\hat{G}(\omega,x,y)=\hat{G}_0(\omega,x,y)+\frac{\omega^2}{c_0^2}\int \hat{G}(\omega,x,z)\rho(z)\hat{G}_0(\omega,z,y)\,\mathrm{d}z \tag{4.28}$$

当反射率 ρ 较小时，这个方程可以看作是格林函数展开的基础。如果右端的整个格林函数 $\hat{G}$ 由背景格林函数替换，那么可以得到一阶玻恩近似的表达式：

$$\hat{G}(\omega,x,y)\simeq\hat{G}_0(\omega,x,y)+\frac{\omega^2}{c_0^2}\int \hat{G}_0(\omega,x,z)\rho(z)\hat{G}_0(\omega,z,y)\,\mathrm{d}z$$

用 $\hat{\boldsymbol{u}}=[\hat{u}(\omega,x_r;x_s)]_{\omega\in\mathbb{R},r,s=1,\cdots,N}$ 表示数据集，且：

$$\hat{u}(\omega,x_r;x_s)=\frac{\omega^2}{c_0^2}\int \hat{G}_0(\omega,x_r,z)\rho(z)\hat{G}_0(\omega,y,x_s)\,\mathrm{d}z \tag{4.29}$$

请注意，这里已从原始数据集中删除了 $\hat{G}_0(\omega,x_r,x_s)\hat{f}(\omega)$，然后针对源带宽内的圆频率 ω 用 $\hat{f}(\omega)$ 重新缩放（此过程称为均衡），因为它们是已知量，所以有可能实现。这里考虑了一个理想情况，在该情况下，数据是全频带的，但是考虑到与 ω 有关的积分仅限于可用带宽，因此需要重新探讨以下有限频带观测数据。定义如下的正演算符：

$$[\hat{\boldsymbol{A}}\rho](\omega,x_r;x_s)=\int_\Omega \hat{G}_0(\omega,x_r,z)\rho(z)\hat{G}_0(\omega,z,x_s)\,\mathrm{d}z \tag{4.30}$$

该线性算子将反射率函数映射到了阵列数据，从标准标量积 $L^2(\Omega)$ 空间

$$(\mu,\mathcal{V})_{L^2}=\int_\Omega \overline{\mu(y)}\mathcal{V}(y)\,\mathrm{d}y$$

映射到标量积空间 $\mathcal{L}^2:=L^2$（$\mathbb{R}\times\{1,\cdots,N\}^2$），且：

$$(\hat{\boldsymbol{v}},\hat{\boldsymbol{w}})_{\mathcal{L}^2}=\int \mathrm{d}\omega\sum_{r,s=1}^{N}\overline{\hat{v}(\omega,x_r;x_s)}\hat{w}(\omega,x_r;x_s)$$

4.3.6 线性反演

求下式 $J_{LS}[\rho]$ 的最小值即可得到相应的最小二乘线性反演问题：

$$J_{\mathrm{LS}}[\rho]=\frac{1}{2\pi}\int \mathrm{d}\omega\sum_{r,s=1}^{N}|\hat{u}(\omega,x_r;x_s)-[\hat{\boldsymbol{A}}\rho](\omega,x_r;x_s)|^2$$

最小二乘线性反演问题的解可以通过求解以下正规方程得到：

$$(\hat{\boldsymbol{A}}^*\hat{\boldsymbol{A}})\rho_{\mathrm{LS}}=\hat{\boldsymbol{A}}^*\hat{\boldsymbol{u}}$$

这里伴随算子为

$$[\hat{\boldsymbol{A}}^*\hat{\boldsymbol{v}}](y)=\sum_{r,s=1}^{N}\int \mathrm{d}\omega\,\overline{\hat{G}_0(\omega,y,x_r)\hat{G}_0(\omega,x_s,y)}\hat{v}(\omega,x_r;x_s)$$

或等价表示为

$$[\hat{\boldsymbol{A}}^*\hat{\boldsymbol{v}}](y)=\sum_{r,s=1}^{N}\int \mathrm{d}\omega \hat{G}_0(\omega,y,x_r)\hat{G}_0(\omega,x_s,y)\overline{\hat{v}(\omega,x_r;x_s)}$$

众所周知，频率域中的复共轭对应着时间域中的逆时运算，这表明伴随算子对应于逆时阵列数据从接收点 x_r 和从源点 x_s 到测试点 y 的反向传播。正则化算子为

$$[\hat{\boldsymbol{A}}^*\hat{\boldsymbol{A}}\rho](y)=\int_{\Omega}\mathrm{d}y'a(y,y')\rho(y')$$

其核函数是

$$a(y,y')=\int \mathrm{d}\omega\sum_{r,s=1}^{N}\hat{G}_0(\omega,y,x_r)\hat{G}_0(\omega,x_s,y)\overline{\hat{G}_0(\omega,y',x_r)\hat{G}_0(\omega,x_s,y')}$$

最后，最小二乘成像函数可以表示为

$$\mathcal{I}_{\mathrm{LS}}(y^S)=[(\hat{\boldsymbol{A}}^*\hat{\boldsymbol{A}})^{-1}\hat{\boldsymbol{A}}^*\hat{\boldsymbol{u}}](y^S)$$

式中，$(\hat{\boldsymbol{A}}^*\hat{\boldsymbol{A}})^{-1}$是正则化算子的伪逆。

4.3.7　逆时成像函数

$\hat{\boldsymbol{A}}^*\hat{\boldsymbol{A}}$ 通常是对角算子，受这一事实的启发，建议删除该项以获得简化的成像函数。搜索点 y^S 处的逆时成像函数定义为

$$\begin{aligned}\mathcal{I}_{\mathrm{RT}}(y^S)&=\frac{1}{2\pi}[\hat{\boldsymbol{A}}*\hat{\boldsymbol{u}}](y^S)\\&=\frac{1}{2\pi}\int \mathrm{d}\omega\sum_{r,s=1}^{N}\overline{\hat{G}_0(\omega,y^S,x_r)\hat{G}_0(\omega,x_s,y^S)}\hat{u}(\omega,x_r;x_s)\\&=\frac{1}{2\pi}\int \mathrm{d}\omega\sum_{r,s=1}^{N}\hat{G}_0(\omega,y^S,x_r)\hat{G}_0(\omega,x_s,y^S)\overline{\hat{u}(\omega,x_r;x_s)}\end{aligned}\tag{4.31}$$

可以从以下几个方面求解逆时成像函数。

(1) 在$(t,x)\in(-\infty,0)\times\{x_r,r=1,\cdots,N\}$中，源满足如下形式时：

$$n_{\mathrm{RT}}^{(s)}(t,x)=\sum_{r=1}^{N}\delta(x-x_r)u(-t,x_r;x_s)$$

对于 $s=1,\cdots,N$，求解背景介质中的波动方程：

$$\frac{n_0^2(x)}{c_0^2}\frac{\partial^2 u_{\mathrm{RT}}^{(s)}}{\partial t^2}-\Delta_x u_{\mathrm{RT}}^{(s)}=n_{\mathrm{RT}}^{(s)}(t,x)$$

(2) 当源满足如下形式时：

$$n^{(s)}(t,x)=\delta(x-x_s)\delta(t)$$

对于 $s=1,\cdots,N$，求解背景介质中的波动方程：

$$\frac{n_0^2(x)}{c_0^2}\frac{\partial^2 w^{(s)}}{\partial t^2}-\Delta_x w^{(s)}=n^{(s)}(t,x)$$

(3) 对于任意搜索点 y^S，计算如下的相关函数：

$$\tilde{\mathcal{I}}_{\mathrm{RT}}(y^S)=\sum_{S=1}^{N}\int_0^{\infty}w^{(s)}(t,y^S)u_{\mathrm{RT}}^{(s)}(-t,y^S)\mathrm{d}t$$

该算法确实可以给出理想的结果，因为上面提到的两个波动方程的解可以表示为

$$\hat{u}_{\mathrm{RT}}^{(s)}(\omega,x)=\sum_{r=1}^{N}\hat{G}_0(\omega,x,x_r)\overline{\hat{u}(\omega,x_r;x_s)}$$

$$\hat{w}^{(s)}(\omega,x)=\hat{G}_0(\omega,x,x_s)$$

因此，波动方程解的相关函数等于逆时成像函数：

$$\begin{aligned}\tilde{\mathcal{I}}_{\mathrm{RT}}(y^S)&=\sum_{s=1}^{N}\int_{-\infty}^{\infty}w^{(S)}(t,y^S)u_{\mathrm{RT}}^{(S)}(-t,y^S)\mathrm{d}t\\&=\frac{1}{2\pi}\sum_{s=1}^{N}\int_{-\infty}^{\infty}\hat{w}^{(S)}(\omega,y^S)\hat{u}_{\mathrm{RT}}^{(S)}(\omega,y^S)\mathrm{d}\omega\\&=\frac{1}{2\pi}\int_{-\infty}^{\infty}\mathrm{d}\omega\sum_{r,s=1}^{N}\hat{G}_0(\omega,y^S,x_r)\hat{G}_0(\omega,x_s,y^S)\overline{\hat{u}(\omega,x_r;x_s)}\\&=\mathcal{I}_{\mathrm{RT}}(y^S)\end{aligned}$$

这表明，逆时成像函数的计算成本是对背景介质中具有 $2N$ 组不同源的波动方程求解程序的 $2N$ 次调用（此处忽略了相关函数的求解成本）。

4.3.8　基尔霍夫偏移

当在逆时偏移成像函数中做如下近似时，逆时偏移就简化为基尔霍夫偏移：

$$\hat{G}_0(\omega,x,y)\simeq\exp[\mathrm{i}\omega\mathcal{T}(x,y)]$$

式中，$\mathcal{T}(x,y)$ 是从 x 到 y 的走时。因此，基尔霍夫偏移成像函数可以表达为

$$\begin{aligned}\mathcal{I}_{\mathrm{KM}}(y^S)&=\frac{1}{2\pi}\int\mathrm{d}\omega\sum_{r,s=1}^{N}\exp\{-\mathrm{i}\omega[\mathcal{T}(x_r,y^S)+\mathcal{T}(x_s,y^S)]\}\hat{u}(\omega,x_r;x_s)\\&=\sum_{r,s=1}^{N}u[\mathcal{T}(x_r,y^S)+\mathcal{T}(x_s,y^S),x_r;x_s]\end{aligned}\tag{4.32}$$

Bleistein 等（2001）对基尔霍夫偏移进行了详细介绍。

4.3.9　主动源反射成像分辨率分析总结

逆时成像函数和基尔霍夫偏移成像函数的分辨率分析思路与被动源成像分辨率分析的思路是一致的。

在全孔径情况下，当主动源阵列完全包围反射体时，对反射体成像的分辨率可以用衍射极限量级来刻画，即主波长 λ 的数量级。

在偏孔径情况下，当主动源阵列的直径为 a 且从阵列到源的距离为 L 时，源的成像分辨率在切向上约为瑞利分辨率公式确定的量级；也就是说，约为 $\lambda L/a$，其中 λ 是主波长，其纵向分辨率可由 min $\{\lambda L^2/a^2,\ c_0/B\}$ 表达，其中 B 是源的带宽。

备注

在地震学中，人们对包括背景介质缓变情况下偏移图像的空间分辨率进行了广泛的研究（例如，Beylkin et al., 1985；Chen and Schuster, 1999）。这些研究证实，切向（横向）和纵向分辨率是阵列孔径、阵列到反射体的距离以及照明波场带宽的函数。

4.4　关于逆时实验的评述

最初，逆时的概念不是为成像而提出的，而是为能量聚焦而提出的。最初的想法是将超声波能量聚焦在肾结石上以达到碎石的目的（Fink，1997）。在逆时实验中，时间反转镜（TRM）首先用作接收器阵列，然后用作源阵列（图 4.10）。

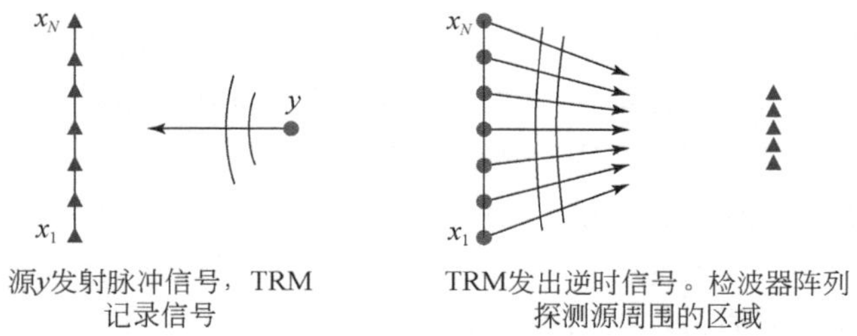
x_N
x_1
y
源y发射脉冲信号，TRM
记录信号
x_N
x_1
TRM发出逆时信号。检波器阵列
探测源周围的区域

图 4.10　逆时成像实验的两个过程。

令人惊讶的是，时间反转看起来像是被动源阵列成像的逆时偏移。在这两种情况下，逆时记录数据都是从阵列开始反向传播的。但是，两者之间却存在差异，反向传播是在逆时实验中物理实现的，而在逆时偏移中是数值实现的：

（1）在逆时偏移中，波是在虚拟介质（对应于已知的背景介质）中以数值方式进行反向传播的。

（2）在时间反转实验中，波的反向传播是在实际介质中以物理方式实现的。

当介质特性完全已知时，二者并没有区别，但是当介质复杂且只有部分特性已知时，二者之间会存在巨大差异（Borcea et al.，2003）。

4.5　结　　论

在本章中，对常规检波器阵列成像进行了完整的分析。讨论了被动源成像和主动源反射成像，在这两种情况下，源均发出短脉冲。详细分析了常用成像函数的分辨率，尤其是基尔霍夫偏移成像函数的分辨率。本章介绍的知识是众所周知的，可以在许多零散参考文献中找到（例如，Bleistein et al.，2001；Borcea et al.，2003；Born and Wolf，1999）。在随后的章节中，将会对这些结果与背景噪声成像中的相应结果进行比较。

第 5 章　背景噪声被动阵列反射成像

本章旨在说明通过背景噪声记录信号的互相关对反射体成像是可能的。

在 5.1 节中，首先描述噪声源、接收台阵和反射体的不同成像排列方式。主要的排列方式有两种：背光排列方式，反射体位于噪声源和接收台阵之间；光照排列方式，接收台阵位于噪声源和待成像的反射体之间。在 5.2 节中，将第 3 章的驻相分析扩展到被动阵列反射成像中。命题 5.1 描述的主要结果是，当存在反射体时，任何两个检波器之间的互相关图像，除了在时间等于检波器与反射体之间走时之处出现主峰值外，还在与检波器到反射体之间走时相关联的滞后时间处出现其他峰值。分析确定了在不同的排列方式下，互相关图像中的次级波峰与检波器和反射体之间走时之间的关系。根据这些信息，在 5.3 节中介绍了如何通过互相关偏移来对反射体进行成像。提出了两种成像函数，均涉及利用检波器阵列和成像目标之间走时和或走时差进行偏移成像，具体选取哪种成像函数取决于噪声源排列方式（背光或光照），如 5.3.1 ~ 5.3.3 小节所述。

在本章中，假设背景介质是均匀的或平滑变化的。散射介质的情况将在后面几章中讨论。

5.1　噪声源、检波器和反射体的排列方式

在本节中，将讨论噪声源、检波器和反射体之间的不同排列方式（图 5.1 ~ 图 5.3）。5.2 节的驻相分析表明，应该区分源、检波器和反射体的三种排列方式。在影像学中经常使用类似的术语——成像是连贯的、记录的信号是时间可分辨的振幅，而不仅仅是强度。

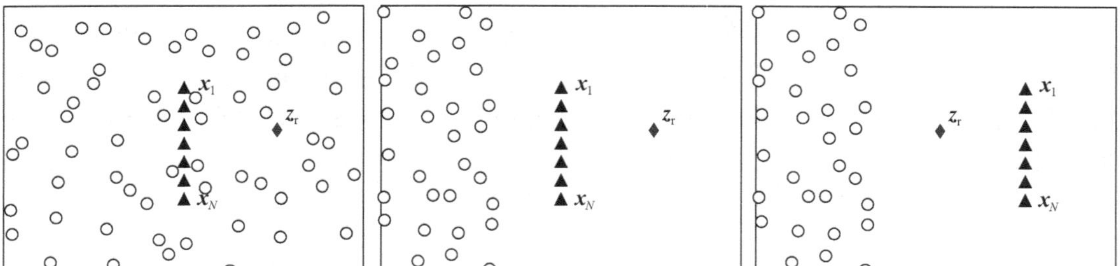

图 5.1　左：噪声源分布在整个介质中的环绕照明方式。中：检波器 $(x_j)_{j=1,\cdots,N}$ 在噪声源和反射体 z_r 之间的光照排列方式。右：反射体位于噪声源和检波器之间的背光排列方式。

（1）检波器和反射体周围均有噪声源，称为环绕照明方式。

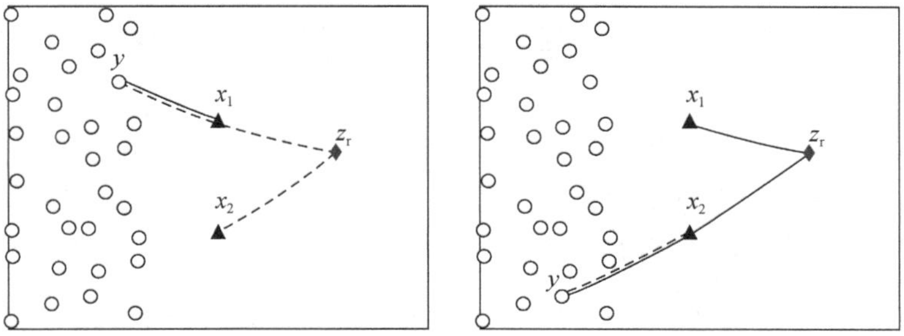

图 5.2　在光照排列方式中，z_r 处存在反射体，射线段对 $\boldsymbol{x}_1$ 与 $\boldsymbol{x}_2$ 之间信号互相关峰值的贡献原理示意图。射线段均从噪声源区 y 点以相同的角度发出，一条到 $\boldsymbol{x}_1$（实线），另一条到 $\boldsymbol{x}_2$（虚线）。

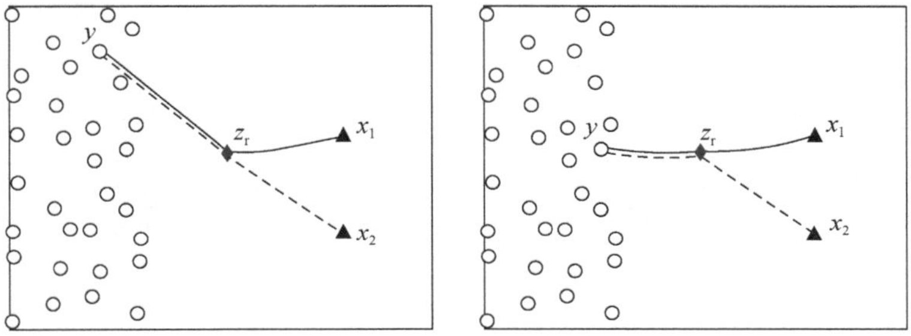

图 5.3　背光排列方式中射线分布，与图 5.2 相同。

（2）噪声源分布在空间有限区域内，检波器位于噪声源与反射体之间，射线通过反射体和检波器后到达源区，称为光照排列方式。

（3）噪声源分布在空间有限区域内，反射体位于噪声源与检波器之间，称为背光排列方式，这与影像学中的术语非常类似。

后面将会证明反射成像可以通过互相关的偏移来实现。但是，偏移成像函数依赖于源、检波器和反射体的排列方式。5.2 节的驻相分析将明确每种排列方式所对应的成像函数。这可以通过 3.4 节中互相关峰值的出现来理解，以更非正式的方式来说明。如 3.4 节所述，从噪声源区域中的某点开始，分别通过具有相同初始角的 $\boldsymbol{x}_2$ 和 $\boldsymbol{x}_1$ 所形成的成对射线段对互相关函数 $C^{(1)}(\tau,\boldsymbol{x}_1,\boldsymbol{x}_2)$ 产生主要影响。当在 $\boldsymbol{z}_r$ 处存在反射体时，还必须考虑在 $\boldsymbol{z}_r$ 处反射的射线。由于假设反射较弱，起主要作用的射线段对是那些分别从源区域到 $\boldsymbol{x}_1$ 和 $\boldsymbol{x}_2$ 的直达射线以及 $\boldsymbol{x}_1$ 与 $\boldsymbol{x}_2$ 之间的射线段。光照排列方式中，由于反射体的存在，$C^{(1)}(\tau,\boldsymbol{x}_1,\boldsymbol{x}_2)$ 的峰值来自两对射线段，如图 5.2 所示。可以看出，两条射线段的走时差为 $\pm[\mathcal{T}(\boldsymbol{x}_2,\boldsymbol{z}_r)+\mathcal{T}(\boldsymbol{x}_1,\boldsymbol{z}_r)]$，图 5.2 左图中的射线段对取“+”号，右图中的射线段对取“−”号。图 5.3 中显示了背光排列方式中由于散射点的存在，两对射线段对互相关峰值的贡献。可以看出，两个射线段的走时差为 $\mathcal{T}(\boldsymbol{x}_2,\boldsymbol{z}_r)-\mathcal{T}(\boldsymbol{x}_1,\boldsymbol{z}_r)$。

基于这些考虑，可以得出结论：光照排列方式和背光排列方式之间存在重要区别。在光照排列方式中，互相关函数的峰值集中出现在 $\mathcal{T}(\boldsymbol{x}_2,\boldsymbol{z}_r)+\mathcal{T}(\boldsymbol{x}_1,\boldsymbol{z}_r)$ 处，而在背光排列方式中，它们集中出现在 $\mathcal{T}(\boldsymbol{x}_2,\boldsymbol{z}_r)-\mathcal{T}(\boldsymbol{x}_1,\boldsymbol{z}_r)$ 处，这决定了偏移成像函数的形式及其分辨率。

5.2 反射互相关的驻相法分析

本节针对背景介质平稳变化且在 z_r 处有一个点状反射体的情况进行分析。假设反射较弱，可以对格林函数应用玻恩近似式（4.27）。此外，如果反射体的支撑区域较小（小于主波长），则可以得到点状近似表达为

$$\hat{G}(\omega,\boldsymbol{x},\boldsymbol{y})=\hat{G}_0(\omega,\boldsymbol{x},\boldsymbol{y})+\frac{\omega^2}{c_0^2}\sigma_r l_r^3\hat{G}_0(\omega,\boldsymbol{x},\boldsymbol{z}_r)\hat{G}_0(\omega,\boldsymbol{z}_r,\boldsymbol{y}) \tag{5.1}$$

$\hat{G}_0$ 是式（3.6）所示的背景介质格林函数，$\boldsymbol{z}_r$ 是反射体的中心位置，$\sigma_r l_r^3$ 是反射体的反射率，且

$$\sigma_r l_r^3=\int\rho(z)\,\mathrm{d}z \tag{5.2}$$

命题 5.1 当在 $\boldsymbol{z}_r$ 处存在弱反射率σ_r的点状反射体时，互相关函数 $C^{(1)}(\tau,\boldsymbol{x}_1,\boldsymbol{x}_2)$具有两种类型的峰值，其相对于$\sigma_r$的阶数分别为 O(1) 和 $O(\sigma_r)$，如下所述。

(1) $O(1)$ 阶项：

如果穿过 $\boldsymbol{x}_1$ 和 $\boldsymbol{x}_2$ 的射线延伸到源区域，即延伸到函数 K 的支撑处，则在 $\tau=\pm\mathcal{T}(\boldsymbol{x}_1,\boldsymbol{x}_2)$ 处必定有一个或两个峰值。

(2) $O(\sigma_r)$ 阶项：

如果穿过 $\boldsymbol{x}_1$ 和 $\boldsymbol{z}_r$ 的射线延伸到源区域且 $\boldsymbol{x}_1$ 在 $\boldsymbol{z}_r$ 和源之间，则在 $\tau=\mathcal{T}(\boldsymbol{x}_1,\boldsymbol{z}_r)+\mathcal{T}(\boldsymbol{x}_2,\boldsymbol{z}_r)$ 处有一个峰值。

如果穿过 $\boldsymbol{x}_1$ 和 $\boldsymbol{z}_r$ 的射线延伸到源区域且 $\boldsymbol{z}_r$ 在 $\boldsymbol{x}_1$ 和源之间，则在 $\tau=\mathcal{T}(\boldsymbol{x}_2,\boldsymbol{z}_r)-\mathcal{T}(\boldsymbol{x}_1,\boldsymbol{z}_r)$ 处有一个峰值。

如果穿过 $\boldsymbol{x}_2$ 和 $\boldsymbol{z}_r$ 的射线延伸到源区域且 $\boldsymbol{x}_2$ 在 $\boldsymbol{z}_r$ 和源之间，则在 $\tau=-[\mathcal{T}(\boldsymbol{x}_1,\boldsymbol{z}_r)+\mathcal{T}(\boldsymbol{x}_2,\boldsymbol{z}_r)]$ 处有一个峰值。

如果穿过 $\boldsymbol{x}_2$ 和 $\boldsymbol{z}_r$ 的射线延伸到源区域且 $\boldsymbol{z}_r$ 在 $\boldsymbol{x}_2$ 和源之间，则在 $\tau=\mathcal{T}(x_2,\boldsymbol{z}_r)-\mathcal{T}(\boldsymbol{x}_1,\boldsymbol{z}_r)$ 处有一个峰值。

首项系数为 ε 的互相关函数 $C^{(1)}(\tau,\boldsymbol{x}_1,\boldsymbol{x}_2)$的 $O(1)$ 阶非奇异分量在$[-\mathcal{T}(\boldsymbol{x}_1,\boldsymbol{x}_2),\mathcal{T}(\boldsymbol{x}_1,\boldsymbol{x}_2)]$区间中成立。

$O(1)$ 阶项表明直达波没有在 $\boldsymbol{z}_r$ 处发生散射，而 $O(\sigma_r)$ 阶项表明波在 $\boldsymbol{z}_r$ 处发生了散射。特别地，在光照成像方式中，在 $\tau=\pm[\mathcal{T}(\boldsymbol{x}_1,\boldsymbol{z}_r)+\mathcal{T}(\boldsymbol{x}_2,\boldsymbol{z}_r)]$处存在 $O(\sigma_r)$阶的峰值分量。在背光排列方式中，在 $\tau=\mathcal{T}(\boldsymbol{x}_2,\boldsymbol{z}_r)-\mathcal{T}(\boldsymbol{x}_1,\boldsymbol{z}_r)$处存在 $O(\sigma_r)$阶的峰值分量。

【证明】 利用式（5.1）和 WKB 近似，可以将格林函数表示为

$$\hat{G}\left(\frac{\omega}{\varepsilon},\boldsymbol{x}_1,\boldsymbol{x}_2\right)\sim\mathcal{A}(\boldsymbol{x}_1,\boldsymbol{x}_2)\,\mathrm{e}^{\mathrm{i}\frac{\omega}{\varepsilon}\mathcal{T}(\boldsymbol{x}_1,\boldsymbol{x}_2)}+\frac{\omega^2}{\varepsilon^2}\mathcal{A}_r(\boldsymbol{x}_1,\boldsymbol{x}_2)\,\mathrm{e}^{\mathrm{i}\frac{\omega}{\varepsilon}\mathcal{T}_r(\boldsymbol{x}_1,\boldsymbol{x}_2)} \tag{5.3}$$

其中，$\mathcal{T}_r(\boldsymbol{x}_1,\boldsymbol{x}_2)$是在 $\boldsymbol{z}_r$ 处的反射波从 $\boldsymbol{x}_1$ 到 $\boldsymbol{x}_2$ 的走时，即

$$\mathcal{T}_r(\boldsymbol{x}_1,\boldsymbol{x}_2)=\mathcal{T}(\boldsymbol{x}_1,\boldsymbol{z}_r)+\mathcal{T}(\boldsymbol{z}_r,\boldsymbol{x}_2)$$

对应的振幅分别是 $\mathcal{A}(\boldsymbol{x}_1,\boldsymbol{x}_2)$和 $\mathcal{A}_r(\boldsymbol{x}_1,\boldsymbol{x}_2)$。$\mathcal{A}_r$ 与反射体在 $\boldsymbol{z}_r$ 处的反射率 σ_r 成正比，反射振幅 $\mathcal{A}_r$ 远小于 $\mathcal{A}$，即

$$\mathcal{A}_{\mathrm{r}}(\boldsymbol{x}_1,\boldsymbol{x}_2)=\frac{\sigma_{\mathrm{r}}l_{\mathrm{r}}^3}{c_0^2}\mathcal{A}(\boldsymbol{x}_1,\boldsymbol{z}_{\mathrm{r}})\mathcal{A}(\boldsymbol{z}_{\mathrm{r}},\boldsymbol{x}_2)$$

使用式（2.20）和格林函数的 WKB 近似式（5.3），可以将互相关函数 $C^{(1)}(\tau,\boldsymbol{x}_1,\boldsymbol{x}_2)$ 展开到 σ_{r} 阶项：

$$C^{(1)}(\tau,\boldsymbol{x}_1,\boldsymbol{x}_2)\simeq C_0^{(1)}(\tau,\boldsymbol{x}_1,\boldsymbol{x}_2)+C_{\mathrm{I}}^{(1)}(\tau,\boldsymbol{x}_1,\boldsymbol{x}_2)+C_{\mathrm{II}}^{(1)}(\tau,\boldsymbol{x}_1,\boldsymbol{x}_2)$$

其中

$$C_0^{(1)}(\tau,\boldsymbol{x}_1,\boldsymbol{x}_2)=\frac{1}{2\pi}\int\mathrm{d}yK(\boldsymbol{y})\int\mathrm{d}\omega\hat{F}(\omega)\overline{\mathcal{A}}(\boldsymbol{x}_1,\boldsymbol{y})\mathcal{A}(\boldsymbol{x}_2,\boldsymbol{y})\mathrm{e}^{0\frac{\omega}{\varepsilon}T_0(\boldsymbol{y})}$$

$$C_{\mathrm{I}}^{(1)}(\tau,\boldsymbol{x}_1,\boldsymbol{x}_2)=\frac{1}{2\pi\varepsilon^2}\int\mathrm{d}yK(\boldsymbol{y})\int\mathrm{d}\omega\omega^2\hat{F}(\omega)\overline{\mathcal{A}}_{\mathrm{r}}(\boldsymbol{x}_1,\boldsymbol{y})\mathcal{A}(\boldsymbol{x}_2,\boldsymbol{y})\mathrm{e}^{\mathrm{i}\frac{\omega}{\varepsilon}T_{\mathrm{I}}(\boldsymbol{y})}$$

$$C_{\mathrm{II}}^{(1)}(\tau,\boldsymbol{x}_1,\boldsymbol{x}_2)=\frac{1}{2\pi\varepsilon^2}\int\mathrm{d}yK(\boldsymbol{y})\int\mathrm{d}\omega\omega^2\hat{F}(\omega)\overline{\mathcal{A}}(\boldsymbol{x}_1,\boldsymbol{y})\mathcal{A}_{\mathrm{r}}(\boldsymbol{x}_2,\boldsymbol{y})\mathrm{e}^{\mathrm{i}\frac{\omega}{\varepsilon}T_{\mathrm{II}}(\boldsymbol{y})}$$

快相位由下式给出：

$$\omega\mathcal{T}_0(\boldsymbol{y})=\omega[\mathcal{T}(\boldsymbol{y},\boldsymbol{x}_2)-\mathcal{T}(\boldsymbol{y},\boldsymbol{x}_1)-\tau]\tag{5.4}$$

$$\begin{aligned}\omega\mathcal{T}_{\mathrm{I}}(\boldsymbol{y})&=\omega[\mathcal{T}(\boldsymbol{y},\ \boldsymbol{x}_2)-\mathcal{T}_{\mathrm{r}}(\boldsymbol{y},\ \boldsymbol{x}_1)-\tau]\\&=\omega[\mathcal{T}(\boldsymbol{y},\ \boldsymbol{x}_2)-\mathcal{T}(\boldsymbol{y},\ \boldsymbol{z}_{\mathrm{r}})-\mathcal{T}(\boldsymbol{z}_{\mathrm{r}},\ \boldsymbol{x}_1)-\tau]\end{aligned}\tag{5.5}$$

$$\begin{aligned}\omega\mathcal{T}_{\mathrm{II}}(\boldsymbol{y})&=\omega[\mathcal{T}_{\mathrm{r}}(\boldsymbol{y},\ \boldsymbol{x}_2)-\mathcal{T}(\boldsymbol{y},\ \boldsymbol{x}_1)-\tau]\\&=\omega[\mathcal{T}(\boldsymbol{y},\ \boldsymbol{z}_{\mathrm{r}})+\mathcal{T}(\boldsymbol{z}_{\mathrm{r}},\ \boldsymbol{x}_2)-\mathcal{T}(\boldsymbol{y},\ \boldsymbol{x}_1)-\tau]\end{aligned}\tag{5.6}$$

$C_0^{(1)}$ 与命题 3.2 证明中的函数 $C^{(1)}$ 有相同的形式，只有当 $\boldsymbol{x}_1$，$\boldsymbol{x}_2$ 和 $\boldsymbol{y}$ 在同一条射线上时才出现峰值，这些峰值出现在 $\pm\mathcal{T}(\boldsymbol{x}_1,\ \boldsymbol{x}_2)$ 处，且都是 $O(1)$ 阶。

满足以下方程的驻点 $(\omega,\ \boldsymbol{y})$ 对 $C_{\mathrm{I}}^{(1)}$ 项起主要作用：

$$\partial_\omega[\omega\mathcal{T}_{\mathrm{I}}(\boldsymbol{y})]=0,\quad\nabla_y[\omega\mathcal{T}_{\mathrm{I}}(\boldsymbol{y})]=0$$

从而得到条件

$$\mathcal{T}(\boldsymbol{y},\boldsymbol{x}_2)-\mathcal{T}(\boldsymbol{y},\boldsymbol{z}_{\mathrm{r}})-\mathcal{T}(\boldsymbol{z}_{\mathrm{r}},\boldsymbol{x}_1)=\tau,\quad\nabla_y\mathcal{T}(\boldsymbol{y},\boldsymbol{x}_2)=\nabla_y\mathcal{T}(\boldsymbol{y},\boldsymbol{z}_{\mathrm{r}})$$

根据第 3 章的引理 3.1，第二个条件表示 $\boldsymbol{x}_2$ 和 $\boldsymbol{z}_{\mathrm{r}}$ 在从 $\boldsymbol{y}$ 发出的射线的同一侧。如果 $\boldsymbol{y}\to\boldsymbol{x}_2\to\boldsymbol{z}_{\mathrm{r}}$ 在同一条射线上，则第一个条件等价于 $\tau=-\mathcal{T}(\boldsymbol{z}_{\mathrm{r}},\boldsymbol{x}_2)-\mathcal{T}(\boldsymbol{z}_{\mathrm{r}},\boldsymbol{x}_1)$。如果 $\boldsymbol{y}\to\boldsymbol{z}_{\mathrm{r}}\to\boldsymbol{x}_2$ 在同一条射线上，则第一个条件等价于 $\tau=\mathcal{T}(\boldsymbol{z}_{\mathrm{r}},\boldsymbol{x}_2)-\mathcal{T}(\boldsymbol{z}_{\mathrm{r}},\boldsymbol{x}_1)$。

满足以下方程的驻点 $(\omega,\ \boldsymbol{y})$ 对 $C_{\mathrm{II}}^{(1)}$ 项起主要作用

$$\partial_\omega[\omega\mathcal{T}_{\mathrm{II}}(\boldsymbol{y})]=0,\quad\nabla_y[\omega\mathcal{T}_{\mathrm{II}}(\boldsymbol{y})]=0$$

从而得到条件

$$\mathcal{T}(\boldsymbol{y},\boldsymbol{z}_{\mathrm{r}})+\mathcal{T}(\boldsymbol{z}_{\mathrm{r}},\boldsymbol{x}_2)-\mathcal{T}(\boldsymbol{y},\boldsymbol{x}_1)=\tau,\quad\nabla_y\mathcal{T}(\boldsymbol{y},\boldsymbol{z}_{\mathrm{r}})=\nabla_y\mathcal{T}(\boldsymbol{y},\boldsymbol{x}_1)$$

根据第 3 章的引理 3.1，第二个条件表示 $\boldsymbol{x}_1$ 和 $\boldsymbol{z}_{\mathrm{r}}$ 在从 $\boldsymbol{y}$ 发出的射线的同一侧。如果 $\boldsymbol{y}\to\boldsymbol{x}_1\to\boldsymbol{z}_{\mathrm{r}}$ 在同一条射线上，则第一个条件等价于 $\tau=\mathcal{T}(\boldsymbol{z}_{\mathrm{r}},\boldsymbol{x}_2)+\mathcal{T}(\boldsymbol{z}_{\mathrm{r}},\boldsymbol{x}_1)$。如果 $\boldsymbol{y}\to\boldsymbol{z}_{\mathrm{r}}\to\boldsymbol{x}_1$ 在同一条射线上，则第一个条件等价于 $\tau=\mathcal{T}(\boldsymbol{z}_{\mathrm{r}},\boldsymbol{x}_2)-\mathcal{T}(\boldsymbol{z}_{\mathrm{r}},\boldsymbol{x}_1)$。

$C_{\mathrm{I}}^{(1)}$ 项和 $C_{\mathrm{II}}^{(1)}$ 项的阶数都是 $O(\sigma_{\mathrm{r}})$。

命题最后部分涉及互相关函数 $C_0^{(1)}$ 的峰值支撑信息，它体现了直达波的贡献。即使不用驻相法，也能从式（5.4）$\mathcal{T}_0(\boldsymbol{y})$ 的形式和三角不等式 $|\mathcal{T}(\boldsymbol{y},\boldsymbol{x}_1)-\mathcal{T}(\boldsymbol{y},\boldsymbol{x}_2)|\leqslant\mathcal{T}(\boldsymbol{x}_1,\boldsymbol{x}_2)$ 中获得关于 $C_0^{(1)}$ 的支撑信息。因此，在区间 $[-\mathcal{T}(\boldsymbol{x}_1,\boldsymbol{x}_2),\mathcal{T}(\boldsymbol{x}_1,\boldsymbol{x}_2)]$ 中，关于 τ 的函数

$C_0^{(1)}$ 的支撑是成立的。

5.3 互相关偏移成像

为了对反射体成像，首先假设介质是已知的，也就是说，检波器和被成像反射体周围区域的点之间的走时是已知的。特别地，如果介质是均匀的，则 $\mathcal{T}(\boldsymbol{x},\boldsymbol{y})=\dfrac{|\boldsymbol{x}-\boldsymbol{y}|}{c_0}$。

所使用的主要数据是位于 $x_j,j=1,\cdots,N$ 处，检波器所记录到的信号的互相关 $\{C(\tau,\boldsymbol{x}_j,\boldsymbol{x}_l),j,l=1,\cdots,N\}$。即使数据的信噪比（SNR）很大，通常该原始数据也不能直接用于成像，因为与直达波峰值和由于定向能通量产生的峰值相比，由反射体引起的互相关峰值非常弱。因此，通常需要在偏移成像之前对互相关数据进行处理。然而，稍后将看到光照成像却不需要对数据做任何处理。

对互相关数据的处理过程主要包括以下两个方面：

（1）如果存在反射体的数据集为 $\{C\}$，不存在反射体的数据集为 $\{C_0\}$，且二者皆可使用，则可以计算数据的差分互相关 $\{C-C_0\}$ 并进行偏移。这会消除噪声源和检波器位置的效应，而不受场源类型的影响。

（2）如果只有反射体的数据集 $\{C\}$ 可用，则可以屏蔽检波器之间走时周围的互相关数据。在实际应用中，使用以检波器间走时这一时刻为中心的屏蔽窗口，其宽度为噪声源的退相干时间，可消除检波器间走时的主峰值，这样处理后得到的互相关称为尾波互相关 $\{C_{\text{coda}}\}$。

差分互相关和尾波互相关偏移成像函数形式在本质上取决于照明类型。

5.3.1 光照偏移成像

首先考虑光照条件下的差分互相关偏移成像。在搜索点 z^S 处的光照成像函数为

$$\mathcal{I}^D(\boldsymbol{z}^S)=\sum_{j,l=1}^{N}\left[C-C_0\right]\left[\mathcal{T}(\boldsymbol{z}^S,\boldsymbol{x}_l)+\mathcal{T}(\boldsymbol{z}^S,\boldsymbol{x}_j),\boldsymbol{x}_j,\boldsymbol{x}_l\right] \tag{5.7}$$

注意，$C(\tau,\boldsymbol{x}_j,\boldsymbol{x}_l)=C(-\tau,\boldsymbol{x}_l,\boldsymbol{x}_j)$，$C_0$ 也有类似的关系式，所以成像函数式（5.7）也可以表示为

$$\mathcal{I}^D(\boldsymbol{z}^S)=\sum_{j,l=1}^{N}\left[C^{\text{sym}}-C_0^{\text{sym}}\right]\left[\mathcal{T}(\boldsymbol{z}^S,\boldsymbol{x}_l)+\mathcal{T}(\boldsymbol{z}^S,\boldsymbol{x}_j),\boldsymbol{x}_j,\boldsymbol{x}_l\right]$$

其中，C^{sym}定义如下：

$$C^{\text{sym}}(\tau,\boldsymbol{x}_j,\boldsymbol{x}_l)=\frac{1}{2}\left[C(\tau,\boldsymbol{x}_j,\boldsymbol{x}_l)+C(-\tau,\boldsymbol{x}_j,\boldsymbol{x}_l)\right]\mathbf{1}_{(0,\infty)}(\tau)$$

$C_0^{\text{sym}}(\tau,\boldsymbol{x}_j,\boldsymbol{x}_l)$也有类似的定义式。这表明该函数使用了互相关波形中与因果和反因果格林函数相对应的正半轴和负半轴，并进行了波场反传。

根据命题 5.1 的驻相分析可知，成像函数的自变量应取 $\mathcal{T}(\boldsymbol{z}^S,\boldsymbol{x}_l)+\mathcal{T}(\boldsymbol{z}^S,\boldsymbol{x}_j)$处的值，其结果表明（$C-C_0$）在$\pm[\mathcal{T}(z_{\text{r}},\boldsymbol{x}_l)+\mathcal{T}(z_{\text{r}},\boldsymbol{x}_j)]$处确实存在峰值。

光照成像中尾波互相关的偏移成像是完全相似的。在搜索点 z^S 处的光照成像函数为

$$\mathcal{I}^{D}(z^{S})=\sum_{j,l=1}^{N}C_{\text{coda}}[\mathcal{T}(z^{S},\boldsymbol{x}_j)+\mathcal{T}(z^{S},\boldsymbol{x}_l),\boldsymbol{x}_j,\boldsymbol{x}_l] \tag{5.8}$$

其中 $C_{\text{coda}}(\tau,\boldsymbol{x}_j,\boldsymbol{x}_l)=C(\tau,\boldsymbol{x}_j,\boldsymbol{x}_l)\mathbf{1}_{[\mathcal{T}(\boldsymbol{x}_j,\boldsymbol{x}_l),\infty]}(\tau)$。除去互相关函数的中心部分，实际上就是除去了直达波峰值，这些峰值基本上集中在区间 $[-\mathcal{T}(\boldsymbol{x}_j,\boldsymbol{x}_l),\mathcal{T}(\boldsymbol{x}_j,\boldsymbol{x}_l)]$ 中，如命题 5.1 所示。然而由于反射体产生的散射波存在，根本无法在 $\pm[\mathcal{T}(z_r,\boldsymbol{x}_l)+\mathcal{T}(z_r,\boldsymbol{x}_j)]$ 处消除峰值，因为根据三角不等式，$\mathcal{T}(z_r,\boldsymbol{x}_l)+\mathcal{T}(z_r,\boldsymbol{x}_j)>\mathcal{T}(\boldsymbol{x}_j,\boldsymbol{x}_l)$（除非出现极端情况，即 z_r、$\boldsymbol{x}_j$ 和 $\boldsymbol{x}_l$ 在一条射线上）。因此，通过去除这个中心部分，成像函数行为基本与采用差分互相关时行为相同。最后，根据三角不等式 $\mathcal{T}(z^{S},\boldsymbol{x}_l)+\mathcal{T}(z^{S},\boldsymbol{x}_j)>\mathcal{T}(\boldsymbol{x}_j,\boldsymbol{x}_l)$，对于任意搜索点 z^{S} 与 $\boldsymbol{x}_j$ 和 $\boldsymbol{x}_l$ 不共线的情况，可以得出：

$$C_{\text{coda}}[\mathcal{T}(z^{S},\boldsymbol{x}_l)+\mathcal{T}(z^{S},\boldsymbol{x}_j),\boldsymbol{x}_j,\boldsymbol{x}_l]=C[\mathcal{T}(z^{S},\boldsymbol{x}_l)+\mathcal{T}(z^{S},\boldsymbol{x}_j),\boldsymbol{x}_j,\boldsymbol{x}_l]$$

因此，光照成像函数式（5.8）可以简化为

$$\mathcal{I}^{D}(z^{S})=\sum_{j,l=1}^{N}C[\mathcal{T}(z^{S},\boldsymbol{x}_j)+\mathcal{T}(z^{S},\boldsymbol{x}_l),\boldsymbol{x}_j,\boldsymbol{x}_l] \tag{5.9}$$

式（5.9）与基尔霍夫偏移（KM）成像函数的形式相同，而基尔霍夫偏移（KM）成像函数用于反射体位于 $(\boldsymbol{x}_j)_{j=1,\cdots,N}$ 的主动源检波器覆盖区域内，数据为检波器记录的信号响应矩阵 $u(t,\boldsymbol{x}_l;\boldsymbol{x}_j)$。若 $\boldsymbol{x}_j$ 处的检波器发出特定带宽的脉冲，并且 $\boldsymbol{x}_l$ 处的检波器记录信号 $u(t,\boldsymbol{x}_l;\boldsymbol{x}_j)$，则基尔霍夫偏移成像函数为

$$\mathcal{I}^{\text{KM}}(z^{S})=\sum_{j,l=1}^{N}u[\mathcal{T}(z^{S},\boldsymbol{x}_j)+\mathcal{T}(z^{S},\boldsymbol{x}_l),\boldsymbol{x}_j;\boldsymbol{x}_l] \tag{5.10}$$

值得注意的是，被动源检波器互相关的光照偏移成像本质上等同于主动源检波器阵列偏移成像。

4.2 节详细分析了主动源检波器阵列偏移成像的分辨率。在第 6 章中将会看到，它适用于此处介绍的互相关偏移成像。实际上，具有孔径 a 的线性检波器阵列的横向分辨率由 $\frac{\lambda a}{L}$ 给出，其中 L 是检波器阵列与反射体之间的距离，λ 是主波长。纵向分辨率与背景介质速度乘以带宽的倒数成正比。

在图 5.4 中，展示了由 5 个检波器和一个反射体组成的稀疏台阵的数值模拟结果。在区域 $[-50,\ 50]\times\{0\}\times[0,\ 15]$ 中随机分布 200 个噪声点源，噪声源的能谱密度遵循高斯分布 $e^{-\omega^2/2}$。传播速度和带宽均等于 1，所以纵向分辨率也等于 1。平面（x，z）中以反射体位置为中心的图像窗口为 40×40。显然，利用尾波互相关的被动源成像可以得到很好的结果。

5.3.2　背光照明偏移成像

首先考虑差分互相关数据 $\{C-C_0\}$ 的背光偏移成像问题。搜索点 z^{S} 处的背光成像函数为

$$\mathcal{I}^{\text{B}}(z^{S})=\sum_{j,l=1}^{N}[C-C_0][\mathcal{T}(z^{S},\boldsymbol{x}_l)+\mathcal{T}(z^{S},\boldsymbol{x}_j),\boldsymbol{x}_j,\boldsymbol{x}_l] \tag{5.11}$$

成像函数自变量中的走时符号由命题 5.1 确定。结果表明，由反射波所引起的峰值分

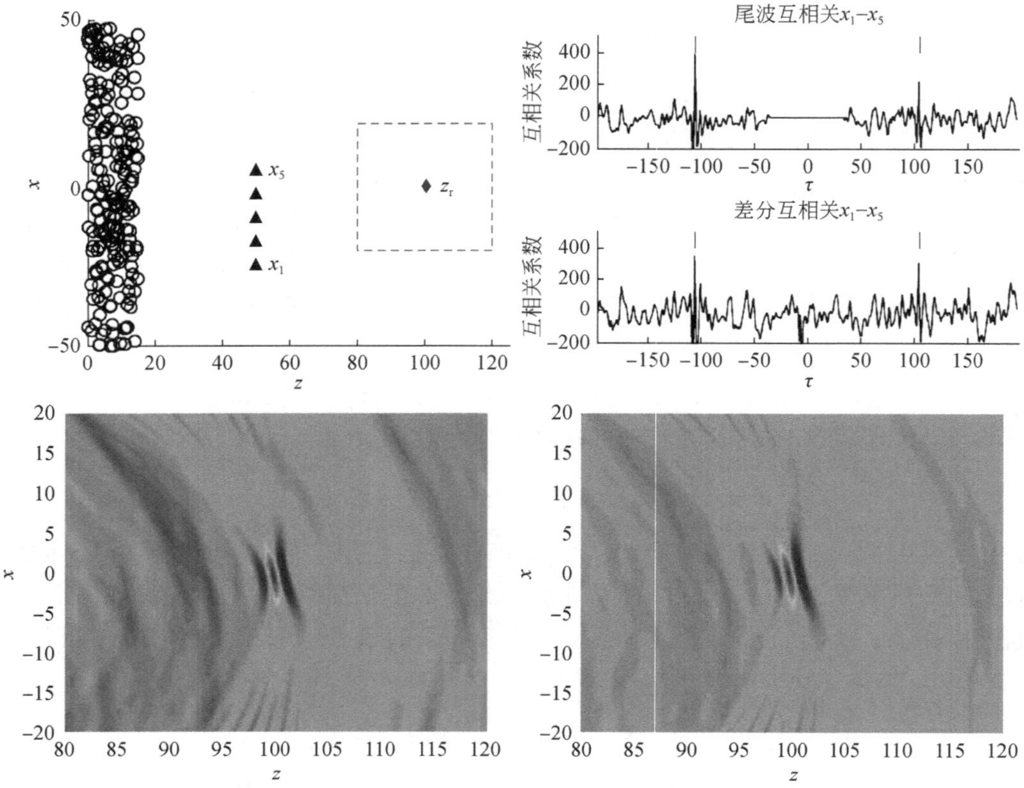

图 5.4　采用 5 个被动源检波器（左上图的三角形）台阵进行光照偏移成像的数值模拟。待成像的反射体（菱形）位于（$x_r=0$，$y_r=0$，$z_r=100$）处，由噪声源（小圆圈）照明。台阵两端的两个检波器所记录信号的差分互相关和尾波互相关如右上图所示。差分互相关的偏移成像函数式（5.7）成像如左下图所示。右下图显示了尾波互相关式（5.8）偏移成像函数成像。此处 $\boldsymbol{z}^S=(x,\ 0,\ z)$ 变化的图像窗口是反射体周围 40×40 个分辨率单位的区域（见彩插）。

量 $(C-C_0)(\tau,\ \boldsymbol{x}_j,\ \boldsymbol{x}_l)$ 出现在 $\tau=\mathcal{T}(\boldsymbol{z}_r,\boldsymbol{x}_l)-\mathcal{T}(\boldsymbol{z}_r,\boldsymbol{x}_j)$ 处。

注意到式（5.11）在频率域中的形式为

$$\mathcal{I}^{\mathrm{B}}(\boldsymbol{z}^S)=\frac{1}{2\pi}\int \mathrm{d}\omega \sum_{j,l=1}^{N} \mathrm{e}^{-\mathrm{i}\omega[\mathcal{T}(\boldsymbol{z}^S,\boldsymbol{x}_l)-\mathcal{T}(\boldsymbol{z}^S,\boldsymbol{x}_j)]}[\hat{C}-\hat{C}_0](\omega,\boldsymbol{x}_j,\boldsymbol{x}_l)$$

这与当源 $\boldsymbol{z}_r$ 发射脉冲并被被动源检波器在 $(\boldsymbol{x}_j)_{j=1,\cdots,N}$ 处记录以得到数据矢量 $\boldsymbol{u}(t,\boldsymbol{x}_j)$ 时的非相干干涉成像函数相同。非相干干涉函数（IINT）具有以下形式：

$$\begin{aligned}\mathcal{I}^{\mathrm{IINT}}(\boldsymbol{z}^S)&=\frac{1}{2\pi}\int \mathrm{d}\omega \left|\sum_{l=1}^{N} \mathrm{e}^{-\mathrm{i}\omega\mathcal{T}(\boldsymbol{z}^S,\boldsymbol{x}_l)}\hat{u}(\omega,\boldsymbol{x}_l)\right|^2\\&=\frac{1}{2\pi}\int \mathrm{d}\omega \sum_{j,l=1}^{N} \mathrm{e}^{-\mathrm{i}\omega[\mathcal{T}(\boldsymbol{z}^S,\boldsymbol{x}_l)-\mathcal{T}(\boldsymbol{z}^S,\boldsymbol{x}_j)]}\hat{u}(\omega,\boldsymbol{x}_l)\overline{\hat{u}(\omega,\boldsymbol{x}_j)}]\end{aligned}$$

Borcea 等（2003）对其进行了分辨率分析，这种分辨率分析可以用于背光照明成像函数。在第 6 章将会看到，与非相干干涉成像一样，被动源阵列的背光成像不能提供任何纵向分辨率。当检波器分布式排列或阵列较大时，可以通过三角测量来获得纵向分辨率。

下面考虑只有反射数据时的背光成像问题。在互相关 $C(\tau, \boldsymbol{x}_j, \boldsymbol{x}_l)$ 波形中反射形成的峰值出现在 $\tau = \mathcal{T}(\boldsymbol{z}_r, \boldsymbol{x}_l) - \mathcal{T}(\boldsymbol{z}_r, \boldsymbol{x}_j)$ 处，据三角不等式 $|\mathcal{T}(\boldsymbol{z}_r, \boldsymbol{x}_l) - \mathcal{T}(\boldsymbol{z}_r, \boldsymbol{x}_j)| \leqslant \mathcal{T}(\boldsymbol{x}_j, \boldsymbol{x}_l)$ 可知，它出现在噪声源的直达波作用区间 $[-\mathcal{T}(\boldsymbol{x}_j, \boldsymbol{x}_l), \mathcal{T}(\boldsymbol{x}_j, \boldsymbol{x}_l)]$ 内。因此，不可能利用去除直达波的方式来放大反射效果，只能反向传播完整的互相关函数。在搜索点 $\boldsymbol{z}^S$ 处的背光成像函数具有以下形式：

$$\mathcal{I}^{\mathrm{B}}(\boldsymbol{z}^S) = \sum_{j,l=1}^{N} C[\mathcal{T}(\boldsymbol{z}^S, \boldsymbol{x}_l) - \mathcal{T}(\boldsymbol{z}^S, \boldsymbol{x}_j), \boldsymbol{x}_j, \boldsymbol{x}_l] \tag{5.12}$$

与图 5.4 相比，尽管图 5.5 中的散射系数有所增加，但这幅图像的质量仍然不如使用差分互相关式（5.11）得到的图像质量高。

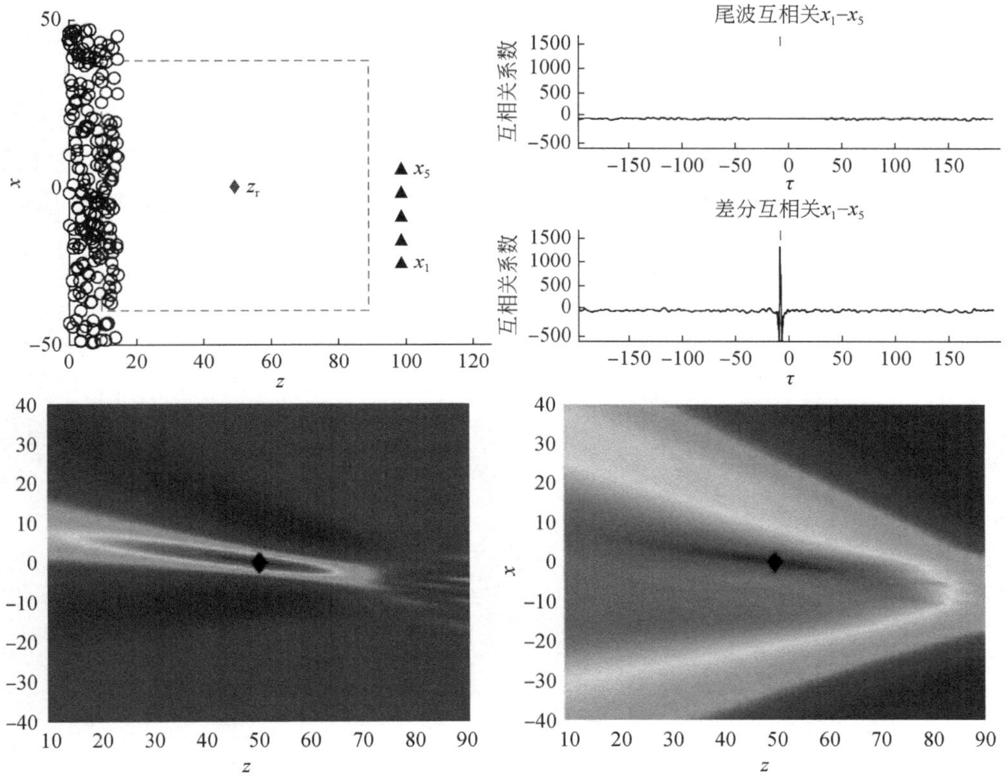

图 5.5　采用 5 个被动源检波器（左上图的三角形）阵列进行背光照明偏移成像的数值模拟，待成像的反射体（菱形）位于（$x_r=0$，$y_r=0$，$z_r=50$）处，由噪声源（小圆圈）照明。阵列两端的两个检波器所记录信号的尾波相关和差分互相关如右上图所示。使用差分互相关的偏移成像函数式（5.11）成像如左下图所示。这里不可能像在图 5.4 中光照成像那样使用尾波互相关。用式（5.12）反向传播完整互相关函数，得到右下图，其中 $\boldsymbol{z}^S=（x，0，z）$ 变化的图像窗口是反射体周围的 80×80 个纵向分辨率单位（见彩插）。

5.3.3　环绕照明偏移成像

在环绕照明情况下，被动源检波器和反射体周围都是噪声源。差分互相关的成像函数式（5.7）与光照成像函数具有相同的性质。同样，成像函数式（5.11）与背光成像函数有相同的性质。因此，可以利用这两种成像函数来提高信噪比。然而，光照成像函数式（5.7）比式（5.11）有更好的纵向分辨率，因此如果可能的话，应该只使用成像函数式（5.7）。在尾波互相关的偏移成像中，使用光照成像函数式（5.8）显然更好。

注意到，在互相关成像时，背景介质的传播速度虽然未知但平滑或缓慢变化时，也可以估计背景介质的传播速度。在这种情况下，检波器阵列必须以适当的方式分布在目标区域。先必须利用互相关来估计检波器之间的走时，然后用最小二乘法估计背景速度（Berryman，1990；Symes and Carazzone，1991），最后根据估计的背景介质传播速度，进行走时偏移成像。

5.4 结　　论

在本章中，确定了可以对反射体进行基于相关的被动源阵列成像方式。主要的分析方法是驻相法，这也有助于确定在不同成像方式中使用正确的成像函数。下一章将介绍成像函数的分辨率，在第 8 章中将进行散射成像分析。本章大部分结果可以参阅 Garnier 和 Papanicolaou（2009）的工作。

第6章　背景噪声成像的分辨率分析

本章分析了被动检波器阵列互相关矩阵的偏移成像函数分辨率。该矩阵元素由背景噪声源产生并由被动检波器阵列记录信号的互相关构成，该互相关包含了周围介质中反射体的有关信息，如第5章所述。因此，在适当条件下，互相关的基尔霍夫偏移可以对反射体成像。但是，应根据背景噪声源提供的照明类型选取适当的偏移成像方式。

在本章中，给出了当背景介质均匀时成像函数分辨率的详细分析。由于噪声源的相干性起着重要作用，因此当噪声源在空间上是非脉冲形式但相关长度较小时，首先回顾前几章的结果，然后可以分析在反射体存在的情况下由一对检波器记录信号的互相关峰值的形式（命题6.2、命题6.3）。在6.4节中将介绍第5章中提到的背光和光照成像函数的分辨率。

研究结果表明分辨率取决于检波器阵列的直径、阵列到反射体的距离和波的主频，如同主动源阵列成像的情况一样。当采用被动源阵列和背景噪声源成像时，分辨率还取决于噪声源的空间和时间相干性，因为它们决定了噪声信号的有效带宽。

通过详细的分析表明，第5章介绍的两种成像函数的分辨率特性是不同的。光照成像函数与被动源阵列成像有相同的特性，其脉冲宽度与有效噪声带宽的倒数成正比（见6.4.1小节）。与光照成像函数相比，背光成像函数的纵向分辨率较差，因为它是基于走时差的；与光照成像函数中使用的走时之和相比，走时差对距离的敏感度较低（见6.4.2小节）。

6.1　主动源和被动源阵列的反射成像比较

使用波的相干测量识别和定位反射体是反射成像的核心问题。为了用主动源检波器阵列对位于 $\{\boldsymbol{x}_j\}_{j=1,\cdots,N}$ 的反射体进行成像，首先需要根据记录数据得到阵列的脉冲响应矩阵 $[u(t,\boldsymbol{x}_j;\boldsymbol{x}_l)]_{j,l=1,\cdots,N,t\in\mathbb{R}}$，然后进行基尔霍夫偏移得到反射体的图像。脉冲响应矩阵的第 $(j,\ l)$ 个元素 $[u(t,\boldsymbol{x}_j;\boldsymbol{x}_l)]_{t\in\mathbb{R}}$ 是检波器 $\boldsymbol{x}_l$ 发出脉冲而被检波器 $\boldsymbol{x}_j$ 记录到的信号。为了成像，需要在 $\mathcal{T}(\boldsymbol{x}_l,\boldsymbol{z}^S)+\mathcal{T}(\boldsymbol{z}^S,\boldsymbol{x}_j)$ 处计算脉冲响应矩阵的每个元素，其中 $\boldsymbol{x}_l$ 是源的位置，$\boldsymbol{z}^S$ 是搜索点的位置，$\boldsymbol{x}_j$ 是记录器的位置。基尔霍夫偏移成像函数是所有源和检波器上偏移矩阵元素之和，这是因为脉冲响应矩阵的第 (j,l) 个元素在源 $\boldsymbol{x}_l$ 和 z_{r} 处的局部反射体之间以及反射体和检波器 $\boldsymbol{x}_j$ 之间的总走时 $\mathcal{T}(\boldsymbol{x}_l,z_{\mathrm{r}})+\mathcal{T}(z_{\mathrm{r}},\boldsymbol{x}_j)$ 处出现峰值，如第4章所述。

正如第5章描述的那样，当反射体仅由背景噪声源照明时，在检波器阵列记录信号的互相关中也包含了走时信息。因此，可以通过选取恰当的偏移方法对被动源台阵记录噪声信号的互相关进行偏移以对反射体进行成像。成像函数取决于反射体相对于阵列和噪声源所在区域的位置。如第5章所述，在光照成像方式中，与反射相关的互相关峰值可能会出现在旅行时之和的位置，但它们也可能出现在背光照明成像方式的走时差位置。在背光照明成像方式中，在没有反射体的情况下必须提供参考互相关，以便形成差分互相关进行偏移成像。对这种差分互相关的利用很重要，因为与局部反射体成像相关的峰值比检波器对之间走时的互相关峰值弱得多，所以必须将参考互相关删除掉。在光照成像方式中，可以直接对互相关作偏移，因为偏移函数在远离检波器对之间走时的位置处进行计算，所以去除参考互相关不会对图像造成畸变。

本章的目的就是对均匀背景介质中互相关成像函数进行详细的分辨率分析，该分析是驻相法的一个系统应用，其中主参数是成像目标的特征走时与背景噪声源的退相干时间之比。

本章结构如下，在6.2节中，通过在噪声源分布中加入空间相干性来扩展第2、3章中讨论的情况。6.3节给出了成像函数及其分辨率分析，这是本章的主要结果。最后，进行了简要的总结并给出了主要的结论。附录中给出了驻相法的解析细节。

6.2　背景噪声互相关成像

6.2.1　噪声源满足的波动方程

在波速为 $c(\boldsymbol{x})$ 的三维非均匀介质中，考虑波动方程式（2.1）的解 u：

$$\frac{1}{c^2(\boldsymbol{x})}\frac{\partial^2 u}{\partial t^2}-\Delta_x u=n(t,\boldsymbol{x}) \tag{6.1}$$

$n(t,\boldsymbol{x})$模拟了随机分布的噪声源，它是一个具有如下自相关函数的零均值平稳随机过程：

$$\langle n(t_1,y_1)n(t_2,y_2)\rangle=F(t_2-t_1)K^{\frac{1}{2}}(y_1)K^{\frac{1}{2}}(y_2)H(y_2-y_1) \tag{6.2}$$

式中，〈 * 〉表示关于噪声源规律的统计平均值。为简单起见，假设随机场 $n(t,\boldsymbol{x})$符合高斯分布，并且式（6.2）中右端的自相关函数用几个因子的乘积表示。

噪声源的时间分布由相关函数 $F(t_2-t_1)$ 描述，它是（t_2-t_1）的函数。这是一个偶函数，在0处取得最大值，对其进行归一化后得到 $F(0)=1$，它的傅里叶变换 $\hat{F}(\omega)$ 是一个非负实值偶函数，与源的能量密度谱成正比：

$$\hat{F}(\omega)=\int F(t)\mathrm{e}^{\mathrm{i}\omega t}\mathrm{d}t \tag{6.3}$$

噪声源的空间分布由自协方差函数 $K^{\frac{1}{2}}(y_1)K^{\frac{1}{2}}(y_2)H(y_2-y_1)$描述，函数 K 决定了源的空间支撑，并且是非负、平滑的紧支撑。H 是局部协方差函数，归一化后得到 $H(0)=1$，它的傅里叶变换如下：

$$\hat{H}(\boldsymbol{k})=\int H(\boldsymbol{y})\mathrm{e}^{-\mathrm{i}k\cdot y}\mathrm{d}y \tag{6.4}$$

假设该函数为非负、各向同性的偶函数，即它只取决于 $\boldsymbol{k}$ 的模$|\boldsymbol{k}|$：

$$\hat{H}(\boldsymbol{k})=\breve{H}(|[k]|)$$

F 的宽度为退相干时间，H 的宽度为噪声源的相关半径。时间相关函数 F 和空间协方差函数 H 对分辨率都有影响。

6.2.2　互相关函数的统计稳定性

波动方程式（6.1）具有如式（2.8）所示的积分解：

$$u(t,\boldsymbol{x})=\iint n(t-s,\boldsymbol{y})G(s,\boldsymbol{x},\boldsymbol{y})\mathrm{d}s\mathrm{d}\boldsymbol{y}$$

式中，$G(s,\boldsymbol{x},\boldsymbol{y})$是式（2.2）所示的因果格林函数。在 $\boldsymbol{x}_1$ 和 $\boldsymbol{x}_2$ 处记录的信号在区间（$0,T$）上的经验互相关由式（2.18）定义，这是一个统计意义上的稳定量，从一个大的积分时间 T 来看，经验互相关 C_T 与噪声源无关。在下面的命题中可以看到，它是命题 2.3 的扩展，其中考虑了 $H(z)=\delta(z)$ 的极限情况。

命题 6.1

（1）经验互相关函数 C_T（相对于噪声源的统计分布）的期望与 T 无关：

$$\langle C_T(\tau,\boldsymbol{x}_1,\boldsymbol{x}_2)\rangle=C^{(1)}(\tau,\boldsymbol{x}_1,\boldsymbol{x}_2) \tag{6.5}$$

统计互相关 $C^{(1)}$ 表示如下：

$$\begin{aligned}C^{(1)}(\tau,\boldsymbol{x}_1,\boldsymbol{x}_2)=&\frac{1}{2\pi}\iiint \mathrm{d}\boldsymbol{y}\mathrm{d}\boldsymbol{z}\mathrm{d}\omega\hat{F}(\omega)K^{\frac{1}{2}}\left(\boldsymbol{y}+\frac{\boldsymbol{z}}{2}\right)K^{\frac{1}{2}}\left(\boldsymbol{y}-\frac{\boldsymbol{z}}{2}\right)H(\boldsymbol{z})\\&\times\overline{\hat{G}\left(\omega,\boldsymbol{x}_1,\boldsymbol{y}+\frac{\boldsymbol{z}}{2}\right)}\hat{G}\left(\omega,\boldsymbol{x}_2,\boldsymbol{y}-\frac{\boldsymbol{z}}{2}\right)\mathrm{e}^{-\mathrm{i}\omega\tau}\end{aligned} \tag{6.6}$$

式中，$\hat{G}(\omega,\boldsymbol{x},\boldsymbol{y})$是简谐格林函数。

（2）经验互相关函数 C_T 是源分布概率的自平均量：

$$C_T(\tau,\boldsymbol{x}_1,\boldsymbol{x}_2)\xrightarrow{T\to\infty}C^{(1)}(\tau,\boldsymbol{x}_1,\boldsymbol{x}_2) \tag{6.7}$$

6.2.3　被动检波器成像

这里简要回顾第 5 章中提出的被动源互相关成像方法。

考虑位于$(\boldsymbol{x}_j)_{j=1,\cdots,N}$处的检波器阵列和位于$(\boldsymbol{z}_\mathrm{r},j)_{j=1,\cdots,N_\mathrm{r}}$处的小规模反射体。在成像中，要根据检波器记录的信号来估计反射点的位置。常规检波器成像的数据集为脉冲响应矩阵$[u(t,\boldsymbol{x}_j;\boldsymbol{x}_l)]_{j,l=1,\cdots,N,t\in\mathbf{R}}$，该矩阵的第（$j,l$）个元素是当第 l 个传感器发出狄拉克脉冲时被第 j 个检波器记录到的信号$[u(t,\boldsymbol{x}_j;\boldsymbol{x}_l)]_{t\in\mathbf{R}}$。当检波器阵列的脉冲响应矩阵$[u(t,\boldsymbol{x}_j;\boldsymbol{x}_l)]_{j,l=1,\cdots,N,t\in\mathbf{R}}$已知时（或部分已知时），使用常规的走时偏移方法（Biondi，2006；Bleistein et al.，2001）在虚拟介质中对脉冲响应进行数值反传就可以估计出反射体的位置。

在主动源成像中，阵列中的检波器既可以作为发射器，也可以作为接收器，当第 l 个检波器发出短脉冲时，可以直接获得第 j 个检波器记录的信号$[u(t,\boldsymbol{x}_j;\boldsymbol{x}_l)]_{t\in\mathbf{R}}$。然而，在被动源成像中，阵列的检波器没有发射能力，只能作为接收器使用。在本章中，假设唯一可用的数据是由背景噪声源产生，并由第 $j(j=1,\cdots,N)$ 个检波器记录的信号$[u(t,\boldsymbol{x}_j)]_{t\in\mathbf{R}}$。

被动源阵列的脉冲响应矩阵可以从记录信号 $[C(\tau,\boldsymbol{x}_j,\boldsymbol{x}_l)]_{j,l=1,\cdots,N,\tau\in\mathbf{R}}$ [C 的定义如式(2.18)] 的互相关矩阵中提取，这是因为两个信号之间的互相关在延迟时间等于检波器和反射体之间走时处出现峰值。因此，可以通过对互相关数据作偏移来实现对反射体的成像。

为了成像，假设检波器 x 和待成像反射体周围搜索区域中点 y 之间的走时 $\mathcal{T}(\boldsymbol{x},\boldsymbol{y})$ 是已知的。特别地，如果介质是均匀的，则 $\mathcal{T}(\boldsymbol{x},\boldsymbol{y})=\dfrac{|\boldsymbol{x}-\boldsymbol{y}|}{c_0}$。假设有反射和无反射的数据集分别为 $\{C(\tau,\boldsymbol{x}_j,\boldsymbol{x}_l)\}_{j,l=1,\cdots,N}$ 和 $\{C_0(\tau,\boldsymbol{x}_j,\boldsymbol{x}_l)\}_{j,l=1,\cdots,N}$，且二者都是可用的，这样就可以计算差分互相关 $\{C-C_0\}$ 并对其进行偏移。可能无法仅使用初始数据集 $\{C\}$ 进行成像，这是因为反射导致的互相关峰值与检波器对之间走时处的直达波峰值相比较弱，如第 5 章所示。当反射波和直达波的贡献可以在互相关 C 中分离时，就可以直接利用互相关作偏移。这是在光照成像方式中出现的情形，$C(\tau,\boldsymbol{x}_j,\boldsymbol{x}_l)$ 中直达波集中出现在区间 $\tau\in[-\mathcal{T}(\boldsymbol{x}_j,\boldsymbol{x}_l),\mathcal{T}(\boldsymbol{x}_j,\boldsymbol{x}_l)]$ 内，而成像函数在该区间外的时间 τ 处计算互相关，从而可以通过直接偏移互相关来进行反射成像。在背光成像方式中，则不能做这样的波场分离，只能使用差分互相关进行成像。

在对介质的局部变化进行成像的许多应用中，差分互相关比较常用，如在地球物理中，监测火山或油气储层随时间的变化，或者追踪移动的目标等，这也是在本章中仅使用差分互相关的原因。

6.2.4 噪声源的微小退相干时间和相关半径假设

假设噪声源的退相干时间和相关半径分别远小于从局部反射体到检波器阵列的走时和距离。如果用 ε 表示这些尺度的比率，那么就可以将噪声源的时间相关函数 F_ε 和局部空间协方差函数 H_ε 写成：

$$F_\varepsilon(t_2-t_1)=F\left(\frac{t_2-t_1}{\varepsilon}\right),\quad H_\varepsilon(y_2-y_1)=\frac{1}{\varepsilon^3}H\left(\frac{y_2-y_1}{\varepsilon}\right)\tag{6.8}$$

其中，t_1 和 t_2 用特征走时进行归一化，y_1 和 y_2 用典型传播距离进行归一化。对协方差函数 H_ε 进行归一化，使其当 $\varepsilon\to 0$ 时满足 δ-分布。

6.3 均匀介质中的互相关结构

本节分析存在局部反射体的情况下互相关阵列的结构。为此使用以 ε 为高阶小量的驻相法进行渐近分析。为了简化表示，假设背景介质是均匀的，尽管通过几何光学近似可以很容易地将结果扩展到背景介质平滑变化的情况。

6.3.1 背景介质的格林函数

对于波速为 c_0 的均匀背景介质，其简谐格林函数 $\hat{G}_0$ 为式（3.6）的解，辐射条件为无穷远。$\hat{G}_0$ 的表达式如下：

$$\hat{G}_0(\omega,\boldsymbol{x},\boldsymbol{y})=\frac{1}{4\pi|\boldsymbol{x}-\boldsymbol{y}|}\exp[\mathrm{i}\omega\mathcal{T}(\boldsymbol{x},\boldsymbol{y})],\quad \mathcal{T}(\boldsymbol{x},\boldsymbol{y})=\frac{|\boldsymbol{x}-\boldsymbol{y}|}{c_0} \tag{6.9}$$

其中，$\mathcal{T}(\boldsymbol{x},\boldsymbol{y})$ 是从 $\boldsymbol{x}$ 到 $\boldsymbol{y}$ 的走时，将格林函数的表达式（6.9）代入式（6.6）中，得到幅度函数平滑、相位快速变化的多重积分形式的统计互相关表达式。因此，驻相法是分析互相关结构的一种常用工具。如第 3 章所述，可以通过互相关得到走时估计值，以便确定在检波器对之间走时的和或差处出现峰值的条件，也可以在介质中存在反射体的情况下进行走时估计。

6.3.2 存在反射时的互相关函数峰值

对均匀、波速为 c_0 且在 $\boldsymbol{z}_\mathrm{r}$ 处有一个点状反射体的背景介质进行分析。假设反射体较小且反射较弱，对格林函数使用玻恩近似式（5.1），得到：

$$\hat{G}(\omega,\boldsymbol{x},\boldsymbol{y})=\hat{G}_0(\omega,\boldsymbol{x},\boldsymbol{y})+\frac{\omega^2}{c_0^2}\sigma_\mathrm{r}l_\mathrm{r}^3\hat{G}_0(\omega,\boldsymbol{x},\boldsymbol{z}_\mathrm{r})\hat{G}_0(\omega,\boldsymbol{z}_\mathrm{r},\boldsymbol{y})$$

式中，$\hat{G}_0$ 为背景介质的格林函数［式（6.9）］；σ_r 为式（5.2）中反射体的反射率；l_r^3 为它的体积。统计差分互相关由下式给出：

$$\Delta C^{(1)}(\tau,\boldsymbol{x}_1,\boldsymbol{x}_2)=C^{(1)}(\tau,\boldsymbol{x}_1,\boldsymbol{x}_2)-C_0^{(1)}(\tau,\boldsymbol{x}_1,\boldsymbol{x}_2) \tag{6.10}$$

式中，$C^{(1)}$ 为存在反射时的统计互相关，即具有完整格林函数式（5.1）的式（6.6）；$C_0^{(1)}$ 为不存在反射时的统计互相关，即具有背景格林函数式（3.6）的式（6.6）。合并 $\sigma_\mathrm{r}l_\mathrm{r}^3$ 的同类项，O（1）阶项可以相互抵消，只剩下 O（σ_r）阶项，这与玻恩近似一致：

$$\Delta C^{(1)}(\tau,\boldsymbol{x}_1,\boldsymbol{x}_2)=\Delta C_\mathrm{I}^{(1)}(\tau,\boldsymbol{x}_1,\boldsymbol{x}_2)+\Delta C_\mathrm{II}^{(1)}(\tau,\boldsymbol{x}_1,\boldsymbol{x}_2) \tag{6.11}$$

$$\begin{aligned}\Delta C_\mathrm{I}^{(1)}(\tau,\boldsymbol{x}_1,\boldsymbol{x}_2)=&\frac{\sigma_\mathrm{r}l_\mathrm{r}^3}{2\pi c_0^2\varepsilon^2}\iint \mathrm{d}\boldsymbol{y}\mathrm{d}\boldsymbol{z}\mathrm{d}\omega K^{1/2}\left(\boldsymbol{y}+\frac{\varepsilon\boldsymbol{z}}{2}\right)K^{1/2}\left(\boldsymbol{y}-\frac{\varepsilon\boldsymbol{z}}{2}\right)H(\boldsymbol{z})\omega^2\hat{F}(\omega)\\&\times\overline{\hat{G}_0}\left(\frac{\omega}{\varepsilon},\boldsymbol{x}_1,\boldsymbol{z}_\mathrm{r}\right)\overline{\hat{G}_0}\left(\frac{\omega}{\varepsilon},\boldsymbol{z}_\mathrm{r},\boldsymbol{y}+\frac{\varepsilon\boldsymbol{z}}{2}\right)\hat{G}_0\left(\frac{\omega}{\varepsilon},\boldsymbol{x}_2,\boldsymbol{y}-\frac{\varepsilon\boldsymbol{z}}{2}\right)\mathrm{e}^{-\mathrm{i}\frac{\omega\tau}{\varepsilon}}\end{aligned} \tag{6.12}$$

$$\begin{aligned}\Delta C_\mathrm{II}^{(1)}(\tau,\boldsymbol{x}_1,\boldsymbol{x}_2)=&\frac{\sigma_\mathrm{r}l_\mathrm{r}^3}{2\pi c_0^2\varepsilon^2}\iint \mathrm{d}\boldsymbol{y}\mathrm{d}\boldsymbol{z}\mathrm{d}\omega K^{1/2}\left(\boldsymbol{y}+\frac{\varepsilon\boldsymbol{z}}{2}\right)K^{1/2}\left(\boldsymbol{y}-\frac{\varepsilon\boldsymbol{z}}{2}\right)H(\boldsymbol{z})\omega^2\hat{F}(\omega)\\&\times\overline{\hat{G}_0}\left(\frac{\omega}{\varepsilon},\boldsymbol{x}_1,\boldsymbol{y}+\frac{\varepsilon\boldsymbol{z}}{2}\right)\overline{\hat{G}_0}\left(\frac{\omega}{\varepsilon},\boldsymbol{x}_2,\boldsymbol{z}_\mathrm{r}\right)\hat{G}_0\left(\frac{\omega}{\varepsilon},\boldsymbol{z}_\mathrm{r},y-\frac{\varepsilon\boldsymbol{z}}{2}\right)\mathrm{e}^{-\mathrm{i}\frac{\omega\tau}{\varepsilon}}\end{aligned} \tag{6.13}$$

可以看出，差分互相关消除了直达波的作用，可以更好地观测反射波。

附录 6. A 将会给出命题 6. 2 和命题 6. 3 的证明，它们扩充了命题 5. 1 给出的定性结果，即存在差分互相关的峰值，但没有计算出它们的渐近形式。通过确定滞后时间在检波器与反射体之间走时和/或差处是否存在峰值，就可以清楚地知道应该使用哪个合适的偏移成像函数来进行互相关偏移成像，6. 4 节将对此做介绍。

波峰的结构取决于源的排列方式。源、检波器和反射体的排列方式主要有两种类型：

（1）噪声源在空间上分布在局部区域内，检波器位于噪声源和反射体之间［图 6. 1（a）(b)］。更准确地说，来自源的射线依次穿过检波器和反射体，我们称为光照成像方式。在该成像方式中，差分互相关的峰值出现在±[$\mathcal{T}(\boldsymbol{x}_2,\boldsymbol{z}_r)+\mathcal{T}(\boldsymbol{x}_1,\boldsymbol{z}_r)$]处。

（2）噪声源在空间上分布在局部区域内，反射体位于噪声源和检波器之间［图 6.1 (c)(d)］。更准确地说，来自源的射线依次穿过反射体和检波器。如第 5 章中所述，将其称为背光成像方式。在该方式中，差分互相关的峰值出现在 $\mathcal{T}(\boldsymbol{x}_2,\boldsymbol{z}_r)-\mathcal{T}(\boldsymbol{x}_1,\boldsymbol{z}_r)$处。

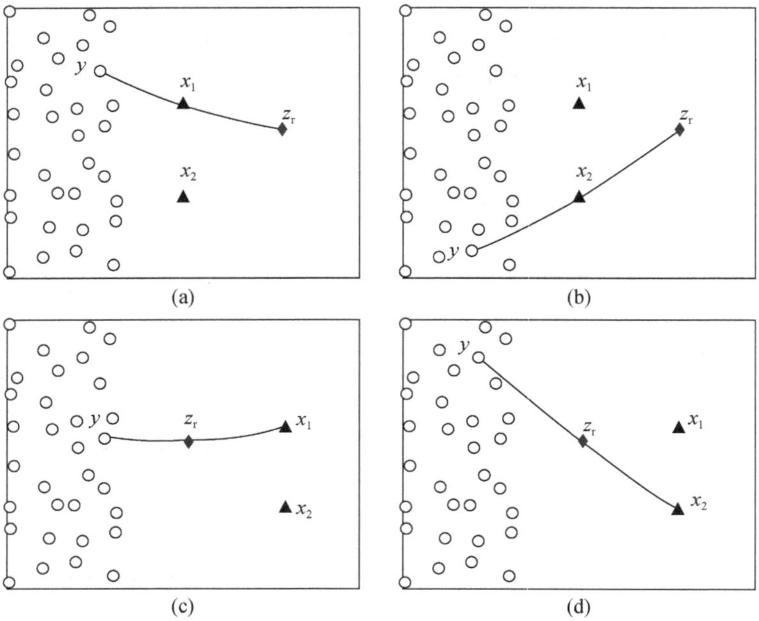

图 6.1　不同的照明方式示意图。圆圈表示噪声源，三角形表示检波器，菱形表示反射体。(a)(b) 为光照成像方式（检波器位于噪声源和反射体之间）；(c)(d) 为背光成像方式（反射体位于噪声源和检波器之间）。

任意的噪声源照明方式均可以提供光照或背光照明，或者两者都不提供，或者两者都提供。当源同时提供光照和背光照明（或者两者都不提供）时，那么差分互相关有两个峰值（或者没有），下面两个命题说明了这一点。

命题 6.2　背光照明成像方式中，在 $\varepsilon\to 0$ 的渐近区域中，差分互相关具有出现在走时差 $\mathcal{T}(\boldsymbol{x}_2,\boldsymbol{z}_r)-\mathcal{T}(\boldsymbol{x}_1,\boldsymbol{z}_r)$处的唯一峰值，其形式为

$$\Delta C^{(1)}(\tau,\boldsymbol{x}_1,\boldsymbol{x}_2)\approx\frac{\sigma_r l_r^3}{32\pi^2 c_0}\frac{\mathcal{K}(\boldsymbol{z}_r,\boldsymbol{x}_2)-\mathcal{K}(\boldsymbol{z}_r,\boldsymbol{x}_1)}{|\boldsymbol{z}_r-\boldsymbol{x}_1|\,|\boldsymbol{z}_r-\boldsymbol{x}_2|}\partial_\tau F_H\left(\frac{\tau-[\mathcal{T}(\boldsymbol{x}_2,\boldsymbol{z}_r)-\mathcal{T}(\boldsymbol{x}_1,\boldsymbol{z}_r)]}{\varepsilon}\right) \tag{6.14}$$

其中

$$\mathcal{K}(\boldsymbol{z},\boldsymbol{x})=\int_0^\infty K\left(\boldsymbol{z}+\frac{\boldsymbol{z}-\boldsymbol{x}}{|\boldsymbol{z}-\boldsymbol{x}|}l\right)\mathrm{d}l \tag{6.15}$$

$$\hat{F}_H(\omega)=\hat{F}(\omega)\breve{H}\left(\frac{|\omega|}{c_0}\right) \tag{6.16}$$

式中，K 是式（6.2）中噪声源的空间支撑函数；系数 $\mathcal{K}(\boldsymbol{z}_r,\boldsymbol{x}_j)$是能通量，该能通量使得

走时差处出现峰值，除非从 $\boldsymbol{x}_j$ 到 z_r 的射线延伸到源区域，否则该系数为零。因此，仅在背光成像方式中，在走时差处出现一个峰值。

命题 6.3 在光照成像方式中，差分互相关有两个分别出现在$\pm[\mathcal{T}(\boldsymbol{x}_1,z_r)+\mathcal{T}(\boldsymbol{x}_2,z_r)]$处的峰值。$\mathcal{T}(\boldsymbol{x}_1,z_r)+\mathcal{T}(\boldsymbol{x}_2,z_r)$处的峰值具有以下形式：

$$\Delta C^{(1)}(\tau,\boldsymbol{x}_1,\boldsymbol{x}_2)\approx\frac{\sigma_r l_r^3}{32\pi^2 c_0}\frac{\mathcal{K}(\boldsymbol{x}_1,z_r)}{|z_r-\boldsymbol{x}_1||z_r-\boldsymbol{x}_2|}\cdot\partial_\tau F_H\left(\frac{\tau-[\mathcal{T}(\boldsymbol{x}_2,z_r)+\mathcal{T}(\boldsymbol{x}_1,z_r)]}{\varepsilon}\right)\tag{6.17}$$

$-[\mathcal{T}(\boldsymbol{x}_1,z_r)+\mathcal{T}(\boldsymbol{x}_2,z_r)]$处的峰值具有以下形式：

$$\Delta C^{(1)}(\tau,\boldsymbol{x}_1,\boldsymbol{x}_2)\approx\frac{\sigma_r l_r^3}{32\pi^2 c_0}\frac{\mathcal{K}(\boldsymbol{x}_2,z_r)}{|z_r-\boldsymbol{x}_1||z_r-\boldsymbol{x}_2|}\cdot\partial_\tau F_H\left(\frac{\tau+[\mathcal{T}(\boldsymbol{x}_2,z_r)+\mathcal{T}(\boldsymbol{x}_1,z_r)]}{\varepsilon}\right)\tag{6.18}$$

系数 $\mathcal{K}(\boldsymbol{x}_j,z_r)$ 是产生以正负走时和为中心的峰值的能通量。除非从 z_r 到 $\boldsymbol{x}_j$ 的射线延伸到源区域，否则系数 $\mathcal{K}(\boldsymbol{x}_j,z_r)$ 等于零。这就是$\pm[\mathcal{T}(\boldsymbol{x}_1,z_r)+\mathcal{T}(\boldsymbol{x}_2,z_r)]$处的峰值仅出现在光照成像方式中的原因。

$\pm[\mathcal{T}(\boldsymbol{x}_1,z_r)+\mathcal{T}(\boldsymbol{x}_2,z_r)]$处峰值宽度等于 ε 乘以函数 F_H 的宽度，该宽度可以以某种方式进行度量，如归一化标准差。函数 F_H 是噪声源的时间域相关函数和空间协方差函数的卷积。用 τ_c 表示噪声源的退相干时间，用 ρ_c 表示相关半径。函数 F_H 的宽度 T_H 阶数为 τ_c 和 $\frac{\rho_c}{c_0}$ 平方和的平方根。例如，如果函数 F 和 H 符合高斯分布，则有

$$T_H^2=\tau_c^2+\frac{\rho_c^2}{c_0^2}\tag{6.19}$$

备注

其实，从 2.4 节的结果中就可以预见互相关函数在正负走时和处出现峰值。实际上，在理想和完全各向同性照明条件下，两个噪声信号的互相关与它们之间的格林函数通过式(2.27)相联系，并且在式(5.1)反射体存在的情况下，格林函数具有以走时和为中心的峰值。命题 6.3 证实了在光照成像方式下，即使照明非完全各向同性，互相关函数在正负走时和处也存在峰值。然而，由于检波器之间的格林函数并没有这样的峰值，所以式(2.27)并不能预测互相关在走时差处是否存在峰值。事实上，命题 6.2 表明，当照明完全各向同性时，$\mathcal{K}(z_r,\boldsymbol{x}_2)=\mathcal{K}(z_r,\boldsymbol{x}_1)$，互相关函数在各走时差处的峰值消失。在背光照明成像方式且照明不是完全各向同性的情况下，互相关在走时差处存在一个峰值，使得 $\mathcal{K}(z_r,\boldsymbol{x}_2)\neq\mathcal{K}(z_r,\boldsymbol{x}_1)$。

6.4 相关成像的分辨率分析

6.4.1 光照成像函数

首先，考虑光照偏移成像问题。搜索点 z^S 处的成像函数为光照偏移成像函数：

$$\mathcal{I}^{\mathrm{D}}(z^S)=\sum_{j,l=1}^{N}\Delta C[\mathcal{T}(z^S,\boldsymbol{x}_l)+\mathcal{T}(z^S,\boldsymbol{x}_j),\boldsymbol{x}_j,\boldsymbol{x}_l]\tag{6.20}$$

这是命题 6.3 的一个推论，即应该用走时和 $\mathcal{T}(\boldsymbol{z}^S,\boldsymbol{x}_l)+\mathcal{T}(\boldsymbol{z}^S,\boldsymbol{x}_j)$ 来完成偏移成像。命题表明 $\Delta C(\tau,\boldsymbol{x}_j,\boldsymbol{x}_l)$ 的波峰出现在 $\tau=\pm[\mathcal{T}(\boldsymbol{z}_r,\boldsymbol{x}_l)+\mathcal{T}(\boldsymbol{z}_r,\boldsymbol{x}_j)]$ 处。

当反射体被位于$(\boldsymbol{x}_j)_{j=1,\cdots,N}$的主动源照明时，光照成像函数的分辨率与主动源成像中使用的基尔霍夫偏移（KM）函数的分辨率相当。实际上，在主动源成像中，$\boldsymbol{x}_l$ 处的检波器发出脉冲，$\boldsymbol{x}_j$ 处的检波器记录信号 $u(t,\boldsymbol{x}_j,\boldsymbol{x}_l)$，则基尔霍夫成像函数可以写为

$$\mathcal{I}^{\mathrm{KM}}(\boldsymbol{z}^S)=\sum_{j,l=1}^{N}u[\mathcal{T}(\boldsymbol{z}^S,\boldsymbol{x}_j)+\mathcal{T}(\boldsymbol{z}^S,\boldsymbol{x}_l),\boldsymbol{x}_j,\boldsymbol{x}_l]$$

为分析光照成像函数的分辨率特性，引入一个满足下列条件的坐标系$(\hat{\boldsymbol{e}}_1,\hat{\boldsymbol{e}}_2,\hat{\boldsymbol{e}}_3)$（图 6.2）：

（1）二维阵列以 **0** 为中心，并在平面$(\hat{\boldsymbol{e}}_1,\hat{\boldsymbol{e}}_2)$中覆盖区域为 A；

（2）反射体位于$(\hat{\boldsymbol{e}}_1,\hat{\boldsymbol{e}}_3)$平面上的坐标 $\boldsymbol{z}_r=(x_r,0,z_r)$处。

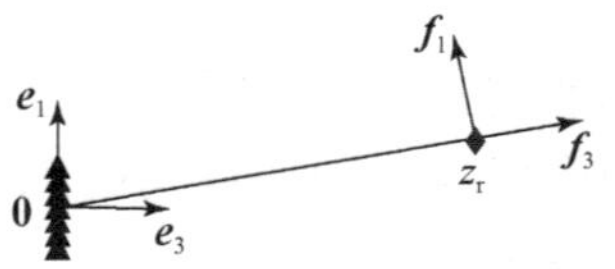

图 6.2 两个参考系$(\hat{\boldsymbol{e}}_1,\hat{\boldsymbol{e}}_3)$（与检波器阵列相关）和$(\hat{\boldsymbol{f}}_1,\hat{\boldsymbol{f}}_3)$（定义成像函数的切向和纵向方向）示意图。单位基向量 $\hat{\boldsymbol{e}}_2=\hat{\boldsymbol{f}}_2$ 垂直于图中的平面。

引入正交坐标系$(\hat{\boldsymbol{f}}_1,\hat{\boldsymbol{f}}_2,\hat{\boldsymbol{f}}_3)$，使得

$$\hat{\boldsymbol{f}}_1=\frac{1}{|\boldsymbol{z}_r|}(z_r\hat{\boldsymbol{e}}_1-x_r\hat{\boldsymbol{e}}_3),\quad \hat{\boldsymbol{f}}_2=\hat{\boldsymbol{e}}_2,\quad \hat{\boldsymbol{f}}_3=\frac{\boldsymbol{z}_r}{|\boldsymbol{z}_r|}=\frac{1}{|\boldsymbol{z}_r|}(x_r\hat{\boldsymbol{e}}_1+z_r\hat{\boldsymbol{e}}_3) \tag{6.21}$$

向量$(\hat{\boldsymbol{f}}_1,\hat{\boldsymbol{f}}_2)$定义了切向方向，向量$\hat{\boldsymbol{f}}_3$ 定义了纵向方向。成像的分辨率取决于阵列相对于$\hat{\boldsymbol{f}}_3$ 的倾斜程度。因此，可以很方便地引入倾角的余弦值：

$$\alpha_r=\hat{\boldsymbol{f}}_3\cdot\hat{\boldsymbol{e}}_3=\frac{z_r}{|\boldsymbol{z}_r|} \tag{6.22}$$

为了定量刻画成像的分辨率，计算了点扩散函数，即以点状反射体为中心的成像函数空间剖面。横向分辨率和纵向分辨率分别是点扩散函数在切向和纵向上的宽度，它们取决于如下的特征参数。

（1）检波器阵列的直径 a；

（2）检波器阵列中心到点状反射体的距离$|\boldsymbol{z}_r|$；

（3）噪声源的主频$\dfrac{\omega_0}{\varepsilon}$；

（4）有效带宽$\dfrac{B_H}{\varepsilon}$，其中：

$$B_H=\frac{1}{T_H} \tag{6.23}$$

εT_H是互相关函数波形的峰值宽度［式（6.19）］，互相关峰值表达式如式（6.14）、式（6.17）、式（6.18）所示。

假设检波器阵列的直径 a 大于噪声源的特征波长而小于阵列到反射体的距离 $|z_r|$。由于特征波长 $\lambda=\frac{2\pi c_0\varepsilon}{\omega_0}$ 为 ε 阶，因此假设检波器阵列的直径 a 具有 $\sqrt{\varepsilon}$ 阶，则：

$$a=\sqrt{\varepsilon}\,a_0 \tag{6.24}$$

其中，$a_0>0$，是归一化的阵列直径。此时，引入检波器阵列的归一化形态因子 A_0，使得 $A=aA_0=\sqrt{\varepsilon}\,a_0A_0$，且定义归一化窄带点扩散函数为

$$\mathcal{G}_{\alpha_r}(\eta_1,\eta_2,\eta_3)=\frac{1}{|A_0|}\int_{A_0}\exp\left[-\mathrm{i}(\alpha_r u_1\eta_1+u_2\eta_2)-\mathrm{i}\frac{u_1^2\alpha_r^2+u_2^2}{2}\eta_3\right]\mathrm{d}u_1\mathrm{d}u_2 \tag{6.25}$$

命题 6.4　假设 F_H 的傅里叶变换具有以下形式：

$$\hat{F}_H(\omega)=\frac{1}{B_H}\left[\hat{F}_{H,0}\left(\frac{\omega_0-\omega}{B_H}\right)+\hat{F}_{H,0}\left(\frac{\omega_0+\omega}{B_H}\right)\right] \tag{6.26}$$

其中，$\omega_0>0$，$B_H>0$。当 $\varepsilon\to0$ 时，在搜索点 $\boldsymbol{z}^S$ 处的光照成像函数具有渐近形式：

$$\mathcal{I}^{\mathrm{D}}(\boldsymbol{z}^S)\approx\mathcal{I}^{\mathrm{D}}(\boldsymbol{z}_r)\mathcal{P}^{\mathrm{D}}(\boldsymbol{\xi}^S) \tag{6.27}$$

式中，$\boldsymbol{z}^S=\boldsymbol{z}_r+\boldsymbol{\xi}^S=\boldsymbol{z}_r+\sqrt{\varepsilon}\xi_1\hat{\boldsymbol{f}}_1+\sqrt{\varepsilon}\xi_2\hat{\boldsymbol{f}}_2+\varepsilon\xi_3\hat{\boldsymbol{f}}_3$；$\mathcal{I}^{\mathrm{D}}(\boldsymbol{z}_r)$ 是峰值振幅，其表达式为

$$\mathcal{I}^{\mathrm{D}}(\boldsymbol{z}_r)=\frac{N^2\sigma_r l_r^3}{64\pi^3\varepsilon c_0}\,\frac{\mathcal{K}(\boldsymbol{0},\boldsymbol{z}_r)}{|\boldsymbol{z}_r|^2} \tag{6.28}$$

$\mathcal{P}^{\mathrm{D}}(\boldsymbol{\xi}^S)$ 是点扩散函数，其表达式为

$$\mathcal{P}^{\mathrm{D}}(\boldsymbol{\xi}^S)=\mathrm{Re}\left\{\int\mathrm{d}\omega\mathrm{i}\omega\hat{F}_H(\omega)\exp\left[\mathrm{i}\frac{\omega}{c_0}\left(2\xi_3+\frac{\xi_1^2+\xi_2^2}{|\boldsymbol{z}_r|}\right)\right]\cdot\mathcal{G}_{\alpha_r}^2\left(\frac{\omega a_0}{c_0|\boldsymbol{z}_r|}\xi_1,\frac{\omega a_0}{c_0|\boldsymbol{z}_r|}\xi_2,0\right)\right\} \tag{6.29}$$

如果 $B_H\ll\omega_0$，则点扩散函数的形式为

$$\begin{aligned}\mathcal{P}^{\mathrm{D}}(\boldsymbol{\xi}^S)=4\pi\omega_0\mathrm{Re}\left\{\int\mathrm{i}\exp\left[\mathrm{i}\frac{\omega_0}{c_0}\left(2\xi_3+\frac{\xi_1^2+\xi_2^2}{|\boldsymbol{z}_r|}\right)\right]\right.\\ \left.\times F_{H,0}\left[-\frac{B_H}{c_0}\left(2\xi_3+\frac{\xi_1^2+\xi_2^2}{|\boldsymbol{z}_r|}\right)\right]\mathcal{G}_{\alpha_r}^2\left(\frac{\omega_0a_0}{c_0|\boldsymbol{z}_r|}\xi_1,\frac{\omega_0a_0}{c_0|\boldsymbol{z}_r|}\xi_2,0\right)\right\}\end{aligned} \tag{6.30}$$

其中，振幅的缓变包络是

$$\mathcal{P}^{\mathrm{D}}(\boldsymbol{\xi}^S)=2\pi\omega_0\left|\mathcal{G}_{\alpha_r}\left(\frac{\omega_0a_0}{c_0|\boldsymbol{z}_r|}\xi_1,\frac{\omega_0a_0}{c_0|\boldsymbol{z}_r|}\xi_2,0\right)\right|^2\left|F_{H,0}\left[-\frac{B_H}{c_0}\left(2\xi_3+\frac{\xi_1^2+\xi_2^2}{|\boldsymbol{z}_r|}\right)\right]\right| \tag{6.31}$$

缓变包络的定义为：如果一个实值函数的形式为 $p(t)=\exp(-\mathrm{i}\omega_0t)p_B(t)+c.c.$，其中 p_B 的带宽远小于 ω_0，则 $p(t)$ 的缓变包络是 $|p_B(t)|$（13.4 节）。

根据式（6.26）可知，主频为 $\frac{\omega_0}{\varepsilon}$，有效带宽为 $\frac{B_H}{\varepsilon}$。

点扩散函数的表达式［式（6.29）］可以根据连续介质中密集台阵近似的光照成像函数驻相分析确定（附录 6.B）。要特别注意的是，在噪声源带宽不是很小的情况下，纵向分辨率取决于噪声源的带宽。当带宽变得非常小时，结果会略有不同，如下面的命题所述。

命题 6.5　假设 F_H 的傅里叶变换为以下形式：

$$\hat{F}_H(\omega)=\frac{1}{\varepsilon B_0}\left[\hat{F}_{H,0}\left(\frac{\omega_0-\omega}{\varepsilon B_0}\right)+\hat{F}_{H,0}\left(\frac{\omega_0+\omega}{\varepsilon B_0}\right)\right] \tag{6.32}$$

其中，$\omega_0>0$，$B_H>0$。当$|\boldsymbol{\xi}^S|\ll|\boldsymbol{z}_r|$时，在搜索点$\boldsymbol{z}^S$处的光照成像函数具有渐近形式：

$$\mathcal{I}^{\mathrm{D}}(\boldsymbol{z}^S)\approx\mathcal{I}^{\mathrm{D}}(\boldsymbol{z}_r)\overline{\mathcal{P}}^{\mathrm{D}}(\boldsymbol{\xi}^S) \tag{6.33}$$

式中，$\boldsymbol{z}^S=\boldsymbol{z}_r+\boldsymbol{\xi}^S=\boldsymbol{z}_r+\sqrt{\varepsilon}\xi_1\hat{\boldsymbol{f}}_1+\sqrt{\varepsilon}\xi_2\hat{\boldsymbol{f}}_2+\xi_3\hat{\boldsymbol{f}}_3$；$\mathcal{I}^{\mathrm{D}}(\boldsymbol{z}_r)$是式（6.28）的峰值振幅；$\widetilde{\mathcal{P}}^{\mathrm{D}}(\boldsymbol{\xi}^S)$是点扩散函数，其表达式为

$$\begin{aligned}\widetilde{\mathcal{P}}^{\mathrm{D}}(\boldsymbol{\xi}^S)=4\pi\omega_0\mathrm{Re}\bigg\{\int\mathrm{i}\exp\left[\mathrm{i}\frac{\omega_0}{c_0}\left(\frac{2\xi_3}{\varepsilon}+\frac{\xi_1^2+\xi_2^2}{|\boldsymbol{z}_r|}\right)\right]\cdot F_{H,0}\left(-\frac{2B_0\xi_3}{c_0}\right)\\ \times\mathcal{G}_{\alpha_r}^2\left(\frac{\omega_0a_0}{c_0|\boldsymbol{z}_r|}\xi_1,\frac{\omega_0a_0}{c_0|\boldsymbol{z}_r|}\xi_2,\frac{\omega_0a_0^2}{c_0|\boldsymbol{z}_r|^2}\xi_3\right)\bigg\}\end{aligned} \tag{6.34}$$

如果B_0小于临界值B_c：

$$B_c=\frac{\omega_0}{2}\frac{a_0^2}{|\boldsymbol{z}_r|^2} \tag{6.35}$$

则点扩散函数可以表示为如下的形式

$$\begin{aligned}\widetilde{\mathcal{P}}^{\mathrm{D}}(\boldsymbol{\xi}^S)=4\pi\omega_0\mathrm{Re}\bigg\{\int\mathrm{i}\exp\left[\mathrm{i}\frac{\omega_0}{c_0}\left(\frac{2\xi_3}{\varepsilon}+\frac{\xi_1^2+\xi_2^2}{|\boldsymbol{z}_r|}\right)\right]\cdot F_{H,0}(0)\\ \times\mathcal{G}_{\alpha_r}^2\left(\frac{\omega a_0}{c_0|\boldsymbol{z}_r|}\xi_1,\frac{\omega a_0}{c_0|\boldsymbol{z}_r|}\xi_2,\frac{\omega_0a_0^2}{c_0|\boldsymbol{z}_r|^2}\xi_3\right)\bigg\}\end{aligned} \tag{6.36}$$

其缓变包络是

$$\widetilde{\mathcal{P}}^{\mathrm{D}}(\boldsymbol{\xi}^S)=2\pi\omega_0\left|\mathcal{G}_{\alpha_r}\left(\frac{\omega_0a_0}{c_0|\boldsymbol{z}_r|}\xi_1,\frac{\omega_0a_0}{c_0|\boldsymbol{z}_r|}\xi_2,\frac{\omega_0a_0^2}{c_0|\boldsymbol{z}_r|^2}\xi_3\right)\right|^2|F_{H,0}(0)| \tag{6.37}$$

如果B_0大于临界值B_c，则点扩散函数可以表示为

$$\widetilde{\mathcal{P}}^{\mathrm{D}}(\boldsymbol{\xi}^S)=4\pi\omega_0\mathrm{Re}\left\{\int\mathrm{i}\exp\left[\mathrm{i}\frac{\omega_0}{c_0}\left(\frac{2\xi_3}{\varepsilon}+\frac{\xi_1^2+\xi_2^2}{|\boldsymbol{z}_r|}\right)\right]\cdot F_{H,0}\left(-\frac{2B_0\xi_3}{c_0}\right)\mathcal{G}_{\alpha_r}^2\left(\frac{\omega a_0}{c_0|\boldsymbol{z}_r|}\xi_1,\frac{\omega a_0}{c_0|\boldsymbol{z}_r|}\xi_2,0\right)\right\} \tag{6.38}$$

其缓变包络是

$$\widetilde{\mathcal{P}}^{\mathrm{D}}(\boldsymbol{\xi}^S)\approx2\pi\omega_0\left|F_{H,0}\left(-\frac{2B_0\xi_3}{c_0}\right)\right|\left|\mathcal{G}_{\alpha_r}\left(\frac{\omega_0a_0}{c_0|\boldsymbol{z}_r|}\xi_1,\frac{\omega_0a_0}{c_0|\boldsymbol{z}_r|}\xi_2,0\right)\right|^2 \tag{6.39}$$

根据式（6.32）可知，主频为$\frac{\omega_0}{\varepsilon}$，有效带宽为$\frac{B_H}{\varepsilon}=B_0$。

点扩散函数式（6.34）表明，纵向坐标ξ_3不仅是归一化函数$\mathcal{G}_{\alpha_r}$的自变量，而且也是函数$F_{H,0}$的自变量。因此，在确定纵向分辨率时，这两项之间存在冲突，结果取决于有效带宽$\frac{B_H}{\varepsilon}$小于还是大于阈值B_c。

现在对前面几个命题的结果进行总结讨论。特征波长由$\lambda=\varepsilon\lambda_0=\frac{2\pi\varepsilon c_0}{\omega_0}$给出。由式（6.31）和式（6.37）可知，点扩散函数自变量中的比例因子可以用特征波长表示。可以根据点扩散函数的带宽来定义横向和纵向分辨率，但需要涉及以下尺度因子。

在宽频带$\frac{B_H}{\varepsilon} \gg B_c$和窄频带$\frac{B_H}{\varepsilon} \ll B_c$的情况下，沿$\hat{\boldsymbol{f}}_1$方向横向分辨率为

$$\frac{\lambda |z_r|}{a\alpha_r} = \frac{\sqrt{\varepsilon}\lambda_0 |z_r|}{a_0 \alpha_r}$$

沿$\hat{\boldsymbol{f}}_2$方向横向分辨率为

$$\frac{\lambda |z_r|}{a} = \frac{\sqrt{\varepsilon}\lambda_0 |z_r|}{a_0}$$

在宽频带$\frac{B_H}{\varepsilon} \gg B_c$的情况下，根据式（6.31）和式（6.39）可以得到沿$\hat{\boldsymbol{f}}_3$方向纵向分辨率为

$$\frac{\varepsilon c_0}{2B_H}$$

根据式（6.23）和式（6.19），当噪声源在空间上变得相关时，B_H会减小，这表明消除源的空间相关性对于提高分辨率有重要意义。

在窄频带$\frac{B_H}{\varepsilon} \ll B_c$的情况下，根据式（6.37）可知沿$\hat{\boldsymbol{f}}_3$方向纵向分辨率为

$$\frac{\lambda\ |z_r|^2}{a^2} = \frac{\lambda_0\ |z_r|^2}{a_0^2}$$

横向和纵向分辨率的这种定义方式与瑞利提出的经典分辨率定义是一致的，并且是后者的一种推广（Born and Wolf，1999）。点扩散函数依赖于检波器阵列的形状这一事实有助于我们了解这一点（图 6.3）。为了简单起见，考虑沿线性检波器阵列轴线上的一个点状反射体，且倾角$x_r = 0°$。

（1）切平面上沿切向的归一化点扩散函数

$$\mathcal{G}_1(\eta_1, \eta_2, 0) = \frac{1}{|A_0|}\int_{A_0} \exp[-i(u_1\eta_1 + u_2\eta_2)]\,du_1 du_2$$

正比于阵列的归一化支撑函数1_{A_0}的傅里叶变换。由于支撑函数仅取值 0 和 1 且不连续，因此函数$\mathcal{G}$在无穷远处按指数规律衰减。

（2）对于窄频带噪声源，及$|F_{H,0(-\eta_3)}|$的宽频带噪声源，纵向归一化点扩散函数由下式给出：

$$\mathcal{G}_1(0, 0, \eta_3) = \frac{1}{|A_0|}\int_{A_0} \exp\left(-i\,\frac{u_1^2 + u_2^2}{2}\eta_3\right) du_1 du_2$$

可以通过以下两种特例更明确地描述归一化点扩散函数。

（1）如果阵列形状是直径为$a = \sqrt{\varepsilon}a_0$的圆盘，则归一化点扩散函数在切向上满足艾里（Airy）分布：

$$\mathcal{G}_1(\eta_1, \eta_2, 0) = 2\,\frac{J_1(\sqrt{\eta_1^2 + \eta_2^2}/2)}{\sqrt{\eta_1^2 + \eta_2^2}/2}$$

在纵向上则是

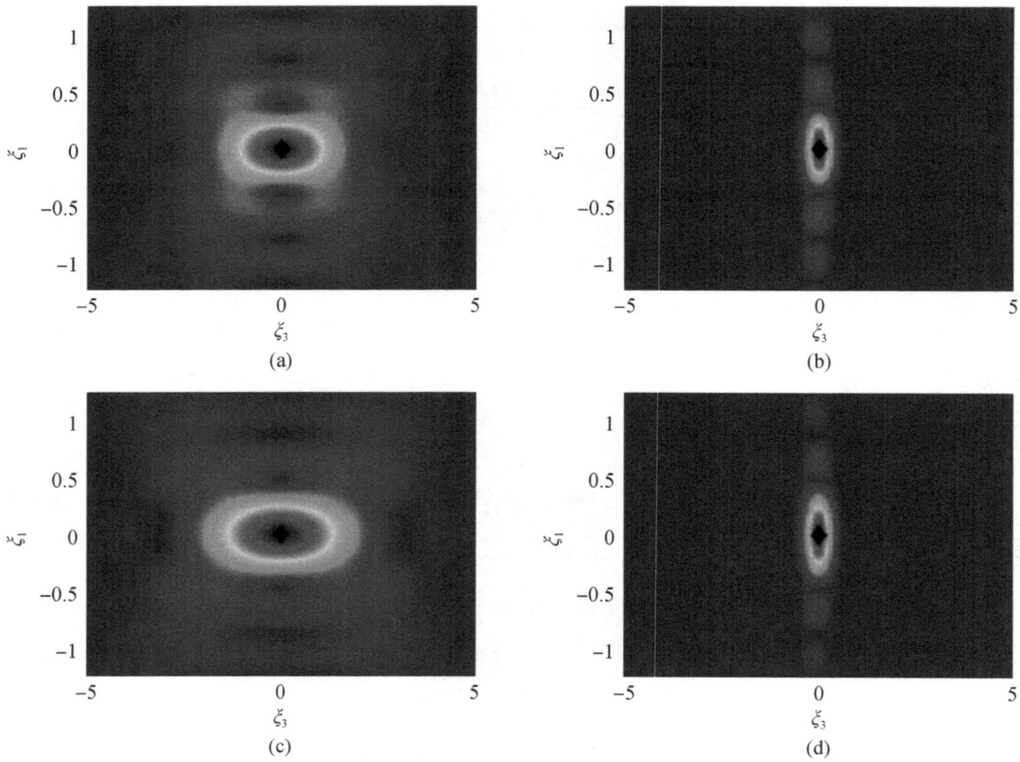

图 6.3　光照成像函数中点扩散函数 $\mathcal{P}^{\mathrm{D}}(\xi_1,0,\xi_3)$ 在切向 $\hat{\boldsymbol{f}}_1$（坐标为 ξ_1）和纵向 $\hat{\boldsymbol{f}}_3$（坐标为 ξ_3）上的缓变包络。反射点 $z_{\mathrm{r}}=(0,0,100)$ 位于直径为 $a=10$ 的圆形检波器阵列对称轴上，噪声源频谱满足主频 $\omega_0=2\pi$、特征波长 $\lambda=1$（背景介质速度 $c_0=1$）的高斯分布 $F_H(t)=\exp(-B_H^2t^2)\cos(\omega_0 t)$。式（6.35）的临界带宽为 $B_c\simeq 0.03$。(a) $B_H=0.01$ 的窄频带噪声源、边长 $a=10$ 的正方形检波器阵列；(b) $B_H=0.1$ 的宽频带噪声源、边长 $a=10$ 的正方形检波器阵列；(c) $B_H=0.01$ 的窄频带噪声源、直径 $a=10$ 的圆形检波器阵列；(d) $B_H=0.1$ 的宽带噪声源、直径 $a=10$ 的圆形检波器阵列（见彩插）。

$$\mathcal{G}_1(0,0,\eta_3)=\frac{8}{\eta_3}\left[\sin\frac{\eta_3}{8}-\mathrm{i}\left(1-\cos\frac{\eta_3}{8}\right)\right],\ |\mathcal{G}_1(0,0,\eta_3)|=\left|\frac{\sin(\eta_3/16)}{\eta_3/16}\right|$$

J_1 是一阶贝塞尔函数，艾里分布的第一个零点在 $\sqrt{\eta_1^2+\eta_2^2}\simeq 7.66$ 处。在多维坐标系中，这相当于 $\sqrt{\xi_1^2+\xi_2^2}\simeq\dfrac{1.22\lambda\,|z_{\mathrm{r}}|}{a}$，这是 Lord Rayleigh 最初在研究光学仪器分辨率极限时获得的结果（Born and Wolf，1999）。

（2）如果阵列形状是边长为 $a=\sqrt{\varepsilon}\,a_0$ 的正方形，则归一化点扩散函数在切向上的空间分布满足 sinc 分布：

$$\mathcal{G}_1(\eta_1,\eta_2,0)=\frac{\sin(\eta_1/2)}{\eta_1/2}\,\frac{\sin(\eta_2/2)}{\eta_2/2}$$

在纵向上则是

$$\mathcal{G}_1(0,0,\eta_3)=\frac{8}{\eta_3}(C-\mathrm{i}S)^2\left(\frac{\sqrt{\eta_3}}{2\sqrt{2}}\right),\quad |\mathcal{G}_1(0,0,\eta_3)|=\frac{8}{\eta_3}(C^2+S^2)\left(\frac{\sqrt{\eta_3}}{2\sqrt{2}}\right)$$

其中，C 和 S 是菲涅耳积分（Abramowitz and Stegun，1965，第 7.3 节）：

$$C(u)=\int_0^u \cos(s^2)\,\mathrm{d}s,\quad S(u)=\int_0^u \sin(s^2)\,\mathrm{d}s$$

综上所述，光照成像函数的分辨率特性如下：

（1）当没有倾角时，光照成像函数的横向分辨率由下式确定

$$\frac{\lambda|z_\mathrm{r}|}{a} \tag{6.40}$$

这是主动源阵列成像的经典瑞利分辨率公式（Born and Wolf，1999；Borcea et al.，2003）。当存在倾角时，在倾向上，将瑞利分辨率公式中的 a 用有效直径 $a\alpha_\mathrm{r}$ 代替即可得到横向分辨率公式。

（2）宽频带噪声源的纵向分辨率为$\frac{\varepsilon c_0}{2B_H}$。对于窄频带噪声源，纵向分辨率是$\frac{\lambda|z_\mathrm{r}|^2}{a^2}$。

从这些结果可以看出，光照噪声成像的切向和纵向分辨率公式与有效带宽为$\frac{\varepsilon}{B_H}$的主动源阵列成像分辨率公式是相同的。

6.4.2　背光成像函数

现在讨论背光成像方式的偏移成像问题。搜索点 $\boldsymbol{z}^S$ 处的背光成像函数为

$$\mathcal{I}^\mathrm{B}(\boldsymbol{z}^S)=\sum_{j,l=1}^{N}\Delta C[\mathcal{T}(\boldsymbol{z}^S,\boldsymbol{x}_l)-\mathcal{T}(\boldsymbol{z}^S,\boldsymbol{x}_j),\boldsymbol{x}_j,\boldsymbol{x}_l] \tag{6.41}$$

成像函数自变量中走时的符号根据命题 6.2 确定。结果表明，$\Delta C(\tau,\boldsymbol{x}_j,\boldsymbol{x}_l)$ 的峰值出现在 $\tau=\mathcal{T}(\boldsymbol{z}_\mathrm{r},\boldsymbol{x}_l)-\mathcal{T}(\boldsymbol{z}_\mathrm{r},\boldsymbol{x}_j)$ 处。

背光成像函数的形式类似于非相干干涉成像函数。当 $\boldsymbol{z}_\mathrm{r}$ 处的源发射的非相干信号在 $(\boldsymbol{x}_j)_{j=1,\cdots,N}$ 处被记录到以形成数据矢量 $[\boldsymbol{u}(t,\boldsymbol{x}_j)]_{j=1,\cdots,N,t\in\mathbb{R}}$ 时，则使用此成像函数［式（6.41）］（Borcea et al.，2003）。非相干干涉函数（IINT）具有以下形式：

$$\begin{aligned}\mathcal{I}^\mathrm{IINT}(\boldsymbol{z}^S)&=\frac{1}{2\pi}\int \mathrm{d}\omega \left|\sum_{l=1}^{N}\hat{\boldsymbol{u}}(\omega,\boldsymbol{x}_l)\mathrm{e}^{[-\mathrm{i}\omega\mathcal{T}(\boldsymbol{z}^S,\boldsymbol{x}_l)]}\right|^2\\&=\frac{1}{2\pi}\int \mathrm{d}\omega\sum_{j,l=1}^{N}\hat{\boldsymbol{u}}(\omega,\boldsymbol{x}_l)\overline{\hat{\boldsymbol{u}}(\omega,\boldsymbol{x}_j)}\mathrm{e}^{(-\mathrm{i}\omega[\mathcal{T}(\boldsymbol{z}^S,\boldsymbol{x}_l)-\mathcal{T}(\boldsymbol{z}^S,\boldsymbol{x}_j)])}\end{aligned}$$

与背光成像函数式（6.41）一样，它涉及走时差，该成像函数在频率域中的形式为

$$\mathcal{I}^\mathrm{B}(\boldsymbol{z}^S)=\frac{1}{2\pi}\int \mathrm{d}\omega\sum_{j,l=1}^{N}\Delta C(\omega,\boldsymbol{x}_j,\boldsymbol{x}_l)\mathrm{e}^{(-\mathrm{i}\omega[\mathcal{T}(\boldsymbol{z}^S,\boldsymbol{x}_l)-\mathcal{T}(\boldsymbol{z}^S,\boldsymbol{x}_j)])}$$

下面的命题阐述了背光成像函数的分辨率。

命题 6.6　使用与 6.4.1 小节中光照成像函数相同的分析方法。为简便起见，假设 $\boldsymbol{z}_\mathrm{r}=(0,0,z_\mathrm{r})$，当 $|\boldsymbol{\xi}^S|\ll|z_\mathrm{r}|$时，背光成像函数在搜索点 $\boldsymbol{z}^S$ 处具有以下渐近形式：

$$\mathcal{I}^\mathrm{B}(\boldsymbol{z}^S)\approx\mathcal{I}^\mathrm{B}(\boldsymbol{z}_\mathrm{r})\mathcal{P}^\mathrm{B}(\boldsymbol{\xi}^S)$$

式中，$\boldsymbol{z}^S=\boldsymbol{z}_{\mathrm{r}}+\boldsymbol{\xi}^S=\boldsymbol{z}_{\mathrm{r}}+\sqrt{\varepsilon}\xi_1\hat{\boldsymbol{f}}_1+\sqrt{\varepsilon}\xi_2\hat{\boldsymbol{f}}_2+\xi_3\hat{\boldsymbol{f}}_3$；$\mathcal{I}^{\mathrm{B}}(\boldsymbol{z}_{\mathrm{r}})$ 为峰值振幅，其表达式为

$$\mathcal{I}^{\mathrm{B}}(\boldsymbol{z}_{\mathrm{r}})=-\frac{N^2\sigma_{\mathrm{r}}l_{\mathrm{r}}^3\widetilde{\mathcal{K}}(\boldsymbol{z}_{\mathrm{r}},0)}{32\pi^3\,|\boldsymbol{z}_{\mathrm{r}}|^4}$$

$$\widetilde{\mathcal{K}}(\boldsymbol{z}_{\mathrm{r}},0)=\int_{|\boldsymbol{z}_{\mathrm{r}}|}^{\infty}K\left(l\frac{\boldsymbol{z}_{\mathrm{r}}}{|\boldsymbol{z}_{\mathrm{r}}|}\right)\left(\frac{l^2}{l-|\boldsymbol{z}_{\mathrm{r}}|}-\frac{(l-|\boldsymbol{z}_{\mathrm{r}}|)^2}{l}\right)\mathrm{d}l$$

$\mathcal{P}^{\mathrm{B}}(\boldsymbol{\xi}^S)$ 为点扩散函数，其表达式为

$$\mathcal{P}^{\mathrm{B}}(\boldsymbol{\xi}^S)=\int\hat{F}_H(\omega)\left|\mathcal{G}_1\left(\frac{\omega a_0}{c_0|\boldsymbol{z}_{\mathrm{r}}|}\xi_1,\frac{\omega a_0}{c_0|\boldsymbol{z}_{\mathrm{r}}|}\xi_2,\frac{\omega a_0^2}{c_0|\boldsymbol{z}_{\mathrm{r}}|^2}\xi_3\right)\right|^2\mathrm{d}\omega \tag{6.42}$$

点扩散函数表达式［式（6.42）］可以根据连续介质中密集台阵近似背光成像函数的驻相分析得到（附录 6. C）。特别地，点扩散函数表达式［式（6.42）］中的纵向坐标 ξ_3 仅仅出现在归一化函数 $\mathcal{G}_1$ 的自变量中。因此，源的带宽并不决定纵向分辨率。还注意到，这里的峰值振幅 $\mathcal{I}^{\mathrm{B}}(\boldsymbol{z}_{\mathrm{r}})$（绝对值）小于光照成像函数的峰值振幅 $\mathcal{I}^{\mathrm{D}}(\boldsymbol{z}_{\mathrm{r}})$。这可能与背光成像函数在式（6.14）中走时差处使用互相关峰值有关。这里的互相关峰值振幅与 $\mathcal{K}(\boldsymbol{z}_{\mathrm{r}},\boldsymbol{x}_l)-\mathcal{K}(\boldsymbol{z}_{\mathrm{r}},\boldsymbol{x}_j)$ 成正比，且可以改变符号，这与光照成像函数形成了鲜明对比，在光照成像函数中，走时和处的互相关［式（6.17）］振幅有确定的符号。因此，背光成像函数 ε-展开式的首项消失，这里阐述的结果是一阶校正后的结果。

命题 6.7　如果函数 F_H 的形式如式（6.26）所示，且 $\hat{F}_H$ 的带宽 B_H 小于其主频 ω_0，则背光成像函数可以近似表达为

$$\mathcal{I}^{\mathrm{B}}(\boldsymbol{z}^S)\approx-\frac{N^2\sigma_{\mathrm{r}}l_{\mathrm{r}}^3}{16\pi^2}\frac{\widetilde{\mathcal{K}}(\boldsymbol{z}_{\mathrm{r}},0)}{|\boldsymbol{z}_{\mathrm{r}}|^4}F_H(0)\left|\mathcal{G}_1\left(\frac{\omega_0 a_0}{c_0|\boldsymbol{z}_{\mathrm{r}}|}\xi_1,\frac{\omega_0 a_0}{c_0|\boldsymbol{z}_{\mathrm{r}}|}\xi_2,\frac{\omega_0 a_0^2}{c_0|\boldsymbol{z}_{\mathrm{r}}|^2}\xi_3\right)\right|^2$$

综上所述，背光成像函数的分辨率有以下特点：

（1）横向分辨率与日光成像函数的相同，均由瑞利分辨率式（6.40）表达。

（2）即使对于宽频带噪声源，纵向分辨率也可由 $\dfrac{\lambda|\boldsymbol{z}_{\mathrm{r}}|^2}{a^2}$ 表达。

与光照成像函数相比，背光成像函数的纵向分辨率较差，因为它是基于走时差的，所以与光照成像函数中使用的走时和相比，走时差对距离的敏感度较低。

6.4.3　数值模拟

本小节给出了相关的数值模拟实例，针对噪声源、反射点和检波器的不同位置计算统计互相关 $C^{(1)}$ 和 $C_0^{(1)}$。统计互相关是经验互相关 C_T 当积分时间 T 趋向于无穷时的极限值。第 5 章从理论和数值模拟两方面详细探讨了统计稳定性（即当 T 趋于无穷大时 C_T 的扰动相对于其统计平均值的衰减特性）。

考虑速度为 $c_0=1$ 的均匀背景介质，在该介质中利用均匀介质的背景格林函数式（6.9）计算平面（x,z）中的图像。

源是能谱密度为 $\hat{F}(\omega)=\omega^2\mathrm{e}^{-\omega^2}$ 的 100 个随机点源集合，随机分布在尺寸为 100×15 的层状模型中。考虑这样一种情形：在（-5，60）处存在一个 $\sigma_{\mathrm{r}}l_{\mathrm{r}}^3=0.01$ 的点状反射体，在

$(-37.5+7.5j,\ 100)$，$j=1$，…，5 处有五个检波器组成的线性阵列。主波长 $\lambda_0 \simeq 6$，阵列直径 $a=30$，检波器阵列到反射体的距离 $|z_r| \simeq 40$。因此，横向分辨率的理论期望值约为 8，光照成像函数的纵向分辨率期望值约为 2，背光成像函数的纵向分辨率期望值约为 40。

现在考虑如图 6.4 所示的背光照明成像方式。分别利用背光成像函数式（6.41）和光照成像函数式（6.20）为例进行对比分析。正如理论预测的那样，背光成像函数具有良好的横向分辨率，但纵向分辨率很差，而这种情况下光照成像函数不管是横向分辨率还是纵向分辨率都较差。

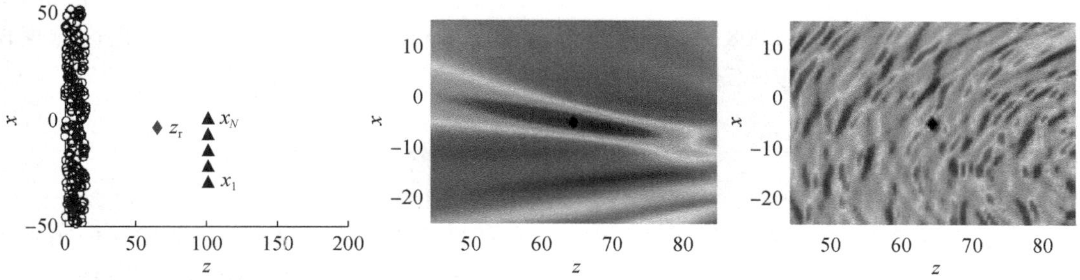

(a) 排列方式　(b) $\mathcal{I}^{B}$　(c) $\mathcal{I}^{D}$

图 6.4　均匀背景介质中差分互相关被动源成像示意图。背光照明成像方式如图（a）所示：圆圈表示噪声源，三角形表示检波器，菱形表示反射体。图（b）为背光成像函数式（6.41）得到的图像。图（c）为光照成像函数式（6.20）得到的图像（见彩插）。

图 6.5 考虑光照成像排列方式。正如理论预测的那样，光照成像函数对目标体具有良好的横向分辨率和纵向分辨率，而背光成像函数情况下分辨率却较差。

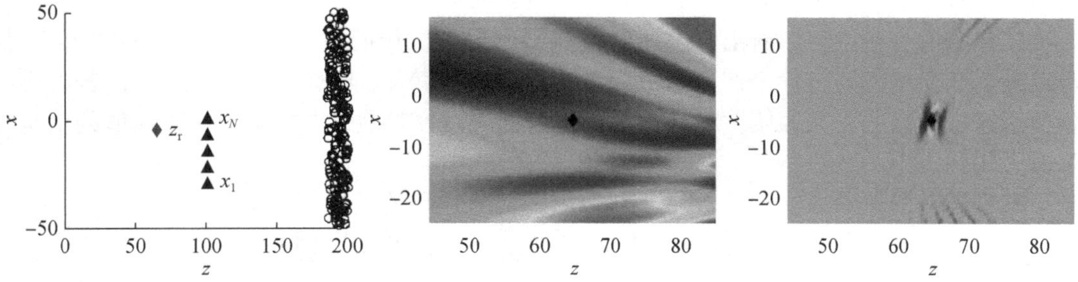

(a) 排列方式　(b) $\mathcal{I}^{B}$　(c) $\mathcal{I}^{D}$

图 6.5　均匀背景介质中差分互相关被动源成像示意图。光照成像方式如图（a）所示：圆圈表示噪声源，三角形表示检波器，菱形表示反射体。图（b）为背光成像函数式（6.41）得到的图像。图（c）为光照成像函数式（6.20）得到的图像（见彩插）。

6.4.4　照明多样性的作用

在本章中，分析了光照或背光照明成像方式。在实际应用中，通常遇到的照明方式并不仅仅是单纯的光照或背光照明方式。

理想情况是这样的：噪声源分布在检波器和反射体周围，同时产生良好的光照和背光照明，成像函数式（6.20）和式（6.41）可以对反射体周围区域的进行成像，这些图像对光照和背光照明均具有相同的分辨率属性。此时，这两种成像函数都可以用来提高信噪比。然而，光照成像函数式（6.20）比背光成像函数式（6.41）具有更好的纵向分辨率，因此，如果可能的话，要首选光照成像函数。

当噪声源分布形式既不满足光照成像方式也不满足背光照明成像方式时，就会出现不理想的照明情况。此时两种成像函数都会给出分辨率较差的图像。当背景介质不均匀且存在散射时，可以利用散射增强整体照明覆盖以提高分辨率。在这种情况下，散射体充当二次噪声源（Stehly et al.，2008；Garnier and Papanicolaou，2009），但散射也会使图像模糊（de Hoop and Sølna，2009；Garnier and Sølna，2010b）。

6.5　结　　论

本章分析了在含背景噪声源的介质中对反射体进行成像的光照成像函数式（6.20）和背光成像函数式（6.41）的分辨率特性。在命题 6.5 和命题 6.6 中，得到了两类成像函数横向分辨率和纵向分辨率的积分公式。对于两类成像函数而言，横向分辨率均由经典的瑞利分辨率式（6.40）表达。对于窄频带和宽频带噪声源而言，光照成像函数的纵向分辨率与主动源阵列成像的分辨率相同。然而，背光成像函数不管是在窄频带还是宽频带的情况均具有较差的纵向分辨率，因为它使用检波器和反射体之间的走时差，而光照成像函数使用走时和。分析表明，背景噪声成像的有效带宽由噪声源的时空相关性关系式（6.19）决定。当噪声源在空间上不相关时，带宽是噪声源退相干时间的倒数。当噪声源在空间上相关时，带宽小于消相干时间的倒数，并且光照成像函数的纵向分辨率降低。

从本章的分析中可以看出，一般会优先选用光照成像函数。当只有背光照明可用时，可以利用介质的散射特性来产生有效的光照，这将在第 7、8 章中介绍。然而，若需要有效使用这种类型的光照照明，则应仔细分析散射波对分辨率的提高与互相关峰值的信噪比降低之间的折中关系。

附录 6.A：命题 6.2 的证明

考虑背光照明成像方式，首先讨论 $\Delta C_{\mathrm{I}}^{(1)}$ 项。通过泰勒级数展开，可知：

$$\left|\boldsymbol{x}_2-\boldsymbol{y}+\frac{\varepsilon \boldsymbol{z}}{2}\right|-\left|\boldsymbol{z}_{\mathrm{r}}-\boldsymbol{y}-\frac{\varepsilon \boldsymbol{z}}{2}\right|=|\boldsymbol{x}_2-\boldsymbol{y}|-|\boldsymbol{z}_{\mathrm{r}}-\boldsymbol{y}|+\frac{\varepsilon \boldsymbol{z}}{2}\left(\frac{\boldsymbol{x}_2-\boldsymbol{y}}{|\boldsymbol{x}_2-\boldsymbol{y}|}+\frac{\boldsymbol{z}_{\mathrm{r}}-\boldsymbol{y}}{|\boldsymbol{z}_{\mathrm{r}}-\boldsymbol{y}|}\right)+O(\varepsilon^2)$$

从而得到

$$\Delta C_{\mathrm{I}}^{(1)}(\tau,\boldsymbol{x}_1,\boldsymbol{x}_2)=\frac{\sigma_{\mathrm{r}} l_{\mathrm{r}}^3}{2^7\pi^4\varepsilon^2 c_0^2}\iiint \mathrm{d}\boldsymbol{y}\mathrm{d}\boldsymbol{z}\mathrm{d}\omega\ \frac{\omega^2\hat{F}(\omega)K(\boldsymbol{y})H(\boldsymbol{z})}{|\boldsymbol{x}_1-\boldsymbol{z}_{\mathrm{r}}|\,|\boldsymbol{z}_{\mathrm{r}}-\boldsymbol{y}|\,|\boldsymbol{x}_2-\boldsymbol{y}|}$$
$$\times\exp\left[\mathrm{i}\frac{\Phi_{\mathrm{I}}(\omega,\boldsymbol{y})}{\varepsilon}+\mathrm{i}\omega\boldsymbol{z}\cdot\boldsymbol{\kappa}(\boldsymbol{y})\right]$$

$$=\frac{\sigma_{\mathrm{r}}l_{\mathrm{r}}^3}{2^7\pi^4\varepsilon^2c_0^2}\iint\mathrm{d}y\mathrm{d}\omega\frac{\omega^2\hat{F}(\omega)K(\boldsymbol{y})\breve{H}[\,|\omega|\,|\kappa(\boldsymbol{y})|\,]}{|\boldsymbol{x}_1-\boldsymbol{z}_{\mathrm{r}}|\,|\boldsymbol{z}_{\mathrm{r}}-\boldsymbol{y}|\,|\boldsymbol{x}_2-\boldsymbol{y}|}\exp\left(\mathrm{i}\frac{\Phi_{\mathrm{I}}(\omega,\boldsymbol{y})}{\varepsilon}\right)$$

其中，快相位为

$$\Phi_{\mathrm{I}}(\omega,\boldsymbol{y})=\omega[\mathcal{T}(\boldsymbol{x}_2,\boldsymbol{y})-\mathcal{T}(\boldsymbol{x}_1,\boldsymbol{z}_{\mathrm{r}})-\mathcal{T}(\boldsymbol{z}_{\mathrm{r}},\boldsymbol{y})-\tau]$$

并且

$$\kappa(\boldsymbol{y})=\frac{1}{2c_0}\left(\frac{\boldsymbol{x}_2-\boldsymbol{y}}{|\boldsymbol{x}_2-\boldsymbol{y}|}+\frac{\boldsymbol{z}_{\mathrm{r}}-\boldsymbol{y}}{|\boldsymbol{z}_{\mathrm{r}}-\boldsymbol{y}|}\right),\quad |\kappa(\boldsymbol{y})|^2=\frac{1}{2c_0^2}\left(1+\frac{\boldsymbol{x}_2-\boldsymbol{y}}{|\boldsymbol{x}_2-\boldsymbol{y}|}\cdot\frac{\boldsymbol{z}_{\mathrm{r}}-\boldsymbol{y}}{|\boldsymbol{z}_{\mathrm{r}}-\boldsymbol{y}|}\right)$$

这里应用驻相法确定第一项中瞬时相位 Φ_{I} 的主要作用，其中驻点满足以下两个条件：

$$\partial_\omega[\Phi_{\mathrm{I}}(\omega,\boldsymbol{y})]=0,\quad \nabla_y[\Phi_{\mathrm{I}}(\omega,\boldsymbol{y})]=0$$

从而得到

$$\mathcal{T}(\boldsymbol{x}_2,\boldsymbol{y})-\mathcal{T}(\boldsymbol{x}_1,\boldsymbol{z}_{\mathrm{r}})-\mathcal{T}(\boldsymbol{z}_{\mathrm{r}},\boldsymbol{y})=\tau,\quad \nabla_y\mathcal{T}(\boldsymbol{y},\boldsymbol{x}_2)=\nabla_y\mathcal{T}(\boldsymbol{y},\boldsymbol{z}_{\mathrm{r}})$$

上式所示的第二个条件意味着 x_2 和 z_{r} 应该在从源点 $\boldsymbol{y}$ 发出的同一条射线上。如果射线依次穿过 $\boldsymbol{y}\to\boldsymbol{x}_2\to\boldsymbol{z}_{\mathrm{r}}$，则第一个条件变为 $\tau=-[\mathcal{T}(\boldsymbol{x}_2,\boldsymbol{z}_{\mathrm{r}})+\mathcal{T}(\boldsymbol{x}_1,\boldsymbol{z}_{\mathrm{r}})]$，这是光照成像排列方式。如果射线依次穿过 $\boldsymbol{y}\to\boldsymbol{z}_{\mathrm{r}}\to\boldsymbol{x}_2$，则第一个条件变为 $\tau=\mathcal{T}(\boldsymbol{x}_2,\boldsymbol{z}_{\mathrm{r}})-\mathcal{T}(\boldsymbol{x}_1,\boldsymbol{z}_{\mathrm{r}})$，这是背光照明成像方式。这里主要讨论背光照明成像方式。

引入单位向量：

$$\hat{\boldsymbol{g}}_3=\frac{\boldsymbol{z}_{\mathrm{r}}-\boldsymbol{x}_2}{|\boldsymbol{z}_{\mathrm{r}}-\boldsymbol{x}_2|}$$

并与另外两个单位向量 $(\hat{\boldsymbol{g}}_1,\hat{\boldsymbol{g}}_2)$ 构成完备正交基 $(\hat{\boldsymbol{g}}_1,\hat{\boldsymbol{g}}_2,\hat{\boldsymbol{g}}_3)$。通过以下方式做 $\boldsymbol{y}\mapsto(s_1,s_2,s_3)$ 的变量代换：

$$\boldsymbol{y}=\boldsymbol{z}_{\mathrm{r}}+|\boldsymbol{z}_{\mathrm{r}}-\boldsymbol{x}_2|[s_3\hat{\boldsymbol{g}}_3+\sqrt{\varepsilon}s_1\hat{\boldsymbol{g}}_1+\sqrt{\varepsilon}s_2\hat{\boldsymbol{g}}_2]$$

其雅可比行列式的值为 $\varepsilon|\boldsymbol{z}_{\mathrm{r}}-\boldsymbol{x}_2|^3$。在背光照明成像方式中，只有 $s_3>0$ 的项有意义。将走时差周围的滞后时间 τ 参数化，得到：

$$\tau=\mathcal{T}(\boldsymbol{x}_2,\boldsymbol{z}_{\mathrm{r}})-\mathcal{T}(\boldsymbol{x}_1,\boldsymbol{z}_{\mathrm{r}})+\varepsilon\tau_0$$

根据泰勒级数展开，得到：

$$\Phi_{\mathrm{I}}(\omega,\boldsymbol{y})=-\varepsilon\omega\tau_0-\varepsilon\omega\frac{s_1^2+s_2^2}{2c_0s_3(1+s_3)}|\boldsymbol{x}_2-\boldsymbol{z}_{\mathrm{r}}|+O(\varepsilon^2)$$

$$|\boldsymbol{x}_1-\boldsymbol{z}_{\mathrm{r}}|\,|\boldsymbol{z}_{\mathrm{r}}-\boldsymbol{y}|\,|\boldsymbol{x}_2-\boldsymbol{y}|=|\boldsymbol{x}_1-\boldsymbol{z}_{\mathrm{r}}|\,|\boldsymbol{z}_{\mathrm{r}}-\boldsymbol{x}_2|^2s_3(1+s_3)+O(\varepsilon)$$

$$|\kappa(\boldsymbol{y})|=\frac{1}{c_0}+O(\sqrt{\varepsilon})$$

利用这些关系可以得到：

$$\Delta C_{\mathrm{I}}^{(1)}(\tau,\boldsymbol{x}_1,\boldsymbol{x}_2)=\frac{\sigma_{\mathrm{r}}l_{\mathrm{r}}^3|\boldsymbol{x}_2-\boldsymbol{z}_{\mathrm{r}}|}{2^7\pi^4c_0^2|\boldsymbol{x}_1-\boldsymbol{z}_{\mathrm{r}}|\varepsilon}\iint\mathrm{d}s_3\mathrm{d}\omega\omega^2\hat{F}(\omega)\breve{H}\left(\frac{|\omega|}{c_0}\right)\mathrm{e}^{-\mathrm{i}\omega\tau_0}$$

$$\times\frac{K[\boldsymbol{z}_{\mathrm{r}}+s_3(\boldsymbol{z}_{\mathrm{r}}-\boldsymbol{x}_2)]}{s_3(1+s_3)}\iint\mathrm{d}s_1\mathrm{d}s_2\exp\left(-\mathrm{i}\frac{\omega}{2c_0}\frac{s_1^2+s_2^2}{s_3(1+s_3)}|\boldsymbol{x}_2-\boldsymbol{z}_{\mathrm{r}}|\right)$$

$$=\frac{\sigma_{\mathrm{r}}l_{\mathrm{r}}^3}{64\pi^3c_0|\boldsymbol{x}_1-\boldsymbol{z}_{\mathrm{r}}|\varepsilon}\left[\int\mathrm{d}s_3K[\boldsymbol{z}_{\mathrm{r}}+s_3(\boldsymbol{z}_{\mathrm{r}}-\boldsymbol{x}_2)]\right]\left[\int\mathrm{d}\omega(-\mathrm{i}\omega)\hat{F}_H(\omega)\mathrm{e}^{-\mathrm{i}\omega\tau_0}\right]$$

在这里使用了恒等式：

$$\int \mathrm{e}^{-\mathrm{i}\frac{s^2}{2}}\mathrm{d}s=\sqrt{2\pi}\,\mathrm{e}^{-\mathrm{i}\frac{\pi}{4}}$$

以相同的方式计算 $\Delta C_{\mathrm{II}}^{(1)}(\tau,\boldsymbol{x}_1,\boldsymbol{x}_2)$ 的表达式，就可以得到式（6.14）。

附录 6.B：命题 6.4、命题 6.5 的证明

$\Delta C_{\mathrm{I}}^{(1)}(\tau,\boldsymbol{x}_j,\boldsymbol{x}_l)$ 和 $\Delta C_{\mathrm{II}}^{(1)}(\tau,\boldsymbol{x}_j,\boldsymbol{x}_l)$ 都对光照成像函数式（6.20）有贡献。利用如下关系

$$\Delta C^{(1)}(\tau,\boldsymbol{x}_j,\boldsymbol{x}_l)=\Delta C^{(1)}(-\tau,\boldsymbol{x}_l,\boldsymbol{x}_j)$$

可以得到

$$\mathcal{I}^{\mathrm{D}}(\boldsymbol{z}^S)=\mathcal{I}_{\mathrm{I}+}^{\mathrm{D}}(\boldsymbol{z}^S)+\boldsymbol{I}_{\mathrm{II}+}^{\mathrm{D}}(\boldsymbol{z}^S)+\mathcal{I}_{\mathrm{I}-}^{\mathrm{D}}(\boldsymbol{z}^S)+\mathcal{I}_{\mathrm{II}-}^{\mathrm{D}}(\boldsymbol{z}^S)$$

其中

$$\mathcal{I}_{\mathrm{I}\pm}^{\mathrm{D}}(\boldsymbol{z}^S)=\frac{1}{2}\sum_{j,l=1}^{N}\Delta C_{\mathrm{I}}^{(1)}\{\pm[\mathcal{T}(\boldsymbol{x}_j,\boldsymbol{z}^S)+\mathcal{T}(\boldsymbol{x}_l,\boldsymbol{z}^S)],\boldsymbol{x}_j,\boldsymbol{x}_l\}$$

$$\mathcal{I}_{\mathrm{II}\pm}^{\mathrm{D}}(\boldsymbol{z}^S)=\frac{1}{2}\sum_{j,l=1}^{N}\Delta C_{\mathrm{II}}^{(1)}\{\pm[\mathcal{T}(\boldsymbol{x}_j,\boldsymbol{z}^S)+\mathcal{T}(\boldsymbol{x}_l,\boldsymbol{z}^S)],\boldsymbol{x}_j,\boldsymbol{x}_l\}$$

首先考虑 $\mathcal{I}_{\mathrm{I}-}^{\mathrm{D}}$，有

$$\Delta C_{\mathrm{I}}^{(1)}(\tau,\boldsymbol{x}_j,\boldsymbol{x}_l)=\frac{\sigma_{\mathrm{r}}l_{\mathrm{r}}^3}{2^7\pi^4\varepsilon^2c_0^2}\iint\mathrm{d}\boldsymbol{y}\mathrm{d}\omega\,\frac{\omega^2\hat{F}_H(\omega)K(\boldsymbol{y})}{|\boldsymbol{x}_j-\boldsymbol{z}_{\mathrm{r}}||\boldsymbol{z}_{\mathrm{r}}-\boldsymbol{y}||x_l-y|}\exp\left(\mathrm{i}\,\frac{\Phi_{\mathrm{I}}(\omega,\boldsymbol{y})}{\varepsilon}\right)$$

其中，快相位为

$$\Phi_{\mathrm{I}}(\omega,\boldsymbol{y})=\omega[\mathcal{T}(\boldsymbol{x}_l,\boldsymbol{y})-\mathcal{T}(\boldsymbol{x}_j,\boldsymbol{z}_{\mathrm{r}})-\mathcal{T}(\boldsymbol{z}_{\mathrm{r}},\boldsymbol{y})-\tau]$$

因此，当 $A\subset\mathbb{R}^2$ 且被密集台阵覆盖时，有

$$\mathcal{I}_{\mathrm{I}-}^{\mathrm{D}}(\boldsymbol{z}^S)=\frac{\sigma_{\mathrm{r}}l_{\mathrm{r}}^3}{2^8\pi^4c_0^2\varepsilon^2}\frac{N^2}{|A|^2}\iint_{A^2}\mathrm{d}\sigma(x)\,\mathrm{d}\sigma(x')\iint\mathrm{d}\boldsymbol{y}\mathrm{d}\omega\,\frac{\omega^2\hat{F}_H(\omega)K(\boldsymbol{y})}{|\boldsymbol{x}-\boldsymbol{z}_{\mathrm{r}}||\boldsymbol{z}_{\mathrm{r}}-\boldsymbol{y}||\boldsymbol{x}'-\boldsymbol{y}|}\mathrm{e}^{\mathrm{i}\frac{\Phi_{\mathrm{I}-}(\omega,\boldsymbol{y},\boldsymbol{x},\boldsymbol{x}')}{\varepsilon}}$$

此时的快相位为

$$\Phi_{\mathrm{I}-}(\omega,\boldsymbol{y},\boldsymbol{x},\boldsymbol{x}')=\omega[\mathcal{T}(\boldsymbol{x},\boldsymbol{z}^S)+\mathcal{T}(\boldsymbol{x}',\boldsymbol{z}^S)+\mathcal{T}(\boldsymbol{x}',\boldsymbol{y})-\mathcal{T}(\boldsymbol{x},\boldsymbol{z}_{\mathrm{r}})-\mathcal{T}(\boldsymbol{z}_{\mathrm{r}},\boldsymbol{y})]$$

阵列直径介于主波长（量级为 ε）和从阵列到反射体的距离（量级为 1）之间，假设其阶数为$\sqrt{\varepsilon}$，则有

$$a=a_0\sqrt{\varepsilon}$$

引进由式（6.21）定义的正交基$(\hat{\boldsymbol{f}}_1,\hat{\boldsymbol{f}}_2,\hat{\boldsymbol{f}}_3)$，并将搜索点 $\boldsymbol{z}^S$ 参数化为

$$\boldsymbol{z}^S=\boldsymbol{z}_{\mathrm{r}}+\boldsymbol{\xi}^S=\boldsymbol{z}_{\mathrm{r}}+\sqrt{\varepsilon}\,\xi_1\hat{\boldsymbol{f}}_1+\sqrt{\varepsilon}\,\xi_2\hat{\boldsymbol{f}}_2+\varepsilon\xi_3\hat{\boldsymbol{f}}_3 \tag{6.43}$$

同样，做 $\boldsymbol{y}\mapsto(s_1,\ s_2,\ s_3)$ 的变量代换

$$\boldsymbol{y}=|\boldsymbol{z}_{\mathrm{r}}|[-s_3\hat{\boldsymbol{f}}_3+\sqrt{\varepsilon}\,s_1\hat{\boldsymbol{f}}_1+\sqrt{\varepsilon}\,s_2\hat{\boldsymbol{f}}_2]$$

及$(\boldsymbol{x},\boldsymbol{x}')\mapsto(z,z')$的变量代换 $\boldsymbol{x}=\sqrt{\varepsilon}\boldsymbol{z},\boldsymbol{x}'=\sqrt{\varepsilon}\boldsymbol{z}'$。在光照成像排列方式中，只有当 $s_3>0$ 时，$K(\boldsymbol{y})$ 才不为零，所以此处仅考虑这种情况。同样，进行泰勒展开：

$$|\boldsymbol{x}-\boldsymbol{z}^S|-|\boldsymbol{x}-\boldsymbol{z}_\mathrm{r}|\simeq\varepsilon\xi_3-\varepsilon\frac{z_2\xi_2}{|\boldsymbol{z}_\mathrm{r}|}-\varepsilon\frac{z_1\xi_1}{|\boldsymbol{z}_\mathrm{r}|}\frac{z_\mathrm{r}}{|\boldsymbol{z}_\mathrm{r}|}+\varepsilon\frac{\xi_1^2+\xi_2^2}{2|\boldsymbol{z}_\mathrm{r}|}$$

$$|\boldsymbol{x}'-\boldsymbol{z}^S|+|\boldsymbol{x}'-\boldsymbol{y}|-|\boldsymbol{z}_\mathrm{r}-\boldsymbol{y}|\simeq\varepsilon\xi_3-\varepsilon\frac{z_2'\xi_2}{|\boldsymbol{z}_\mathrm{r}|}-\varepsilon\frac{z_1'\xi_1}{|\boldsymbol{z}_\mathrm{r}|}\frac{z_\mathrm{r}}{|\boldsymbol{z}_\mathrm{r}|}+\varepsilon\frac{\xi_1^2+\xi_2^2}{2|\boldsymbol{z}_\mathrm{r}|}-\varepsilon\frac{z_2's_2}{s_3}-\varepsilon\frac{z_1's_1}{s_3}\frac{z_\mathrm{r}}{|\boldsymbol{z}_\mathrm{r}|}$$
$$+\varepsilon\frac{(s_1^2+s_2^2)|\boldsymbol{z}_\mathrm{r}|}{2s_3(1+s_3)}+\varepsilon\frac{z_1'^2z_\mathrm{r}^2}{2|\boldsymbol{z}_\mathrm{r}|^3}\left(1+\frac{1}{s_3}\right)+\varepsilon\frac{z_2'^2}{2|\boldsymbol{z}_\mathrm{r}|}\left(1+\frac{1}{s_3}\right)$$

计算关于 s_1 和 s_2 的积分，得到：

$$\iint\exp\left[\mathrm{i}\frac{\omega}{\varepsilon c_0}(|\boldsymbol{x}'-\boldsymbol{z}^S|+|\boldsymbol{x}'-\boldsymbol{y}|-|\boldsymbol{z}_\mathrm{r}-\boldsymbol{y}|)\right]\mathrm{d}s_1\mathrm{d}s_2=\frac{2\mathrm{i}\pi c_0s_3(1+s_3)}{\omega|\boldsymbol{z}_\mathrm{r}|}$$
$$\times\exp\left[\mathrm{i}\frac{\omega}{c_0}\left(\xi_3+\frac{\xi_1^2+\xi_2^2}{2|\boldsymbol{z}_\mathrm{r}|}-\frac{z_1'\xi_1}{|\boldsymbol{z}_\mathrm{r}|}\frac{z_\mathrm{r}}{|\boldsymbol{z}_\mathrm{r}|}-\frac{z_2'\xi_2}{|\boldsymbol{z}_\mathrm{r}|}\right)\right]$$

从而

$$\iint\exp\left(\mathrm{i}\frac{\Phi_{\mathrm{I}-}}{\varepsilon}\right)\mathrm{d}s_1\mathrm{d}s_2=\frac{2\mathrm{i}\pi c_0s_3(1+s_3)}{\omega|\boldsymbol{z}_\mathrm{r}|}$$
$$\times\exp\left[\mathrm{i}\frac{\omega}{c_0}\left(2\xi_3+\frac{\xi_1^2+\xi_2^2}{|\boldsymbol{z}_\mathrm{r}|}-\frac{z_1\xi_1}{|\boldsymbol{z}_\mathrm{r}|}\frac{z_\mathrm{r}}{|\boldsymbol{z}_\mathrm{r}|}-\frac{z_2\xi_2}{|\boldsymbol{z}_\mathrm{r}|}-\frac{z_1'\xi_1}{|\boldsymbol{z}_\mathrm{r}|}\frac{z_\mathrm{r}}{|\boldsymbol{z}_\mathrm{r}|}-\frac{z_2'\xi_2}{|\boldsymbol{z}_\mathrm{r}|}\right)\right]$$

于是得到

$$\mathcal{I}_{\mathrm{I}-}^{\mathrm{D}}(\boldsymbol{z}^S)=\frac{\sigma_\mathrm{r}l_\mathrm{r}^3N^2\mathcal{K}(0,\boldsymbol{z}_\mathrm{r})}{2^7\pi^3c_0|\boldsymbol{z}_\mathrm{r}|^2\varepsilon}\int\mathrm{d}\omega\mathrm{i}\omega\hat{F}_H(\omega)\exp\left(\mathrm{i}\frac{\omega}{c_0}\left[2\xi_3+\frac{\xi_1^2+\xi_2^2}{|\boldsymbol{z}_\mathrm{r}|}\right]\right)\mathcal{J}_{\alpha_\mathrm{r}}^2\left[\frac{\omega a_0}{c_0|\boldsymbol{z}_\mathrm{r}|}(\xi_1,\xi_2)\right]$$

其中 $\mathcal{K}$ 由式（6.15）定义。

$$\mathcal{J}_{\alpha_\mathrm{r}}(\eta_1,\eta_2)=\frac{1}{|A_0|}\int_{A_0}\exp[-\mathrm{i}(\alpha_\mathrm{r}u_1\eta_1+u_2\eta_2)]\mathrm{d}u_1\mathrm{d}u_2=\mathcal{G}_{\alpha_\mathrm{r}}(\eta_1,\eta_2,0)$$

区域 A_0 是正则化区域且满足 $A=aA_0=\sqrt{\varepsilon}a_0A_0$。对 $\mathcal{I}_{\mathrm{I}+}^{\mathrm{D}}$，$\mathcal{I}_{\mathrm{II}-}^{\mathrm{D}}$ 和 $\mathcal{I}_{\mathrm{II}+}^{\mathrm{D}}$ 进行类似计算，最后发现只有 $\mathcal{I}_{\mathrm{II}+}^{\mathrm{D}}$ 存在，其他都相互抵消了。实际上，$\mathcal{I}_{\mathrm{II}+}^{\mathrm{D}}=\overline{\mathcal{I}_{\mathrm{I}-}^{\mathrm{D}}}$，于是就可以得到命题 6.4 中给出的点扩散函数表达式［式（6.27）］。

如果函数 F_H 具有式（6.26）的形式，并且带宽 B_H 小于主频 ω_0 但大于 ε，则 $\mathcal{I}^{\mathrm{D}}(\boldsymbol{z}^S)$ 的表达式可以写为

$$\mathcal{I}^{\mathrm{D}}(\boldsymbol{z}^S)=\frac{\sigma_\mathrm{r}l_\mathrm{r}^3N^2\mathcal{K}(0,\boldsymbol{z}_\mathrm{r})\omega_0}{2^4\pi^2c_0|\boldsymbol{z}_\mathrm{r}|^2\varepsilon}\mathrm{Re}\left\{\mathrm{i}\exp\left[\mathrm{i}\left(2\frac{\omega_0}{c_0}\xi_3+\frac{\omega_0}{c_0}\frac{\xi_1^2+\xi_2^2}{|\boldsymbol{z}_\mathrm{r}|}\right)\right]\right.$$
$$\left.\times F_{H,0}\left(-2\frac{B_H}{c_0}\xi_3-\frac{B_H}{c_0}\frac{\xi_1^2+\xi_2^2}{|\boldsymbol{z}_\mathrm{r}|}\right)\mathcal{J}_{\alpha_\mathrm{r}}^2\left[\frac{\omega_0a_0}{c_0|\boldsymbol{z}_\mathrm{r}|}(\xi_1,\xi_2)\right]\right\}$$

从而得到命题 6.5 中给出的点扩散函数表达式［式（6.31）］。

在窄频带情况下（带宽与主频之比的量级为 ε 或更小），则先前的计算表明，当 ξ^S 按式（6.43）参数化时，点扩散函数当 $\varepsilon\to0$ 时的极限与 ξ_3 无关。现将搜索点参数化为

$$\boldsymbol{z}^S=\boldsymbol{z}_\mathrm{r}+\boldsymbol{\xi}^S=\boldsymbol{z}_\mathrm{r}+\sqrt{\varepsilon}\xi_1\hat{\boldsymbol{f}}_1+\sqrt{\varepsilon}\xi_2\hat{\boldsymbol{f}}_2+\xi_3\hat{\boldsymbol{f}}_3 \tag{6.44}$$

与先前的情况相比可以发现，纵向偏移距 ξ_3 的比例发生了变化。如上所述，同样做 $\boldsymbol{y}\mapsto(s_1,s_2,s_3)$ 及 $(x,x')\to(z,z')$ 的变量代换，并进行泰勒展开得到：

$$|\boldsymbol{x}-\boldsymbol{z}^S|-|\boldsymbol{x}-\boldsymbol{z}_r|\simeq\xi_3-\varepsilon\frac{z_2\xi_2}{|\boldsymbol{z}_r|+\xi_3}-\varepsilon\frac{z_1\xi_1}{|\boldsymbol{z}_r|+\xi_3}\frac{z_r}{|\boldsymbol{z}_r|}+\varepsilon\frac{\xi_1^2+\xi_2^2}{2(|\boldsymbol{z}_r|+\xi_3)}$$
$$-\varepsilon\frac{z_2^2\xi_3}{2|\boldsymbol{z}_r|(|\boldsymbol{z}_r|+\xi_3)}-\varepsilon\frac{z_1^2\xi_3}{2|\boldsymbol{z}_r|(|\boldsymbol{z}_r|+\xi_3)}\frac{z_r^2}{|\boldsymbol{z}_r|^2}$$

$$|\boldsymbol{x}'-\boldsymbol{z}^S|+|\boldsymbol{x}'-\boldsymbol{y}|-|\boldsymbol{z}_r-\boldsymbol{y}|\simeq\xi_3-\varepsilon\frac{z_2'\xi_2}{|\boldsymbol{z}_r|+\xi_3}-\varepsilon\frac{z_1'\xi_1}{|\boldsymbol{z}_r|+\xi_3}\frac{z_r}{|\boldsymbol{z}_r|}+\varepsilon\frac{\xi_1^2+\xi_2^2}{2(|\boldsymbol{z}_r|+\xi_3)}$$
$$-\varepsilon\frac{z_2's_2}{s_3}-\varepsilon\frac{z_1's_1}{s_3}\frac{z_r}{|\boldsymbol{z}_r|}+\varepsilon\frac{(s_1^2+s_2^2)|\boldsymbol{z}_r|}{2s_3(s_3+1)}$$
$$+\varepsilon\left(\frac{z_1'^2}{2}\frac{z_r^2}{|\boldsymbol{z}_r|^2}+\frac{z_2'^2}{2}\right)\left(\frac{1}{s_3|\boldsymbol{z}_r|}+\frac{1}{|\boldsymbol{z}_r|+\xi_3}\right)$$

计算关于 s_1 和 s_2 的积分得到：

$$\iint\exp\left(\mathrm{i}\frac{\Phi_{\mathrm{I}-}}{\varepsilon}\right)\mathrm{d}s_1\mathrm{d}s_2=\frac{2\mathrm{i}\pi c_0s_3(1+s_3)}{\omega|\boldsymbol{z}_r|}\exp\left\{\mathrm{i}\frac{\omega}{c_0}\left[2\frac{\xi_3}{\varepsilon}+\frac{\xi_1^2+\xi_2^2}{|\boldsymbol{z}_r|+\xi_3}+\lambda(z_1,z_2)+\lambda(z_1',z_2')\right]\right\}$$

其中

$$\lambda(z_1,z_2)=-\frac{z_1\xi_1}{|\boldsymbol{z}_r|+\xi_3}\frac{z_r}{|\boldsymbol{z}_r|}-\frac{z_2\xi_2}{|\boldsymbol{z}_r|+\xi_3}-\left(\frac{z_1^2}{2}\frac{z_r^2}{|\boldsymbol{z}_r|^2}+\frac{z_2^2}{2}\right)\frac{\xi_3}{|\boldsymbol{z}_r|(|\boldsymbol{z}_r|+\xi_3)}\tag{6.45}$$

于是可以得到

$$\mathcal{I}_{\mathrm{I}-}^{\mathrm{D}}(\boldsymbol{z}^S)=\frac{\sigma_r l_r^3N^2\mathcal{K}(0,\boldsymbol{z}_r)}{2^7\pi^3c_0|\boldsymbol{z}_r|^2\varepsilon}\int\mathrm{d}\omega\mathrm{i}\omega\hat{F}_H(\omega)\exp\left(2\mathrm{i}\frac{\omega}{\varepsilon c_0}\xi_3+\mathrm{i}\frac{\omega}{c_0}\frac{\xi_1^2+\xi_2^2}{|\boldsymbol{z}_r|+\xi_3}\right)$$
$$\times\mathcal{G}_{\alpha_r}^2\left(\frac{\omega a_0}{c_0(|\boldsymbol{z}_r|+\xi_3)}\xi_1,\frac{\omega a_0}{c_0(|\boldsymbol{z}_r|+\xi_3)}\xi_2,\frac{\omega a_0^2}{c_0|\boldsymbol{z}_r|(|\boldsymbol{z}_r|+\xi_3)}\xi_3\right)$$

其中，$\mathcal{G}_{\alpha_r}$由式（6.25）定义。通过对$\mathcal{I}_{\mathrm{I}+}^{\mathrm{D}}$，$\mathcal{I}_{\mathrm{II}+}^{\mathrm{D}}$和$\mathcal{I}_{\mathrm{II}-}^{\mathrm{D}}$进行类似计算，可以得到：

$$\mathcal{I}^{\mathrm{D}}(\boldsymbol{z}^S)=\frac{\sigma_r l_r^3N^2\mathcal{K}(0,\boldsymbol{z}_r)}{2^6\pi^3c_0|\boldsymbol{z}_r|^2\varepsilon}\mathrm{Re}\left\{\int\mathrm{d}\omega\mathrm{i}\omega\hat{F}_H(\omega)\exp\left(2\mathrm{i}\frac{\omega}{\varepsilon c_0}\xi_3+\mathrm{i}\frac{\omega}{c_0}\frac{\xi_1^2+\xi_2^2}{|\boldsymbol{z}_r|+\xi_3}\right)\right.$$
$$\left.\times\mathcal{G}_{\alpha_r}^2\left(\frac{\omega a_0}{c_0(|\boldsymbol{z}_r|+\xi_3)}\xi_1,\frac{\omega a_0}{c_0(|\boldsymbol{z}_r|+\xi_3)}\xi_2,\frac{\omega a_0^2}{c_0|\boldsymbol{z}_r|(|\boldsymbol{z}_r|+\xi_3)}\xi_3\right)\right\}$$

如果假设带宽是 ε 阶的，则 $\hat{F}_H(\omega)=\frac{1}{\varepsilon B_0}\left[\hat{F}_{H,0}\left(\frac{\omega_0-\omega}{\varepsilon B_0}\right)+\hat{F}_{H,0}\left(\frac{\omega_0+\omega}{\varepsilon B_0}\right)\right]$。

此时，$\mathcal{I}^{\mathrm{D}}(\boldsymbol{z}^S)$ 的表达式变为

$$\mathcal{I}^{\mathrm{D}}(\boldsymbol{z}^S)=\frac{\sigma_r l_r^3N^2\mathcal{K}(0,\boldsymbol{z}_r)\omega_0}{2^4\pi^2c_0|\boldsymbol{z}_r|^2\varepsilon}\mathrm{Re}\left\{\mathrm{i}\exp\left(2\mathrm{i}\frac{\omega_0}{\varepsilon c_0}\xi_3+\mathrm{i}\frac{\omega_0}{c_0}\frac{\xi_1^2+\xi_2^2}{|\boldsymbol{z}_r|+\xi_3}\right)F_{H,0}\left(-\frac{2B_0\xi_3}{c_0}\right)\right.$$
$$\left.\times\mathcal{G}_{\alpha_r}^2\left(\frac{\omega_0a_0}{c_0(|\boldsymbol{z}_r|+\xi_3)}\xi_1,\frac{\omega_0a_0}{c_0(|\boldsymbol{z}_r|+\xi_3)}\xi_2,\frac{\omega_0a_0^2}{c_0|\boldsymbol{z}_r|(|\boldsymbol{z}_r|+\xi_3)}\xi_3\right)\right\}$$

当$|\xi_3|\ll|\boldsymbol{z}_r|$时即可得到命题6.5中所述的点扩散函数式（6.34）。当 $B_0\ll B_c$ 时，即可得到式（6.37）。当 $B_0\gg B_c$ 时，即可得到式（6.39）。

附录 6. C：命题 6. 6 的证明

考虑背光成像函数，并按照上一附录中关于命题 6. 4 的证明进行操作。背光成像函数是根据 ΔC_{I} 和 ΔC_{II} 得到的 $\mathcal{I}_{\mathrm{I}}^{\mathrm{B}}$ 和 $\mathcal{I}_{\mathrm{II}}^{\mathrm{B}}$ 的贡献之和。首先必须要明确的是 $\mathcal{I}_{\mathrm{II}}^{B}(z^S)=\overline{\mathcal{I}_{\mathrm{I}}^{\mathrm{B}}}(z^S)$，然后主要讨论 $\mathcal{I}_{\mathrm{I}}^{\mathrm{B}}(z^S)$：

$$\mathcal{I}_{\mathrm{I}}^{\mathrm{B}}(\boldsymbol{z}^S)=\frac{\sigma_{\mathrm{r}}l_{\mathrm{r}}^3}{2^7\pi^4c_0^2\varepsilon^2}\frac{N^2}{|A|^2}\iint_{A^2}\mathrm{d}\sigma(\boldsymbol{x})\,\mathrm{d}\sigma(\boldsymbol{x}')\iint\mathrm{d}\boldsymbol{y}\mathrm{d}\omega\frac{\omega^2\hat{F}_H(\omega)K(\boldsymbol{y})}{|\boldsymbol{x}-\boldsymbol{z}_{\mathrm{r}}||\boldsymbol{z}_{\mathrm{r}}-\boldsymbol{y}||\boldsymbol{x}'-\boldsymbol{y}|}\mathrm{e}^{\mathrm{i}\frac{\Phi_{\mathrm{I}}(\omega,\boldsymbol{y},\boldsymbol{x},\boldsymbol{x}')}{\varepsilon}}$$

快相位为

$$\Phi_{\mathrm{I}}(\omega,\boldsymbol{y},\boldsymbol{x},\boldsymbol{x}')=\omega[\mathcal{T}(\boldsymbol{x},\boldsymbol{z}^S)-\mathcal{T}(\boldsymbol{x}',\boldsymbol{z}^S)+\mathcal{T}(\boldsymbol{x}',\boldsymbol{y})-\mathcal{T}(\boldsymbol{x},\boldsymbol{z}_{\mathrm{r}})-\mathcal{T}(\boldsymbol{z}_{\mathrm{r}},\boldsymbol{y})]$$

将搜索点参数化为 $\boldsymbol{z}^S=\boldsymbol{z}_{\mathrm{r}}+\sqrt{\varepsilon}\xi_1\hat{\boldsymbol{f}}_1+\sqrt{\varepsilon}\xi_2\hat{\boldsymbol{f}}_2+\xi_3\hat{\boldsymbol{f}}_3$，在 $\mathcal{I}_{\mathrm{I}}^{B}$ 的积分表示中，做 $\boldsymbol{y}\mapsto(s_1,s_2,s_3)$ 的变量代换 $\boldsymbol{y}=|\boldsymbol{z}_{\mathrm{r}}|\ (s_3\hat{\boldsymbol{f}}_3+\sqrt{\varepsilon}s_1\hat{\boldsymbol{f}}_1+\sqrt{\varepsilon}s_2\hat{\boldsymbol{f}}_2)$ 及 $(\boldsymbol{x},\ \boldsymbol{x}')\mapsto(\boldsymbol{z},\ \boldsymbol{z}')$ 的变量代换 $\boldsymbol{x}=\sqrt{\varepsilon}\boldsymbol{z}$，$\boldsymbol{x}'=\sqrt{\varepsilon}\boldsymbol{z}'$。在背光照明成像方式中，只有在 $s_3>1$ 的情况下，$K(\boldsymbol{y})$ 才不为零，因此只考虑这种情况，并进行泰勒展开：

$$\begin{aligned}|\boldsymbol{x}-\boldsymbol{z}^S|-|\boldsymbol{x}-\boldsymbol{z}_{\mathrm{r}}|&\simeq\xi_3-\varepsilon\frac{z_1\xi_1+z_2\xi_2}{|\boldsymbol{z}_{\mathrm{r}}|+\xi_3}+\varepsilon\frac{\xi_1^2+\xi_2^2}{2(|\boldsymbol{z}_{\mathrm{r}}|+\xi_3)}-\varepsilon\frac{(z_1^2+z_2^2)\xi_3}{2|\boldsymbol{z}_{\mathrm{r}}|(|\boldsymbol{z}_{\mathrm{r}}|+\xi_3)}\\&\quad-|\boldsymbol{x}'-\boldsymbol{z}^S|+|\boldsymbol{x}'-\boldsymbol{y}|-|\boldsymbol{z}_{\mathrm{r}}-\boldsymbol{y}|\\&\simeq-\xi_3+\varepsilon\frac{z_1'\xi_1+z_2'\xi_2}{|\boldsymbol{z}_{\mathrm{r}}|+\xi_3}-\varepsilon\frac{\xi_1^2+\xi_2^2}{2(|\boldsymbol{z}_{\mathrm{r}}|+\xi_3)}-\varepsilon\frac{z_1's_1+z_2's_2}{s_3}\\&\quad-\varepsilon\frac{(s_1^2+s_2^2)|\boldsymbol{z}_{\mathrm{r}}|}{2s_3(s_3-1)}+\varepsilon\frac{z_1'^2+z_2'^2}{2}\left(\frac{1}{s_3|\boldsymbol{z}_{\mathrm{r}}|}-\frac{1}{|\boldsymbol{z}_{\mathrm{r}}|+\xi_3}\right)\end{aligned}$$

计算关于 s_1 和 s_2 的积分有

$$\int\exp\left(\mathrm{i}\frac{\Phi_{\mathrm{I}}}{\varepsilon}\right)\mathrm{d}s_1\mathrm{d}s_2=-\frac{2\mathrm{i}\pi c_0s_3(s_3-1)}{\omega|\boldsymbol{z}_{\mathrm{r}}|}\exp\left\{\mathrm{i}\frac{\omega}{c_0}[\lambda_1(z_1,z_2)+\lambda_1(z_1',z_2')]\right\}$$

式中，λ_1 定义为

$$\lambda_1(z_1,z_2)=-\frac{z_1\xi_1+z_2\xi_2}{|\boldsymbol{z}_{\mathrm{r}}|+\xi_3}-\frac{z_1^2+z_2^2}{2}\frac{\xi_3}{|\boldsymbol{z}_{\mathrm{r}}|(|\boldsymbol{z}_{\mathrm{r}}|+\xi_3)}\tag{6.46}$$

从而得到

$$\begin{aligned}\mathcal{I}_{\mathrm{I}}^{\mathrm{B}}(\boldsymbol{z}^S)=&-\frac{\sigma_{\mathrm{r}}l_{\mathrm{r}}^3N^2\mathcal{K}(\boldsymbol{z}_{\mathrm{r}},0)}{2^6\pi^3c_0|\boldsymbol{z}_{\mathrm{r}}|^2\varepsilon}\\&\times\int\mathrm{d}\omega\mathrm{i}\omega\hat{F}_H(\omega)\left|\mathcal{G}_1\left(\frac{\omega a_0}{c_0(|\boldsymbol{z}_{\mathrm{r}}|+\xi_3)}\xi_1,\frac{\omega a_0}{c_0(|\boldsymbol{z}_{\mathrm{r}}|+\xi_3)}\xi_2,\frac{\omega a_0^2}{c_0|\boldsymbol{z}_{\mathrm{r}}|(|\boldsymbol{z}_{\mathrm{r}}|+\xi_3)}\xi_3\right)\right|^2\end{aligned}$$

然而，上式中的函数 $\hat{F}_H$ 和绝对值项是 ω 的偶函数，其贡献实际上为 0。因此，有必要对 ε 进行高阶展开以获得首项：

$$\begin{aligned}|\boldsymbol{x}-\boldsymbol{z}^S|-|\boldsymbol{x}-\boldsymbol{z}_{\mathrm{r}}|\simeq&\,\xi_3+\varepsilon\left[\frac{(z_1-\xi_1)^2+(z_2-\xi_2)^2}{2(|\boldsymbol{z}_{\mathrm{r}}|+\xi_3)}-\frac{(z_1^2+z_2^2)}{2|\boldsymbol{z}_{\mathrm{r}}|}\right]\\&-\varepsilon^2\left[\frac{[(z_1-\xi_1)^2+(z_2-\xi_2)^2]^2}{8(|\boldsymbol{z}_{\mathrm{r}}|+\xi_3)^3}-\frac{(z_1^2+z_2^2)^2}{8|\boldsymbol{z}_{\mathrm{r}}|^3}\right]+O(\varepsilon^3)\end{aligned}$$

且

$$
\begin{aligned}
-|\boldsymbol{x}'-\boldsymbol{z}^S|+|\boldsymbol{x}'-\boldsymbol{y}|-|\boldsymbol{z}_\mathrm{r}-y| \simeq & -\xi_3+\frac{\varepsilon}{2}\left[\frac{z_1'^2+z_2'^2}{|\boldsymbol{z}_\mathrm{r}|}-\frac{(z_1'-\xi_1)^2+(z_2'-\xi_2)^2}{|\boldsymbol{z}_\mathrm{r}|+\xi_3}-\frac{|\boldsymbol{z}_\mathrm{r}|(\tilde{s}_1^2+\tilde{s}_2^2)}{s_3(s_3-1)}\right] \\
& +\frac{\varepsilon^2}{8}\left\{-\frac{(z_1'^2+z_2'^2)^2}{|\boldsymbol{z}_\mathrm{r}|^3}+\frac{[(z_1'-\xi_1)^2+(z_2'-\xi_2)^2]^2}{(|\boldsymbol{z}_\mathrm{r}|+\xi_3)^3}\right. \\
& +(\tilde{s}_1^2+\tilde{s}_2^2)^2|\boldsymbol{z}_\mathrm{r}|\left(\frac{1}{(s_3-1)^3}-\frac{1}{s_3^3}\right) \\
& +4(\tilde{s}_1^2+\tilde{s}_2^2)(\tilde{s}_1z_1'+\tilde{s}_2z_2')\left(\frac{1}{s_3^2}-\frac{1}{(s_3-1)^2}\right) \\
& \left.+[2(\tilde{s}_1^2+\tilde{s}_2^2)(z_1'^2+z_2'^2)+4(\tilde{s}_1z_1'+\tilde{s}_2z_2')^2]\frac{1}{|\boldsymbol{z}_\mathrm{r}|s_3(s_3-1)}\right\}+O(\varepsilon^3)
\end{aligned}
$$

式中，$\tilde{s}_j=s_j+\dfrac{z_j'}{|\boldsymbol{z}_\mathrm{r}|}(s_3-1),j=1,2$。现在借助于如下展开式：

$$
\iint \exp\left[-\mathrm{i}\frac{s_1^2+s_2^2}{2}+\mathrm{i}\varepsilon\alpha(s_1^2+s_2^2)(s_1z_1+s_2z_2)+\mathrm{i}\varepsilon\beta(s_1^2+s_2^2)^2\right]\mathrm{d}s_1\mathrm{d}s_2=-2\mathrm{i}\pi-16\pi\varepsilon\beta+O(\varepsilon^2)
$$

来计算关于 s_1 和 s_2 的积分，得到：

$$
\begin{aligned}
\iint \exp\left(\mathrm{i}\frac{\Phi_\mathrm{I}}{\varepsilon}\right)\mathrm{d}s_1\mathrm{d}s_2 = & -\frac{2\mathrm{i}\pi c_0s_3(s_3-1)}{\omega|\boldsymbol{z}_\mathrm{r}|}\exp\left\{\mathrm{i}\frac{\omega}{c_0}[\lambda_1(z_1,z_2)-\lambda_1(z_1',z_2')]\right\} \\
& \times\left(1+\varepsilon\frac{z_1'^2+z_2'^2}{|\boldsymbol{z}_\mathrm{r}|^2}\right)\exp\left\{\mathrm{i}\varepsilon\frac{\omega}{c_0}[\lambda_2(z_1,z_2)-\lambda_2(z_1',z_2')]\right\} \\
& -\varepsilon\frac{2\pi c_0^2(3s_3^2-3s_3+1)}{\omega^2|\boldsymbol{z}_\mathrm{r}|^2}\exp\left\{\mathrm{i}\frac{\omega}{c_0}[\lambda_1(z_1,z_2)-\lambda_1(z_1',z_2')]\right\}+O(\varepsilon^2)
\end{aligned}
$$

式中，λ_1 由式（6.46）给出，且

$$
\lambda_2(z_1,z_2)=\frac{(z_1^2+z_2^2)^2}{8|\boldsymbol{z}_\mathrm{r}|^3}-\frac{[(z_1-\xi_1)^2+(z_2-\xi_2)^2]}{8(|\boldsymbol{z}_\mathrm{r}|+\xi_3)^3} \tag{6.47}
$$

从而得到

$$
\begin{aligned}
\mathcal{I}_\mathrm{I}^\mathrm{B}(\boldsymbol{z}^S)= & -\frac{\sigma_\mathrm{r}l_\mathrm{r}^3N^2\widetilde{\mathcal{K}}(\boldsymbol{z}_\mathrm{r},0)}{2^6\pi^3|\boldsymbol{z}_\mathrm{r}|^2} \\
& \times\int \mathrm{d}\omega\hat{F}_H(\omega)\left|\mathcal{G}_1\left(\frac{\omega a_0}{c_0(|\boldsymbol{z}_\mathrm{r}|+\xi_3)}\xi_1,\frac{\omega a_0}{c_0(|\boldsymbol{z}_\mathrm{r}|+\xi_3)}\xi_2,\frac{\omega a_0^2}{c_0|\boldsymbol{z}_\mathrm{r}|(|\boldsymbol{z}_\mathrm{r}|+\xi_3)}\xi_3\right)\right|^2
\end{aligned}
$$

式中，$\widetilde{\mathcal{K}}(\boldsymbol{z}_\mathrm{r},0)=\int_1^\infty K(\boldsymbol{z}_\mathrm{r}s_3)\dfrac{3s_3^2-3s_3+1}{s_3(s_3-1)}\mathrm{d}s_3$，成像函数为 $\mathcal{I}^\mathrm{B}=\mathcal{I}_\mathrm{I}^\mathrm{B}+\mathcal{I}_\mathrm{II}^\mathrm{B}=2\mathrm{Re}(\mathcal{I}_\mathrm{I}^\mathrm{B})=2\mathcal{I}_\mathrm{I}^\mathrm{B}$。命题得证。

第7章 弱散射介质背景噪声走时估计

如第3章所示，可以根据由背景噪声源引起信号的互相关来估计被动检波器之间的走时。倘若检波器对之间的照明合适，即在某种意义上连接两个检波器的射线与源区相交，这是可能的。若非如此，那么将在本章中说明，如果介质存在散射，则仍然可以估算走时。这是因为散射体可以充当二次源，散射信号可以在互相关波形上时间等于台站对间波的走时处出现峰值。但是，散射也会增加互相关的扰动水平。在本章中，将分析这两个相互矛盾的现象，它们都涉及台站对间的走时估计。

本章首先在7.2节中介绍了一种简单的弱散射介质模型，然后分析了由一对检波器记录的信号的互相关峰值，这表明散射体确实可以起到二次源的作用，因此可以提供一定的附加照明（命题7.1）。但是，散射体的存在会对互相关波形造成附加扰动，这些扰动可以通过方差计算来量化（命题7.2）。当照明覆盖改善和信噪比降低之间的折中不能满足用互相关来估计走时的要求，则可以通过特殊的四阶互相关波形的主峰来估计两个检波器之间的走时，如7.4节。

如第3章所述，给定覆盖均匀的台网中检波器对之间的走时估计，就可能估计该区域中波的传播速度。正如第3章所指出的，这可以通过走时层析成像来实现（Berryman，1990），就像Shapiro等（2005）使用实际数据所开展的工作那样。当然，这也可以使用程函方程来实现（Lin et al., 2009；Gouédard et al., 2012；de Ridder，2014）。这里也将说明，使用四阶互相关可以提高走时估计的精度，从而可以提高背景速度估计的精度。

7.1 散射在互相关走时估计中的作用

第2章表明，非均匀介质中波动方程的格林函数可以通过背景噪声源产生并由被动源观测系统记录的互相关信号来估计。在非均匀介质中，当源完全包围检波器区域时，式(2.27）是有效的。最终，在非均匀介质中，如果背景噪声源在检波器周围均匀分布，则作为滞后时间τ的函数的互相关将会在$\pm\mathcal{T}(\boldsymbol{x}_1,\boldsymbol{x}_2)$处具有可区分的峰值。

当背景噪声源分布在空间上的有限区域时，记录信号是由来自噪声源方向的能通量产生的，这就使得走时估计的质量与方位有关。一般来说，当检波器沿着能流方向排列时，利用噪声信号的互相关来估计走时是可能的，而当检波器垂直于能流方向排列时，则很难或不可能利用噪声信号的互相关来估计走时，这可以用第3章中的驻相法来解释和分析。但是，通过利用随机非均匀介质中波的散射导致的照明方位角增加可以提高走时估计的质量，这是在本章中要考虑的。

众所周知，介质的随机非均匀性导致的散射可以增加波的方位角覆盖（Ryzhik et al., 1996）。

本章主要详细分析波散射如何影响检波器间走时的峰值和噪声信号互相关的扰动。在7.3节中展示了散射介质可以提供二次场源，从而导致检波器对之间波的走时出现峰值。结果表明，由散射引起的互相关随机扰动降低了走时估计的信噪比。接下来，对一个简单的背景介质模型进行了完整分析以解释当散射较弱时的主要现象。

如图7.1所示为排列方式中互相关走时估计。在这种排列方式中，噪声源提供了微弱场源，从某种意义上说，连接两个检波器的射线与源区域不相交，因此在互相关中检波器间的走时曲线不出现峰值。然而，散射体提供了似乎更有用的二次场源，因为此时连接检波器的射线与散射区域相交，这导致在互相关波形中检波器对之间的走时曲线出现小峰值，但在整个互相关波形中却出现大的扰动（或低信噪比）。本章计算了检波器对之间走时互相关峰值的幅值，还计算了由散射引起的互相关扰动的标准差。为了增强信噪比，对互相关进行了窗口化处理，只选择尾波部分进行互相关计算。通过使用特殊的四阶互相关矩阵，可以获得更好的走时估计，在7.4节中对此进行了讨论，但是对于这种四阶互相关的信噪比，目前还没有完整的数学分析。Garnier 与 Papanicolaou（2009）对走时估计中的四阶互相关进行了简单分析。

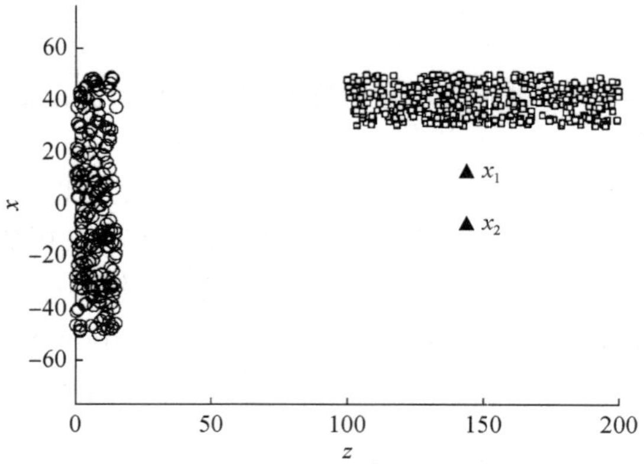

图7.1　主场源较弱但二次场源较强的走时估计排列方式示意图。
圆圈代表噪声源，正方形代表散射体，三角形代表传感器。

本章结构如下：7.2节介绍了散射模型；7.3节讨论了弱散射介质中基于互相关的走时估计，这也是本章的主要内容；7.4节，介绍了如何使用迭代（四阶）互相关来提高散射介质中走时估计的分辨率和信噪比。

7.2　散射模型

为了更好地分析散射介质中的互相关技术，这里首先介绍一下非均匀介质模型。假设均匀背景介质中的波速为 c_0，且散射较弱，即

$$\frac{1}{c_{\mathrm{clu}}^2(\boldsymbol{x})}=\frac{1}{c_0^2}[1+\mu(\boldsymbol{x})] \tag{7.1}$$

式中，$\mu(\boldsymbol{x})$ 是均值为零且具有如下形式协方差函数的随机过程。

$$\mathbb{E}[\mu(\boldsymbol{x})\mu(\boldsymbol{x}')]=\sigma_{s}^{2}K_{s}^{1/2}(\boldsymbol{x})K_{s}^{1/2}(\boldsymbol{x}')H_{s}\left(\frac{\boldsymbol{x}-\boldsymbol{x}'}{l_{s}}\right) \tag{7.2}$$

式中，$\mathbb{E}$ 是随机散射介质分布的期望值；σ_s 是扰动的标准差。假设函数 $\boldsymbol{x}\to K_s(\boldsymbol{x})$ 为非负、光滑且紧支撑的，它表征了散射体的空间支撑（K_s 的典型振幅为一阶）。$\boldsymbol{x}\to H_s(\boldsymbol{x}/l_s)$ 是局部协方差函数，对其进行归一化处理可以得到 $H_s(0)=1$ 及 $\int H_s(\boldsymbol{x})\mathrm{d}x=1$，$l_s$ 可以看作是随机介质的相关长度，这里假设相关长度 l_s 很小（小于波长）。为简单起见，进一步假设函数 H_s 是各向同性的，它仅依赖于 $|\boldsymbol{x}|$：

$$H_s(\boldsymbol{x})=\breve{H}_s(|\boldsymbol{x}|)$$

混波格林函数 $\hat{G}_{\mathrm{clu}}$（混波噪声或介质噪声的格林函数）是以下方程在佐默费尔德条件下的基本解：

$$\Delta_x\hat{G}_{\mathrm{clu}}(\omega,\boldsymbol{x},\boldsymbol{y})+\frac{\omega^2}{c_{\mathrm{clu}}^2(\boldsymbol{x})}\hat{G}_{\mathrm{clu}}(\omega,\boldsymbol{x},\boldsymbol{y})=-\delta(\boldsymbol{x}-\boldsymbol{y}) \tag{7.3}$$

其中，$c_{\mathrm{clu}}(\boldsymbol{x})$ 满足式（7.1）。

由式（7.3）定义的混波格林函数 $\hat{G}_{\mathrm{clu}}$ 满足的李普曼-施温格尔积分方程为

$$\hat{G}_{\mathrm{clu}}(\omega,\boldsymbol{x},\boldsymbol{y})=\hat{G}_0(\omega,\boldsymbol{x},\boldsymbol{y})+\frac{\omega^2}{c_0^2}\int\hat{G}_0(\omega,\boldsymbol{x},\boldsymbol{z})\mu(\boldsymbol{z})\hat{G}_{\mathrm{clu}}(\omega,\boldsymbol{z},\boldsymbol{y})\,\mathrm{d}\mathbf{z} \tag{7.4}$$

式中，$\hat{G}_0$ 是均匀背景介质的格林函数，即如下方程在佐默费尔德条件下的解：

$$\Delta_x\hat{G}_0(\omega,\boldsymbol{x},\boldsymbol{y})+\frac{\omega^2}{c_0^2}\hat{G}_0(\omega,\boldsymbol{x},\boldsymbol{y})=-\delta(\boldsymbol{x}-\boldsymbol{y}) \tag{7.5}$$

$\mu(\boldsymbol{x})$ 是模拟随机过程的背景扰动，满足式（7.1）。将上述积分方程迭代一次得到：

$$\begin{aligned}\hat{G}_{\mathrm{clu}}(\omega,\boldsymbol{x},\boldsymbol{y})=&\hat{G}_0(\omega,\boldsymbol{x},\boldsymbol{y})+\frac{\omega^2}{c_0^2}\int\hat{G}_0(\omega,\boldsymbol{x},\boldsymbol{z})\mu(\boldsymbol{z})\hat{G}_0(\omega,\boldsymbol{z},\boldsymbol{y})\,\mathrm{d}\mathbf{z}\\&+\frac{\omega^4}{c_0^4}\iint\hat{G}_0(\omega,\boldsymbol{x},\boldsymbol{z})\mu(\boldsymbol{z})\hat{G}_0(\omega,\boldsymbol{z},\boldsymbol{z}')\mu(\boldsymbol{z}')\hat{G}_{\mathrm{clu}}(\omega,\boldsymbol{z}',\boldsymbol{y})\,\mathrm{d}\mathbf{z}\mathrm{d}\mathbf{z}'\end{aligned} \tag{7.6}$$

对式（7.6）的混波格林函数解应用二阶玻恩近似或多重散射近似，将右侧的 $\hat{G}_{\mathrm{clu}}$ 替换为 $\hat{G}_0$。该近似考虑了波与混波介质相互作用的单次散射和两次散射：

$$\hat{G}_{\mathrm{clu}}(\omega,\boldsymbol{x},\boldsymbol{y})=\hat{G}_0(\omega,\boldsymbol{x},\boldsymbol{y})+\hat{G}_1(\omega,\boldsymbol{x},\boldsymbol{y})+\hat{G}_2(\omega,\boldsymbol{x},\boldsymbol{y}) \tag{7.7}$$

其中，$\hat{G}_1$、$\hat{G}_2$ 的表达式为

$$\hat{G}_1(\omega,\boldsymbol{x},\boldsymbol{y})=\frac{\omega^2}{c_0^2}\int\hat{G}_0(\omega,\boldsymbol{x},\boldsymbol{z})\mu(\boldsymbol{z})\hat{G}_0(\omega,\boldsymbol{z},\boldsymbol{y})\,\mathrm{d}\mathbf{z} \tag{7.8}$$

$$\hat{G}_2(\omega,\boldsymbol{x},\boldsymbol{y})=\frac{\omega^4}{c_0^4}\iint\hat{G}_0(\omega,\boldsymbol{x},\boldsymbol{z})\mu(\boldsymbol{z})\hat{G}_0(\omega,\boldsymbol{z},\boldsymbol{z}')\mu(\boldsymbol{z}')\hat{G}_0(\omega,\boldsymbol{z}',\boldsymbol{y})\,\mathrm{d}\mathbf{z}\mathrm{d}\mathbf{z}' \tag{7.9}$$

其误差形式上为 $O(\sigma_s^3)$ 阶，σ_s 是 $\mu(\boldsymbol{x})$ 的标准差。之所以保留式（7.7）中 $\hat{G}_2$ 项，是因为在计算互相关的矩时，对随机介质进行校正的最低阶项是 $O(\sigma_s^2)$ 阶的，因此为保持一致性，保留了所有项。然而，只有 $\hat{G}_1$ 项对互相关的均值和方差有贡献。

7.3 散射导致的信噪比降低和分辨率提高之间的关系

考虑3.1节中式（3.2）的噪声源项：

$$\langle n^{\varepsilon}(t_1,\boldsymbol{y}_1)n^{\varepsilon}(t_2,\boldsymbol{y}_2)\rangle = F_{\varepsilon}(t_2-t_1)K(\boldsymbol{y}_1)\delta(\boldsymbol{y}_2-\boldsymbol{y}_1),\quad F_{\varepsilon}(t_2-t_1)=F\left(\frac{t_2-t_1}{\varepsilon}\right)$$

在 $\boldsymbol{x}_1$ 和 $\boldsymbol{x}_2$ 处信号的统计互相关是

$$C^{(1)}(\tau,\boldsymbol{x}_1,\boldsymbol{x}_2)=\frac{1}{2\pi}\iint \mathrm{d}y\mathrm{d}\omega\hat{F}_{\varepsilon}(\omega)K(\boldsymbol{y})\overline{\hat{G}_{\mathrm{clu}}}(\omega,\boldsymbol{x}_1,\boldsymbol{y})\hat{G}_{\mathrm{clu}}(\omega,\boldsymbol{x}_2,\boldsymbol{y})\mathrm{e}^{-\mathrm{i}\omega\tau} \tag{7.10}$$

对散射强度表达式中的首项而言，互相关的期望值$\mathbb{E}[C^{(1)}]$是背景介质格林函数的互相关与三项 σ_{s}^2 阶的附加项之和，这在附录7.A中有详细说明。与背景介质的互相关 $C_0^{(1)}$ 相比，散射使平均互相关$\mathbb{E}[C^{(1)}]$在$\tau=\mathcal{T}(\boldsymbol{x}_1,\boldsymbol{x}_2)$或$\tau=-\mathcal{T}(\boldsymbol{x}_1,\boldsymbol{x}_2)$处出现峰值，即使连接 $\boldsymbol{x}_1$ 和 $\boldsymbol{x}_2$ 的射线与源区域不相交，只要从散射区域发出的射线穿过 $\boldsymbol{x}_1$ 与 $\boldsymbol{x}_2$ 也能产生以上效果。这里 $\mathcal{T}(\boldsymbol{x}_1,\boldsymbol{x}_2) = |\boldsymbol{x}_1-\boldsymbol{x}_2|/c_0$ 是波速为 c_0 的均匀背景介质中 $\boldsymbol{x}_1$ 和 $\boldsymbol{x}_2$ 之间的走时。事实上，在高频情况下，有以下结果（证明见附录7.B）。

命题7.1　当$\varepsilon\to 0$时，如果穿过 $\boldsymbol{x}_1$ 与 $\boldsymbol{x}_2$ 的射线到达源区，则存在直到 $O(\sigma_s^2)$ 阶的项：

$$\begin{aligned}\mathbb{E}[\partial_{\tau}C^{(1)}(\tau,\boldsymbol{x}_1,\boldsymbol{x}_2)]=\frac{c_0}{2}\mathcal{A}(\boldsymbol{x}_1,\boldsymbol{x}_2)\Big[&\mathcal{K}(\boldsymbol{x}_2,\boldsymbol{x}_1)F_{\varepsilon}\left(\tau+\mathcal{T}(\boldsymbol{x}_1,\boldsymbol{x}_2)\right)\\&-\mathcal{K}(\boldsymbol{x}_1,\boldsymbol{x}_2)F_{\varepsilon}\left(\tau-\mathcal{T}(\boldsymbol{x}_1,\boldsymbol{x}_2)\right)\Big]\end{aligned} \tag{7.11}$$

此处，$\mathcal{K}(\boldsymbol{x}_1,\ \boldsymbol{x}_2)$ 由式（3.35）定义，$\mathcal{T}(\boldsymbol{x}_1,\ \boldsymbol{x}_2)=\dfrac{|\boldsymbol{x}_1-\boldsymbol{x}_2|}{c_0}$，$\mathcal{A}(\boldsymbol{x}_1,\ \boldsymbol{x}_2)=\dfrac{1}{4\pi|\boldsymbol{x}_1-\boldsymbol{x}_2|}$。

如果穿过 $\boldsymbol{x}_1$ 与 $\boldsymbol{x}_2$ 的射线与源区域不相交，而是与散射区域相交，则：

$$\begin{aligned}\mathbb{E}[\partial_{\tau}C^{(1)}(\tau,\boldsymbol{x}_1,\boldsymbol{x}_2)]=\frac{c_0}{2}\mathcal{A}(\boldsymbol{x}_1,\boldsymbol{x}_2)\Big[&\mathcal{K}_{\mathrm{s}}^{(0)}(\boldsymbol{x}_2,\boldsymbol{x}_1)F_{\varepsilon}^{(4)}\left(\tau+\mathcal{T}(\boldsymbol{x}_1,\boldsymbol{x}_2)\right)\\&-\mathcal{K}_{\mathrm{s}}^{(0)}(\boldsymbol{x}_1,\boldsymbol{x}_2)F_{\varepsilon}^{(4)}\left(\tau-\mathcal{T}(\boldsymbol{x}_1,\boldsymbol{x}_2)\right)\Big]\end{aligned} \tag{7.12}$$

其中

$$\mathcal{K}_{\mathrm{s}}^{(0)}(\boldsymbol{x}_1,\boldsymbol{x}_2)=\int_0^{\infty}K_{\mathrm{s}}^{(0)}\left(\boldsymbol{x}_1+\frac{\boldsymbol{x}_1-\boldsymbol{x}_2}{|\boldsymbol{x}_1-\boldsymbol{x}_2|}l\right)\mathrm{d}l \tag{7.13}$$

$$\mathcal{K}_{\mathrm{s}}^{(0)}(\boldsymbol{z})=K_{\mathrm{s}}(\boldsymbol{z})\frac{\sigma_{\mathrm{s}}^2l_{\mathrm{s}}^3}{2^4\pi^2c_0^4}\int\frac{K(\boldsymbol{y})}{|\boldsymbol{y}-\boldsymbol{z}|^2}\mathrm{d}y \tag{7.14}$$

以上说明：

（1）函数 $K_{\mathrm{s}}^{(0)}$ 的支撑就是 K_{s} 的支撑，即散射区。$K_{\mathrm{s}}^{(0)}(z)$ 与 z 处散射体产生的总散射能量成正比；

（2）$\mathcal{K}_{\mathrm{s}}^{(0)}(\boldsymbol{x}_1,\boldsymbol{x}_2)$ 定义式与式（3.35）类似，只需要用 $K_{\mathrm{s}}^{(0)}$ 代替 K 即可。$F_{\varepsilon}^{(4)}$ 是函数 F_{ε} 的四阶导数。

这一命题表明，即使穿过 $\boldsymbol{x}_1$ 与 $\boldsymbol{x}_2$ 的射线与震源区不相交，而只与散射区相交，平均互相关曲线上$\tau=\pm\mathcal{T}(\boldsymbol{x}_1,\boldsymbol{x}_2)$处仍存在峰值。上述事实也可以这样表述：

（1）只有沿穿过 $\boldsymbol{x}_1$ 与 $\boldsymbol{x}_2$ 射线分布的散射体才能使平均互相关产生峰值（实际上，散射体是沿直径为$\sqrt{\varepsilon}$的射线管分布的）；

（2）互相关波峰的振幅随源到散射区距离的平方而衰减，但与散射区到记录器的距离无关。

对散射强度和高频部分的首项而言，可以再次使用驻相参数来分析互相关扰动的方差（证明见附录7.C）。

命题7.2　当 $\varepsilon\to 0$ 时，直至 $O(\sigma_s^3)$ 阶项下式都成立：

$$\int \mathrm{Var}[\partial_\tau C^{(1)}(\tau,\boldsymbol{x}_1,\boldsymbol{x}_2)]\mathrm{d}\tau = \frac{\sigma_s^2 l_s^3}{2^{11}\pi^5 c_0^2}\left\{\int \omega^4[\hat{F}_\varepsilon(\omega)]^2\mathrm{d}\omega\right\}$$
$$\times\int K_s(z)\frac{[\mathcal{K}(z,\boldsymbol{x}_1)-\mathcal{K}(z,\boldsymbol{x}_2)]^2+\mathcal{K}(\boldsymbol{x}_1,z)^2+\mathcal{K}(\boldsymbol{x}_2,z)^2}{|z-\boldsymbol{x}_1|^2|z-\boldsymbol{x}_2|^2}\mathrm{d}z \tag{7.15}$$

这表明：

（1）对互相关扰动首项有贡献的散射体（K_s 支撑中的点 z）是沿通过源区域和其中一个检波器的射线分布的，即 $\mathcal{K}(z,\boldsymbol{x}_1)>0$ 或 $\mathcal{K}(\boldsymbol{x}_1,z)>0$ 或 $\mathcal{K}(z,\boldsymbol{x}_2)>0$ 或 $\mathcal{K}(\boldsymbol{x}_2,z)>0$；

（2）扰动的标准差与从源区到散射区的距离无关，而是随着从散射区到记录器距离的平方而衰减；

（3）噪声带宽 B 的标准差正比于 $B^{1/2}$，而峰值振幅正比于 B，这表明相对扰动随带宽的增大而减小。

对 $C^{(1)}$ 均值和方差的分析表明，散射可以扩大检波器记录波场的照明范围，这有助于提高走时估计的质量，但它也增加了互相关的扰动，可能导致难以准确检测到峰值。在弱散射情况下，互相关扰动的标准差量级为 σ_s，而峰值（由散射波产生）振幅为 σ_s^2 阶。在7.4节中将讨论如何利用四阶互相关来提高弱散射介质中走时估计的信噪比。

7.4　尾波互相关及应用

本节通过四阶互相关 $C_T^{(3)}(\tau,\boldsymbol{x}_1,\boldsymbol{x}_2)$ 的主峰来估计散射介质中两个检波器 $\boldsymbol{x}_1$ 与 $\boldsymbol{x}_2$ 之间的走时，另一组检波器 $x_{a,k},k=1,\cdots,N_a$ 记录辅助数据，计算过程如下（图7.2）。

（1）对于每个辅助检波器 $\boldsymbol{x}_{a,k}$，计算 $\boldsymbol{x}_1$ 和 $\boldsymbol{x}_{a,k}$以及 $\boldsymbol{x}_2$ 和 $\boldsymbol{x}_{a,k}$之间的互相关：

$$C_T(\tau,\boldsymbol{x}_{a,k},\boldsymbol{x}_l)=\frac{1}{T}\int_0^T u(t,\boldsymbol{x}_{a,k})u(t+\tau,\boldsymbol{x}_l)\mathrm{d}t,\quad l=1,2,k=1,\cdots,N_a$$

（2）计算这些互相关波形的尾波：

$$C_{T,\mathrm{coda}}(\tau,\boldsymbol{x}_{a,k},\boldsymbol{x}_l)=C_T(\tau,\boldsymbol{x}_{a,k},\boldsymbol{x}_l)\mathbf{1}_{[T_{c1},T_{c2}]}(|\tau|),l=1,2,k=1,\cdots,N_a$$

（3）对这些互相关波形的尾波做互相关，并在所有辅助传感器上对它们求和，以形成 $\boldsymbol{x}_1$ 与 $\boldsymbol{x}_2$ 之间的尾波互相关：

$$C_T^{(3)}(\tau,\boldsymbol{x}_1,\boldsymbol{x}_2)=\sum_{k=1}^{N_a}\int C_{T,\mathrm{coda}}(\tau',\boldsymbol{x}_{a,k},\boldsymbol{x}_1)C_{T,\mathrm{coda}}(\tau'+\tau,\boldsymbol{x}_{a,k},\boldsymbol{x}_2)\mathrm{d}\tau' \tag{7.16}$$

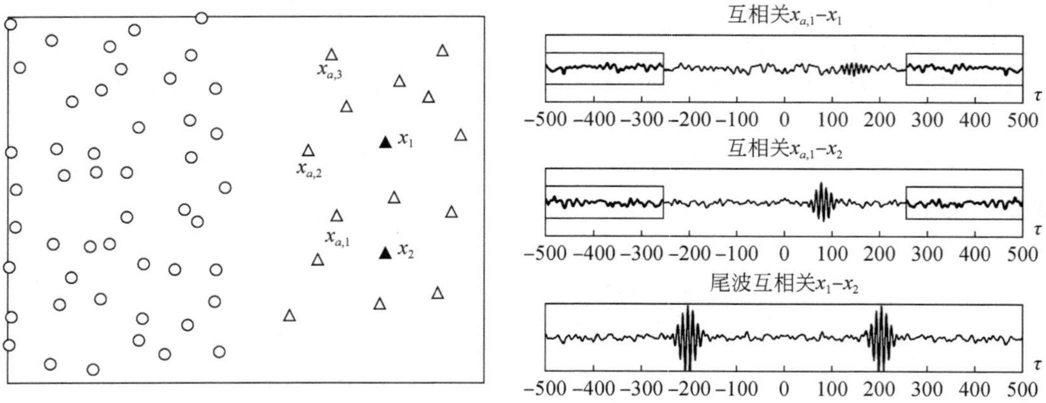

图 7.2　当噪声源（左图中的圆圈）分布于空间有限区域中时，在 $\boldsymbol{x}_1$ 与 $\boldsymbol{x}_2$（实心三角形）处记录的信号与在 $\boldsymbol{x}_{a,k}$处（空三角形）的辅助检波器处的信号之间形成互相关。然后我们计算这些互相关波形尾波的互相关，并对所有辅助检波器上的互相关求和，即可得到尾部互相关式（7.16），从而可以更好地估计 $\boldsymbol{x}_1$ 与 $\boldsymbol{x}_2$ 之间的走时，如右侧图所示。

上面的计算过程中出现了三个参数——T、T_{c1} 和 T_{c2}，它们的作用如下：

（1）T 是积分时间，并且它应该很大，以确保噪声源分布的统计稳定性。

（2）时间窗的起始位置 T_{c1} 足够大，以使得区间 $[T_{c1},T_{c2}]$ 内的格林函数

$$[G(t,\boldsymbol{x}_{a,k},\boldsymbol{x}_1)]_{t\in[T_{c1},T_{c2}]}\text{及}[G(t,\boldsymbol{x}_{a,k},\boldsymbol{x}_2)]_{t\in[T_{c1},T_{c2}]}$$

不包含直达波的贡献，这表明时间窗的起始位置 T_{c1} 取决于辅助检波器的指标 k，且应略大于 $\max[\mathcal{T}(\boldsymbol{x}_{a,k},\boldsymbol{x}_1),\mathcal{T}(\boldsymbol{x}_{a,k},\boldsymbol{x}_2)]$。

（3）时间窗的结束位置 T_{c2} 足够大，以使得区间 $[T_{c1},T_{c2}]$ 内的格林函数

$$[G(t,\boldsymbol{x}_{a,k},\boldsymbol{x}_1)]_{t\in[T_{c1},T_{c2}]}\text{及}[G(t,\boldsymbol{x}_{a,k},\boldsymbol{x}_2)]_{t\in[T_{c1},T_{c2}]}$$

只包含非相干散射波的贡献。

如 Garnier 和 Papanicolaou（2009）所示，从互相关 C_T 的统计稳定性可知，尾波互相关 $C_T^{(3)}$ 是关于噪声源分布的自平均量，并且当 $T\to\infty$ 时，它等于统计尾波互相关 $C^{(3)}$：

$$C^{(3)}(\tau,\boldsymbol{x}_1,\boldsymbol{x}_2)=\frac{1}{2\pi}\sum_{k=1}^{N_a}\int\overline{\hat{C}_{\text{coda}}^{(1)}(\omega,\boldsymbol{x}_{a,k},\boldsymbol{x}_1)}\,\hat{C}_{\text{coda}}^{(1)}(\omega,\boldsymbol{x}_{a,k},\boldsymbol{x}_2)\,\mathrm{e}^{-\mathrm{i}\omega\tau}\mathrm{d}\omega$$

$$C_{\text{coda}}^{(1)}(\tau,\boldsymbol{x}_{a,k},\boldsymbol{x}_l)=C^{(1)}(\tau,\boldsymbol{x}_{a,k},\boldsymbol{x}_l)\mathbf{1}_{[T_{c1},T_{c2}]}(|\tau|)$$

Garnier 和 Papanicolaou（2009）用驻相法研究了尾波的统计互相关 $C^{(3)}$，它与统计互相关 $C^{(1)}$ 的不同之处在于消除了直达波的影响，而只考虑了散射波的贡献。由于当噪声源分布于空间局部区域中时，散射波比直达波具有更大的方位角范围，因此尾波互相关 $C^{(3)}(\tau,\boldsymbol{x}_1,\boldsymbol{x}_2)$ 通常在延迟时间等于检波器对之间走时 $\mathcal{T}(\boldsymbol{x}_1,\boldsymbol{x}_2)$ 处出现更强的峰值。特别地，与互相关 $C^{(1)}$ 相比，在延迟时间等于走时 $\mathcal{T}(\boldsymbol{x}_1,\boldsymbol{x}_2)$ 处出现的峰值并不需要穿过 $\boldsymbol{x}_1$ 与 $\boldsymbol{x}_2$ 的射线到达震源区，只需要到达散射区即可。总体来说，如果以下两个条件成立，尾波互相关 $C^{(3)}$ 在延迟时间 τ 等于 $\pm\mathcal{T}(x_1,x_2)$ 时出现峰值（图 7.3）：

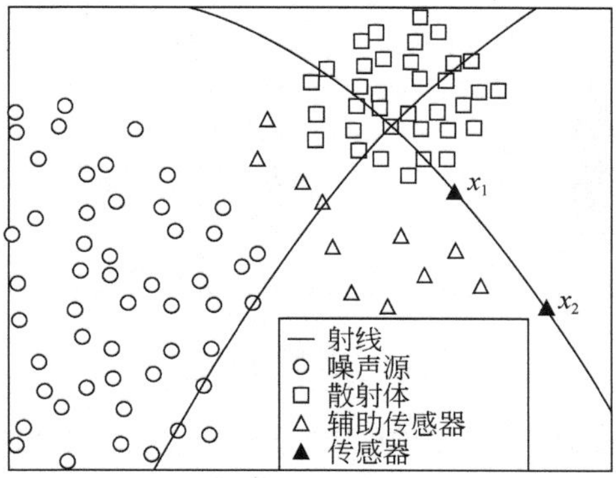

图 7.3　用于改善检波器 $\boldsymbol{x}_1$ 与 $\boldsymbol{x}_2$（实心三角形）之间走时估计的噪声源（圆圈）、散射体（正方形）和辅助传感器（空三角形）排列方式示意图。散射体沿穿过检波器 $\boldsymbol{x}_1$ 与 $\boldsymbol{x}_2$ 的射线分布；辅助检波器沿着从震源区到散射区的射线分布。

（1）散射体沿穿过 $\boldsymbol{x}_1$ 与 $\boldsymbol{x}_2$ 的射线分布，这些散射体对改善走时估计有贡献。

（2）辅助检波器沿从源区域（函数 K 的支撑）到散射体的射线分布。

图 7.4、图 7.5 对这些结果进行了直观的展示，五个检波器垂直于来自噪声源的能流方向排列，互相关 $C^{(1)}(\tau,\boldsymbol{x}_1,\boldsymbol{x}_j)$, $j=1,\cdots,5$ 在延迟时间等于检波器 $\boldsymbol{x}_1$ 与 $\boldsymbol{x}_j$ 之间走时处并未出现峰值。在图 7.4 中，穿过检波器 $\boldsymbol{x}_1$ 与 $\boldsymbol{x}_j$ 的射线与散射区相交，尾波互相关 $C^{(3)}(\tau,\boldsymbol{x}_1,\boldsymbol{x}_j)$，$j=1,\cdots,5$ 在延迟时间等于检波器对之间走时处出现一个峰值。在图 7.5 中，穿过检波器 $\boldsymbol{x}_1$ 与 $\boldsymbol{x}_j$ 的射线与散射区不相交，尾波互相关 $C^{(3)}(\tau,\boldsymbol{x}_1,\boldsymbol{x}_j)$, $j=1,\cdots,5$ 在延迟时间等于检波器对之间走时处未出现峰值。

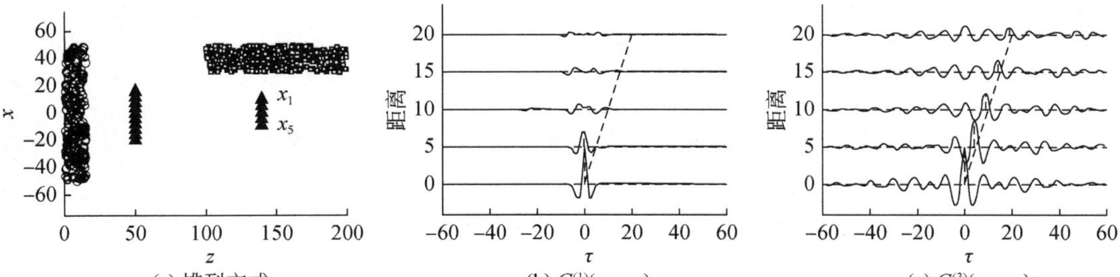

(a) 排列方式　(b) $C^{(1)}(\tau,x_1,x_j)$　(c) $C^{(3)}(\tau,x_1,x_j)$

图 7.4　源、散射区域及记录器的排列方式如图（a）所示：圆圈为噪声源，正方形为散射体，三角形为记录器。图（b）所示为检波器对$(\boldsymbol{x}_1,\boldsymbol{x}_j)$, $j=1,\cdots,5$ 之间的互相关 $C^{(1)}$ 与距离 $|\boldsymbol{x}_j-\boldsymbol{x}_1|$ 之间的关系。图（c）所示为检波器对（$\boldsymbol{x}_1,\boldsymbol{x}_j$）, $j=1,\cdots,5$ 之间尾波互相关 $C^{(3)}$，在延迟时间等于检波器对之间走时 $\mathcal{T}(\boldsymbol{x}_1,\boldsymbol{x}_j)$ 处出现了峰值，这是因为穿过 $\boldsymbol{x}_1$ 与 $\boldsymbol{x}_j$ 的射线与散射区域相交。

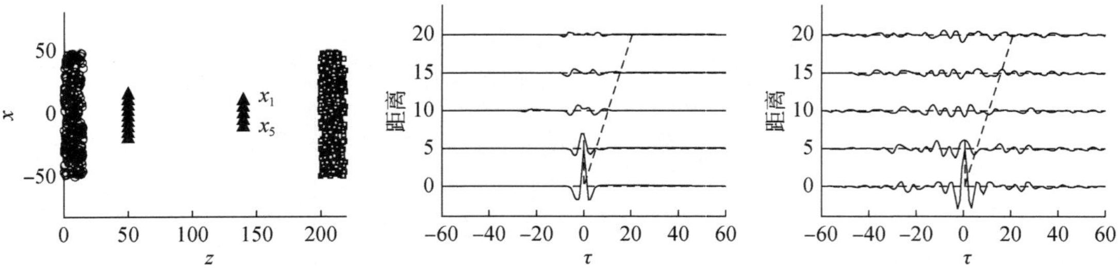

(a) 排列方式　(b) $C^{(1)}(\tau,x_1,x_j)$　(c) $C^{(3)}(\tau,x_1,x_j)$

图 7.5　与图 7.4 相同但是这里的散射体在检波器阵列的后面，在尾波互相关 $C^{(3)}$ 中延迟时间等于走时 $\mathcal{T}(\boldsymbol{x}_1,\ \boldsymbol{x}_j)$ 处没有出现峰值，这是因为穿过 $\boldsymbol{x}_1$ 与 $\boldsymbol{x}_j$ 的射线与散射区域不相交。

7.5　结　　论

在本章中，分析了在背景噪声源照明情况下散射波在走时估计中的作用。主要结果是 7.3 节中对散射导致的照明方位角扩大引起分辨率提高与散射引起的随机扰动而导致信噪比（SNR）降低之间折中的详细而定量的分析。

首先，随机散射介质可以扩大能流方位角范围，从而可以对包含检波器的目标区域照明。散射可以提供照明区域的二次场源，从而在互相关波形中延迟时间等于台站对之间走时处产生一个峰值。其次，随机散射介质还会在互相关中引入随机扰动，从而降低台站对之间走时处互相关峰值的信噪比。本章还考虑了一类特殊的四阶互相关，它是通过对二阶互相关的尾波做互相关得到的。该方法旨在去除直达波的影响同时增强散射波的效应。事实表明，使用差分四阶尾波互相关来估计走时是非常有效的，Garnier 和 Papanicolaou (2009，2011) 给出了这方面的大部分结果。

附录 7. A：平均互相关的完备表达

在本附录中，给出了弱散射状态下平均互相关的完整表达式（直至 σ_s^2 阶）。

引理 7.3　在弱散射情况下，有

$$\begin{aligned}\mathbb{E}[C^{(1)}(\tau,\boldsymbol{x}_1,\boldsymbol{x}_2)]=&C_0^{(1)}(\tau,\boldsymbol{x}_1,\boldsymbol{x}_2)+\mathbb{E}[C^{(1)}(\tau,\boldsymbol{x}_1,\boldsymbol{x}_2)]_{\mathrm{I}}\\&+\mathbb{E}[C^{(1)}(\tau,\boldsymbol{x}_1,\boldsymbol{x}_2)]_{\mathrm{II}}+\mathbb{E}[C^{(1)}(\tau,\boldsymbol{x}_1,\boldsymbol{x}_2)]_{\mathrm{III}}+O(\sigma_s^3)\end{aligned}\tag{7.17}$$

其中

$$C_0^{(1)}(\tau,\boldsymbol{x}_1,\boldsymbol{x}_2)=\frac{1}{2\pi}\iint \mathrm{d}\boldsymbol{y}\mathrm{d}\omega\hat{F}_\varepsilon(\omega)K(\boldsymbol{y})\overline{\hat{G}_0(\omega,\boldsymbol{x}_1,\boldsymbol{y})}\hat{G}_0(\omega,\boldsymbol{x}_2,\boldsymbol{y})\mathrm{e}^{-\mathrm{i}\omega\tau}$$

以及

$$\mathbb{E}[C^{(1)}(\tau,\boldsymbol{x}_1,\boldsymbol{x}_2)]_{\mathrm{I}}=\frac{1}{2\pi}\iint \mathrm{d}\boldsymbol{y}\mathrm{d}\omega\omega^4\hat{F}_\varepsilon(\omega)K_s^{(0)}(\boldsymbol{y})\overline{\hat{G}_0(\omega,\boldsymbol{x}_1,\boldsymbol{y})}\hat{G}_0(\omega,\boldsymbol{x}_2,\boldsymbol{y})\mathrm{e}^{-\mathrm{i}\omega\tau}\tag{7.18}$$

$$\mathbb{E}[C^{(1)}(\tau,\boldsymbol{x}_1,\boldsymbol{x}_2)]_{\mathrm{II}}=\frac{\sigma_s^2 l_s^2 q_H}{2\pi c_0^4}\iiint \mathrm{d}z\mathrm{d}y\mathrm{d}\omega\omega^4\hat{F}_\varepsilon(\omega)K(\boldsymbol{y})K_s(z)\overline{\hat{G}_0(\omega,\boldsymbol{x}_1,z)}\times\overline{\hat{G}_0(\omega,z,\boldsymbol{y})}\hat{G}_0(\omega,\boldsymbol{x}_2,\boldsymbol{y})\mathrm{e}^{-\mathrm{i}\omega\tau} \tag{7.19}$$

$$\mathbb{E}[C^{(1)}(\tau,\boldsymbol{x}_1,\boldsymbol{x}_2)]_{\mathrm{III}}=\frac{\sigma_s^2 l_s^2 q_H}{2\pi c_0^4}\iiint \mathrm{d}z\mathrm{d}y\mathrm{d}\omega\omega^4\hat{F}_\varepsilon(\omega)K(\boldsymbol{y})K_s(z)\times\overline{\hat{G}_0(\omega,\boldsymbol{x}_1,\boldsymbol{y})}\hat{G}_0(\omega,\boldsymbol{x}_2,z)\hat{G}_0(\omega,z,\boldsymbol{y})\mathrm{e}^{-\mathrm{i}\omega\tau} \tag{7.20}$$

式中，$K_s^{(0)}$（z）由式（7.14）定义，q_H 定义如下：

$$q_H=\int_0^\infty \breve{H}_s(r)r\mathrm{d}r \tag{7.21}$$

式（7.18）与式（2.19）具有相同的形式，只是用 $K_s^{(0)}$ 代替了 K，该公式表明随机散射体起到了二次源的作用。

也可以这样认为，$\mathbb{E}[C^{(1)}]_{\mathrm{I}}$ 体现了两个单一散射波之间互相关的贡献，而$\mathbb{E}[C^{(1)}]_{\mathrm{II}}$ 和$\mathbb{E}[C^{(1)}]_{\mathrm{III}}$体现了非扰动波和两次散射波之间互相关的贡献。

【证明】　$C^{(1)}(\tau,\boldsymbol{x}_1,\boldsymbol{x}_2)=\dfrac{1}{2\pi}\iint \mathrm{d}y\mathrm{d}\omega\hat{F}_\varepsilon(\omega)K(\boldsymbol{y})\overline{\hat{G}_{\mathrm{clu}}(\omega,\boldsymbol{x}_1,\boldsymbol{y})}\hat{G}_{\mathrm{clu}}(\omega,\boldsymbol{x}_2,\boldsymbol{y})\mathrm{e}^{-\mathrm{i}\omega\tau}$

其中，混波格林函数 $\hat{G}_{\mathrm{clu}}$ 可以展开为式（7.7）的形式，可以通过计算其期望值，消除 σ_s 阶项。通过合并所有的 σ_s^2 阶项，发现平均互相关可展开为式（7.17），且有

$$\mathbb{E}[C^{(1)}(\tau,\boldsymbol{x}_1,\boldsymbol{x}_2)]_{\mathrm{I}}=\frac{\sigma_s^2}{2\pi c_0^4}\iiint \mathrm{d}z\mathrm{d}z'\mathrm{d}y\mathrm{d}\omega\omega^4\hat{F}_\varepsilon(\omega)K(\boldsymbol{y})H_s\left(\frac{z'}{l_s}\right)K_s^{1/2}\left(z+\frac{z'}{2}\right)\times K_s^{1/2}\left(z-\frac{z'}{2}\right)\overline{\hat{G}_0\left(\omega,\boldsymbol{x}_1,z-\frac{z'}{2}\right)\hat{G}_0\left(\omega,z-\frac{z'}{2},\boldsymbol{y}\right)}\times\hat{G}_0\left(\omega,\boldsymbol{x}_2,z+\frac{z'}{2}\right)\hat{G}_0\left(\omega,z+\frac{z'}{2},\boldsymbol{y}\right)\mathrm{e}^{-\mathrm{i}\omega\tau} \tag{7.22}$$

$$\mathbb{E}[C^{(1)}(\tau,\boldsymbol{x}_1,\boldsymbol{x}_2)]_{\mathrm{II}}=\frac{\sigma_s^2}{2\pi c_0^4}\iiint \mathrm{d}z\mathrm{d}z'\mathrm{d}y\mathrm{d}\omega\omega^4\hat{F}_\varepsilon(\omega)K(\boldsymbol{y})H_s\left(\frac{z'}{l_s}\right)K_s^{1/2}\left(z+\frac{z'}{2}\right)\times K_s^{1/2}\left(z-\frac{z'}{2}\right)\overline{\hat{G}_0\left(\omega,\boldsymbol{x}_1,z-\frac{z'}{2}\right)\hat{G}_0\left(\omega,z-\frac{z'}{2},z+\frac{z'}{2}\right)}\times\overline{\hat{G}_0\left(\omega,z+\frac{z'}{2},\boldsymbol{y}\right)}\hat{G}_0(\omega,\boldsymbol{x}_2,\boldsymbol{y})\mathrm{e}^{-\mathrm{i}\omega\tau} \tag{7.23}$$

及

$$\mathbb{E}[C^{(1)}(\tau,\boldsymbol{x}_1,\boldsymbol{x}_2)]_{\mathrm{III}}=\frac{\sigma_s^2}{2\pi c_0^4}\iiint \mathrm{d}z\mathrm{d}z'\mathrm{d}y\mathrm{d}\omega\omega^4\hat{F}_\varepsilon(\omega)K(\boldsymbol{y})H_s\left(\frac{z'}{l_s}\right)K_s^{1/2}\left(z+\frac{z'}{2}\right)\times K_s^{1/2}\left(z-\frac{z'}{2}\right)\overline{\hat{G}_0(\omega,\boldsymbol{x}_1,\boldsymbol{y})}\hat{G}_0\left(\omega,\boldsymbol{x}_2,z-\frac{z'}{2}\right)\times\hat{G}_0\left(\omega,z+\frac{z'}{2},z-\frac{z'}{2}\right)\hat{G}_0\left(\omega,z+\frac{z'}{2},\boldsymbol{y}\right)\mathrm{e}^{-\mathrm{i}\omega\tau} \tag{7.24}$$

当 l_s 变小时，$\mathbb{E}[C^{(1)}]_{\mathrm{I}}$ 可写为

$$\mathbb{E}[C^{(1)}(\tau,\boldsymbol{x}_1,\boldsymbol{x}_2)]_{\mathrm{I}}=\frac{\sigma_{\mathrm{s}}^2 l_{\mathrm{s}}^3}{2\pi c_0^4}\iiint \mathrm{d}z\mathrm{d}y\mathrm{d}\omega\omega^4\hat{F}_\varepsilon(\omega)K(\boldsymbol{y})K_{\mathrm{s}}(\boldsymbol{z})$$

$$\times\overline{\hat{G}_0(\omega,\boldsymbol{x}_1,\boldsymbol{z})\hat{G}_0(\omega,\boldsymbol{z},\boldsymbol{y})}\hat{G}_0(\omega,\boldsymbol{x}_2,\boldsymbol{z})\hat{G}_0(\omega,\boldsymbol{z},\boldsymbol{y})\mathrm{e}^{-\mathrm{i}\omega\tau}$$

因为 $\int H_{\mathrm{s}}(\boldsymbol{z}')\mathrm{d}z'=1$，$\mathbb{E}[C^{(1)}]_{\mathrm{I}}$ 又可以写为

$$\mathbb{E}[C^{(1)}(\tau,\boldsymbol{x}_1,\boldsymbol{x}_2)]_{\mathrm{I}}=\frac{\sigma_{\mathrm{s}}^2 l_{\mathrm{s}}^3}{2\pi c_0^4}\iiint \mathrm{d}z\mathrm{d}y\mathrm{d}\omega\omega^4\hat{F}_\varepsilon(\omega)K(\boldsymbol{y})K_{\mathrm{s}}(\boldsymbol{z})$$

$$\times\overline{\hat{G}_0(\omega,\boldsymbol{x}_1,\boldsymbol{z})}|\hat{G}_0(\omega,\boldsymbol{z},\boldsymbol{y})|^2\hat{G}_0(\omega,\boldsymbol{x}_2,\boldsymbol{z})\mathrm{e}^{-\mathrm{i}\omega\tau}$$

从而可以得到式（7.18）。

当 l_{s} 变小时，还可以得到：

$$\int\hat{G}_0\left(\omega,\boldsymbol{z}-\frac{\boldsymbol{z}'}{2},\boldsymbol{z}+\frac{\boldsymbol{z}'}{2}\right)H_{\mathrm{s}}\left(\frac{\boldsymbol{z}'}{l_{\mathrm{s}}}\right)\mathrm{d}z'\simeq\frac{1}{4\pi}\int\frac{1}{|\boldsymbol{z}'|}\breve{H}_{\mathrm{s}}\left(\frac{|\boldsymbol{z}'|}{l_{\mathrm{s}}}\right)\mathrm{d}z'=l_{\mathrm{s}}^2\int_0^\infty\breve{H}_{\mathrm{s}}(r)r\mathrm{d}r$$

进而可以得到式（7.19）与式（7.20）。

附录 7. B：命题 7.1 的证明

这里要用到平均互相关表达式［式（7.17）］。命题 7.1 的第一个论断来自命题 3.3。从现在开始，假设穿过 x_1 和 x_2 的射线与源区域不相交。对式（7.18）中$\mathbb{E}[C^{(1)}]_{\mathrm{I}}$的分析可以完全遵循命题 3.3 中对 $C_0^{(1)}$ 的分析，因此用 $K_{\mathrm{s}}^{(0)}$ 代替 K 就足够了，其结果就是$\mathbb{E}[\partial_\tau C^{(1)}]_{\mathrm{I}}$收敛到式（7.12）的右端项。

考虑$\mathbb{E}[C^{(1)}]_{\mathrm{II}}$，可以将其写成：

$$\mathbb{E}[C^{(1)}(\tau,\boldsymbol{x}_1,\boldsymbol{x}_2)]_{\mathrm{II}}=\frac{\sigma_{\mathrm{s}}^2 l_{\mathrm{s}}^2 q_H}{2^7\pi^4 c_0^4\varepsilon^4}\iiint \mathrm{d}z\mathrm{d}y\mathrm{d}\omega\frac{\omega^4\hat{F}(\omega)K(\boldsymbol{y})K_{\mathrm{s}}(\boldsymbol{z})}{|\boldsymbol{x}_1-\boldsymbol{z}||\boldsymbol{z}-\boldsymbol{y}||\boldsymbol{x}_2-\boldsymbol{y}|}\mathrm{e}^{-\mathrm{i}\frac{\omega}{\varepsilon}\mathcal{T}_{\mathrm{II}}(\boldsymbol{y},\boldsymbol{z})}$$

快相位是

$$\omega\mathcal{T}_{\mathrm{II}}(\boldsymbol{y},\boldsymbol{z})=\omega[\mathcal{T}(\boldsymbol{x}_2,\boldsymbol{y})-\mathcal{T}(\boldsymbol{x}_1,\boldsymbol{z})-\mathcal{T}(\boldsymbol{z},\boldsymbol{y})-\tau]$$

利用驻相法（13.3 节）进行分析，对$\mathbb{E}[C^{(1)}]_{\mathrm{II}}$的主要贡献来自相位的驻点$(\omega,\boldsymbol{y},\boldsymbol{z})$，且满足：

$$\partial_\omega[\omega\mathcal{T}_{\mathrm{II}}(\boldsymbol{y},\boldsymbol{z})]=0,\quad\nabla_y[\omega\mathcal{T}_{\mathrm{II}}(\boldsymbol{y},\boldsymbol{z})]=0,\quad\nabla_z[\omega\mathcal{T}_{\mathrm{II}}(\boldsymbol{y},\boldsymbol{z})]=0$$

这意味着：

$$\mathcal{T}(\boldsymbol{x}_2,\boldsymbol{y})-\mathcal{T}(\boldsymbol{x}_1,\boldsymbol{z})-\mathcal{T}(\boldsymbol{z},\boldsymbol{y})=\tau$$

$$\nabla_y\mathcal{T}(\boldsymbol{y},\boldsymbol{x}_2)=\nabla_y\mathcal{T}(\boldsymbol{y},\boldsymbol{z})$$

$$\nabla_z\mathcal{T}(\boldsymbol{z},\boldsymbol{x}_1)=-\nabla_z\mathcal{T}(\boldsymbol{z},\boldsymbol{y})$$

根据引理 3.1，上面的第二个条件要求 $\boldsymbol{x}_2$、$\boldsymbol{y}$ 和 $\boldsymbol{z}$ 在同一条射线上，而第三个条件要求 $\boldsymbol{x}_1$、$\boldsymbol{y}$ 和 $\boldsymbol{z}$ 在同一条射线上。因此，这意味着 $\boldsymbol{x}_1$、$\boldsymbol{x}_2$ 和 $\boldsymbol{y}$ 在同一条射线上，此处已经排除了这种情况。对$\mathbb{E}[C^{(1)}]_{\mathrm{III}}$有同样的结论，此处就完成了命题的证明。

附录 7. C：命题 7. 2 的证明

当 l_s 较小时，$\partial_\tau C^{(1)}$ 的方差具有以下直至 $\boldsymbol{\sigma}_s^3$ 阶的表达式：

$$
\begin{aligned}
\operatorname{Var}[\partial_\tau C^{(1)}(\tau,\boldsymbol{x}_1,\boldsymbol{x}_2)]=\frac{\sigma_s^2 l_s^3}{4\pi^2 c_0^4}\iiint & \mathrm{d}y\mathrm{d}y'\mathrm{d}\omega\mathrm{d}\omega'\mathrm{d}z\omega^3\omega'^3\\
&\times\hat{F}_\varepsilon(\omega)\hat{F}_\varepsilon(\omega')K(y)K(y')K_s(z)\mathrm{e}^{-\mathrm{i}(\omega-\omega')\tau}\\
&\times[\overline{\hat{G}_0(\omega,x_1,z)\hat{G}_0(\omega,z,y)}\hat{G}_0(\omega,x_2,y)\\
&+\overline{\hat{G}_0(\omega,x_1,y)}\hat{G}_0(\omega,x_2,z)\hat{G}_0(\omega,z,y)]\\
&\times[\hat{G}_0(\omega',x_1,z)\hat{G}_0(\omega',z,y')\overline{\hat{G}_0(\omega',x_2,y')}\\
&+\hat{G}_0(\omega',x_1,y')\overline{\hat{G}_0(\omega',x_2,z)\hat{G}_0(\omega',z,y')}]
\end{aligned}
$$

通过对 τ 进行积分，可以得到狄拉克函数 δ（$\omega-\omega'$）且有

$$
\int\operatorname{Var}[\partial_\tau C^{(1)}(\tau,x_1,x_2)]\mathrm{d}\tau=\frac{\sigma_s^2 l_s^3}{2\pi c_0^4\varepsilon^5}\iint\mathrm{d}\omega\mathrm{d}z\omega^6[\hat{F}(\omega)]^2K_s(z)\left|Q_{\mathrm{I}}^{\varepsilon}(\omega,z)+Q_{\mathrm{II}}^{\varepsilon}(\omega,z)\right|^2 \tag{7.25}
$$

其中

$$
Q_{\mathrm{I}}^{\varepsilon}(\omega,z)=\int\mathrm{d}yK(y)\overline{\hat{G}_0\left(\frac{\omega}{\varepsilon},x_1,z\right)\hat{G}_0\left(\frac{\omega}{\varepsilon},z,y\right)}\hat{G}_0\left(\frac{\omega}{\varepsilon},x_2,y\right)
$$

$$
Q_{\mathrm{II}}^{\varepsilon}(\omega,z)=\int\mathrm{d}yK(y)\overline{\hat{G}_0\left(\frac{\omega}{\varepsilon},x_1,y\right)}\hat{G}_0\left(\frac{\omega}{\varepsilon},x_2,z\right)\hat{G}_0\left(\frac{\omega}{\varepsilon},z,y\right)
$$

考虑 $Q_{\mathrm{I}}^{\varepsilon}(\omega,z)$，使用格林函数的显式表达形式，得到：

$$
Q_{\mathrm{I}}^{\varepsilon}(\omega,z)=\frac{1}{2^6\pi^3}\int\mathrm{d}y\frac{K(y)}{|\boldsymbol{x}_1-\boldsymbol{z}||\boldsymbol{z}-\boldsymbol{y}||\boldsymbol{x}_2-\boldsymbol{y}|}\exp\left[\mathrm{i}\frac{\omega}{\varepsilon}\mathcal{T}_{\mathrm{I}}(y)\right]
$$

及

$$
\mathcal{T}_{\mathrm{I}}(y)=-\mathcal{T}(x_1,z)-\mathcal{T}(z,y)+\mathcal{T}(x_2,y)
$$

根据驻相分析可知，主要贡献来自使得$\nabla_y\mathcal{T}_{\mathrm{I}}(y)=0$ 的驻点 y，这意味着 y 应该在穿过 x_2 和 z 的射线上，且在 x_2 或 z 的外侧。

引入单位向量

$$
\hat{\boldsymbol{g}}_3=\frac{\boldsymbol{z}-\boldsymbol{x}_2}{|\boldsymbol{z}-\boldsymbol{x}_2|}
$$

并与另外两个单位向量$(\hat{\boldsymbol{g}}_1,\hat{\boldsymbol{g}}_2)$一起组成正交基$(\hat{\boldsymbol{g}}_1,\hat{\boldsymbol{g}}_2,\hat{\boldsymbol{g}}_3)$。做 $y\mapsto(s_1,s_2,s_3)$ 的变量代换 $\boldsymbol{y}=\boldsymbol{z}+|\boldsymbol{z}-\boldsymbol{x}_2|[s_3\hat{\boldsymbol{g}}_3+\varepsilon^{1/2}s_1\hat{\boldsymbol{g}}_1+\varepsilon^{1/2}s_2\hat{\boldsymbol{g}}_2]$，它的雅克比行列式是 $\varepsilon|\boldsymbol{z}-\boldsymbol{x}_2|^3$。$s_3>0$ 对应于从 $\boldsymbol{z}$ 开始并沿 $\boldsymbol{z}\to\boldsymbol{x}_2$ 方向传播的射线。$s_3<-1$ 对应于从 $\boldsymbol{x}_2$ 开始，并沿 $\boldsymbol{x}_2\to\boldsymbol{z}$ 方向传播的射线。

进一步研究 $Q_{\mathrm{I}}^{\varepsilon}(\omega,z)$，发现：

$$Q_{\mathrm{I}}^{\varepsilon}(\omega,\boldsymbol{z})=\frac{\varepsilon|\boldsymbol{z}-\boldsymbol{x}_2|}{2^6\pi^3|\boldsymbol{x}_1-\boldsymbol{z}|}\exp\left[\mathrm{i}\frac{\omega}{\varepsilon c_0}(|\boldsymbol{x}_2-\boldsymbol{z}|-|\boldsymbol{x}_1-\boldsymbol{z}|)\right]\int_0^{\infty}\mathrm{d}s_3\frac{K[\boldsymbol{z}+s_3(\boldsymbol{z}-\boldsymbol{x}_2)]}{s_3(1+s_3)}$$

$$\times\iint\mathrm{d}s_1\mathrm{d}s_2\exp\left(-\mathrm{i}\frac{\omega}{2c_0}\frac{s_1^2+s_2^2}{s_3(1+s_3)}|\boldsymbol{z}-\boldsymbol{x}_2|\right)$$

$$+\frac{\varepsilon|\boldsymbol{z}-\boldsymbol{x}_2|}{2^6\pi^3|\boldsymbol{x}_1-\boldsymbol{z}|}\exp\left[\mathrm{i}\frac{\omega}{\varepsilon c_0}(-|\boldsymbol{x}_2-\boldsymbol{z}|-|\boldsymbol{x}_1-\boldsymbol{z}|)\right]\int_{-\infty}^{-1}\mathrm{d}s_3\frac{K[\boldsymbol{z}+s_3(\boldsymbol{z}-\boldsymbol{x}_2)]}{s_3(1+s_3)}$$

$$\times\iint\mathrm{d}s_1\mathrm{d}s_2\exp\left(\mathrm{i}\frac{\omega}{2c_0}\frac{s_1^2+s_2^2}{s_3(1+s_3)}|\boldsymbol{z}-\boldsymbol{x}_2|\right)$$

$$-\frac{\varepsilon|\boldsymbol{z}-\boldsymbol{x}_2|}{2^6\pi^3|\boldsymbol{x}_1-\boldsymbol{z}|}\exp\left[\mathrm{i}\frac{\omega}{\varepsilon c_0}(|\boldsymbol{x}_2-\boldsymbol{z}|-|\boldsymbol{x}_1-\boldsymbol{z}|)\right]\int_{-1}^{0}\mathrm{d}s_3\exp\left(2\mathrm{i}\frac{\omega}{\varepsilon c_0}|\boldsymbol{x}_2-\boldsymbol{z}|s_3\right)$$

$$\times\frac{K[\boldsymbol{z}+s_3(\boldsymbol{z}-\boldsymbol{x}_2)]}{s_3(1+s_3)}\iint\mathrm{d}s_1\mathrm{d}s_2\exp\left(-\mathrm{i}\frac{\omega}{2c_0}\frac{(s_1^2+s_2^2)(1+2s_3)}{s_3(1+s_3)}|\boldsymbol{z}-\boldsymbol{x}_2|\right)$$

由关于 s_3 的快速相位导致上式右端第三项的阶数是 $O(\varepsilon)$。利用如下恒等式

$$\int\mathrm{e}^{-\mathrm{i}\frac{s^2}{2}}\mathrm{d}s=\sqrt{2\pi}\,\mathrm{e}^{-\mathrm{i}\frac{\pi}{4}}$$

可以计算前两项中关于 s_1 和 s_2 的积分，即

$$Q_{\mathrm{I}}^{\varepsilon}(\omega,\boldsymbol{z})=\frac{\mathrm{i}\varepsilon c_0}{2^5\pi^2\omega|\boldsymbol{z}-\boldsymbol{x}_1||\boldsymbol{z}-\boldsymbol{x}_2|}\times\left\{\exp\left[\mathrm{i}\frac{\omega}{\varepsilon c_0}(-|\boldsymbol{x}_2-\boldsymbol{z}|-|\boldsymbol{x}_1-\boldsymbol{z}|)\right]\mathcal{K}(\boldsymbol{x}_2,\boldsymbol{z})\right.$$

$$\left.-\exp\left[\mathrm{i}\frac{\omega}{\varepsilon c_0}(|\boldsymbol{x}_2-\boldsymbol{z}|-|\boldsymbol{x}_1-\boldsymbol{z}|)\right]\mathcal{K}(z,x_2)\right\}$$

$Q_{\mathrm{II}}^{\varepsilon}(\omega,\boldsymbol{z})$ 可以用同样的方法来计算：

$$Q_{\mathrm{II}}^{\varepsilon}(\omega,\boldsymbol{z})=\frac{\mathrm{i}\varepsilon c_0}{2^5\pi^2\omega|\boldsymbol{z}-\boldsymbol{x}_1||\boldsymbol{z}-\boldsymbol{x}_2|}\times\left\{\exp\left[\mathrm{i}\frac{\omega}{\varepsilon c_0}(|\boldsymbol{x}_2-\boldsymbol{z}|-|\boldsymbol{x}_1-\boldsymbol{z}|)\right]\mathcal{K}(\boldsymbol{z},\boldsymbol{x}_1)\right.$$

$$\left.-\exp\left[\mathrm{i}\frac{\omega}{\varepsilon c_0}(|\boldsymbol{x}_2-\boldsymbol{z}|+|\boldsymbol{x}_1-\boldsymbol{z}|)\right]\mathcal{K}(\boldsymbol{x}_1,\boldsymbol{z})\right\}$$

可以发现：

$$|Q_{\mathrm{I}}^{\varepsilon}(\omega,\boldsymbol{z})+Q_{\mathrm{II}}^{\varepsilon}(\omega,\boldsymbol{z})|^2=\frac{\varepsilon^2c_0^2}{2^{10}\pi^4\omega^2|\boldsymbol{z}-\boldsymbol{x}_1|^2|\boldsymbol{z}-\boldsymbol{x}_2|^2}\{[\mathcal{K}(\boldsymbol{z},\boldsymbol{x}_2)]^2+[\mathcal{K}(\boldsymbol{x}_2,\boldsymbol{z})]^2$$

$$+[\mathcal{K}(\boldsymbol{z},\boldsymbol{x}_1)]^2+[\mathcal{K}(\boldsymbol{x}_1,\boldsymbol{z})]^2-2\mathcal{K}(\boldsymbol{z},\boldsymbol{x}_1)\mathcal{K}(\boldsymbol{z},\boldsymbol{x}_2)\}$$

具有直至包含如下形式快相位的项：

$$\exp\left(\pm2\mathrm{i}\frac{\omega}{\varepsilon c_0}|\boldsymbol{x}_1-\boldsymbol{z}|\right),\quad\exp\left(\pm2\mathrm{i}\frac{\omega}{\varepsilon c_0}|\boldsymbol{x}_2-\boldsymbol{z}|\right),\text{或者}\exp\left[2\mathrm{i}\frac{\omega}{\varepsilon c_0}(\pm|\boldsymbol{x}_1-\boldsymbol{z}|\pm|\boldsymbol{x}_2-\boldsymbol{z}|)\right]$$

只有没有快相位的项才会对式（7.25）中的首项有贡献，从而命题得证。

第8章　弱散射介质背景噪声互相关反射成像

第5、6章的讨论表明，通过反向传播由背景噪声源产生并由检波器台阵记录信号的互相关可以对反射体成像，成像的分辨率取决于噪声信号相对于检波器阵列和反射体位置的方位角范围，并且当信号的方位角范围有限时，分辨率可能很差。在本章中，将具体说明通过利用介质的散射特性来改善成像分辨率是可能的，因为散射体可以充当二次噪声源。然而，散射也增加了互相关的扰动水平，往往会使图像的信噪比降低从而导致图像不稳定。本章同时研究了被动源互相关反射成像中由散射引起的分辨率增强和信噪比降低之间的折中问题。

在8.2节中，分析了弱散射介质中存在点状反射体的情况，并计算了由被动检波器（命题8.1和命题8.2）记录信号互相关的一阶和二阶矩，以便定量地讨论分辨率提高和信噪比降低之间的折中关系。该分析还对8.2.7小节和8.4.2小节中给出的偏移图像进行了解释。为了阐明散射的作用，在8.3节中分析了确定性平坦界面和随机散射界面的情况。最后，在8.4节中，证明了与标准互相关矩阵的偏移成像相比，一类特殊四阶互相关的偏移成像可以在分辨率提高和信噪比降低之间得到更好的折中。

8.1　散射在相关成像中的作用

第5、6章的讨论表明，如果噪声源分布合理，即穿过检波器和散射体的射线与源区相交，通过对背景噪声源产生的信号做互相关计算，就可以对反射体成像。当检波器位于源和反射体之间时（光照情况），应当使用具有良好分辨率的光照成像函数式（6.20）成像。当反射体位于源和检波器之间时（背光照明情况），应当使用背光成像函数式（6.41）成像。第6章对均匀介质情况下的成像函数进行了分辨率分析，在本章中，将分析弱散射介质中成像函数的分辨率和信噪比（SNR）。

本章考虑相对简单的反射体和背景介质模型，这些模型既可以对分辨率和信噪比进行相对完整的分析，又可以解释存在弱散射时的主要现象。这里只考虑单点反射图像，信噪比定义为反射图像均值除以该点图像的标准差。结果表明，在随机散射介质中，分辨率和信噪比并非独立的图像属性。在具体分析的时候，通常对反射体使用玻恩近似，而对随机介质使用单次和双次散射近似，同时，驻相法仍然是广泛使用的方法。最后，采用数值模拟的方法对结果进行了说明，证实了在渐近区域内得到的理论预测结果是可靠的。

考虑如图8.1（c）所示的排列方式中被动检波器的互相关成像问题。在这种排列方式中，噪声源［图8.1（c）中左侧］只提供背景光照明，导致图像分辨率较差但信噪比较高；而散射体［图8.1（c）中右侧正方形］提供二次光照照明，导致图像分辨率较好但信噪比较低。在本章中，将对散射导致的分辨率提高与信噪比降低之间的折中进行定量讨论，计算了特殊延迟时间处互相关峰值的高度与宽度，在这些特殊时间处的峰值会对偏移成像函数产生影响。同时，还计算了由散射波导致的互相关扰动的标准差。在 8.4.2 小节讨论了在单一成像函数中如何利用两种信号（即主要信号和二次信号）的一种简单方法。附录 8.C.2 总结了对散射体产生的二次照明导致的互相关峰值的信噪比分析的主要结果。

如图 8.4（i）所示，当散射区距离检波器台阵足够远时，直接对互相关数据做偏移成像效果较好，如第 8.2 节理论预测的那样。然而，在不利于散射的情况下，二次照明产生的峰值与互相关的随机扰动相比是很弱的。8.4 节给出了一个例子，该实例中，散射区与检波器台阵距离很近，结果互相关矩阵的偏移成像产生了如图 8.9（b）所示的模糊的斑点图像。这是一个典型的例子，虽然信噪比很低，但并没有显著改善分辨率。为了提高信噪比，对互相关做加窗处理，选择尾波做互相关。通过对尾波互相关做偏移计算，有可能比直接对互相关进行偏移获得更好的图像。这正是 8.4 节中所阐述的，但是对于这种四阶尾波互相关偏移图像的信噪比并没有完整的数学分析。

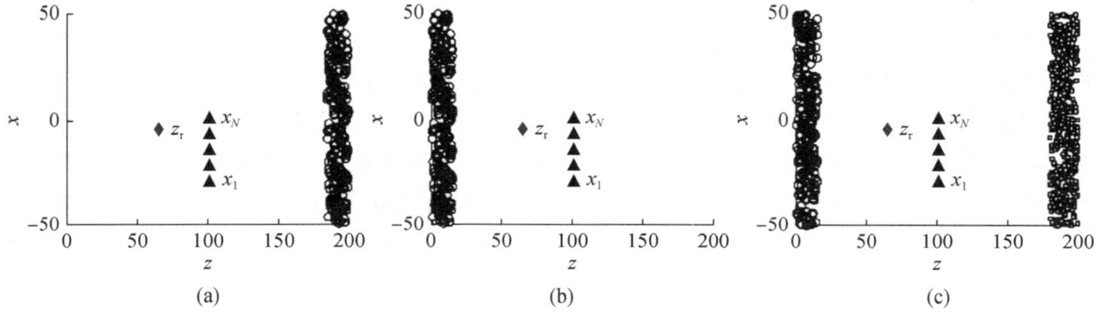

图 8.1　背景噪声信号互相关的被动检波器成像。圆圈表示噪声源的位置，三角形表示检波器的位置，菱形表示反射体的位置。图（a）为光照成像排列方式，图（b）为背光成像排列方式，图（c）为基本的背光照明排列方式，其中由正方形表示的散射体起到二次源的作用，提供二次照明。

本章结构如下。8.2 节包含了本章的主要结果，主要讨论了弱散射介质中基于互相关的被动阵列成像。8.3 节考虑这样一种情况：散射并非由随机非均匀性产生，而是由介质中的确定性反射界面产生。在 8.4 节中，阐述了如何使用迭代（四阶）互相关和恰当的成像函数来提高散射介质中被动检波器阵列成像的分辨率和信噪比。

8.2　随机散射介质中被动检波器成像

在本节中，继续讨论第 5、6 章所述的互相关成像问题，但除了背景介质均匀之外，还存在导致散射的随机非均匀性。在 8.2.1 ~ 8.2.4 小节中，描述了多重散射问题，并介绍了用于分析差分互相关的成像方式。在 8.2.5 小节中，重点讨论散射体位于检波器台阵背面的背光照明成像方式［图 8.1（c）］，这是一种有趣的排列方式，因为场源提供背光照明，只有背光成像函数才能在均匀介质中得到反射体的图像，如图 6.4 所示。在散射介质中，预计散射体的优点是它们可以扩大照明方位角范围并提供二次光照照明，但其缺点是引入了互相关的扰动。8.2.5 小节给出了对合适延迟时间处差分互相关的均值和方差的定量分析，8.2.6 小节对这一定量分析的结果进行了总结，并在 8.2.7 小节讨论了其在偏移成像中的应用。

8.2.1 散射介质模型

为了分析散射介质中的互相关成像技术，首先介绍非均匀介质模型，这里采用与第 7 章相同的模型。假设介质的波速是均匀背景速度 c_0，引起散射的微弱扰动满足如下方程：

$$\frac{1}{c_{\mathrm{clu}}^2(\boldsymbol{x})}=\frac{1}{c_0^2}[1+\mu(\boldsymbol{x})], \tag{8.1}$$

式中，$\mu(\boldsymbol{x})$ 是均值为零且协方差函数为式（7.2）的随机过程。

混波格林函数 $\hat{G}_{\mathrm{clu}}$ 是如下方程在佐默费尔德条件下的基本解：

$$\Delta_x \hat{G}_{\mathrm{clu}}(\omega,\boldsymbol{x},\boldsymbol{y})+\frac{\omega^2}{c_{\mathrm{clu}}^2(\boldsymbol{x})}\hat{G}_{\mathrm{clu}}(\omega,\boldsymbol{x},\boldsymbol{y})=-\delta(\boldsymbol{x}-\boldsymbol{y}) \tag{8.2}$$

式中，$c_{\mathrm{clu}}(\boldsymbol{x})$ 满足式（8.1）。

现在假设在混波介质中的 $\boldsymbol{z}_{\mathrm{r}}$ 处存在一个反射体，用传播速度的局部扰动函数 $\rho(\boldsymbol{x})$ 模拟反射体：

$$\frac{1}{c^2(\boldsymbol{x})}=\frac{1}{c_0^2}[1+\mu(\boldsymbol{x})+\rho(\boldsymbol{x})], \quad \rho(\boldsymbol{x})=\sigma_{\mathrm{r}}\boldsymbol{1}_{\Omega_{\mathrm{r}}}(x-\boldsymbol{z}_{\mathrm{r}}) \tag{8.3}$$

式中，σ_{r} 为反射体的反射率；$\boldsymbol{z}_{\mathrm{r}}$ 为反射体的中心位置；Ω_{r} 为体积是 l_{r}^3 的紧支撑域，该空间支撑域模拟反射体的空间支撑。完整的格林函数 $\hat{G}_{\mathrm{clu,r}}$（即在 $\boldsymbol{z}_{\mathrm{r}}$ 处存在反射体时混波介质的格林函数）是如下方程的辐射解：

$$\Delta_x \hat{G}_{\mathrm{clu,r}}(\omega,\boldsymbol{x},\boldsymbol{y})+\frac{\omega^2}{c^2(\boldsymbol{x})}\hat{G}_{\mathrm{clu,r}}(\omega,\boldsymbol{x},\boldsymbol{y})=-\delta(\boldsymbol{x}-\boldsymbol{y})$$

它可以写成如下的求和形式：

$$\hat{G}_{\mathrm{clu,r}}(\omega,\boldsymbol{x},\boldsymbol{y})=\hat{G}_{\mathrm{clu}}(\omega,\boldsymbol{x},\boldsymbol{y})+\hat{G}_{\mathrm{cor}}(\omega,\boldsymbol{x},\boldsymbol{y}) \tag{8.4}$$

其中，混波格林函数 $\hat{G}_{\mathrm{clu}}$ 是式（8.2）的辐射解；校正项 $\hat{G}_{\mathrm{cor}}$ 是传播速度为 c_{clu}、源为 $-c_0^{-2}\omega^2\rho(\boldsymbol{x})\hat{G}_{\mathrm{clu,r}}(\omega,\boldsymbol{x},\boldsymbol{y})$ 时如下亥姆霍兹方程的辐射解：

$$\Delta_x \hat{G}_{\mathrm{cor}}(\omega,\boldsymbol{x},\boldsymbol{y})+\frac{\omega^2}{c_{\mathrm{clu}}^2(\boldsymbol{x})}\hat{G}_{\mathrm{cor}}(\omega,\boldsymbol{x},\boldsymbol{y})=-\frac{\omega^2}{c_0^2}\rho(\boldsymbol{x})\hat{G}_{\mathrm{clu,r}}(\omega,\boldsymbol{x},\boldsymbol{y})$$

从而可以将校正项 $\hat{G}_{\mathrm{cor}}(\omega,\ \boldsymbol{x},\ \boldsymbol{y})$ 表示为

$$\hat{G}_{\mathrm{cor}}(\omega,\boldsymbol{x},\boldsymbol{y})=\frac{\omega^2}{c_0^2}\int \hat{G}_{\mathrm{clu}}(\omega,\boldsymbol{x},\boldsymbol{z})\rho(z)\hat{G}_{\mathrm{clu,r}}(\omega,\boldsymbol{z},\boldsymbol{y})\,\mathrm{d}z \tag{8.5}$$

或

$$\hat{G}_{\mathrm{cor}}(\omega,\boldsymbol{x},\boldsymbol{y})=\frac{\omega^2}{c_0^2}\int \hat{G}_{\mathrm{clu}}(\omega,\boldsymbol{x},\boldsymbol{z})\rho(z)[\hat{G}_{\mathrm{clu}}(\omega,\boldsymbol{z},\boldsymbol{y})+\hat{G}_{\mathrm{cor}}(\omega,\boldsymbol{z},\boldsymbol{y})]\,\mathrm{d}z \tag{8.6}$$

这个方程称为李普曼-施温格尔方程。用 $\hat{G}_{\mathrm{clu}}$ 代替式（8.5）中右端的 $\hat{G}_{\mathrm{clu,r}}$，或者等效

略去式（8.6）中右端的 $\hat{G}_{\mathrm{cor}}$项，便可得到玻恩近似（或单次散射近似）表达式：

$$\hat{G}_{\mathrm{cor}}(\omega,\boldsymbol{x},\boldsymbol{y})\simeq\frac{\omega^2}{c_0^2}\int\hat{G}_{\mathrm{clu}}(\omega,\boldsymbol{x},\boldsymbol{z})\rho(\boldsymbol{z})\hat{G}_{\mathrm{clu}}(\omega,\boldsymbol{z},\boldsymbol{y})\,\mathrm{d}\boldsymbol{z}$$

如果校正项 $\hat{G}_{\mathrm{cor}}$与 $\hat{G}_{\mathrm{clu}}$相比较小，即当 $\sigma_{\mathrm{r}}\ll 1$ 且误差为 $O(\sigma_{\mathrm{r}}^2)$ 阶时，该近似是有效的。如果同时还假设散射区 Ω_{r} 的直径 l_{r} 与特征波长相比很小，就可以将反射体用一个点状反射体近似代替，即

$$\rho(\boldsymbol{x})\approx\sigma_{\mathrm{r}}l_{\mathrm{r}}^3\delta(\boldsymbol{x}-\boldsymbol{z}_{\mathrm{r}})$$

这样就可以将校正项 $\hat{G}_{\mathrm{cor}}(\omega,\ \boldsymbol{x},\ \boldsymbol{y})$ 写为

$$\hat{G}_{\mathrm{cor}}(\omega,\boldsymbol{x},\boldsymbol{y})=\frac{\omega^2}{c_0^2}\sigma_{\mathrm{r}}l_{\mathrm{r}}^3\hat{G}_{\mathrm{clu}}(\omega,\boldsymbol{x},\boldsymbol{z}_{\mathrm{r}})\hat{G}_{\mathrm{clu}}(\omega,\boldsymbol{z}_{\mathrm{r}},\boldsymbol{y})$$

在这些近似下，完整的格林函数就可以表达为

$$\hat{G}_{\mathrm{clu,r}}(\omega,\boldsymbol{x},\boldsymbol{y})=\hat{G}_{\mathrm{clu}}(\omega,\boldsymbol{x},\boldsymbol{y})+\frac{\omega^2}{c_0^2}\sigma_{\mathrm{r}}l_{\mathrm{r}}^3\hat{G}_{\mathrm{clu}}(\omega,\boldsymbol{x},\boldsymbol{z}_{\mathrm{r}})\hat{G}_{\mathrm{clu}}(\omega,\boldsymbol{z}_{\mathrm{r}},\boldsymbol{y})\tag{8.7}$$

到目前为止，还无法对随机介质中这些近似进行严谨的数学分析。Sheng（2006）通过物理学方法分析了该多重散射结果。Fouque 等（2007）对随机层状介质中多次散射进行了详细的分析，但据了解，即使在随机分层介质中，还未有对小规模各向同性反射体散射的详细数学分析。

8.2.2　差分互相关

考虑如下的统计差分互相关，即存在反射体和不存在反射体时统计互相关的差异问题：

$$\Delta C^{(1)}(\tau,\boldsymbol{x}_1,\boldsymbol{x}_2)=C_{\mathrm{clu,r}}^{(1)}(\tau,\boldsymbol{x}_1,\boldsymbol{x}_2)-C_{\mathrm{clu}}^{(1)}(\tau,\boldsymbol{x}_1,\boldsymbol{x}_2)\tag{8.8}$$

其中

$$C_{\mathrm{clu,r}}^{(1)}(\tau,\boldsymbol{x}_1,\boldsymbol{x}_2)=\frac{1}{2\pi}\iint\mathrm{d}\boldsymbol{y}\mathrm{d}\omega K(\boldsymbol{y})\hat{F}(\omega)\overline{\hat{G}_{\mathrm{clu,r}}}\left(\frac{\omega}{\varepsilon},\boldsymbol{x}_1,\boldsymbol{y}\right)\hat{G}_{\mathrm{clu,r}}\left(\frac{\omega}{\varepsilon},\boldsymbol{x}_2,\boldsymbol{y}\right)\exp\left(-\mathrm{i}\frac{\omega\tau}{\varepsilon}\right)\tag{8.9}$$

$$C_{\mathrm{clu}}^{(1)}(\tau,\boldsymbol{x}_1,\boldsymbol{x}_2)=\frac{1}{2\pi}\iint\mathrm{d}\boldsymbol{y}\mathrm{d}\omega K(\boldsymbol{y})\hat{F}(\omega)\overline{\hat{G}_{\mathrm{clu}}}\left(\frac{\omega}{\varepsilon},\boldsymbol{x}_1,\boldsymbol{y}\right)\hat{G}_{\mathrm{clu}}\left(\frac{\omega}{\varepsilon},\boldsymbol{x}_2,\boldsymbol{y}\right)\exp\left(-\mathrm{i}\frac{\omega\tau}{\varepsilon}\right)\tag{8.10}$$

式中，$\hat{G}_{\mathrm{clu}}$为无反射体情况下的混波格林函数；$\hat{G}_{\mathrm{clu,r}}$为存在反射体情况下的完整格林函数。将式（8.7）代入式（8.8）~式（8.10）中，采用与前面玻恩近似同样的处理方式，忽略 $\Delta C^{(1)}(\tau,\boldsymbol{x}_1,\boldsymbol{x}_2)$中的 $O(\sigma_{\mathrm{r}}^2)$ 阶项，可以得到：

$$\begin{aligned}\Delta C^{(1)}(\tau,\boldsymbol{x}_1,\boldsymbol{x}_2)=&\frac{\sigma_{\mathrm{r}}l_{\mathrm{r}}^3}{2\pi c_0^2\varepsilon^2}\iint\mathrm{d}\boldsymbol{y}\mathrm{d}\omega K(\boldsymbol{y})\omega^2\hat{F}(\omega)\overline{\hat{G}_{\mathrm{clu}}}\left(\frac{\omega}{\varepsilon},\boldsymbol{x}_1,\boldsymbol{y}\right)\hat{G}_{\mathrm{clu}}\left(\frac{\omega}{\varepsilon},\boldsymbol{x}_2,\boldsymbol{z}_{\mathrm{r}}\right)\\&\times\hat{G}_{\mathrm{clu}}\left(\frac{\omega}{\varepsilon},\boldsymbol{z}_{\mathrm{r}},\boldsymbol{y}\right)\exp\left(-\mathrm{i}\frac{\omega\tau}{\varepsilon}\right)+\frac{\sigma_{\mathrm{r}}l_{\mathrm{r}}^3}{2\pi c_0^2\varepsilon^2}\iint\mathrm{d}\boldsymbol{y}\mathrm{d}\omega K(\boldsymbol{y})\omega^2\hat{F}(\omega)\\&\times\overline{\hat{G}_{\mathrm{clu}}}\left(\frac{\omega}{\varepsilon},\boldsymbol{x}_1,\boldsymbol{z}_{\mathrm{r}}\right)\overline{\hat{G}_{\mathrm{clu}}}\left(\frac{\omega}{\varepsilon},\boldsymbol{z}_{\mathrm{r}},\boldsymbol{y}\right)\hat{G}_{\mathrm{clu}}\left(\frac{\omega}{\varepsilon},\boldsymbol{x}_2,\boldsymbol{y}\right)\exp\left(-\mathrm{i}\frac{\omega\tau}{\varepsilon}\right)\end{aligned}\tag{8.11}$$

当介质均匀时，令 $H(z)=\delta(z)$ 即可得到式（6.11）。当介质非均匀时，式（8.11）中涉及式（8.2）所示的混波格林函数解 $\hat{G}_{\mathrm{clu}}$。在8.2.3小节中简化了混波格林函数的表达式，得到了一个数学上容易处理的模型，该模型足够复杂，足以解释想要研究的主要现象。

8.2.3　混波格林函数展开

由式（8.2）定义的混波格林函数 $\hat{G}_{\mathrm{clu}}$所满足的李普曼–施温格尔积分方程为

$$\hat{G}_{\mathrm{clu}}(\omega,\boldsymbol{x},\boldsymbol{y})=\hat{G}_0(\omega,\boldsymbol{x},\boldsymbol{y})+\frac{\omega^2}{c_0^2}\int\hat{G}_0(\omega,\boldsymbol{x},\boldsymbol{z})\mu(\boldsymbol{z})\hat{G}_{\mathrm{clu}}(\omega,\boldsymbol{z},\boldsymbol{y})\mathrm{d}\boldsymbol{z} \tag{8.12}$$

式中，$\mu(\boldsymbol{z})$ 为模拟背景扰动的随机过程，是如下方程在佐默费尔德条件下的解：

$$\Delta_x\hat{G}_0(\omega,\boldsymbol{x},\boldsymbol{y})+\frac{\omega^2}{c_0^2}\hat{G}_0(\omega,\boldsymbol{x},\boldsymbol{y})=-\delta(\boldsymbol{x}-\boldsymbol{y}) \tag{8.13}$$

式中，$\hat{G}_0$ 为均匀背景介质的格林函数。迭代一次该积分方程［式（8.12）］，得到：

$$\begin{aligned}\hat{G}_{\mathrm{clu}}(\omega,\boldsymbol{x},\boldsymbol{y})=&\hat{G}_0(\omega,\boldsymbol{x},\boldsymbol{y})+\frac{\omega^2}{c_0^2}\int\hat{G}_0(\omega,\boldsymbol{x},\boldsymbol{z})\mu(\boldsymbol{z})\hat{G}_0(\omega,\boldsymbol{z},\boldsymbol{y})\mathrm{d}\boldsymbol{z}\\&+\frac{\omega^4}{c_0^4}\iint\hat{G}_0(\omega,\boldsymbol{x},\boldsymbol{z})\mu(\boldsymbol{z})\hat{G}_0(\omega,\boldsymbol{z},\boldsymbol{z}')\mu(\boldsymbol{z}')\hat{G}_{\mathrm{clu}}(\omega,\boldsymbol{z}',\boldsymbol{y})\mathrm{d}\boldsymbol{z}\mathrm{d}\boldsymbol{z}'\end{aligned} \tag{8.14}$$

通过用 $\hat{G}_0$ 代替式（8.14）右端的 $\hat{G}_{\mathrm{clu}}$，就可以使用二阶玻恩近似或多次散射近似计算式（8.14）的混波格林函数解，此近似考虑了波与混波介质相互作用的单次散射和两次散射情况：

$$\hat{G}_{\mathrm{clu}}(\omega,\boldsymbol{x},\boldsymbol{y})=\hat{G}_0(\omega,\boldsymbol{x},\boldsymbol{y})+\hat{G}_1(\omega,\boldsymbol{x},\boldsymbol{y})+\hat{G}_2(\omega,\boldsymbol{x},\boldsymbol{y}) \tag{8.15}$$

其中，$\hat{G}_1$、$\hat{G}_2$ 的表达式为

$$\hat{G}_1(\omega,\boldsymbol{x},\boldsymbol{y})=\frac{\omega^2}{c_0^2}\int\hat{G}_0(\omega,\boldsymbol{x},\boldsymbol{z})\mu(\boldsymbol{z})\hat{G}_0(\omega,\boldsymbol{z},\boldsymbol{y})\mathrm{d}\boldsymbol{z} \tag{8.16}$$

$$\hat{G}_2(\omega,\boldsymbol{x},\boldsymbol{y})=\frac{\omega^4}{c_0^4}\iint\hat{G}_0(\omega,\boldsymbol{x},\boldsymbol{z})\mu(\boldsymbol{z})\hat{G}_0(\omega,\boldsymbol{z},\boldsymbol{z}')\mu(\boldsymbol{z}')\hat{G}_0(\omega,\boldsymbol{z}',\boldsymbol{y})\mathrm{d}\boldsymbol{z}\mathrm{d}\boldsymbol{z}' \tag{8.17}$$

其误差形式上为 $O(\sigma_{\mathrm{s}}^3)$ 阶，σ_{s} 是$\mu(\boldsymbol{x})$ 的标准差。

如8.2.2小节所述，在存在反射体导致的散射情况下，系统研究了式（8.11）的差分互相关中所有阶数为 $O(\sigma_{\mathrm{r}})$、$O(\sigma_{\mathrm{r}}\sigma_{\mathrm{s}})$ 与 $O(\sigma_{\mathrm{r}}\sigma_{\mathrm{s}}^2)$ 的项，而忽略了阶数为 $O(\sigma_{\mathrm{r}}\sigma_{\mathrm{s}}^3)$ 与 $O(\sigma_{\mathrm{s}}^2)$ 的项，因此这里考虑的是单次散射和两次散射事件。这意味着 $\sigma_{\mathrm{r}}\ll\sigma_{\mathrm{s}}\ll1$。总而言之，随机介质的散射很弱，来自反射体的散射更弱。这就是首先对差分互相关做关于σ_{r}的泰勒展开，然后再对差分互相关做关于 σ_{s} 的泰勒展开的原因。保留式（8.15）中阶数为 $O(\sigma_{\mathrm{s}}^2)$ 的项 $\hat{G}_2$ 的原因是，在计算差分互相关的均值和方差时，由随机介质引起的校正量的阶数最低是 $O(\sigma_{\mathrm{s}}^2)$，因此一致要求保留该阶数的所有项。

在计算差分互相关的均值和方差时，多做了一次近似，假设随机扰动的协方差函数 $\mu(\boldsymbol{x})$在 $x\neq x'$时趋于零：

$$\mathbb{E}[\mu(\boldsymbol{x})\mu(\boldsymbol{x}')]=\sigma_{\mathrm{s}}^{2}l_{\mathrm{s}}^{3}K_{\mathrm{s}}(\boldsymbol{x})\delta(\boldsymbol{x}-\boldsymbol{x}') \tag{8.18}$$

式中，l_{s} 为特征相关长度；$K_{\mathrm{s}}(\boldsymbol{x})$ 为散射体的空间紧支撑。

对上述近似情况目前还缺乏严格的数学分析。在随机分层介质中，无论介质中的随机扰动有多弱（Fouque et al.，2007），由于波的瞬时特性，有限阶多重散射近似都是不精确的。在三维情况下，Erdös 和 Yau（2000）对随机介质中的多重散射进行了数学分析。在很长一段时间中，多重散射在随机介质研究中都得到了广泛的应用（Frisch，1968；van Rossum and Nieuwenhuizen，1999）。

8.2.4　差分互相关展开

通过将式（8.15）代入式（8.11），可以区分差分互相关中的三部分贡献：

$$\Delta C^{(1)}(\tau,\boldsymbol{x}_1,\boldsymbol{x}_2)=\Delta C_0^{(1)}(\tau,\boldsymbol{x}_1,\boldsymbol{x}_2)+\Delta C_1^{(1)}(\tau,\boldsymbol{x}_1,\boldsymbol{x}_2)+\Delta C_2^{(1)}(\tau,\boldsymbol{x}_1,\boldsymbol{x}_2) \tag{8.19}$$

（1）$\Delta C_0^{(1)}$ 描述了直达波的贡献，在式（6.11）中令 $H(z)=\delta(z)$ 得到：

$$\begin{aligned}\Delta C_0^{(1)}(\tau,\boldsymbol{x}_1,\boldsymbol{x}_2)=&\frac{\sigma_{\mathrm{r}}l_{\mathrm{r}}^{3}}{2\pi c_0^2\varepsilon^2}\iint \mathrm{d}\boldsymbol{y}\mathrm{d}\omega K(\boldsymbol{y})\omega^2\hat{F}(\omega)\overline{\hat{G}_0}\left(\frac{\omega}{\varepsilon},\boldsymbol{x}_1,\boldsymbol{y}\right)\\&\times\hat{G}_0\left(\frac{\omega}{\varepsilon},\boldsymbol{x}_2,\boldsymbol{z}_{\mathrm{r}}\right)\hat{G}_0\left(\frac{\omega}{\varepsilon},\boldsymbol{z}_{\mathrm{r}},\boldsymbol{y}\right)\exp\left(-\mathrm{i}\frac{\omega\tau}{\varepsilon}\right)\\&+\frac{\sigma_{\mathrm{r}}l_{\mathrm{r}}^{3}}{2\pi c_0^2\varepsilon^2}\iint \mathrm{d}\boldsymbol{y}\mathrm{d}\omega K(\boldsymbol{y})\omega^2\hat{F}(\omega)\overline{\hat{G}_0}\left(\frac{\omega}{\varepsilon},\boldsymbol{x}_1,\boldsymbol{z}_{\mathrm{r}}\right)\\&\times\overline{\hat{G}_0}\left(\frac{\omega}{\varepsilon},\boldsymbol{z}_{\mathrm{r}},\boldsymbol{y}\right)\hat{G}_0\left(\frac{\omega}{\varepsilon},\boldsymbol{x}_2,\boldsymbol{y}\right)\exp\left(-\mathrm{i}\frac{\omega\tau}{\varepsilon}\right)\end{aligned} \tag{8.20}$$

（2）$\Delta C_1^{(1)}$ 是来自随机散射体一次散射的贡献，在式（8.20）中用 $\hat{G}_1$ 取代 $\hat{G}_0$ 即可得到其具体表达式；

（3）$\Delta C_2^{(1)}$ 是来自随机散射体二次散射的贡献，在式（8.20）中用 $\hat{G}_1$ 取代两个因子 $\hat{G}_0$ 或者用 $\hat{G}_2$ 取代一个 $\hat{G}_0$ 而得到；

（4）正如上一节所讨论的那样，此处省略了高阶项。

结果表明，式（8.15）中的二阶散射项 $\hat{G}_2$ 对差分互相关中首项为 $\sigma_{\mathrm{r}}\sigma_{\mathrm{s}}^2$ 的均值和首项为 $\sigma_{\mathrm{r}}\sigma_{\mathrm{s}}$ 的标准差均无贡献，根据高频（驻相）分析很容易理解这一点，由图 8.4（a）可知，此时散射区、台阵和反射体的空间排列方式必须满足特定要求。其实，事先并不知道这样的结果是否成立，并且当反射体、台阵和散射区空间排列方式发生变化时，这样的结果未必成立。

8.2.5　差分互相关的统计分析

命题 6.2 描述了直达波对差分互相关的贡献。特别地，描述直达波贡献的式（6.14）：

$$\Delta C^{(1)}(\tau,\boldsymbol{x}_1,\boldsymbol{x}_2)\approx\frac{\sigma_{\mathrm{r}}l_{\mathrm{r}}^{3}}{32\pi^2c_0}\frac{\mathcal{K}(\boldsymbol{z}_{\mathrm{r}},\boldsymbol{x}_2)-\mathcal{K}(\boldsymbol{z}_{\mathrm{r}},\boldsymbol{x}_1)}{|\boldsymbol{z}_{\mathrm{r}}-\boldsymbol{x}_1||\boldsymbol{z}_{\mathrm{r}}-\boldsymbol{x}_2|}\partial_\tau F_H\left(\frac{\tau-[\mathcal{T}(\boldsymbol{x}_2,\boldsymbol{z}_{\mathrm{r}})+\mathcal{T}(\boldsymbol{x}_1,\boldsymbol{z}_{\mathrm{r}})]}{\varepsilon}\right) \tag{8.21}$$

在反射体位置处的背光成像函数式（6.41）有一个峰值，但是它对反射体位置处的光照成像函数式（6.20）没有任何贡献。

现在分析在背光照明排列方式中散射波对差分互相关的贡献 $\Delta C_1^{(1)}$ 和 $\Delta C_2^{(1)}$。命题 8.1 表明在互相关中散射将导致零均值随机扰动，这将降低信噪比。命题 8.2 表明，散射可以在互相关中产生额外的峰值，从而提高偏移成像的质量。

命题 8.1　$\Delta C_1^{(1)}(\tau,\boldsymbol{x}_1,\boldsymbol{x}_2)$ 具有零均值和如下式所示方差的首项。当延迟时间等于 $\tau=\mathcal{T}(\boldsymbol{x}_2,\boldsymbol{z}_r)-\mathcal{T}(\boldsymbol{x}_1,\boldsymbol{z}_r)$ 时，首项的扰动方差为

$$\mathrm{Var}[\Delta C_1^{(1)}(\tau,\boldsymbol{x}_1,\boldsymbol{x}_2)]=\frac{\sigma_r^2 l_r^6\sigma_s^2 l_s^3}{2^{14}\pi^6 c_0^5}\left[\int \hat{F}_\varepsilon^2(\omega)\omega^6\mathrm{d}\omega\right]\times\left\{\frac{[\mathcal{K}(\boldsymbol{z}_r,\boldsymbol{x}_2)]^2[\mathcal{K}_s^{(i)}(\boldsymbol{x}_1,\boldsymbol{z}_r)\quad+\mathcal{K}_s^{(i)}(\boldsymbol{x}_2,\boldsymbol{z}_r)]+2\mathcal{K}_s^{(ii)}(\boldsymbol{x}_2,\boldsymbol{z}_r)}{|\boldsymbol{x}_1-\boldsymbol{z}_r|^2|\boldsymbol{x}_2-\boldsymbol{z}_r|^2}+\frac{[\mathcal{K}(\boldsymbol{z}_r,\boldsymbol{x}_1)]^2[\mathcal{K}_s^{(i)}(\boldsymbol{x}_1,\boldsymbol{z}_r)+\mathcal{K}_s^{(i)}(\boldsymbol{x}_2,\boldsymbol{z}_r)]+2\mathcal{K}_s^{(ii)}(\boldsymbol{x}_1,\boldsymbol{z}_r)}{|\boldsymbol{x}_1-\boldsymbol{z}_r|^2|\boldsymbol{x}_2-\boldsymbol{z}_r|^2}\right\}\tag{8.22}$$

式中，$\mathcal{K}$ 由式（3.35）定义，并且有

$$\mathcal{K}_s^{(\mathrm{i})}(\boldsymbol{x}_j,\boldsymbol{z}_r)=\int_0^1\frac{K_s[\boldsymbol{x}_j+(\boldsymbol{z}_r-\boldsymbol{x}_j)a]}{a(1-a)}\mathrm{d}a\tag{8.23}$$

$$\mathcal{K}_s^{(\mathrm{ii})}(\boldsymbol{x}_j,\boldsymbol{z}_r)=\int_1^\infty\frac{K_s[\boldsymbol{x}_j+(\boldsymbol{z}_r-\boldsymbol{x}_j)a]}{a(a-1)}\left\{\int_0^\infty K\left[\boldsymbol{x}_j+(\boldsymbol{z}_r-\boldsymbol{x}_j)a+\frac{\boldsymbol{z}_r-\boldsymbol{x}_j}{|\boldsymbol{z}_r-\boldsymbol{x}_j|}b\right]\mathrm{d}b\right\}^2\mathrm{d}a\tag{8.24}$$

当延迟时间等于 $\tau=T(\boldsymbol{x}_2,\boldsymbol{z}_r)+T(\boldsymbol{x}_1,\boldsymbol{z}_r)$ 时，首项的扰动方差为

$$\mathrm{Var}[\Delta C_1^{(1)}(\tau,\boldsymbol{x}_1,\boldsymbol{x}_2)]=\frac{\sigma_r^2 l_r^6\sigma_s^2 l_s^3}{2^{15}\pi^7 c_0^5}\left[\int \hat{F}_\varepsilon^2(\omega)\omega^6\mathrm{d}\omega\right]\frac{\mathcal{K}_s^{(\mathrm{iii})}(\boldsymbol{x}_1,\boldsymbol{x}_2,\boldsymbol{z}_r)}{|\boldsymbol{x}_1-\boldsymbol{z}_r|^2|\boldsymbol{x}_2-\boldsymbol{z}_r|^2}\tag{8.25}$$

此处

$$\mathcal{K}_s^{(\mathrm{iii})}(\boldsymbol{x}_1,\boldsymbol{x}_2,\boldsymbol{z}_r)=2\int_0^{2\pi}\mathrm{d}\psi\int_{-1}^1\mathrm{d}v K_s[\boldsymbol{z}_e(v,\psi)]\frac{([\mathcal{K}(\boldsymbol{z}_r,\boldsymbol{x}_1)]^2+\{\mathcal{K}[\boldsymbol{z}_r,\boldsymbol{z}_e(v,\psi)]\}^2)}{u^2-v^2}\tag{8.26}$$

其中

$$u=1+2\frac{|\boldsymbol{z}_r-\boldsymbol{x}_1|}{|\boldsymbol{z}_r-\boldsymbol{x}_2|},\tag{8.27}$$

$$\boldsymbol{z}_e(v,\psi)=\frac{\boldsymbol{z}_r+\boldsymbol{x}_2}{2}+\frac{|\boldsymbol{z}_r-\boldsymbol{x}_2|}{2}[vu\hat{\boldsymbol{e}}_3+\sqrt{(1-v^2)(u^2-1)}(\cos\psi\hat{\boldsymbol{e}}_1+\sin\psi\hat{\boldsymbol{e}}_2)]\tag{8.28}$$

式中，$\hat{\boldsymbol{e}}_3=\frac{\boldsymbol{z}_r-\boldsymbol{x}_2}{|\boldsymbol{z}_r-\boldsymbol{x}_2|}$，且 $(\hat{\boldsymbol{e}}_1,\hat{\boldsymbol{e}}_2,\hat{\boldsymbol{e}}_3)$ 构成正交基。

当延迟时间 $\tau=-[\mathcal{T}(\boldsymbol{x}_2,\boldsymbol{z}_r)+\mathcal{T}(\boldsymbol{x}_1,\boldsymbol{z}_r)]$ 时，首项的扰动方差为

$$\mathrm{Var}[\Delta C_1^{(1)}(\tau,\boldsymbol{x}_1,\boldsymbol{x}_2)]=\frac{\sigma_r^2 l_r^6\sigma_s^2 l_s^3}{2^{15}\pi^7 c_0^5}\left[\int \hat{F}_\varepsilon^2(\omega)\omega^6\mathrm{d}\omega\right]\frac{\mathcal{K}_s^{(\mathrm{iii})}(\boldsymbol{x}_2,\boldsymbol{x}_1,\boldsymbol{z}_r)}{|\boldsymbol{x}_1-\boldsymbol{z}_r|^2|\boldsymbol{x}_2-\boldsymbol{z}_r|^2}\tag{8.29}$$

为了使描述更加完整，添加以下内容。

（1）扰动的退相干时间与噪声源的带宽 B 成反比。

(2) 方差对延迟时间 τ 的积分为

$$\int \mathrm{Var}[\Delta C_1^{(1)}(\tau,\boldsymbol{x}_1,\boldsymbol{x}_2)]\mathrm{d}\tau=\frac{\sigma_{\mathrm{r}}^2 l_{\mathrm{r}}^6 \sigma_{\mathrm{s}}^2 l_{\mathrm{s}}^3}{2^{15}\pi^7 c_0^6}\left[\int \hat{F}_{\varepsilon}^2(\omega)\omega^6\mathrm{d}\omega\right]\int \frac{K_{\mathrm{s}}(z)}{|z_{\mathrm{r}}-z|}\mathrm{d}z$$
$$\times\left\{\frac{[\mathcal{K}(\boldsymbol{z}_{\mathrm{r}},\boldsymbol{z})]^2+[\mathcal{K}(\boldsymbol{z},\boldsymbol{z}_{\mathrm{r}})]^2+[\mathcal{K}(\boldsymbol{z}_{\mathrm{r}},\boldsymbol{x}_1)]^2+[\mathcal{K}(\boldsymbol{z},\boldsymbol{x}_2)]^2+[\mathcal{K}(\boldsymbol{x}_2,\boldsymbol{z})]^2}{|\boldsymbol{x}_1-\boldsymbol{z}_{\mathrm{r}}|^2|\boldsymbol{x}_2-\boldsymbol{z}_{\mathrm{r}}|^2}\right.$$
$$\left.+\frac{[\mathcal{K}(\boldsymbol{z}_{\mathrm{r}},\boldsymbol{z})]^2+[\mathcal{K}(\boldsymbol{z},\boldsymbol{z}_{\mathrm{r}})]^2+[\mathcal{K}(\boldsymbol{z}_{\mathrm{r}},\boldsymbol{x}_2)]^2+[\mathcal{K}(\boldsymbol{z},\boldsymbol{x}_1)]^2+[\mathcal{K}(\boldsymbol{x}_1,\boldsymbol{z})]^2}{|\boldsymbol{x}_1-\boldsymbol{z}_{\mathrm{r}}|^2|\boldsymbol{x}_2-\boldsymbol{z}_{\mathrm{r}}|^2}\right\} \tag{8.30}$$

(3) $\mathcal{K}_{\mathrm{s}}^{(\mathrm{iii})}(\boldsymbol{x}_1,\boldsymbol{x}_2,\boldsymbol{z}_{\mathrm{r}})$是如下函数沿椭球面 $S_{\boldsymbol{x}_1,\boldsymbol{x}_2,\boldsymbol{z}_{\mathrm{r}}}$的加权积分

$$z\rightarrow K_{\mathrm{s}}(\boldsymbol{z})[\mathcal{K}(\boldsymbol{z}_{\mathrm{r}},\boldsymbol{z})^2+\mathcal{K}(\boldsymbol{z}_{\mathrm{r}},\boldsymbol{x}_1)^2] \tag{8.31}$$

椭球面 $S_{\boldsymbol{x}_1,\boldsymbol{x}_2,\boldsymbol{z}_{\mathrm{r}}}$的方程为

$$S_{\boldsymbol{x}_1,\boldsymbol{x}_2,\boldsymbol{z}_{\mathrm{r}}}=\{z\ \mathrm{st.}\ |\boldsymbol{x}_2-\boldsymbol{z}|+|\boldsymbol{z}_{\mathrm{r}}-\boldsymbol{z}|=2|\boldsymbol{x}_1-\boldsymbol{z}_{\mathrm{r}}|+|\boldsymbol{x}_2-\boldsymbol{z}_{\mathrm{r}}|\} \tag{8.32}$$

其主轴沿 $\boldsymbol{z}_{\mathrm{r}}$ 和 $\boldsymbol{x}_2$ 的连线方向。该椭球体的参数化表达式为式（8.28）定义的矢量场 $(\boldsymbol{\upsilon},\psi)\rightarrow\boldsymbol{z}_{\mathrm{e}}(\boldsymbol{\upsilon},\psi)$。

当散射区域与椭球面式（8.32）不相交时，$\mathcal{K}_{\mathrm{s}}^{(\mathrm{iii})}(\boldsymbol{x}_1,\boldsymbol{x}_2,\boldsymbol{z}_{\mathrm{r}})$的值为零。当散射区距离台阵和反射体之间的区域足够远时，必然会发生这种情况。

如果检波器台阵的中心为 x_0，且台阵的直径远小于从台阵到反射体的距离，则椭球体是以 $\boldsymbol{x}_c=(\boldsymbol{z}_{\mathrm{r}}+\boldsymbol{x}_0)/2$ 为中心的扁球体，主轴为沿 $\boldsymbol{z}_{\mathrm{r}}$ 与 $\boldsymbol{x}_0$ 的连线，极半径为$\frac{3|\boldsymbol{z}_{\mathrm{r}}-\boldsymbol{x}_0|}{2}$，沿赤道的大圆半径为$\sqrt{2}|\boldsymbol{z}_{\mathrm{r}}-\boldsymbol{x}_0|$（图 8.2）。

$$S_{\boldsymbol{z}_{\mathrm{r}}}=\{\boldsymbol{z}\ \mathrm{st.}\ |\boldsymbol{z}-\boldsymbol{x}_0|+|\boldsymbol{z}-\boldsymbol{z}_{\mathrm{r}}|=3|\boldsymbol{x}_0-\boldsymbol{z}_{\mathrm{r}}|\} \tag{8.33}$$

从命题 8.1 中得到的主要结论是，当散射区与椭球体［式（8.33）］相交时，互相关函数在延迟时间等于 $\mathcal{T}(\boldsymbol{x}_2,\boldsymbol{z}_{\mathrm{r}})+\mathcal{T}(\boldsymbol{x}_1,\boldsymbol{z}_{\mathrm{r}})$处具有较大的扰动，反之扰动较小。

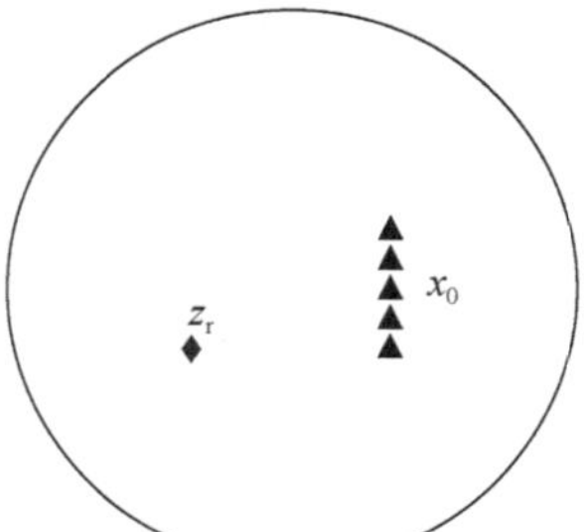

图 8.2　由式（8.33）定义的椭球体，描述了延迟时间等于 $\mathcal{T}(\boldsymbol{x}_2,\boldsymbol{z}_{\mathrm{r}})+\mathcal{T}(\boldsymbol{x}_1,\boldsymbol{z}_{\mathrm{r}})$处引起互相关扰动的散射区域。

命题 8.2　如图 8.3 中的左图所示，如果穿过 z_{r} 和 x_1 的射线到达检波器后方的散射区域，那么在延迟时间等于 $\mathcal{T}(\boldsymbol{x}_2,\boldsymbol{z}_{\mathrm{r}})+\mathcal{T}(\boldsymbol{x}_1,\boldsymbol{z}_{\mathrm{r}})$处互相关 $\Delta C_2^{(1)}$ 的均值出现峰值，其均值可以表达为

$$\mathbb{E}[\Delta C_2^{(1)}(\tau,\boldsymbol{x}_1,\boldsymbol{x}_2)]=\frac{\sigma_{\rm r}l_{\rm r}^3\sigma_{\rm s}^2l_{\rm s}^3}{2^9\pi^4c_0^5}\frac{\mathcal{K}_{\rm s}^{(\rm iv)}(\boldsymbol{x}_1,\boldsymbol{z}_{\rm r})}{|\boldsymbol{z}_{\rm r}-\boldsymbol{x}_1||\boldsymbol{z}_{\rm r}-\boldsymbol{x}_2|}\partial_\tau^5F_\varepsilon\{\tau-[\mathcal{T}(\boldsymbol{x}_2,\boldsymbol{z}_{\rm r})+\mathcal{T}(\boldsymbol{x}_1,\boldsymbol{z}_{\rm r})]\}\tag{8.34}$$

其中

$$\mathcal{K}_{\rm s}^{(\rm iv)}(\boldsymbol{x},\boldsymbol{z})=\int_0^\infty\breve{K}_{\rm s}\left(\boldsymbol{x}+\frac{\boldsymbol{x}-\boldsymbol{z}}{|\boldsymbol{x}-\boldsymbol{z}|}l\right),\quad \breve{K}_{\rm s}(\boldsymbol{y})=K_s(\boldsymbol{y})\int\frac{K(\boldsymbol{y}')}{|\boldsymbol{y}-\boldsymbol{y}'|^2}{\rm d}y'\tag{8.35}$$

如图 8.3 中的右图所示，如果穿过 z_r 和 x_2 的射线到达检波器后方的散射区域，那么在延迟时间等于$-[\mathcal{T}(\boldsymbol{x}_2,\boldsymbol{z}_{\rm r})+\mathcal{T}(\boldsymbol{x}_1,\boldsymbol{z}_{\rm r})]$处互相关 $\Delta C_2^{(1)}$ 的均值出现峰值，其均值可以表达为

$$\mathbb{E}[\Delta C_2^{(1)}(\tau,\boldsymbol{x}_1,\boldsymbol{x}_2)]=\frac{\sigma_{\rm r}l_{\rm r}^3\sigma_{\rm s}^2l_{\rm s}^3}{2^9\pi^4c_0^5}\frac{\mathcal{K}_{\rm s}^{(\rm iv)}(\boldsymbol{x}_2,\boldsymbol{z}_{\rm r})}{|\boldsymbol{z}_{\rm r}-\boldsymbol{x}_1||\boldsymbol{z}_{\rm r}-\boldsymbol{x}_2|}\partial_\tau^5F_\varepsilon\{\tau+[\mathcal{T}(\boldsymbol{x}_2,\boldsymbol{z}_{\rm r})+\mathcal{T}(\boldsymbol{x}_1,\boldsymbol{z}_{\rm r})]\}\tag{8.36}$$

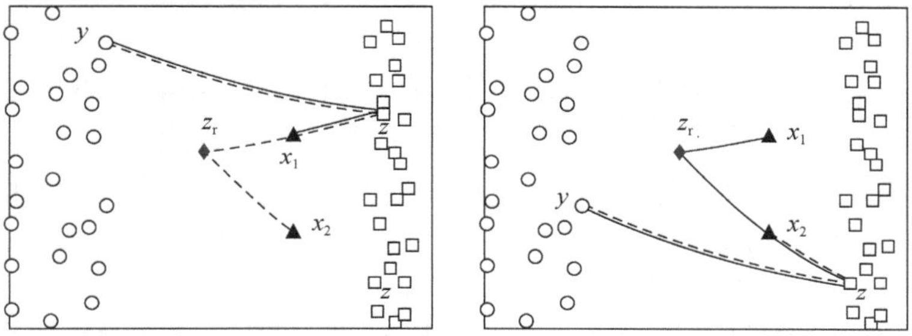

图 8.3　在 z_r 处有反射体的情况下，对 x_1 和 x_2 之间信号的差分互相关 $\Delta C_2^{(1)}$ 峰值有贡献的射线段排列方式。圆圈表示噪声源，三角形表示记录器，正方形表示散射体，菱形表示反射体。散射体提供二次光照照明，并在延迟时间等于$\pm[\mathcal{T}(\boldsymbol{x}_2,\boldsymbol{z}_{\rm r})+\mathcal{T}(\boldsymbol{x}_1,\boldsymbol{z}_{\rm r})]$处出现峰值。

$\Delta C_2^{(1)}$ 扰动的方差［阶数为 $O(\sigma_{\rm r}^2\sigma_{\rm s}^4)$］小于 $\Delta C_1^{(1)}$ 的方差［阶数为 $O(\sigma_{\rm r}^2\sigma_{\rm s}^2)$］，因此不再详细描述。

从命题 8.2 中得到的主要结论是，如果来自散射区域的信号通过台阵到达反射体，则在延迟时间等于$\pm[\mathcal{T}(\boldsymbol{x}_2,\boldsymbol{z}_{\rm r})+\mathcal{T}(\boldsymbol{x}_1,\boldsymbol{z}_{\rm r})]$处会出现互相关峰值。

附录 8. C 给出了在延迟时间等于$\pm[\mathcal{T}(\boldsymbol{x}_2,\boldsymbol{z}_{\rm r})+\mathcal{T}(\boldsymbol{x}_1,\boldsymbol{z}_{\rm r})]$处的互相关统计特性。8. 2. 6 小节会对这些主要结论做总结，并在 8. 2. 7 小节中进行数值模拟分析。

8. 2. 6　分辨率提高与信噪比降低之间的折中

本小节讨论由散射导致的分辨率提高与信噪比降低之间的折中问题。

命题 8. 2 表明，散射会导致互相关波形在延迟时间等于（正或负）走时和处出现峰值。如果有射线从散射区射出，穿过检波器阵列，然后到达反射体，就会发生这种情况。因此，散射体可以看作为反射体提供照明的二次源，如图 8. 3 所示。这可以确保光照成像函数式（6. 20）在反射体处具有良好纵向分辨率的峰值。这是一个有趣的结果，也是希望

在本章中得到的结果，因为在这里考虑的背光照明排列方式中，直达波不会产生这样的峰值，并且在没有散射的情况下只能使用背光成像函数式（6.41），这会产生纵向分辨率较差的细长峰。

命题 8.1 表明，散射波在互相关中产生的附加扰动可能大于在命题 8.2 中所述的附加峰值。结果，前文提到的反射体位置处的光照成像函数式（6.20）中的峰值将会被淹没，在 8.4.2 小节中的图 8.9 中会对这种情况进行讨论。

如果散射体距离检波器台阵足够远，即散射区在椭球体［式（8.33）］覆盖的区域之外，则延迟时间等于走时和时的互相关扰动很小。这种情况并不能阻止射线穿过反射体、检波器然后到达散射体，可以确保互相关中在延迟时间等于走时和处出现峰值。

如果不满足这些条件怎么办？8.4 节指出，迭代互相关技术可以增强散射波，从而提高图像的信噪比。

8.2.7　存在散射时互相关偏移成像的数值模拟

如 8.2.6 小节所述，散射体可以起到二次源的作用。本小节将说明在没有散射的情况下，仍然可以在非光照成像排列方式中使用光照成像函数式（6.20）。

考虑背景速度 $c_0=1$ 的三维介质，在平面（x，z）上计算并成像。在 100×15 的层中随机分布着 100 个点源，功率谱密度为 $\hat{F}(\omega)=e^{-\omega^2}$。点状反射体位于（−5，60）处，反射率 $\sigma_r l_r^3=0.01$，5 个检波器位于（$-37.5+7.5j$，100），$j=1$，…，5 处。

在图 8.4（g）~（i）中，考虑这样一种排列方式：照明方式为目标区域的背光照明，目标区域后面是一层散射介质，图中展示了利用背光成像函数式（6.41）和光照成像函数式（6.20）获得的图像。背光成像函数给出了很好的图像［图 8.4（h）］，如同 8.4（e）一样，对应着均匀介质中的背光照明，因为它是直达波的结果［式（6.14）］。更引人注目的是，与图 8.4（g）相比，光照成像函数也给出了很好的图像［图 8.4（i）］。这表明散射介质层成功地改变了部分能流的方向，使目标区域经历了二次照明，从而使得光照成像函数给出了良好的图像。通过与图 8.4（a）~（c）中的基本光照成像排列方式进行比较，可以看到图 8.4（c）中的光照成像函数具有与基本光照成像实验基本相当的纵向和横向分辨率。事实上，可以看到，图 8.4（i）中的横向分辨率比图 8.4（c）中的要好，这是因为散射与 ω^2 成正比，这意味着与噪声源频谱相比，二次光照源的频谱向高频偏移，因此载波波长更小，从而提高了横向分辨率。还可以看到，图 8.4（i）中的纵向分辨率比图 8.4（c）中的要低。这还是因为散射与 ω^2 成正比，这意味着与噪声源频谱相比，二次光照照明源的带宽减小，降低了纵向分辨率。

这样的情况是有利的，因为散射区不与椭球体式（8.33）相交，所以在延迟时间等于走时和处的互相关扰动较小，从而图 8.4（i）中图像的信噪比较高。如果散射区域与椭球体式（8.33）相交，则可能会出现较低信噪比的情况。在 8.4 节中，将介绍如何通过迭代互相关技术增强散射波的作用，从而提高图像的信噪比。

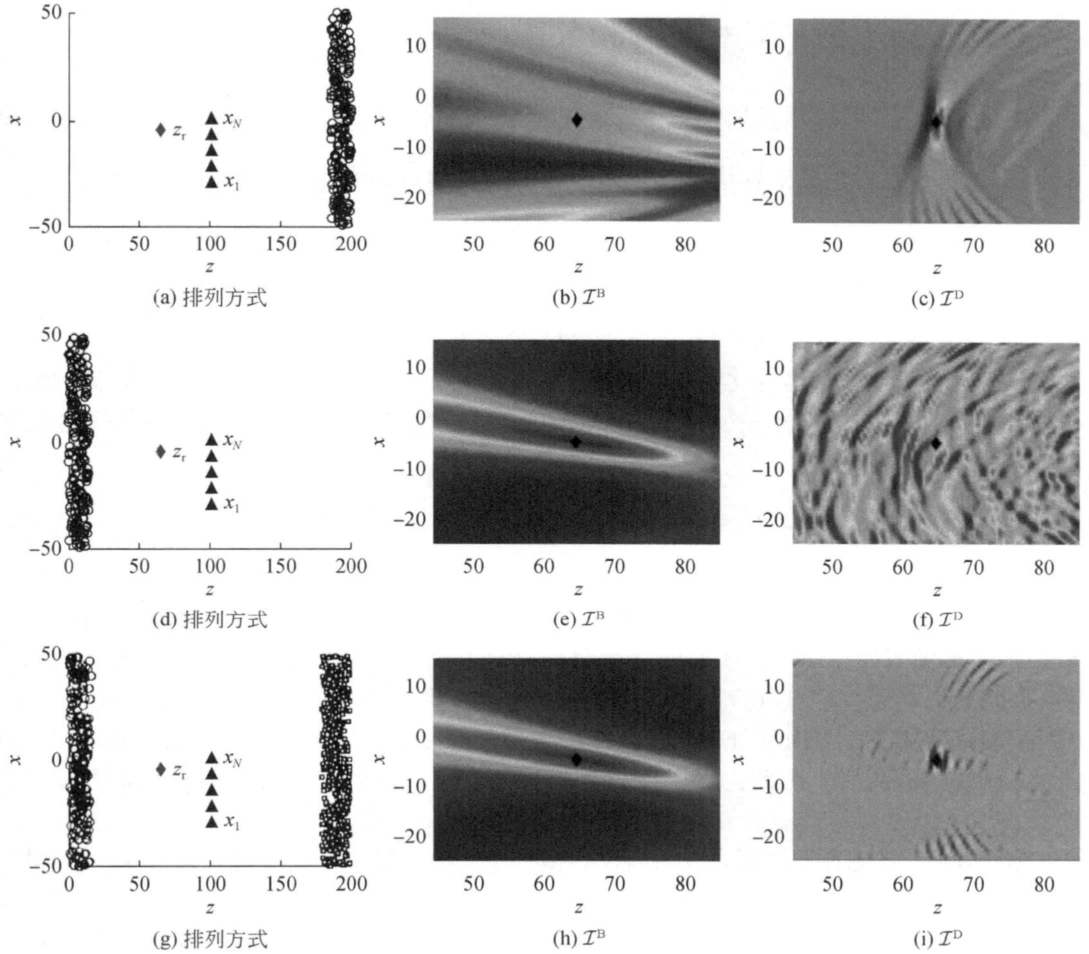

图 8.4　基于图 8.1 的三种成像方式使用差分互相关技术的被动检波器成像：均匀背景介质中的光照成像(顶行)、均匀背景介质中的背光照明（中间行）及散射介质中的基本背光照明和二次源光照照明（底行)。排列方式如图（a）（d）（g）所示：圆形表示噪声源，三角形表示传感器，菱形表示反射体，正方形表示散射体。图（b）（e）（h）表示用背光成像函数式（6.41）获得的图像。图（c）（f）（i）表示利用光照成像函数式（6.20）获得的图像（见彩插)。

8.3　反射界面的被动源成像

在本节中，认为散射不是由随机不均匀介质产生的，而是由介质中的部分或全部反射界面产生的。在地球物理实际应用中把地球表面看作反射界面是很有用的。

8.3.1 反射界面的互相关驻相分析

在本节中，假设介质是均匀的，背景速度为 c_0，平界面 I_m 满足方程 $x_3=z_m$。对于任意一点 $x=(\boldsymbol{x}_1,\boldsymbol{x}_2,\boldsymbol{x}_3)$，将 $\boldsymbol{x}$ 与其关于平面 I_m 对称的虚源点 $\widetilde{\boldsymbol{x}}$ 通过下式相联系：

$$\widetilde{\boldsymbol{x}}=(x_1,x_2,2z_m-x_3)$$

在有反射面而没有反射体情况下的格林函数可以简单地表示为

$$\hat{G}_m(\omega,\boldsymbol{x},\boldsymbol{y})=\hat{G}_0(\omega,\boldsymbol{x},\boldsymbol{y})+R_m\hat{G}_0(\omega,\boldsymbol{x},\widetilde{\boldsymbol{y}})$$

式中，R_m 为界面反射系数；$\hat{G}_0$ 为满足式（8.13）的自由空间格林函数。在全反射情况下，反射系数 $R_m=-1$。在 $\boldsymbol{z}_r$ 处存在反射体并且对反射体施行点近似时，格林函数的形式为

$$\hat{G}_{m,r}(\omega,\boldsymbol{x},\boldsymbol{y})=\hat{G}_m(\omega,\boldsymbol{x},\boldsymbol{y})+\frac{\omega^2}{c_0^2}\sigma_r l_r^3\hat{G}_m(\omega,\boldsymbol{x},\boldsymbol{z}_r)\hat{G}_m(\omega,\boldsymbol{z}_r,\boldsymbol{y})$$

上式包含了界面反射波的信息。

附录 8.D 对下面的命题 8.3 进行了证明，在证明中，虚源区域表示函数 K 的支撑关于平面 I_m 对称的图像。命题 8.3 表明，镜面反射会生成虚源，该虚源起到二次噪声源的作用，并且可以为目标区域（反射体和检波器）提供照明。除了下面描述的附加峰值之外，在延迟时间等于正负走时和处，光照成像函数会出现峰值，其量级至少为从检波器到反射截面之间走时的两倍，因此，只要反射界面足够远，它们就不会对光照成像函数起任何作用。

命题 8.3 考虑在检波器台阵后有反射镜的背光照明排列方式［图 8.5（a）］。该排列方式对应的差分互相关会出现多个峰值。

如式（8.21）所示，延迟时间等于 $\mathcal{T}(\boldsymbol{x}_2,\boldsymbol{z}_r)+\mathcal{T}(\boldsymbol{x}_1,\boldsymbol{z}_r)$ 处存在峰值，其形式为

$$\Delta C^{(1)}(\tau,\boldsymbol{x}_1,\boldsymbol{x}_2)=\frac{\sigma_r l_r^3 R_m^2}{32\pi^2 c_0}\frac{\widetilde{\mathcal{K}}(\boldsymbol{x}_1,\boldsymbol{z}_r)}{|\boldsymbol{z}_r-\boldsymbol{x}_1||\boldsymbol{z}_r-\boldsymbol{x}_2|}\partial_\tau F_\varepsilon\{\tau-[\mathcal{T}(\boldsymbol{x}_2,\boldsymbol{z}_r)+\mathcal{T}(\boldsymbol{x}_1,\boldsymbol{z}_r)]\} \quad (8.37)$$

延迟时间等于 $-[\mathcal{T}(\boldsymbol{x}_2,\boldsymbol{z}_r)+\mathcal{T}(\boldsymbol{x}_1,\boldsymbol{z}_r)]$ 处也存在峰值，其形式为

$$\Delta C^{(1)}(\tau,\boldsymbol{x}_1,\boldsymbol{x}_2)=\frac{\sigma_r l_r^3 R_m^2}{32\pi^2 c_0}\frac{\widetilde{\mathcal{K}}(\boldsymbol{x}_2,\boldsymbol{z}_r)}{|\boldsymbol{z}_r-\boldsymbol{x}_1||\boldsymbol{z}_r-\boldsymbol{x}_2|}\partial_\tau F_\varepsilon\{\tau+[\mathcal{T}(\boldsymbol{x}_2,\boldsymbol{z}_r)+\mathcal{T}(\boldsymbol{x}_1,\boldsymbol{z}_r)]\} \quad (8.38)$$

式中，$\widetilde{\mathcal{K}}(\boldsymbol{x},\boldsymbol{z})$ 是虚源沿穿过 x 和 z 的射线释放的能量：

$$\widetilde{\mathcal{K}}(\boldsymbol{x},\boldsymbol{z})=\int_0^\infty \widetilde{K}\left(\boldsymbol{x}+\frac{\boldsymbol{x}-\boldsymbol{z}}{|\boldsymbol{x}-\boldsymbol{z}|}l\right)\mathrm{d}l,\quad \widetilde{K}(\boldsymbol{y})=K(\widetilde{\boldsymbol{y}}) \quad (8.39)$$

注意，仅当穿过 $\boldsymbol{z}_r$ 与 $\boldsymbol{x}_j$ 的射线延伸到虚源区域时，$\widetilde{\mathcal{K}}(\boldsymbol{x}_j,\boldsymbol{z}_r)$ 才取正值，该虚源区域是指前面提到的二次光照照明源。

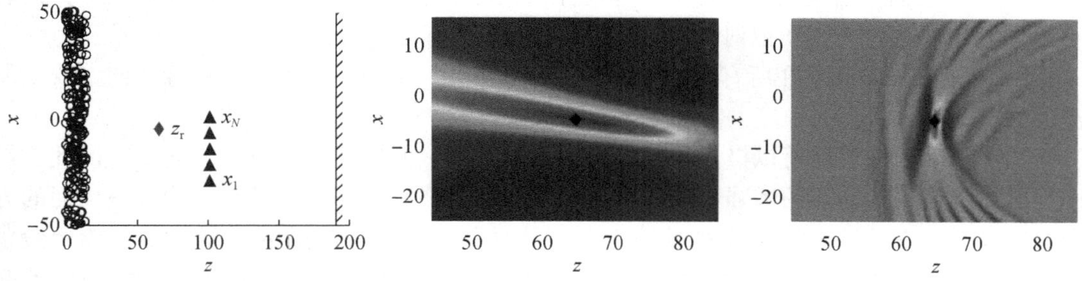

(a) 排列方式　(b) I^B　(c) I^D

图 8.5　在具有反射边界的均匀介质中差分互相关技术被动源成像示意图。排列方式如图（a）所示：圆圈代表噪声源，三角形代表检波器，菱形代表反射体。图（b）显示了使用背光成像函数式（6.41）获得的图像。图（c）显示了利用光照成像函数式（6.20）获得的图像（见彩插）。

8.3.2　存在界面时互相关偏移成像的数值模拟

图 8.5 所示为在目标区域后面有反射镜时背光照明排列方式获得的图像，利用背光成像函数式（6.41）获得的图像反映了直达波式（6.14）的贡献。利用光照成像函数式（6.20）获得的高精度图像说明命题 8.3 的理论预测是正确的，即反射镜产生的虚源可以为目标区域提供二次光照。

带有镜面反射的排列方式和 8.2 中研究过的随机散射介质的排列方式具有共同点，即它们都提供二次光照。因此，光照偏移成像函数可以使用散射波或反射波，并可以提高反射体的纵向分辨率；而背光偏移成像函数使用直达波，可以提供反射体良好的横向分辨率。通过将这两个函数相乘，可以获得反射体的高精度位置信息（图 8.6）。

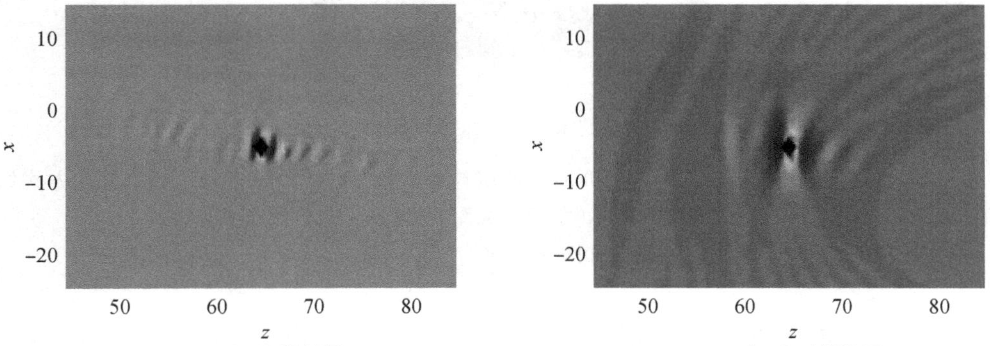

(a) $\mathcal{I}^B \times \mathcal{I}^D$,散射层　(b) $\mathcal{I}^B \times \mathcal{I}^D$,反射边界

图 8.6　背光成像函数式（6.41）与光照成像函数式（6.20）相乘而获得的图像。图（a）对应于图 8.4（a）具有散射层的排列方式，图（b）对应于图 8.5（a）具有反射边界的排列方式（见彩插）。

具有镜面反射的成像方式和具有随机散射介质的成像方式之间的主要区别是：

(1) 在镜面反射情况下，绝大部分能流被反射回来，而在随机散射介质情况下，只有小部分能流被散射（在弱散射情况下）；

(2) 随机散射介质在所有方向上改变能流的方向，而反射界面仅在镜像方向上改变能流的方向。

这意味着镜面反射可以极大增强能量的定向差异，但这仅是在特定方向上。因此，镜面反射对能量的定向照明增强不如随机散射介质的增强有效。如果没有正确调整界面的方向，则没有从虚源发出的射线穿过检波器到达反射体，那么光照成像函数就不能像命题8.3预测的那样很好地得到如图8.7所示的图像。与此结果相反，随机散射层的方位不起作用，正如命题8.1所预测及图8.8所示的那样。

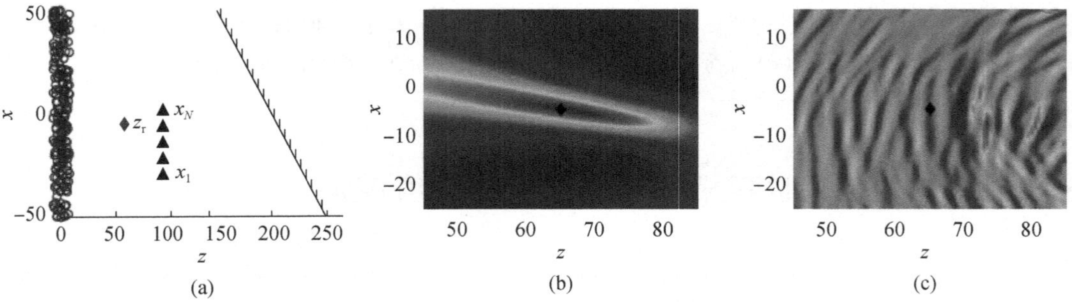

图8.7　具有倾斜反射界面（倾角45°）的均匀介质中差分互相关被动检波器成像。排列方式如图（a）所示，背光成像函数（6.41）获得的图像如图（b）所示，光照成像函数（6.20）获得的图像如图（c）所示（见彩插）。

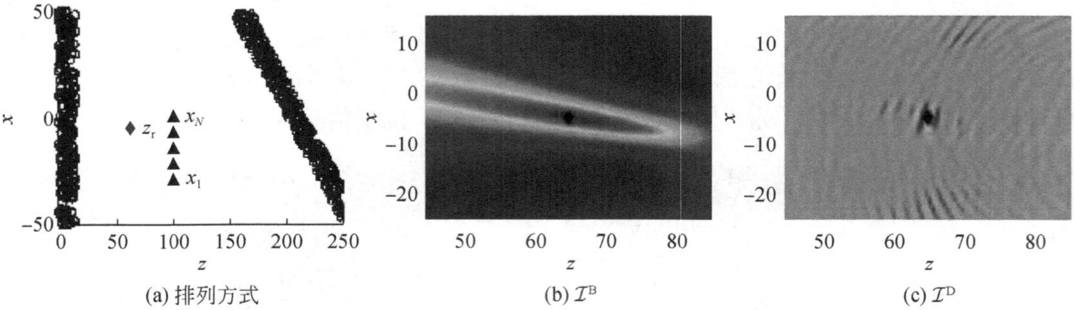

图8.8　在具有倾斜随机散射层的均匀介质中使用差分互相关技术的被动源成像。排列方式如图（a）所示。背光成像函数式（6.41）获得的图像如图（b）所示。光照成像函数式（6.20）获得的图像如图（c）所示（见彩插）。

8.4　随机散射介质中被动源成像的迭代互相关方法

根据8.2节的分析可知，与反射体成像相关的差分互相关 $\Delta C^{(1)}(\tau,\boldsymbol{x}_j,\boldsymbol{x}_l)$ 峰值可能会淹没在散射扰动中。当在延迟时间等于 $\pm[\mathcal{T}(\boldsymbol{x}_2,\boldsymbol{z}_r)+\mathcal{T}(\boldsymbol{x}_1,\boldsymbol{z}_r)]$ 处峰值信噪比较低时，这种情况容易发生。在本节中，介绍一种迭代互相关成像技术，该技术消除了直达波的作用，从而提高了峰值的有效信噪比。在7.4节中，该技术被证明对于估计检波器间走时是有效的。在 8.4.1 小节中，将具体描述这一成像方法，并给出数值模拟结果。

8.4.1　尾波互相关

根据从记录数据计算得到的差分互相关 $\Delta C_T(\tau,\boldsymbol{x}_j,\boldsymbol{x}_l)$ 可以得到检波器$(\boldsymbol{x}_j)_{j=1,\cdots,N}$两两之间的一类特殊四阶差分互相关矩阵 $\Delta C_T^{(3)}(\tau,\boldsymbol{x}_j,\boldsymbol{x}_l)$。具体实现步骤如下（与 7.4 节中的策略相同）。

（1）通过对差分互相关波形进行截断以计算尾波：

$$\Delta C_{T,\mathrm{coda}}(\tau,\boldsymbol{x}_j,\boldsymbol{x}_l)=\Delta C_T(\tau,\boldsymbol{x}_j,\boldsymbol{x}_l)\mathbf{1}_{[T_{\mathrm{c}1},T_{\mathrm{c}2}]}(|\tau|),j,l=1,\cdots,N$$

（2）对差分互相关的尾波做互相关计算，并对台阵中所有检波器对上的互相关结果求和，以形成 $\boldsymbol{x}_j$ 和 $\boldsymbol{x}_l$ 之间的尾波互相关：

$$\Delta C_T^{(3)}(\tau,\boldsymbol{x}_j,\boldsymbol{x}_l)=\sum_{k=1,k\notin\{j,l\}}^{N}\int\Delta C_{T,\mathrm{coda}}(\tau',\boldsymbol{x}_k,\boldsymbol{x}_j)\Delta C_{T,\mathrm{coda}}(\tau'+\tau,\boldsymbol{x}_k,\boldsymbol{x}_l)\mathrm{d}\tau' \quad (8.40)$$

该算法依赖于三个重要的时间参数 $\boldsymbol{T}$、$T_{\mathrm{c}1}$ 和 $T_{\mathrm{c}2}$。它们的作用已经在 7.4 节中进行了讨论。

如 7.4 节所述，差分尾波互相关 $\Delta C_T^{(3)}$ 是关于噪声源分布的自平均量，当 $T\to\infty$时，它等于统计差分尾波互相关 $\Delta C^{(3)}$：

$$\Delta C^{(3)}(\tau,\boldsymbol{x}_j,\boldsymbol{x}_l)=\frac{1}{2\pi}\sum_{k=1,k\notin\{j,l\}}^{N}\int\Delta\overline{\hat{C}_{\mathrm{coda}}^{(1)}}(\omega,\boldsymbol{x}_k,\boldsymbol{x}_j)\Delta\hat{C}_{\mathrm{coda}}^{(1)}(\omega,\boldsymbol{x}_k,\boldsymbol{x}_l)\mathrm{e}^{-\mathrm{i}\omega\tau}\mathrm{d}\omega$$

$$\Delta C_{\mathrm{coda}}^{(1)}(\tau,\boldsymbol{x}_k,\boldsymbol{x}_l)=\Delta C^{(1)}(\tau,\boldsymbol{x}_k,\boldsymbol{x}_l)\boldsymbol{1}_{[T_{\mathrm{c}1},T_{\mathrm{c}2}]}(|\tau|)$$

数据窗口化处理很重要，利用这种技术可选择用于对 z_{r} 处反射体成像的数据类型。可以采用与 8.2 节相同的条件和方法对函数 $\Delta C^{(3)}$ 进行渐近分析，这涉及一些冗长而烦琐的计算。然而，差分尾波互相关 $\Delta C^{(3)}$ 在延迟时间等于$\pm[\mathcal{T}(\boldsymbol{x}_2,z_{\mathrm{r}})+\mathcal{T}(\boldsymbol{x}_1,z_{\mathrm{r}})]$处确实存在峰值。因此，使用光照偏移成像函数对差分尾波互相关进行偏移成像将可以获得更高信噪比的反射体图像。

差分尾波互相关也可以通过以下算法计算得到。

（1）使用存在反射体时的数据 C_T 计算互相关的尾波 $C_{T,\mathrm{coda}}$，使用不存在反射时的数据 $C_{T,0}$计算互相关的尾波 $C_{T,\mathrm{coda},0}$：

$$C_{T,\mathrm{coda}}(\tau,\boldsymbol{x}_j,\boldsymbol{x}_l)=C_T(\tau,x_j,x_l)\mathbf{1}_{[T_{\mathrm{c}1},T_{\mathrm{c}2}]}(|\tau|),\quad j,l=1,\cdots,N$$

$$C_{T,\mathrm{coda},0}(\tau,\boldsymbol{x}_j,\boldsymbol{x}_l)=C_{T,0}(\tau,\boldsymbol{x}_j,\boldsymbol{x}_l)\mathbf{1}_{[T_{\mathrm{c}1},T_{\mathrm{c}2}]}(|\tau|),\quad j,l=1,\cdots,N$$

（2）利用 $C_{T,\mathrm{coda}}$ 计算尾波互相关 $C_T^{(3)}$，利用 $C_{T,\mathrm{coda},0}$计算 $C_{T,0}^{(3)}$：

$$C_T^{(3)}(\tau,\boldsymbol{x}_j,\boldsymbol{x}_l)=\sum_{k=1,k\notin\{j,l\}}^{N}\int C_{T,\mathrm{coda}}(\tau',\boldsymbol{x}_k,\boldsymbol{x}_j)C_{T,\mathrm{coda}}(\tau'+\tau,\boldsymbol{x}_k,\boldsymbol{x}_l)\mathrm{d}\tau'$$

$$C_{T,0}^{(3)}(\tau,\boldsymbol{x}_j,\boldsymbol{x}_l)=\sum_{k=1,k\notin\{j,l\}}^{N}\int C_{T,\mathrm{coda},0}(\tau',\boldsymbol{x}_k,\boldsymbol{x}_j)C_{T,\mathrm{coda},0}(\tau'+\tau,\boldsymbol{x}_k,\boldsymbol{x}_l)\mathrm{d}\tau'$$

（3）计算尾波互相关之差：

$$\Delta C_T^{(4)}(\tau,\boldsymbol{x}_j,\boldsymbol{x}_l)=C_T^{(3)}(\tau,\boldsymbol{x}_j,\boldsymbol{x}_l)-C_{T,0}^{(3)}(\tau,\boldsymbol{x}_j,\boldsymbol{x}_l),\quad j,l=1,\cdots,N \quad (8.41)$$

该算法得到的差分尾波互相关 $\Delta C_T^{(4)}$ 不同于 $\Delta C_T^{(3)}$，这是一个统计稳定量。它的统计

平均值 $\Delta C^{(4)}$ 包含延迟时间等于要用于成像的 $\pm[\mathcal{T}(\boldsymbol{x}_1,\boldsymbol{z}_r)+\mathcal{T}(\boldsymbol{x}_2,\boldsymbol{z}_r)]$ 处的峰值，与 $\Delta C^{(3)}$ 类似，且与 $\Delta C^{(1)}$ 相比作用更小。因此，通常期望差分尾波互相关的两种形式 $\Delta C_{\mathcal{T}}^{(3)}$ 和 $\Delta C_{\mathcal{T}}^{(4)}$ 都可以用于偏移成像。

8.4.2　尾波互相关偏移成像数值模拟

图 8.9 考虑了散射区与椭球体式（8.33）相交的成像方式，该成像方式在延迟时间等

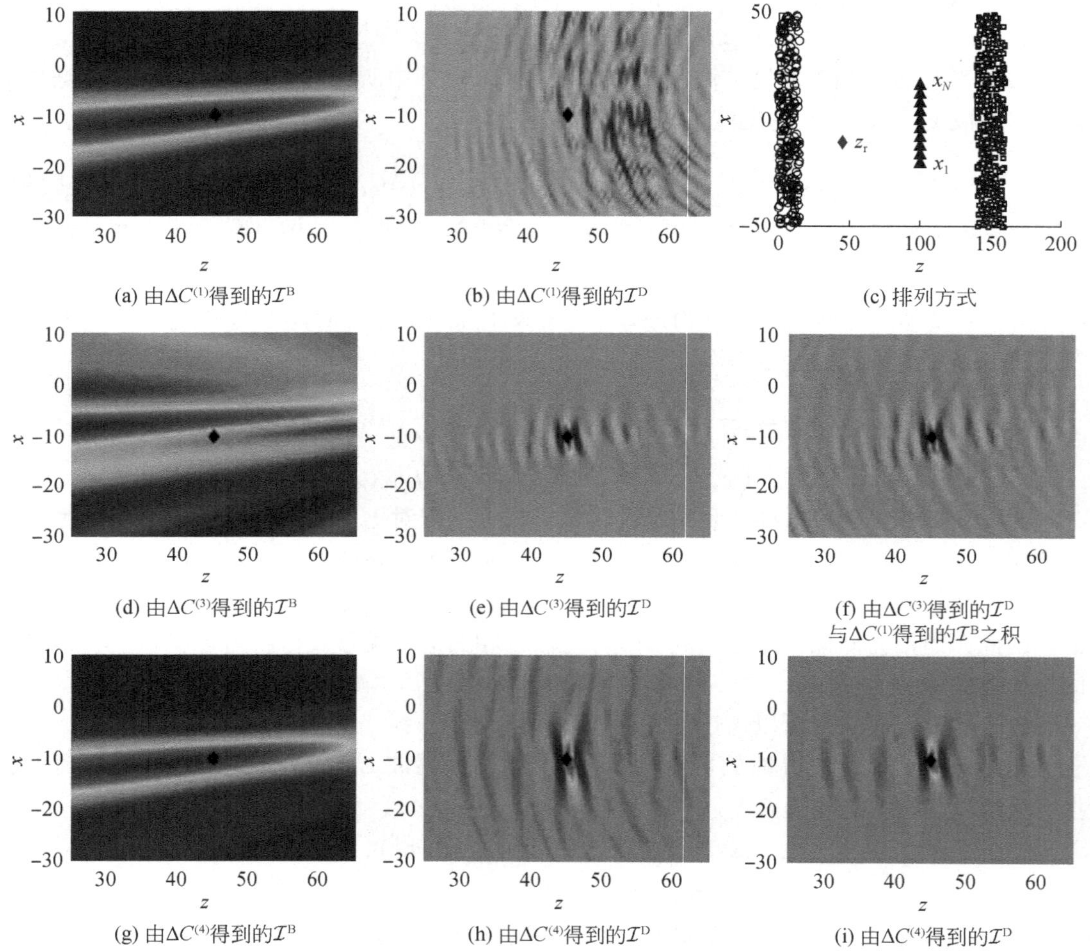

(a) 由 $\Delta C^{(1)}$ 得到的 $\mathcal{I}^{\mathrm{B}}$　(b) 由 $\Delta C^{(1)}$ 得到的 $\mathcal{I}^{\mathrm{D}}$　(c) 排列方式

(d) 由 $\Delta C^{(3)}$ 得到的 $\mathcal{I}^{\mathrm{B}}$　(e) 由 $\Delta C^{(3)}$ 得到的 $\mathcal{I}^{\mathrm{D}}$　(f) 由 $\Delta C^{(3)}$ 得到的 $\mathcal{I}^{\mathrm{D}}$ 与 $\Delta C^{(1)}$ 得到的 $\mathcal{I}^{\mathrm{B}}$ 之积

(g) 由 $\Delta C^{(4)}$ 得到的 $\mathcal{I}^{\mathrm{B}}$　(h) 由 $\Delta C^{(4)}$ 得到的 $\mathcal{I}^{\mathrm{D}}$　(i) 由 $\Delta C^{(4)}$ 得到的 $\mathcal{I}^{\mathrm{D}}$ 与 $\Delta C^{(1)}$ 得到的 $\mathcal{I}^{\mathrm{B}}$ 之积

图 8.9　排列方式如图（c）所示：圆形表示噪声源，正方形表示散射体。图（a）(b）分别表示应用差分互相关 $\Delta C^{(1)}$ 时用背光成像函数式（6.41）和光照成像函数式（6.20）获得的图像。图（d）(e）分别表示应用差分尾波互相关 $\Delta C^{(3)}$ 时用背光成像函数式（6.41）和光照成像函数式（6.20）获得的图像。图（f）显示了利用差分尾波互相关 $\Delta C^{(3)}$ 的光照成像函数式（6.20）图像乘以应用差分互相关 $\Delta C^{(1)}$ 的背光成像函数式（6.41）图像之积。图（g）(h）分别表示应用差分尾波互相关 $\Delta C^{(4)}$ 时用背光成像函数式（6.41）和光照成像函数式（6.20）获得的图像。图（i）显示了利用差分尾波互相关 $\Delta C^{(4)}$ 的光照成像函数式（6.20）图像乘以应用差分互相关 $\Delta C^{(1)}$ 的背光成像函数式（6.41）图像之积（见彩插）。

于 $\mathcal{T}(\boldsymbol{x}_2,z_r)+\mathcal{T}(\boldsymbol{x}_1,z_r)$ 时会产生互相关扰动。反射体并不能使用常规差分互相关技术在光照成像函数中产生峰值［图 8.9（b）］，因为在延迟时间等于$\pm[\mathcal{T}(\boldsymbol{x}_1,z_r)+\mathcal{T}(\boldsymbol{x}_2,z_r)]$时峰值被淹没在这些扰动中，这与图 8.4 中散射区域与椭球体不相交时的情况相反。然而，采用差分尾波互相关技术的光照成像功能 $\Delta C^{(3)}$［图 8.9（e）］或 $\Delta C^{(4)}$［图 8.9（h）］能得到更好的图像。总体来说，使用 $\Delta C^{(1)}$ 的背光成像函数时 $\mathcal{I}^{\mathrm{B}}$ 具有良好的横向分辨率和信噪比，而使用 $\Delta C^{(3)}$ 或 $\Delta C^{(4)}$ 的光照成像函数时 $\mathcal{I}^{\mathrm{D}}$ 具有良好的纵向分辨率和信噪比。将这两个成像函数相乘，可以更精确地确定反射体的位置［图 8.9（f）(i)］。这种乘法可以充分利用两种照明方式的优势，但这可能不是最佳方式。该方法可以对点状反射体进行很好的成像，但对有一定展布的反射体成像效果未必这么好，这个问题值得进一步研究。

8.5　结　　论

在本章中，分析了散射波在背景噪声成像中的作用。在 8.2 节中定量分析了散射导致定向照明增强以提高图像分辨率与散射随机扰动导致的信噪比（SNR）降低之间的折中。

首先，随机散射介质可以改善包括接收台阵和待成像反射体在内的目标区域的定向照明。因此，当散射介质为目标区域提供二次照明时，可以显著提高纵向分辨率，这时光照成像函数式（6.20）在反射体位置处会出现峰值。研究结果还表明，随机散射层比确定性反射面更能有效地增强定向照明。

其次，随机散射介质会在互相关中引入随机扰动，这将会降低成像时互相关中峰值的信噪比。当散射区距离检波器台阵足够远时，这些扰动将变得很小。但是当散射区距离检波器台阵很近时，与散射引起扰动的标准差相比，反射对互相关峰值的贡献可能较弱，互相关偏移会产生模糊的斑点图像。这里还考虑了通过对二阶互相关的尾波进行互相关而获得的特殊四阶互相关偏移问题。该方法的目的是消除直达波而增强散射波的作用。结果表明，利用差分四阶尾波互相关和两种不同偏移函数（背光成像函数和光照成像函数）的乘积进行被动源成像是非常有效的，因为这可以显著提高图像的信噪比和分辨率。

仅在弱散射情况下，定向照明差异增强与图像信噪比降低之间的这种折中才有意义。随着散射强度的增加，包括四阶互相关在内的互相关偏移最终将失败。因此，在散射介质中基于相关的被动源成像方法很可能仅在弱散射到中等强度散射的情况下，或在带有辅助检波器台阵的特殊情况下才有效。

本章介绍的大多数结果在 Garnier 和 Papanicolaou（2014b）中都可以找到。为了完整起见，读者可以参考 Garnier 等（2013）的文章以详细了解信噪比分析有关问题。有学者也研究了随机散射介质中背景噪声互相关成像在如随机分层介质模型（Garnier，2005）或波导模型（Ammari et al.，2013）中的成像效果。

附录 8. A：命题 8.1 的证明

一阶互相关 $\Delta C_1^{(1)}$ 的表达式中包括六项，这里详细研究其中的一项，其他五项也可以用同样的方式来处理。这些互相关项均涉及一个单分量波形 $\hat{G}_1$ 和另一个单分量波形 $\hat{G}_0$，即单次散射波与直达波的互相关。这里以 $\Delta C_{1,1}^{(1)}(\tau,\boldsymbol{x}_1,\boldsymbol{x}_2)$ 项为例进行详细研究。

$$\Delta C_{1,1}^{(1)}(\tau,\boldsymbol{x}_1,\boldsymbol{x}_2)=\frac{\sigma_{\mathrm{r}}l_{\mathrm{r}}^3}{2\pi c_0^2\varepsilon^2}\iint \mathrm{d}y\mathrm{d}\omega K(\boldsymbol{y})\omega^2\hat{F}(\omega)\overline{\hat{G}_0}\left(\frac{\omega}{\varepsilon},\boldsymbol{x}_1,\boldsymbol{z}_{\mathrm{r}}\right)\overline{\hat{G}_0}\left(\frac{\omega}{\varepsilon},\boldsymbol{z}_{\mathrm{r}},\boldsymbol{y}\right)\hat{G}_1\left(\frac{\omega}{\varepsilon},x_2,y\right)\mathrm{e}^{-\mathrm{i}\frac{\omega}{\varepsilon}\tau}$$

也可以写成

$$\Delta C_{1,1}^{(1)}(\tau,\boldsymbol{x}_1,\boldsymbol{x}_2)=\frac{\sigma_{\mathrm{r}}l_{\mathrm{r}}^3}{2\pi c_0^4\varepsilon^4}\iint \mathrm{d}y\mathrm{d}z\mathrm{d}\omega K(\boldsymbol{y})\omega^4\hat{F}(\omega)\overline{\hat{G}_0}\left(\frac{\omega}{\varepsilon},\boldsymbol{x}_1,\boldsymbol{z}_{\mathrm{r}}\right)$$
$$\times\overline{\hat{G}_0}\left(\frac{\omega}{\varepsilon},\boldsymbol{z}_{\mathrm{r}},\boldsymbol{y}\right)\hat{G}_0\left(\frac{\omega}{\varepsilon},\boldsymbol{x}_2,\boldsymbol{z}\right)\mu(\boldsymbol{z})\hat{G}_0\left(\frac{\omega}{\varepsilon},\boldsymbol{z},\boldsymbol{y}\right)\mathrm{e}^{-\mathrm{i}\frac{\omega}{\varepsilon}\tau}$$

它是从 $\boldsymbol{y}$ 处出发、在 $\boldsymbol{z}_{\mathrm{r}}$ 处反射并在 $\boldsymbol{x}_1$ 处记录到的波与从 $\boldsymbol{y}$ 处出发、在 $\boldsymbol{z}$ 处散射并在 $\boldsymbol{x}_2$ 处记录到的波之间的互相关。既然 $\mu(\boldsymbol{z})$ 的均值是零，$\Delta C_{1,1}^{(1)}(\tau,\boldsymbol{x}_1,\boldsymbol{x}_2)$ 的均值也为零。利用 μ 的 δ-性质，$\Delta C_{1,1}^{(1)}(\tau,\boldsymbol{x}_1,\boldsymbol{x}_2)$ 的方差可以表示为

$$\mathrm{Var}[\Delta C_{1,1}^{(1)}(\tau,\boldsymbol{x}_1,\boldsymbol{x}_2)]=\frac{\sigma_{\mathrm{r}}^2l_{\mathrm{r}}^6\sigma_{\mathrm{s}}^2l_{\mathrm{s}}^3}{4\pi^2c_0^8\varepsilon^8}\iiint \mathrm{d}y_1\mathrm{d}\omega_1\,\mathrm{d}y_2\mathrm{d}\omega_2\mathrm{d}z$$
$$\times K_{\mathrm{s}}(\boldsymbol{z})\omega_1^4\hat{F}(\omega_1)\omega_2^4\hat{F}(\omega_2)K(\boldsymbol{y}_1)K(\boldsymbol{y}_2)\exp\left(-\mathrm{i}\frac{\omega_1-\omega_2}{\varepsilon}\tau\right)$$
$$\times\overline{\hat{G}_0}\left(\frac{\omega_1}{\varepsilon},\boldsymbol{x}_1,\boldsymbol{z}_{\mathrm{r}}\right)\overline{\hat{G}_0}\left(\frac{\omega_1}{\varepsilon},\boldsymbol{z}_{\mathrm{r}},\boldsymbol{y}_1\right)\overline{\hat{G}_0}\left(\frac{\omega_2}{\varepsilon},\boldsymbol{x}_2,\boldsymbol{z}\right)\overline{\hat{G}_0}\left(\frac{\omega_2}{\varepsilon},\boldsymbol{z},\boldsymbol{y}_2\right)$$
$$\times\hat{G}_0\left(\frac{\omega_1}{\varepsilon},\boldsymbol{x}_2,\boldsymbol{z}\right)\hat{G}_0\left(\frac{\omega_1}{\varepsilon},\boldsymbol{z},\boldsymbol{y}_1\right)\hat{G}_0\left(\frac{\omega_2}{\varepsilon},\boldsymbol{x}_1,\boldsymbol{z}_{\mathrm{r}}\right)\hat{G}_0\left(\frac{\omega_2}{\varepsilon},\boldsymbol{z}_{\mathrm{r}},\boldsymbol{y}_2\right)$$

也可以写成

$$\mathrm{Var}[\Delta C_{1,1}^{(1)}(\tau,\boldsymbol{x}_1,\boldsymbol{x}_2)]=\frac{\sigma_{\mathrm{r}}^2l_{\mathrm{r}}^6\sigma_{\mathrm{s}}^2l_{\mathrm{s}}^3}{2^{18}\pi^{10}c_0^8\varepsilon^8}\iiint \mathrm{d}y_1\mathrm{d}\omega_1\mathrm{d}y_2\mathrm{d}\omega_2\mathrm{d}zK_{\mathrm{s}}(\boldsymbol{z})$$
$$\times\frac{\omega_1^4\hat{F}(\omega_1)\omega_2^4\hat{F}(\omega_2)K(\boldsymbol{y}_1)K(\boldsymbol{y}_2)}{|\boldsymbol{x}_1-\boldsymbol{z}_{\mathrm{r}}|^2|\boldsymbol{x}_2-\boldsymbol{z}|^2|\boldsymbol{z}_{\mathrm{r}}-\boldsymbol{y}_1||\boldsymbol{z}-\boldsymbol{y}_2||\boldsymbol{z}-\boldsymbol{y}_1||\boldsymbol{z}_{\mathrm{r}}-\boldsymbol{y}_2|}$$
$$\times\exp\left[\mathrm{i}\frac{\omega_1}{\varepsilon}\mathcal{T}_0(\boldsymbol{y}_1,\boldsymbol{z})-\mathrm{i}\frac{\omega_2}{\varepsilon}\mathcal{T}_0(\boldsymbol{y}_2,\boldsymbol{z})\right]$$

其中

$$\mathcal{T}_0(\boldsymbol{y},\boldsymbol{z})=-[\mathcal{T}(\boldsymbol{x}_1,\boldsymbol{z}_{\mathrm{r}})-\mathcal{T}(\boldsymbol{z}_{\mathrm{r}},\boldsymbol{y})]+\mathcal{T}(\boldsymbol{x}_2,\boldsymbol{z})+\mathcal{T}(\boldsymbol{z},\boldsymbol{y})-\tau$$

作变量代换 $(\omega_1,\omega_2)\mapsto(\omega,h):=\left(\frac{\omega_1+\omega_2}{2},\frac{\omega_1-\omega_2}{\varepsilon}\right)$，得到：

$$\mathrm{Var}[\Delta C_{1,1}^{(1)}(\tau,\boldsymbol{x}_1,\boldsymbol{x}_2)]=\frac{\sigma_{\mathrm{r}}^2l_{\mathrm{r}}^6\sigma_{\mathrm{s}}^2l_{\mathrm{s}}^3}{2^{18}\pi^{10}c_0^8\varepsilon^7}\iiint \mathrm{d}y_1\,\mathrm{d}y_2\mathrm{d}\omega\mathrm{d}h\mathrm{d}zK_{\mathrm{s}}(\boldsymbol{z})$$
$$\times\frac{K(\boldsymbol{y}_1)K(\boldsymbol{y}_2)\omega^8\hat{F}^2(\omega)}{|\boldsymbol{x}_1-\boldsymbol{z}_{\mathrm{r}}|^2|\boldsymbol{x}_2-\boldsymbol{z}|^2|\boldsymbol{z}_{\mathrm{r}}-\boldsymbol{y}_1||\boldsymbol{z}-\boldsymbol{y}_2||\boldsymbol{z}-\boldsymbol{y}_1||\boldsymbol{z}_{\mathrm{r}}-\boldsymbol{y}_2|}$$
$$\times\exp\left[\mathrm{i}h\mathcal{T}_{\mathrm{s}}(\boldsymbol{y}_1,\boldsymbol{y}_2,\boldsymbol{z})+\mathrm{i}\frac{\omega}{\varepsilon}\mathcal{T}_{\mathrm{r}}(\boldsymbol{y}_1,\boldsymbol{y}_2,\boldsymbol{z})\right]$$

此处，快相位和慢相位分别为

$$T_{\mathrm{r}}(\boldsymbol{y}_1,\boldsymbol{y}_2,\boldsymbol{z})=-\mathcal{T}(\boldsymbol{z}_{\mathrm{r}},\boldsymbol{y}_1)+\mathcal{T}(\boldsymbol{z}_{\mathrm{r}},\boldsymbol{y}_2)+\mathcal{T}(\boldsymbol{z},\boldsymbol{y}_1)-\mathcal{T}(\boldsymbol{z},\boldsymbol{y}_2)$$

$$\mathcal{T}_{\mathrm{s}}(\boldsymbol{y}_1,\boldsymbol{y}_2,\boldsymbol{z})=-\mathcal{T}(\boldsymbol{x}_1,\boldsymbol{z}_{\mathrm{r}})+\mathcal{T}(\boldsymbol{x}_2,\boldsymbol{z})+\frac{1}{2}[-\mathcal{T}(\boldsymbol{z}_{\mathrm{r}},\boldsymbol{y}_1)-\mathcal{T}(\boldsymbol{z}_{\mathrm{r}},\boldsymbol{y}_2)+\mathcal{T}(\boldsymbol{z},\boldsymbol{y}_1)+\mathcal{T}(\boldsymbol{z},\boldsymbol{y}_2)]-\tau$$

下面采用驻相法研究散射对成像分辨率提高的主要贡献。驻相点应满足如下四个条件：

$$\partial_{\omega}(\omega T_{\mathrm{r}})=0,\quad \partial_{y_1}(\omega T_{\mathrm{r}})=0,\quad \partial_{y_2}(\omega T_{\mathrm{r}})=0,\quad \partial_{z}(\omega T_{\mathrm{r}})=0$$

在背光照明成像方式中，这意味着上面的四个驻点以 $\boldsymbol{y}_1,\boldsymbol{y}_2\to\boldsymbol{z}_{\mathrm{r}}\to\boldsymbol{z}$ 或 $\boldsymbol{y}_1,\boldsymbol{y}_2\to\boldsymbol{z}\to\boldsymbol{z}_{\mathrm{r}}$ 的顺序排列在同一条射线上。

首先，研究散射体 $\boldsymbol{z}$ 满足 $\boldsymbol{y}_1,\boldsymbol{y}_2\to\boldsymbol{z}\to\boldsymbol{z}_{\mathrm{r}}$ 时的贡献（i）。引入单位矢量

$$\hat{\boldsymbol{e}}_1=\frac{\boldsymbol{z}_{\mathrm{r}}-\boldsymbol{z}}{|\boldsymbol{z}_{\mathrm{r}}-\boldsymbol{z}|}$$

并与另外两个单位向量$(\hat{\boldsymbol{e}}_2,\hat{\boldsymbol{e}}_3)$构成单位正交基$(\hat{\boldsymbol{e}}_1,\hat{\boldsymbol{e}}_2,\hat{\boldsymbol{e}}_3)$。对于 $j=1$，2，作变量代换 $\boldsymbol{y}_j\mapsto(a_j,b_j,c_j)$：

$$\boldsymbol{y}_j=\boldsymbol{z}_{\mathrm{r}}+|\boldsymbol{z}_{\mathrm{r}}-\boldsymbol{z}|[a_j\hat{\boldsymbol{e}}_1+\varepsilon^{1/2}b_j\hat{\boldsymbol{e}}_2+\varepsilon^{1/2}c_j\hat{\boldsymbol{e}}_3]$$

由于射线是沿 $\boldsymbol{y}_j\to\boldsymbol{z}_{\mathrm{r}}\to\boldsymbol{z}$ 传播，故 $a_j>0$。上式变量代换的雅可比行列式为 $\varepsilon|\boldsymbol{z}_{\mathrm{r}}-\boldsymbol{z}|^3$。于是有

$$\begin{aligned}
\mathrm{Var}[\Delta C_{1,1}^{(1)}(\tau,\boldsymbol{x}_1,\boldsymbol{x}_2)]^{(i)}=&\frac{\sigma_{\mathrm{r}}^2 l_{\mathrm{r}}^6\sigma_{\mathrm{s}}^2 l_{\mathrm{s}}^3}{2^{18}\pi^{10}c_0^8\varepsilon^5}\int_0^{\infty}\int_0^{\infty}\mathrm{d}a_1\mathrm{d}a_2\iiint\mathrm{d}\omega\mathrm{d}h\mathrm{d}\boldsymbol{z}\omega^8\hat{F}^2(\omega)\\
&\times K_{\mathrm{s}}(\boldsymbol{z})|\boldsymbol{z}_{\mathrm{r}}-\boldsymbol{z}|^2\frac{K[\boldsymbol{z}_{\mathrm{r}}+(\boldsymbol{z}_{\mathrm{r}}-\boldsymbol{z})a_1]K[\boldsymbol{z}_{\mathrm{r}}+(\boldsymbol{z}_{\mathrm{r}}-\boldsymbol{z})a_2]}{|\boldsymbol{x}_1-\boldsymbol{z}_{\mathrm{r}}|^2|\boldsymbol{x}_2-\boldsymbol{z}|^2a_1(1+a_1)a_2(1+a_2)}\\
&\times\exp\{\mathrm{i}h\mathcal{T}_{\mathrm{s}}[\boldsymbol{z}_{\mathrm{r}}+(\boldsymbol{z}_{\mathrm{r}}-\boldsymbol{z})a_1,\boldsymbol{z}_{\mathrm{r}}+(\boldsymbol{z}_{\mathrm{r}}-\boldsymbol{z})a_2,\boldsymbol{z}]\}\\
&\times\iint\mathrm{d}b_1\mathrm{d}c_1\mathrm{d}b_2\mathrm{d}c_2\exp\left[-\mathrm{i}\frac{\omega}{2c_0}\left(\frac{b_1^2+c_1^2}{a_1(1+a_1)}-\frac{b_2^2+c_2^2}{a_2(1+a_2)}\right)|\boldsymbol{z}_{\mathrm{r}}-\boldsymbol{z}|\right]
\end{aligned}$$

利用恒等式 $\int\mathrm{e}^{-\mathrm{i}\frac{b^2}{2}}\mathrm{d}b=\sqrt{2\pi}\,\mathrm{e}^{-\mathrm{i}\frac{\pi}{4}}$ 计算 h,b_1,c_1,b_2,c_2 的积分。

继续作变量代换 $a_j=\dfrac{l_j}{|\boldsymbol{z}_{\mathrm{r}}-\boldsymbol{z}|}$，$j=1$，2，得到：

$$\begin{aligned}
\mathrm{Var}[\Delta C_{1,1}^{(1)}(\tau,\boldsymbol{x}_1,\boldsymbol{x}_2)]^{(\mathrm{i})}=&\frac{\sigma_{\mathrm{r}}^2 l_{\mathrm{r}}^6\sigma_{\mathrm{s}}^2 l_{\mathrm{s}}^3}{2^{15}\pi^7c_0^5\varepsilon^5}\int_0^{\infty}\int_0^{\infty}\mathrm{d}l_1\mathrm{d}l_2\iiint\mathrm{d}\omega\omega^6\hat{F}^2(\omega)\\
&\times\int\mathrm{d}\boldsymbol{z}K_{\mathrm{s}}(\boldsymbol{z})\frac{K\left(\boldsymbol{z}_{\mathrm{r}}+\frac{\boldsymbol{z}_{\mathrm{r}}-\boldsymbol{z}}{|\boldsymbol{z}_{\mathrm{r}}-\boldsymbol{z}|}l_1\right)K\left(\boldsymbol{z}_{\mathrm{r}}+\frac{\boldsymbol{z}_{\mathrm{r}}-\boldsymbol{z}}{|\boldsymbol{z}_{\mathrm{r}}-\boldsymbol{z}|}l_2\right)}{|\boldsymbol{x}_1-\boldsymbol{z}_{\mathrm{r}}|^2|\boldsymbol{x}_2-\boldsymbol{z}|^2|\boldsymbol{z}_{\mathrm{r}}-\boldsymbol{z}|^2}\\
&\times\delta(|\boldsymbol{x}_2-\boldsymbol{z}|-|\boldsymbol{x}_1-\boldsymbol{z}_{\mathrm{r}}|+|\boldsymbol{z}_{\mathrm{r}}-\boldsymbol{z}|-c_0\tau)
\end{aligned}$$

进而得到

$$\begin{aligned}
\mathrm{Var}[\Delta C_{1,1}^{(1)}(\tau,\boldsymbol{x}_1,\boldsymbol{x}_2)]^{(\mathrm{i})}=&\frac{\sigma_{\mathrm{r}}^2 l_{\mathrm{r}}^6\sigma_{\mathrm{s}}^2 l_{\mathrm{s}}^3}{2^{15}\pi^7c_0^5\varepsilon^5}\left[\int\mathrm{d}\omega\omega^6\hat{F}^2(\omega)\right]\\
&\times\int\mathrm{d}\boldsymbol{z}\frac{\mathcal{K}^2(\boldsymbol{z}_{\mathrm{r}},\boldsymbol{z})K_{\mathrm{s}}(\boldsymbol{z})}{|\boldsymbol{x}_1-\boldsymbol{z}_{\mathrm{r}}|^2|\boldsymbol{x}_2-\boldsymbol{z}|^2|\boldsymbol{z}_{\mathrm{r}}-\boldsymbol{z}|^2}\\
&\times\delta(|\boldsymbol{x}_2-\boldsymbol{z}|-|\boldsymbol{x}_1-\boldsymbol{z}_{\mathrm{r}}|+|\boldsymbol{z}_{\mathrm{r}}-\boldsymbol{z}|-c_0\tau)
\end{aligned}$$

其次，研究散射体 $\boldsymbol{z}$ 满足 $\boldsymbol{y}_1,\boldsymbol{y}_2\to\boldsymbol{z}\to\boldsymbol{z}_{\mathrm{r}}$ 时的贡献（ⅱ），引入单位矢量

$$\hat{\boldsymbol{e}}_1=\frac{\boldsymbol{z}-\boldsymbol{z}_{\mathrm{r}}}{|\boldsymbol{z}-\boldsymbol{z}_{\mathrm{r}}|}$$

并与另外两个单位向量 $(\hat{\boldsymbol{e}}_2,\hat{\boldsymbol{e}}_3)$ 构成单位正交基 $(\hat{\boldsymbol{e}}_1,\hat{\boldsymbol{e}}_2,\hat{\boldsymbol{e}}_3)$。按照上面的分析步骤，可以得到：

$$\begin{aligned}\mathrm{Var}[\Delta C_{1,1}^{(1)}(\tau,\boldsymbol{x}_1,\boldsymbol{x}_2)]^{(\mathrm{ii})}=&\frac{\sigma_{\mathrm{r}}^2 l_{\mathrm{r}}^6\sigma_{\mathrm{s}}^2 l_{\mathrm{s}}^3}{2^{15}\pi^7 c_0^5\varepsilon^5}\left[\int \mathrm{d}\omega\omega^6\hat{F}^2(\omega)\right]\\&\times\int \mathrm{d}\boldsymbol{z}\,\frac{\mathcal{K}^2(\boldsymbol{z},\boldsymbol{z}_{\mathrm{r}})K_{\mathrm{s}}(\boldsymbol{z})}{|\boldsymbol{x}_1-\boldsymbol{z}_{\mathrm{r}}|^2|\boldsymbol{x}_2-\boldsymbol{z}|^2|\boldsymbol{z}_{\mathrm{r}}-\boldsymbol{z}|^2}\\&\times\delta(|\boldsymbol{x}_2-\boldsymbol{z}|-|\boldsymbol{x}_1-\boldsymbol{z}_{\mathrm{r}}|-|\boldsymbol{z}_{\mathrm{r}}-\boldsymbol{z}|-c_0\tau)\end{aligned}$$

其他项也可以用同样的方法得到，结果发现，方差对时间的积分形式［式（8.31）］是关于 τ 的直接积分，它消除了狄拉克因子的影响。

延迟时间 $\tau=\mathcal{T}(\boldsymbol{x}_2,\boldsymbol{z}_{\mathrm{r}})-\mathcal{T}(\boldsymbol{x}_1,\boldsymbol{z}_{\mathrm{r}})$ 时的方差为式（8.22），这是因为对于任意光滑函数 ϕ，下式成立：

$$\begin{aligned}\int\delta(|\boldsymbol{x}_2-\boldsymbol{z}|-|\boldsymbol{x}_2-\boldsymbol{z}_{\mathrm{r}}|-|\boldsymbol{z}_{\mathrm{r}}-\boldsymbol{z}|)\phi(\boldsymbol{z})\mathrm{d}\boldsymbol{z}&=2\pi\int_0^{|\boldsymbol{z}_{\mathrm{r}}-\boldsymbol{x}_2|}\mathrm{d}l\phi\left(\boldsymbol{x}_2+\frac{\boldsymbol{z}_{\mathrm{r}}-\boldsymbol{x}_2}{|\boldsymbol{z}_{\mathrm{r}}-\boldsymbol{x}_2|}l\right)\frac{l(|\boldsymbol{z}_{\mathrm{r}}-\boldsymbol{x}_2|-l)}{|\boldsymbol{z}_{\mathrm{r}}-\boldsymbol{x}_2|}\\&=2\pi|\boldsymbol{z}_{\mathrm{r}}-\boldsymbol{x}_2|^2\int_0^1\mathrm{d}a\phi[\boldsymbol{x}_2+(\boldsymbol{z}_{\mathrm{r}}-\boldsymbol{x}_2)a]a(1-a)\end{aligned}$$

延迟时间 $\tau=\mathcal{T}(\boldsymbol{x}_2,\boldsymbol{z}_{\mathrm{r}})+\mathcal{T}(\boldsymbol{x}_1,\boldsymbol{z}_{\mathrm{r}})$ 时的方差为式（8.25），其中：

$$\begin{aligned}\mathcal{K}_{\mathrm{s}}^{(\mathrm{iii})}(\boldsymbol{x}_1,\boldsymbol{x}_2,\boldsymbol{z}_{\mathrm{r}})=&\int \mathrm{d}\boldsymbol{z}K_{\mathrm{s}}(\boldsymbol{z})\frac{\mathcal{K}^2(\boldsymbol{z}_{\mathrm{r}},\boldsymbol{x}_1)+\mathcal{K}^2(\boldsymbol{z}_{\mathrm{r}},\boldsymbol{z})}{|\boldsymbol{x}_2-\boldsymbol{z}_{\mathrm{r}}|^2|\boldsymbol{z}_{\mathrm{r}}-\boldsymbol{z}|^2}\\&\times|\boldsymbol{x}_2-\boldsymbol{z}_{\mathrm{r}}|^2\delta(|\boldsymbol{x}_2-\boldsymbol{z}|-|\boldsymbol{x}_2-\boldsymbol{z}_{\mathrm{r}}|-|\boldsymbol{z}_{\mathrm{r}}-\boldsymbol{z}|-2|\boldsymbol{x}_1-\boldsymbol{z}_{\mathrm{r}}|)\end{aligned}$$

对于任意光滑函数 ϕ 及任意 $\beta>\alpha>0$，当 $\boldsymbol{x}_\alpha=(\alpha/2,\ 0,\ 0)$，得到：

$$\int\delta(|\boldsymbol{x}_\alpha+\boldsymbol{z}|+|\boldsymbol{x}_\alpha-\boldsymbol{z}|-\beta)\frac{|2\boldsymbol{x}_\alpha|^2}{|\boldsymbol{x}_\alpha+\boldsymbol{z}|^2|\boldsymbol{x}_\alpha-\boldsymbol{z}|^2}\phi(\boldsymbol{z})\mathrm{d}\boldsymbol{z}=2\int_0^{2\pi}\mathrm{d}\psi\int_{-1}^1\mathrm{d}v\,\frac{\phi[z_{\mathrm{e}}(v,\psi)]}{u^2-v^2}$$

其中

$$z_{\mathrm{e}}(v,\psi)=\frac{\alpha}{2}\begin{pmatrix}uv\\\sqrt{u^2-1}\sqrt{1-v^2}\cos\psi\\\sqrt{u^2-1}\sqrt{1-v^2}\sin\psi\end{pmatrix},\quad u=\beta/\alpha$$

附录 8. B：命题 8. 2 的证明

二阶互相关 $\Delta C_2^{(1)}$ 的表达式包含多项，这些项可分为两组：

（1）在 8. B. 1 小节中研究第一组，其中包含两个单次散射波的互相关。更确切地说，在 8. B. 1 小节中详细研究的公式涉及与用于互相关的每个波相关的格林函数 $\hat{G}_1$。

（2）在 8. B. 2 小节中研究第二组，其中包含两次散射波与未被介质散射的波的互相关。更确切地说，在 8. B. 2 小节中详细研究的公式涉及与两次散射波相关的格林函数 $\hat{G}_1$

及与未发生散射的波相关的格林函数 $\hat{G}_0$。

这里还简要地讨论了另外一个公式，它涉及与用于互相关两次散射波相关的格林函数 $\hat{G}_2$ 及与未发生散射的波相关的格林函数 $\hat{G}_0$。

8. B. 1　第一组

这里详细讨论的第一项为

$$\Delta C_{2,1}^{(1)}(\tau,\boldsymbol{x}_1,\boldsymbol{x}_2)=\frac{\sigma_{\mathrm{r}}l_{\mathrm{r}}^3}{2\pi c_0^2\varepsilon^2}\int \mathrm{d}y\mathrm{d}\omega K(\boldsymbol{y})\omega^2\hat{F}(\omega)\overline{\hat{G}_0\left(\frac{\omega}{\varepsilon},\boldsymbol{x}_1,\boldsymbol{z}_{\mathrm{r}}\right)}\overline{\hat{G}_1\left(\frac{\omega}{\varepsilon},\boldsymbol{z}_{\mathrm{r}},\boldsymbol{y}\right)}\hat{G}_1\left(\frac{\omega}{\varepsilon},\boldsymbol{x}_2,\boldsymbol{y}\right)\mathrm{e}^{-\frac{\mathrm{i}\omega\tau}{\varepsilon}}$$

也可以写成

$$\begin{aligned}\Delta C_{2,1}^{(1)}(\tau,\boldsymbol{x}_1,\boldsymbol{x}_2)=&\frac{\sigma_{\mathrm{r}}l_{\mathrm{r}}^3}{2\pi c_0^6\varepsilon^6}\iiint \mathrm{d}y\mathrm{d}z\mathrm{d}z'\mathrm{d}\omega K(\boldsymbol{y})\omega^6\hat{F}(\omega)\\&\times\overline{\hat{G}_0\left(\frac{\omega}{\varepsilon},\boldsymbol{x}_1,\boldsymbol{z}_{\mathrm{r}}\right)}\overline{\hat{G}_0\left(\frac{\omega}{\varepsilon},\boldsymbol{z}_{\mathrm{r}},\boldsymbol{z}\right)}\mu(\boldsymbol{z})\overline{\hat{G}_0\left(\frac{\omega}{\varepsilon},\boldsymbol{z},\boldsymbol{y}\right)}\\&\times\hat{G}_0\left(\frac{\omega}{\varepsilon},\boldsymbol{x}_2,\boldsymbol{z}'\right)\mu(\boldsymbol{z}')\hat{G}_0\left(\frac{\omega}{\varepsilon},\boldsymbol{z}',\boldsymbol{y}\right)\mathrm{e}^{-\frac{\mathrm{i}\omega\tau}{\varepsilon}}\end{aligned}$$

它是在 $\boldsymbol{y}$ 处点源发出、在 $\boldsymbol{z}$ 点散射、在 $\boldsymbol{z}_{\mathrm{r}}$ 点反射，最后在 $\boldsymbol{x}_1$ 处被记录的波，与在 $\boldsymbol{y}$ 处点源发出、在 $\boldsymbol{z}'$点散射，最后在 $\boldsymbol{x}_2$ 处记录的波之间的互相关。利用 μ 的狄拉克函数性质，得到其平均值为

$$\begin{aligned}\mathbb{E}[\Delta C_{2,1}^{(1)}(\tau,\boldsymbol{x}_1,\boldsymbol{x}_2)]=&\frac{\sigma_{\mathrm{r}}l_{\mathrm{r}}^3\sigma_{\mathrm{s}}^2l_{\mathrm{s}}^3}{2\pi c_0^6\varepsilon^6}\iiint \mathrm{d}y\mathrm{d}z\mathrm{d}\omega K(\boldsymbol{y})K_{\mathrm{s}}(\boldsymbol{z})\omega^6\hat{F}(\omega)\\&\times\overline{\hat{G}_0\left(\frac{\omega}{\varepsilon},\boldsymbol{x}_1,\boldsymbol{z}_{\mathrm{r}}\right)}\overline{\hat{G}_0\left(\frac{\omega}{\varepsilon},\boldsymbol{z}_{\mathrm{r}},\boldsymbol{z}\right)}\overline{\hat{G}_0\left(\frac{\omega}{\varepsilon},\boldsymbol{z},\boldsymbol{y}\right)}\\&\times\hat{G}_0\left(\frac{\omega}{\varepsilon},\boldsymbol{x}_2,\boldsymbol{z}\right)\hat{G}_0\left(\frac{\omega}{\varepsilon},\boldsymbol{z},\boldsymbol{y}\right)\mathrm{e}^{-\frac{\mathrm{i}\omega\tau}{\varepsilon}}\end{aligned}$$

也可以写成

$$\begin{aligned}\mathbb{E}[\Delta C_{2,1}^{(1)}(\tau,\boldsymbol{x}_1,\boldsymbol{x}_2)]=&\frac{\sigma_{\mathrm{r}}l_{\mathrm{r}}^3\sigma_{\mathrm{s}}^2l_{\mathrm{s}}^3}{2^{11}\pi^6c_0^6\varepsilon^6}\iiint \mathrm{d}y\mathrm{d}z\mathrm{d}\omega K(\boldsymbol{y})K_{\mathrm{s}}(\boldsymbol{z})\omega^6\hat{F}(\omega)\\&\times\frac{1}{|\boldsymbol{x}_1-\boldsymbol{z}_{\mathrm{r}}||\boldsymbol{z}_{\mathrm{r}}-\boldsymbol{z}||\boldsymbol{z}-\boldsymbol{y}|^2|\boldsymbol{x}_2-\boldsymbol{z}|}\exp\left[\mathrm{i}\frac{\omega}{\varepsilon}T_0(y,z)\right]\end{aligned}$$

其快相位是

$$\mathcal{T}_0(\boldsymbol{y},\boldsymbol{z})=-\mathcal{T}(\boldsymbol{x}_1,\boldsymbol{z}_{\mathrm{r}})-\mathcal{T}(\boldsymbol{z}_{\mathrm{r}},\boldsymbol{z})+T(\boldsymbol{x}_2,\boldsymbol{z})-\tau$$

这是一次散射波及仅与散射介质作用一次的反射波之间的互相关，这就是均值（针对散射介质）不为零的原因所在。

驻相法的驻点满足三个条件：

$$\partial_\omega(\omega\mathcal{T}_0)=0,\quad \nabla_y(\omega\mathcal{T}_0)=0,\quad \nabla_z(\omega\mathcal{T}_0)=0$$

快相位不依赖于 y，所以驻点需要满足两个条件：

$$\nabla_z\mathcal{T}(\boldsymbol{z},\boldsymbol{x}_2)=\nabla_z\mathcal{T}(\boldsymbol{z},\boldsymbol{z}_{\mathrm{r}})$$

$$\mathcal{T}(\boldsymbol{x}_2,\boldsymbol{z})-\mathcal{T}(\boldsymbol{x}_1,\boldsymbol{z}_{\mathrm{r}})-\mathcal{T}(\boldsymbol{z}_{\mathrm{r}},\boldsymbol{z})=\tau$$

第一个条件意味着 $\boldsymbol{x}_2$ 和 $\boldsymbol{z}_\mathrm{r}$ 必须在从 $\boldsymbol{z}$ 发出的同一条射线上。

如果射线沿 $\boldsymbol{z}\to\boldsymbol{z}_\mathrm{r}\to\boldsymbol{x}_2$ 方向传播，则第二个条件意味着 $\tau=\mathcal{T}(\boldsymbol{x}_2,\boldsymbol{z}_\mathrm{r})-\mathcal{T}(\boldsymbol{x}_1,\boldsymbol{z}_\mathrm{r})$，这对应于来自二次源 $\boldsymbol{z}$ 的背光照明成像方式。

如果射线沿 $\boldsymbol{z}\to\boldsymbol{x}_2\to\boldsymbol{z}_\mathrm{r}$ 方向传播，则第二个条件意味着 $\tau=-[\mathcal{T}(\boldsymbol{x}_1,\boldsymbol{z}_\mathrm{r})+\mathcal{T}(\boldsymbol{x}_2,\boldsymbol{z}_\mathrm{r})]$，这对应于来自二次源 $\boldsymbol{z}$ 的光照成像排列方式，如图 8.3 右图所示，这里重点研究这种排列方式。引入单位向量

$$\hat{\boldsymbol{e}}_1=\frac{\boldsymbol{x}_2-\boldsymbol{z}_\mathrm{r}}{|\boldsymbol{x}_2-\boldsymbol{z}_\mathrm{r}|}$$

并与另外两个单位向量$(\hat{\boldsymbol{e}}_2,\hat{\boldsymbol{e}}_3)$构成单位正交基$(\hat{\boldsymbol{e}}_1,\hat{\boldsymbol{e}}_2,\hat{\boldsymbol{e}}_3)$。作变量代换 $z\mapsto(a,b,c)$：

$$\boldsymbol{z}=\boldsymbol{x}_2+|\boldsymbol{x}_2-\boldsymbol{z}_\mathrm{r}|[a\hat{\boldsymbol{e}}_1+\varepsilon^{1/2}b\hat{\boldsymbol{e}}_2+\varepsilon^{1/2}c\hat{\boldsymbol{e}}_3]$$

由于散射体在检波器阵列背面，这意味着 $a>0$。在负走时和处将延迟时间 τ 参数化为

$$\tau=-\mathcal{T}(\boldsymbol{x}_2,\boldsymbol{z}_\mathrm{r})-\mathcal{T}(\boldsymbol{x}_1,\boldsymbol{z}_\mathrm{r})+\varepsilon s$$

借助于泰勒级数展开，得到：

$$\begin{aligned}\mathbb{E}[\Delta C_{2,1}^{(1)}(\tau,\boldsymbol{x}_1,\boldsymbol{x}_2)]=&\frac{\sigma_\mathrm{r}l_\mathrm{r}^3\sigma_\mathrm{s}^2l_\mathrm{s}^2|\boldsymbol{x}_2-\boldsymbol{z}_\mathrm{r}|}{2^{11}\pi^6c_0^6\varepsilon^5|\boldsymbol{x}_1-\boldsymbol{z}_\mathrm{r}|}\int_0^\infty \mathrm{d}a\iint \mathrm{d}y\mathrm{d}\omega\omega^6\hat{F}(\omega)\frac{K(\boldsymbol{y})K_\mathrm{s}\big(\boldsymbol{x}_2+a(\boldsymbol{x}_2-\boldsymbol{z}_\mathrm{r})\big)}{a(1+a)}\\&\times\frac{1}{|\boldsymbol{x}_2+a(\boldsymbol{x}_2-\boldsymbol{z}_\mathrm{r})-\boldsymbol{y}|^2}\mathrm{e}^{-\mathrm{i}\omega s}\iint \mathrm{d}b\mathrm{d}c\exp\left(\mathrm{i}\frac{\omega}{2c_0}\frac{b^2+c^2}{a(1+a)}|\boldsymbol{x}_2-\boldsymbol{z}_\mathrm{r}|\right)\\=&\frac{\sigma_\mathrm{r}l_\mathrm{r}^3\sigma_\mathrm{s}^2l_\mathrm{s}^2}{2^{10}\pi^5c_0^5\varepsilon^5|\boldsymbol{x}_1-\boldsymbol{z}_\mathrm{r}|}\left[\int \mathrm{d}\omega(\mathrm{i}\omega^5)\hat{F}(\omega)\mathrm{e}^{-\mathrm{i}\omega s}\right]\\&\times\int_0^\infty \mathrm{d}a\int \mathrm{d}y\frac{K(\boldsymbol{y})K_\mathrm{s}\big(\boldsymbol{x}_2+a(\boldsymbol{x}_2-\boldsymbol{z}_\mathrm{r})\big)}{|\boldsymbol{x}_2+a(\boldsymbol{x}_2-\boldsymbol{z}_\mathrm{r})-\boldsymbol{y}|^2}\\=&\frac{\sigma_\mathrm{r}l_\mathrm{r}^3\sigma_\mathrm{s}^2l_\mathrm{s}^2}{2^9\pi^4c_0^5\varepsilon^5|\boldsymbol{x}_1-\boldsymbol{z}_\mathrm{r}||\boldsymbol{x}_2-\boldsymbol{z}_\mathrm{r}|}\left(\int_0^\infty \mathrm{d}l\mathcal{K}_\mathrm{s}^{(\mathrm{iv})}\left(\boldsymbol{x}_2+l\frac{\boldsymbol{x}_2-\boldsymbol{z}_\mathrm{r}}{|\boldsymbol{x}_2-\boldsymbol{z}_\mathrm{r}|}\right)\right)\partial_s^5F(s)\end{aligned}$$

式中，$\mathcal{K}_s^{(\mathrm{iv})}$ 由式（8.35）定义。

对于涉及单次散射格林函数 $\hat{G}_1$ 的其他项的分析与上面的分析是类似的。

8.B.2　第二组

这里用以下方法处理与两次散射相干的格林函数 $\hat{G}_1$，以及与未发生散射的波相关的格林函数 $\hat{G}_0$ 之间的互相关项。这些项与随机散射介质中波的二次散射有关，它们与上面所研究的项具有相同数量级的先验信息，其中包括两个单次散射波之间的互相关。以 $\Delta C_{2,2}^{(1)}(\tau,\boldsymbol{x}_1,\boldsymbol{x}_2)$项为例，其表达式是

$$\Delta C_{2,2}^{(1)}(\tau,\boldsymbol{x}_1,\boldsymbol{x}_2)=\frac{\sigma_\mathrm{r}l_\mathrm{r}^3}{2\pi c_0^2\varepsilon^2}\int \mathrm{d}y\mathrm{d}\omega K(y)\omega^2\hat{F}(\omega)\overline{\hat{G}_1}\left(\frac{\omega}{\varepsilon},\boldsymbol{x}_1,\boldsymbol{z}_\mathrm{r}\right)\overline{\hat{G}_1}\left(\frac{\omega}{\varepsilon},\boldsymbol{z}_\mathrm{r},\boldsymbol{y}\right)\hat{G}_0\left(\frac{\omega}{\varepsilon},x_2,y\right)\mathrm{e}^{-\frac{\mathrm{i}\omega\tau}{\varepsilon}}$$

也可以写成

$$\Delta C_{2,2}^{(1)}(\tau,\boldsymbol{x}_1,\boldsymbol{x}_2)=\frac{\sigma_{\mathrm{r}}l_{\mathrm{r}}^3}{2\pi c_0^6\varepsilon^6}\iiint \mathrm{d}\boldsymbol{y}\mathrm{d}\boldsymbol{z}\mathrm{d}\boldsymbol{z}'\mathrm{d}\omega K(\boldsymbol{y})\omega^6\hat{F}(\omega)\overline{\hat{G}_0}\left(\frac{\omega}{\varepsilon},\boldsymbol{x}_1,\boldsymbol{z}'\right)\mu(\boldsymbol{z}')\overline{\hat{G}_0}\left(\frac{\omega}{\varepsilon},\boldsymbol{z}',\boldsymbol{z}_{\mathrm{r}}\right)$$
$$\times\overline{\hat{G}_0}\left(\frac{\omega}{\varepsilon},\boldsymbol{z}_{\mathrm{r}},\boldsymbol{z}\right)\mu(\boldsymbol{z})\overline{\hat{G}_0}\left(\frac{\omega}{\varepsilon},\boldsymbol{z},\boldsymbol{y}\right)\hat{G}_0\left(\frac{\omega}{\varepsilon},\boldsymbol{x}_2,\boldsymbol{y}\right)\mathrm{e}^{-\frac{\mathrm{i}\omega\tau}{\varepsilon}}$$

式中，$\Delta C_{2,2}^{(1)}$ 是在 $\boldsymbol{y}$ 处点源发出、在 $\boldsymbol{z}$ 点散射、在 $\boldsymbol{z}_{\mathrm{r}}$ 点反射、在 $\boldsymbol{z}'$ 点散射，最后在 $\boldsymbol{x}_1$ 处被记录的波，与在 $\boldsymbol{y}$ 处点源发出，最后在 $\boldsymbol{x}_2$ 处记录的波之间的互相关。它的均值是

$$\mathbb{E}[\Delta C_{2,2}^{(1)}(\tau,\boldsymbol{x}_1,\boldsymbol{x}_2)]=\frac{\sigma_{\mathrm{r}}l_{\mathrm{r}}^3\sigma_{\mathrm{s}}^2l_{\mathrm{s}}^3}{2\pi c_0^6\varepsilon^6}\iiint \mathrm{d}\boldsymbol{y}\mathrm{d}\boldsymbol{z}\mathrm{d}\omega K(\boldsymbol{y})K_{\mathrm{s}}(\boldsymbol{z})\omega^6\hat{F}_{\varepsilon}(\omega)$$
$$\times\overline{\hat{G}_0}\left(\frac{\omega}{\varepsilon},\boldsymbol{x}_1,\boldsymbol{z}\right)\left[\overline{\hat{G}_0}\left(\frac{\omega}{\varepsilon},\boldsymbol{z}_{\mathrm{r}},\boldsymbol{z}\right)\right]^2\overline{\hat{G}_0}\left(\frac{\omega}{\varepsilon},\boldsymbol{z},\boldsymbol{y}\right)\hat{G}_0\left(\frac{\omega}{\varepsilon},\boldsymbol{x}_2,\boldsymbol{y}\right)\mathrm{e}^{-\frac{\mathrm{i}\omega\tau}{\varepsilon}}$$

也可以写成

$$\mathbb{E}[\Delta C_{2,2}^{(1)}(\tau,\boldsymbol{x}_1,\boldsymbol{x}_2)]=\frac{\sigma_{\mathrm{r}}l_{\mathrm{r}}^3\sigma_{\mathrm{s}}^2l_{\mathrm{s}}^3}{2\pi c_0^6\varepsilon^6}\iiint \mathrm{d}\boldsymbol{y}\mathrm{d}\boldsymbol{z}\mathrm{d}\omega K(\boldsymbol{y})K_{\mathrm{s}}(\boldsymbol{z})\omega^6\hat{F}_{\varepsilon}(\omega)$$
$$\times\frac{1}{|\boldsymbol{x}_1-\boldsymbol{z}||\boldsymbol{z}-\boldsymbol{z}_{\mathrm{r}}|^2|\boldsymbol{z}-\boldsymbol{y}||\boldsymbol{x}_2-\boldsymbol{y}|}\exp\left[\mathrm{i}\frac{\omega}{\varepsilon}\mathcal{T}_0(y,z)\right]$$

其中，快相位是

$$\mathcal{T}_0(\boldsymbol{y},\boldsymbol{z})=-\mathcal{T}(\boldsymbol{x}_1,\boldsymbol{z})-2\mathcal{T}(\boldsymbol{z}_{\mathrm{r}},\boldsymbol{z})-\mathcal{T}(\boldsymbol{z},\boldsymbol{y})+\mathcal{T}(\boldsymbol{x}_2,\boldsymbol{y})-\tau$$

驻点满足以下三个条件：

$$\partial_{\omega}(\omega\mathcal{T}_0)=0,\quad \nabla_{y}(\omega\mathcal{T}_0)=0,\quad \nabla_{z}(\omega\mathcal{T}_0)=0$$

也就是说

$$\nabla_{y}\mathcal{T}(\boldsymbol{y},\boldsymbol{x}_2)=\nabla_{y}\mathcal{T}(\boldsymbol{y},\boldsymbol{z})$$
$$\nabla_{z}\mathcal{T}(\boldsymbol{z},\boldsymbol{x}_1)+2\nabla_{z}\mathcal{T}(\boldsymbol{z},\boldsymbol{z}_{\mathrm{r}})+\nabla_{z}\mathcal{T}(\boldsymbol{z},\boldsymbol{y})=0$$

及

$$\mathcal{T}(\boldsymbol{x}_2,\boldsymbol{y})-\mathcal{T}(\boldsymbol{x}_1,\boldsymbol{z})-2\mathcal{T}(\boldsymbol{z}_{\mathrm{r}},\boldsymbol{z})-\mathcal{T}(\boldsymbol{z},\boldsymbol{y})=\tau$$

由于散射体 $\boldsymbol{z}$ 位于检波器 $\boldsymbol{x}_2$、反射体 $\boldsymbol{z}_{\mathrm{r}}$ 和源 $\boldsymbol{y}$ 的对侧，关于 ∇_z 的第二个条件没法在图 8.4（a）所示的排列方式中实现。因此，$\mathbb{E}[\Delta C_{2,2}^{(1)}(\tau,\boldsymbol{x}_1,\boldsymbol{x}_2)]$ 的作用可以忽略不计。

涉及与一个二次散射波相关的格林函数 $\hat{G}_2$ 及与未发生散射的波相关的格林函数 $\hat{G}_0$ 之间的互相关项，具有与上面研究的项 $\Delta C_{2,2}^{(1)}$ 相似的性质，从某种意义上说，不可能找到对它们的均值有贡献的驻点。因此，它们对互相关的均值没有贡献。

附录 8. C：互相关的统计分析

8. C. 1　走时差处的互相关

在本附录中，讨论了延迟时间等于波到两个记录器之间走时差的互相关形式，包括由一次能流产生的峰值式（8.21）和命题 8.1 中描述的随机扰动。

波峰振幅的量级可根据式（8.21）获得。如果用 $d(A,R)$ 表示从源阵列到反射体的

距离，用 W_k 表示源区域的宽度，用 K_0 表示 K 的均值，用 B 表示噪声源的带宽，根据式（8.21）可得到峰值振幅为

$$\Delta C_0^{(1)} \sim \frac{\sigma_r l_r^3 W_K K_0}{c_0 d^2(A,R)}\left[\int |\omega| \hat{F}_\varepsilon(\omega)\mathrm{d}\omega\right] \tag{8.42}$$

延迟时间 τ 处峰值宽度的量级为 B^{-1}。如果我们用 ω_0 表示源的主频且记 $F_\varepsilon(0)=F(0)=1$，那么峰值振幅可以进一步表示为

$$\Delta C_0^{(1)} \sim \frac{\sigma_r l_r^3 W_K K_0 \omega_0}{c_0 d^2(A,R)} \tag{8.43}$$

根据式（8.22）可以得到延迟时间等于走时差处的互相关扰动方差的量级，这个量级取决于散射区域的位置。事实上，可以观测到以下重要现象：

延迟时间等于走时差处互相关扰动的方差式（8.22）仅取决于沿射线分布的散射体，这些散射体导致了走时差处首个峰值的出现，如图 6.1（c)(d）所示。

从式（8.23）中分母的形式可以看出，方差对靠近反射体 z_r 和检波器阵列的散射体特别敏感。

下面考虑以下两种典型情况：

（1）如图 8.1（c）所示，如果只在检波器阵列右侧存在散射体，那么这些散射体不会在互相关波形中走时差位置产生扰动。因此，在该延迟时间的峰值不受影响，并且背光成像函数将在反射体位置出现清晰但拉长的峰值。

（2）如果散射体只分布在场源和反射体之间，则互相关中在延迟时间等于走时差处出现扰动。如果用 $d(A,R)$ 表示从检波器台阵到反射体的距离，用 $d^-(A,S)$ 表示检波器阵列到散射区域的距离，用 W_K 表示源区域的宽度，用 W_S^- 表示散射区域的宽度，那么有

$$\mathrm{Std}(\Delta C_1^{(1)}) \sim \frac{\sigma_r l_r^3 \sigma_s l_s^{3/2}}{c_0^{5/2}}\left[\int \hat{F}_\varepsilon^2(\omega)\omega^6 \mathrm{d}\omega\right]^{1/2} \frac{K_0 W_K (W_S^-)^{1/2}}{d^{3/2}(A,R)d^-(A,S)} \tag{8.44}$$

如果用 B 表示噪声源的带宽，用 ω_0 表示主频，那么，走时差 $\mathcal{T}(\boldsymbol{x}_1,\boldsymbol{z}_r)-\mathcal{T}(\boldsymbol{z}_1,\boldsymbol{z}_r)$ 处互相关扰动的信噪比与该延迟时间处互相关扰动标准差的比值满足如下关系：

$$\frac{\Delta C_0^{(1)}}{\mathrm{Std}(\Delta C_0^{(1)})} \sim \frac{c_0^{3/2}}{\sigma_s l_s^{3/2}} \frac{B^{1/2}}{\omega_0^2} \frac{d^-(A,S)}{(W_s^-)^{1/2} d^{1/2}(A,R)} \tag{8.45}$$

通过式（8.45）可以从延迟时间等于走时差处互相关信噪比的角度深入了解散射介质中互相关成像的性能，它有一个影响背光成像函数的峰值。

（1）信噪比不依赖于检波器阵列到信号源的距离。

（2）信噪比仅取决于沿对延迟时间等于走时差处峰值有贡献的射线分布的散射体，如图 6.1（c)(d）所示。

（3）信噪比依赖于从检波器阵列到反射体的距离，并随距离增加而衰减。

（4）信噪比依赖于检波器阵列到散射区域的距离，并且随距离的增加而增大。

噪声源带宽通常很大，因此，可以选择形式为 $\left[\omega_0-\frac{B}{2},\ \omega_0+\frac{B}{2}\right]$（$B<\omega_0$）的带通滤波器对记录信号进行滤波。可以看到分辨率与 B^{-1} 成正比，信噪比与 $B^{1/2}$ 成正比。因此，通过增加带宽，可以提高信噪比和分辨率。

可按照式（6.20）对检波器对之间的互相关结果求和以形成成像函数。如果假设检波器之间的距离大于 c_0/B，那么所有不同检波器对之间的互相关 $\left(\Delta C_1^{(1)}(\tau,\boldsymbol{x}_j,\boldsymbol{x}_l)\right)_{j,l=1,\cdots,N}$ 结果是彼此不相关的。因此，噪声水平降低为原来的 $N/\sqrt{2}$，此时图像的信噪比为

$$\frac{\mathbb{E}[\mathcal{I}]}{\mathrm{Std}(\mathcal{I})}\simeq\frac{N}{\sqrt{2}}\frac{\mathbb{E}[\Delta C^{(1)}]}{\mathrm{Std}(\Delta C^{(1)})} \tag{8.46}$$

这意味着，即使检波器对之间互相关波形的波峰淹没在混波扰动中，对检波器对之间的互相关结果求和也有助于提高信噪比。

8.C.2　走时和处的互相关

当延迟时间等于 $\mathcal{T}(\boldsymbol{x}_1,\boldsymbol{z}_{\mathrm{r}})+\mathcal{T}(\boldsymbol{x}_2,\boldsymbol{z}_{\mathrm{r}})$ 时，互相关波形出现峰值和随机扰动。峰值宽度和扰动的退相干时间等于 B^{-1}。当延迟时间等于走时和时，根据式（8.34）和式（8.25）可以得到互相关的标准差与均值的峰值振幅的量级，这种情况下，可以得到如下的主要结果：

如果从反射体到检波器的射线与散射区域相交，则当延迟时间等于走时和时，互相关的均值式（8.34）出现峰值。当延迟时间等于走时和时，互相关扰动的方差式（8.25）仅取决于沿首项椭球面式（8.33）分布的散射体。

如果从反射体到检波器的射线与散射区域相交，但在椭球体式（8.33）所界定的区域外，则互相关在走时和处出现相当清晰的峰值。

如果从反射体到检波器的射线与散射区域及椭球体式（8.33）相交，则可以得到以下结果。如果用 $d(A,R)$ 表示从检波器台阵到反射体的距离，$d(A,S)$ 表示从检波器台阵到散射区的距离，$d(K,S)$ 表示从源区到散射区域的距离，W_K 表示源区的宽度，W_S^+ 表示检波器台阵后面散射区域的宽度，则有

$$\mathbb{E}[\Delta C_2^{(1)}]\sim\frac{\sigma_{\mathrm{r}}l_{\mathrm{r}}^3\sigma_{\mathrm{s}}^2l_{\mathrm{s}}^3}{c_0^5}\frac{\mathrm{Vol}(\Omega_K)W_S^+K_0}{d^2(K,S)d^2(A,R)}\left[\int\hat{F}_\varepsilon(\omega)\,|\omega|^5\mathrm{d}\omega\right] \tag{8.47}$$

$$\mathrm{Std}(\Delta C_1^{(1)})\sim\frac{\sigma_{\mathrm{r}}l_{\mathrm{r}}^3\sigma_{\mathrm{s}}l_{\mathrm{s}}^{3/2}}{c_0^{5/2}}\left[\int\hat{F}_\varepsilon^2(\omega)\omega^6\mathrm{d}\omega\right]^{1/2}\frac{W_KW_S^+K_0}{d^3(A,R)} \tag{8.48}$$

在 $\mathcal{T}(\boldsymbol{x}_1,\boldsymbol{z}_{\mathrm{r}})+\mathcal{T}(\boldsymbol{z}_1,\boldsymbol{z}_{\mathrm{r}})$ 处主峰的信噪比与该时刻互相关扰动的标准差之比是

$$\frac{\mathbb{E}[\Delta C_2^{(1)}]}{\mathrm{Std}(\Delta C_2^{(1)})}\sim\frac{\sigma_{\mathrm{s}}l_{\mathrm{s}}^{3/2}}{c_0^{5/2}}\omega_0^2B^{1/2}\frac{\mathrm{Vol}(\Omega_K)d(A,R)}{W_Kd^2(K,S)} \tag{8.49}$$

下面讨论延迟时间等于走时和时互相关信噪比的主要性质：

（1）如果散射区域距离检波器阵列足够远，更确切地说，如果散射区域位于椭球体式（8.33）之外，则信噪比较高。

（2）当散射区域距离检波器阵列不太远时，信噪比对检波器阵列后方的散射区域敏感。

（3）信噪比随源体积的增大而增大，但随源区到散射区距离平方的增大而衰减。

（4）信噪比随着带宽的增大而增大。这表明分辨率和信噪比都随着带宽的增大而

增大。

注意，第（3）点仅仅意味着信噪比与从噪声源发出而到达散射区域的能量成正比，因为散射区域可以提供二次光照。

附录 8. D：命题 8. 3 的证明

命题 8. 3 的证明并不完备，因为虚源与噪声源完全相关。根据背景格林函数 $\hat{G}_0$ 的互相关表达式展开，可以得到差分互相关的 16 项之和，相当于考虑了虚源和虚反射体。下面以 $\Delta C_1^{(1)}(\tau, x_1, x_2)$ 为例进行详细研究。

$$\Delta C_1^{(1)}(\tau, x_1, x_2)=\frac{\sigma_r l_r^3 R_m^2}{2^7 \pi^4 c_0^2 \varepsilon^2} \iint \mathrm{d}y \mathrm{d}\omega \omega^2 \hat{F}(\omega) \frac{K(y)}{|\widetilde{\boldsymbol{y}}-\boldsymbol{x}_1||\widetilde{\boldsymbol{y}}-\boldsymbol{z}_r||\boldsymbol{z}_r-\boldsymbol{x}_2|} \mathrm{e}^{\frac{\mathrm{i}\omega T_0(y)}{\varepsilon}}$$

其快速相位出现在

$$T_0(\boldsymbol{y})=-T(\widetilde{\boldsymbol{y}}, \boldsymbol{x}_1)+T(\widetilde{\boldsymbol{y}}, \boldsymbol{z}_r)+T(\boldsymbol{z}_r, \boldsymbol{x}_2)-\tau$$

对任意一对点（x，y）使用恒等式 $T(\boldsymbol{x}, \widetilde{\boldsymbol{y}})=T(\widetilde{\boldsymbol{x}}, \boldsymbol{y})$，并且应用驻相法。满足如下条件的驻点起主要作用：

$$\nabla_y[\omega T_0(\boldsymbol{y})]=0, \quad \partial_\omega[\omega T_0(\boldsymbol{y})]=0$$

上式可以写为

$$\nabla_y T(\boldsymbol{y}, \widetilde{\boldsymbol{x}}_1)=\nabla_y T(\boldsymbol{y}, \widetilde{\boldsymbol{z}}_r), \quad \tau=-T(\widetilde{\boldsymbol{y}}, \boldsymbol{x}_1)+T(\widetilde{\boldsymbol{y}}, \boldsymbol{z}_r)+T(\boldsymbol{z}_r, \boldsymbol{x}_2)$$

第一个条件意味着 $\widetilde{\boldsymbol{x}}_1$ 和 $\widetilde{\boldsymbol{z}}_r$ 在从 $\boldsymbol{y}$ 点发出的同一条射线上，这等价于 $\boldsymbol{x}_1$ 和 $\boldsymbol{z}_r$ 位于从 $\widetilde{\boldsymbol{y}}$ 点发出的同一条射线上。第二个条件可以改写为

$$\tau=\pm[T(\boldsymbol{z}_r, \boldsymbol{x}_1)+T(\boldsymbol{z}_r, \boldsymbol{x}_2)]$$

当 $\boldsymbol{z}_r-\boldsymbol{x}_1 \to \widetilde{\boldsymbol{y}}$ 时取正号，当 $\boldsymbol{x}_1 \to \boldsymbol{z}_r \to \widetilde{\boldsymbol{y}}$ 时取负号。

这里重点研究背光照明排列方式 $\boldsymbol{z}_r-\boldsymbol{x}_1 \to \widetilde{\boldsymbol{y}}$。利用变量代换 $\boldsymbol{y} \mapsto \widetilde{\boldsymbol{y}}$，可以得到

$$\begin{aligned}\Delta C_1^{(1)}(\tau, \boldsymbol{x}_1, \boldsymbol{x}_2)=&\frac{\sigma_r l_r^3 R_m^2}{2^7 \pi^4 c_0^2 \varepsilon^2} \iint \mathrm{d}y \mathrm{d}\omega \omega^2 \hat{F}(\omega) \frac{\widetilde{K}(\boldsymbol{y})}{|\boldsymbol{y}-\boldsymbol{x}_1||\boldsymbol{y}-\boldsymbol{z}_r||\boldsymbol{z}_r-\boldsymbol{x}_2|} \\ &\times \exp\left(\mathrm{i} \frac{\omega}{\varepsilon}(-T(\boldsymbol{y}, \boldsymbol{x}_1)+T(\boldsymbol{y}, \boldsymbol{z}_r)+T(\boldsymbol{z}_r, \boldsymbol{x}_2)-\tau)\right)\end{aligned}$$

然后，使用驻相定理进行分析，与前面附录中的分析思路相同。其他公式的分析是相似的，这就完成了证明。

第 9 章　均匀介质虚源成像

前几章集中讨论了背景噪声互相关成像问题。本章和第 10 章的讨论表明，在主动源发射短脉冲的情况下，互相关成像技术也很有用，特别是在主动源阵列距离待成像反射体较远但距离辅助接收器阵列较近的情况下。此时，可以证明由辅助阵列所记录数据的互相关矩阵与该阵列的响应矩阵相关，换句话说，被动辅助阵列可以转换为虚拟主动阵列，从而可以使用互相关偏移方法对反射体成像。

在 9.2 节中，介绍了在理想情况下主动源阵列完全包围目标区域的情况。在 9.3 节中，对介质均匀且源阵列孔径有限的情况进行了高频分析。第 10 章将讨论各向异性介质的情况。在 9.4 节中，证明了互相关成像技术在合成虚源情形也是适用的，也就是说，当有一个接收器沿着某一轨迹移动以记录远震主动源产生的信号时，也可以使用互相关成像方法。

9.1　虚源成像简介

以一组可用于对位置和反射率均未知的反射体成像的源和检波器阵列为例。如图 9.1 所示，源阵列位于 $(x_s)_{s=1}^{N_s}$，接收器阵列位于 $(\boldsymbol{x}_r)_{r=1}^{N_r}$（两个阵列可以重合）。阵列响应矩阵$[u(t,\boldsymbol{x}_r;\boldsymbol{x}_s)]_{t\in\mathbf{R},r=1,\cdots,N_r,s=1,\cdots,N_s}$由第 s 个源发射短脉冲而被第 r 个接收器所记录的信号组成。如第 4 章所述，可以通过对阵列响应矩阵进行偏移以估计反射体在介质中的位置。搜索点 $\boldsymbol{z}^s$ 处的基尔霍夫偏移函数为

$$\mathcal{I}(z^S)=\sum_{r=1}^{N_r}\sum_{s=1}^{N_s}u[\mathcal{T}(\boldsymbol{x}_s,\boldsymbol{z}^s)+\mathcal{T}(\boldsymbol{z}^s,\boldsymbol{x}_r),\boldsymbol{x}_r;\boldsymbol{x}_s]$$

$\mathcal{T}(\boldsymbol{x},\boldsymbol{y})$是点 $\boldsymbol{x}$ 和 $\boldsymbol{y}$ 之间的走时，当介质均匀时：

$$\mathcal{T}(\boldsymbol{x},\boldsymbol{y})=\frac{|\boldsymbol{x}-\boldsymbol{y}|}{c_0}\tag{9.1}$$

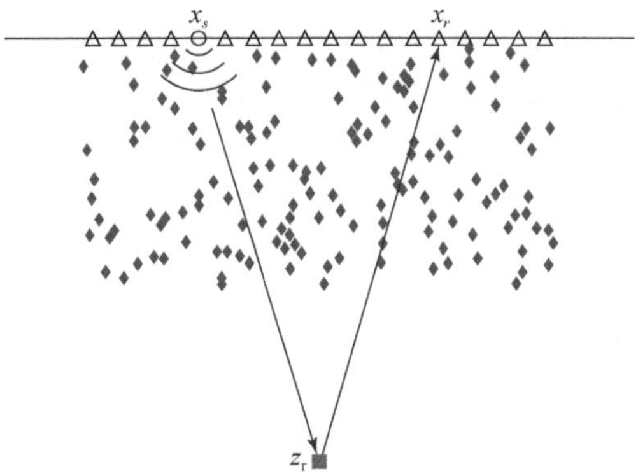

图 9.1　反射体的传感器阵列成像。$\boldsymbol{x}_s$ 是源，$\boldsymbol{x}_r$ 是接收器，z_r 是反射体。

式中，c_0 为波速，是一个常数。在这种情况下，可以很容易地对基尔霍夫偏移图像进行分析。此时点状反射体的纵向分辨率为$\frac{c}{B}$，其中 B 是脉冲带宽；横向分辨率为$\frac{\lambda_0 L}{a}$，其中 λ_0 是脉冲的中心波长，L 是阵列到反射体的距离，a 是阵列的尺寸，这些参数都是瑞利分辨率公式中出现过的（见 4.2 节或 Elmore and Heald，1969）。然而，当介质非均匀时，使用等效恒定背景速度的式（9.1）所示的走时进行偏移成像可能得不到很好的结果。在弱散射介质中，利用相干干涉法可以使图像具有统计上的稳定性（Borcea et al.，2005，2006a，2006b，2007），这是一种特殊的相关成像方法。统计稳定性意味着图像具有高信噪比。在强散射介质中，可以使用特殊的信号处理方法成像（Borcea et al.，2009），但通常我们根本无法获得任何图像，因为与介质的反向散射相比，检波器接收到来自反射体的相干信号非常弱。

现在考虑这样一种成像方式，$(\boldsymbol{x}_q)_{q=1}^{N_q}$处有一个辅助无源阵列，位于地表的源与辅助阵列之间是强散射介质，如图 9.2 所示。此时数据集是

$$\{u(t,\boldsymbol{x}_q;\boldsymbol{x}_s),\quad t\in\mathbb{R},s=1,\cdots,N_s,q=1,\cdots,N_q\} \tag{9.2}$$

式中，$u(t,\ \boldsymbol{x}_q;\ \boldsymbol{x}_s)$ 为第 s 个源发出短脉冲而在第 q 个接收器上记录到的信号。在地震勘探中经常会使用这种排列方式，此时震源可以放在地表，介质在靠近地表的区域存在强散射（有时也称为覆盖层），辅助检波器在水平或垂直钻孔中，但震源无法在钻孔中实施（Bakulin and Calvert，2006；de Ridder，2014；Schuster，2009；Wapenaar et al.，2010b）。

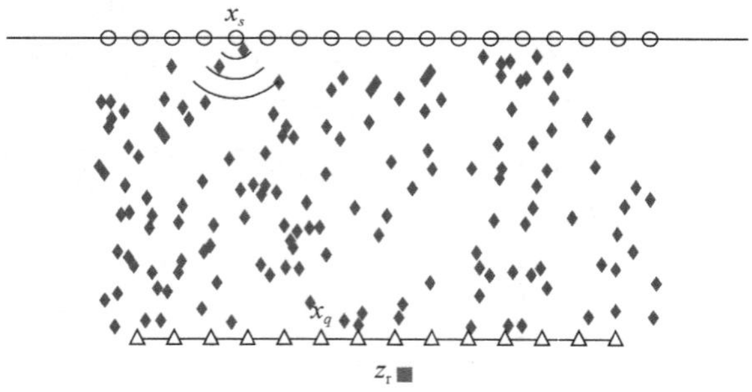

图 9.2　穿过散射介质的辅助被动阵列成像。$\boldsymbol{x}_s$ 是源，$\boldsymbol{x}_q$ 是散射介质下方的检波器，$\boldsymbol{z}_r$ 是反射体。

本章讨论的主要问题是辅助被动阵列能否通过减弱其与地面接收器之间的强散射效应来成像。如果认为强散射信号来自空间分散的噪声源，那么成像排列方式就是背景噪声源的光照成像排列方式，第 5、6 章对此进行了分析。光照成像是指源出现在辅助阵列的后面。通过与在$(\boldsymbol{x}_s)_{s=1,\cdots,N_s}$处有 N_s 个不相关点源的情况进行类比，在源为主动脉冲源时，辅助阵列的互相关矩阵为

$$C_T(\tau,\boldsymbol{x}_q,\boldsymbol{x}_{q'})=\int_0^T\sum_{s=1}^{N_s}u(t,\boldsymbol{x}_q;\boldsymbol{x}_s)u(t+\tau,\boldsymbol{x}_{q'};\boldsymbol{x}_s)\,\mathrm{d}t,\quad q,q'=1,\cdots,N_q \tag{9.3}$$

其特性大致类似于辅助阵列的响应矩阵，这意味着它可以用于基尔霍夫偏移成像：

$$\mathcal{I}(\boldsymbol{z}^s)=\sum_{q,q'=1}^{N_q}C_T[\mathcal{T}(\boldsymbol{x}_q,\boldsymbol{z}^s)+\mathcal{T}(\boldsymbol{z}^s,\boldsymbol{x}_{q'}),\boldsymbol{x}_q,\boldsymbol{x}_{q'}] \tag{9.4}$$

式中，走时 $\mathcal{T}$ 由式（9.1）给出；c_0 为有效常背景速度。

本章内容安排如下。在9.2节中，讨论了在理想情况下，当源阵列完全包围目标区域的概念。然后进一步证明，辅助阵列所记录信号的互相关矩阵可能与阵列响应矩阵相关，因此，如同主动源辅助阵列一样，可以用其进行偏移成像。在9.3节中，讨论了介质均匀且源阵列具有有限孔径的情况。结果表明，在有效接收孔径由照明源决定的情况下，图像的分辨率可以由瑞利分辨率公式给出。最有趣的情况是介质非均匀且源阵列具有有限孔径，将在第10章中对此进行讨论。在9.4节中，讨论了被动合成孔径成像问题，其目标是当一个移动检波器在连续位置 $(x_q)_{q=1}^{N_q}$ 记录远程震源产生信号时重建未知目标体的图像。这个问题实际上也是一种互相关成像方法，其中只用到互相关矩阵式（9.3）的对角部分而已。结果表明，这种成像结果可给出很好的图像，更准确地说，它给出的图像与在 $(x_q)_{q=1}^{N_q}$ 处对主动源阵列响应矩阵的对角部分的偏移成像结果是一样的，这可以在主动源合成孔径实验中获得。

9.2　全空间源阵列的理想虚源成像

数据集的形式为式（9.2），其中标量波场 $(t,x)\to u(t,x;x_s)$ 满足波动方程：

$$\frac{1}{c^2(x)}\frac{\partial^2 \boldsymbol{u}}{\partial t^2}-\Delta_x \boldsymbol{u}=f(t)\delta(\boldsymbol{x}-\boldsymbol{x}_s) \tag{9.5}$$

式中，$c(x)$ 为介质中的波速。下面首先用介质的格林函数表示互相关矩阵。

命题9.1　当 $T\to\infty$时，经验互相关 C_T 收敛到下式给出的统计互相关：

$$C^{(1)}(\tau,x_q,x_{q'})=\frac{1}{2\pi}\sum_{s=1}^{N_s}\mathrm{d}\omega\,|\hat{f}(\omega)|^2\,\overline{\hat{G}(\omega,x_q,x_s)}\hat{G}(\omega,x_{q'},x_s)\mathrm{e}^{-\mathrm{i}\omega\tau} \tag{9.6}$$

式中，$\hat{G}(\omega,\boldsymbol{x},\boldsymbol{y})$ 为存在反射体时介质的格林函数。

【**证明**】已知：

$$C^{\mathrm{T}}(\tau,\boldsymbol{x}_q,\boldsymbol{x}_{q'})\xrightarrow{T\to\infty}C^{(1)}(\tau,\boldsymbol{x}_q,\boldsymbol{x}_{q'}):=\sum_{s=1}^{N_s}\int_{-\infty}^{\infty}u(t,\boldsymbol{x}_q;\boldsymbol{x}_s)u(t+\tau,\boldsymbol{x}_{q'};\boldsymbol{x}_s)\,\mathrm{d}t$$

根据 Parseval 公式得到：

$$C^{(1)}(\tau,\boldsymbol{x}_q,\boldsymbol{x}_{q'})=\frac{1}{2\pi}\sum_{s=1}^{N_s}\int_{-\infty}^{\infty}\overline{\hat{u}(\omega,x_q;x_s)}\hat{u}(\omega,\boldsymbol{x}_{q'};\boldsymbol{x}_s)\mathrm{e}^{-\mathrm{i}\omega\tau}\mathrm{d}\omega$$

如果假设源阵列是密集的，并且覆盖球 $B(\boldsymbol{0},L)$ 的表面，其中球面半径 L 很大，那么有

$$C^{(1)}(\tau,\boldsymbol{x}_q,\boldsymbol{x}_{q'})=\frac{N_s}{8\pi^2L^2}\int\mathrm{d}\omega\,|\hat{f}(\omega)|^2\mathrm{e}^{-\mathrm{i}\omega\tau}\int_{\partial B(\boldsymbol{0},L)}\mathrm{d}\sigma(\boldsymbol{y})\overline{\hat{G}(\omega,\boldsymbol{x}_q,\boldsymbol{y})}\hat{G}(\omega,\boldsymbol{x}_{q'},\boldsymbol{y}) \tag{9.7}$$

根据亥姆霍兹-基尔霍夫恒等式（定理2.2）可得到：

$$C^{(1)}(\tau,\boldsymbol{x}_q,\boldsymbol{x}_{q'})=\frac{c_0N_s}{8\pi^2L^2}\int\mathrm{d}\omega\,\frac{|\hat{f}(\omega)|^2}{\omega}\mathrm{Im}[\hat{G}(\omega,\boldsymbol{x}_q,\boldsymbol{x}_{q'})]\mathrm{e}^{-\mathrm{i}\omega\tau} \tag{9.8}$$

因此，运用傅里叶变换 $\frac{|\hat{f}(\omega)|^2}{\omega}$ 对核进行对称化和光滑化，互相关矩阵就相当于辅

助阵列元素之间的格林函数矩阵，如 2.4 节所述：

$$\frac{\partial}{\partial\tau}C^{(1)}(\tau,\boldsymbol{x}_q,\boldsymbol{x}_{q'})=-\frac{c_0N_s}{8\pi L^2}[F_{\mathrm{VS}}*G(\tau,\boldsymbol{x}_q,\boldsymbol{x}_{q'})-F_{\mathrm{VS}}*G(-\tau,\boldsymbol{x}_q,\boldsymbol{x}_{q'})] \tag{9.9}$$

其中

$$F_{\mathrm{VS}}(t)=\frac{1}{2\pi}\int|\hat{f}(\omega)|^2\mathrm{e}^{-\mathrm{i}\omega t}\mathrm{d}\omega=\int f(s)f(s+t)\,\mathrm{d}s \tag{9.10}$$

因此，通过互相关矩阵的基尔霍夫偏移可以对反射体成像。

9.3　均匀介质中有限源阵列的高频分析

本节讨论均匀背景场的情况（即除了待成像反射体之外，介质其他部分是均匀的）。虽然这不是互相关成像最有趣的情况，但却可以使用前面章节中使用的工具进行简单的高频分析。此外，在第 10 章中讨论各向异性介质情况时，还要介绍对成像起关键作用的有效接收孔径概念。

9.3.1　正散射问题

本节将详细讨论正散射问题。位于平面 $z=0$ 上的源阵列$(x_s)_{s=1,\cdots,N_s}$中 x_s 处的点源发出地震波。本节中约定 $\boldsymbol{x}=(x_\perp,z)\in\mathbb{R}^2\times\mathbb{R}$。位于平面 $z=-L$ 上的检波器阵列$(x_q)_{q=1,\cdots,N_q}$记录波动（图 9.3）。记 $\boldsymbol{x}_q=(x_{q\perp},-L)$，记录信号构成数据矩阵式（9.2），标量波场 $u(t,x;x_s)$ 满足波动方程：

$$\frac{1}{c^2(\boldsymbol{x})}\frac{\partial^2u}{\partial t^2}-\Delta_xu=F^\varepsilon(t,\boldsymbol{x};\boldsymbol{x}_s) \tag{9.11}$$

式中，$c(\boldsymbol{x})$ 为波在介质中的传播速度；$F^\varepsilon(t,\boldsymbol{x};\boldsymbol{x}_s)$为模拟位于地表 $z=0$ 上 $\boldsymbol{x}_s$ 处的点震源，它在支撑 $(0,\infty)$ 上发出一个脉冲$f^\varepsilon(t)$：

$$F^\varepsilon(t,x;x_s)=f^\varepsilon(t)\delta(x-x_s) \tag{9.12}$$

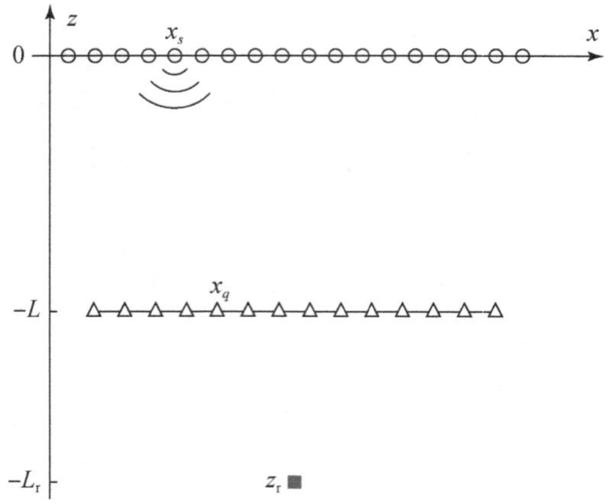

图 9.3　x_s 是地表 $z=0$ 上的源，x_q 是平面 $z=-L$ 上的检波器，z_r 是阵列 $z=-L_r$ 下方的反射点。

考虑辅助阵列（$-L_r<-L$）下方 $z_r=(z_{r\perp},-L_r)$ 处反射体的散射问题，反射体通过传播速度的局部变化来描述：

$$\frac{1}{c^2(\boldsymbol{x})}=\frac{1}{c_0^2}[1+\sigma_r \mathbf{1}_{\Omega_r}(\boldsymbol{x}-\boldsymbol{z}_r)] \tag{9.13}$$

式中，Ω_r 为体积是 l_r^3 的局部区域；σ_r 为反射体的反射率。

假设源脉冲的子波宽度远小于从阵列到反射点的特征走时，如果用 ε（小量）表示这两个时间的标度比，就可以把脉冲 f^ε 写成：

$$f^\varepsilon(t)=f\left(\frac{t}{\varepsilon}\right) \tag{9.14}$$

式中，t 为相对于特征走时的归一化时间。脉冲 f^ε 的傅里叶变换 $\hat{f}^\varepsilon$ 形式为

$$\hat{f}^\varepsilon(\omega)=\varepsilon\ \hat{f}^\varepsilon(\varepsilon\omega) \tag{9.15}$$

前面已经分析了背景介质均匀且 $\boldsymbol{z}_r$ 处有点状反射体的情况。由于假设反射很弱，从而可以对格林函数运用式（4.27）的玻恩近似。此外，如果反射体有较小的支撑（小于典型波长），则得到点近似式（5.1）：

$$\hat{G}(\omega,\boldsymbol{x},\boldsymbol{y})=\hat{G}_0(\omega,\boldsymbol{x},\boldsymbol{y})+\frac{\omega^2}{c_0^2}\sigma_r l_r^3 \hat{G}_0(\omega,\boldsymbol{x},\boldsymbol{z}_r)\hat{G}_0(\omega,\boldsymbol{z}_r,\boldsymbol{y}) \tag{9.16}$$

式中，$\hat{G}_0$ 为背景介质的格林函数式［式（3.7）］。

9.3.2　互相关的高频分析

命题 9.1 肯定是成立的。事实上，对于波速为 c_0 的均匀背景介质，一旦 T 大于 T_0 时，经验互相关 C_T 就等于统计互相关 $C^{(1)}$，其中：

$$T_0=\max_{s=1,\cdots,N_s,q=1,\cdots,N_q}\{\mathcal{T}(\boldsymbol{x}_s,\boldsymbol{z}_r)+\mathcal{T}(\boldsymbol{x}_q,\boldsymbol{z}_r)\}$$

此外，如果源分布足够密集，就可以用积分代替 s 上的离散和，最后得到：

$$C^{(1)}(\tau,\boldsymbol{x}_q,\boldsymbol{x}_{q'})=\frac{1}{2\pi}\int_{\mathbb{R}^2}\mathrm{d}y_\perp\int\mathrm{d}\omega\,|\hat{f}^\varepsilon(\omega)|^2\psi_s(\boldsymbol{y}_\perp)\overline{\hat{G}[\omega,\boldsymbol{x}_q,(\boldsymbol{y}_\perp,0)]}\hat{G}[\omega,\boldsymbol{x}_{q'},(\boldsymbol{y}_\perp,0)]\mathrm{e}^{-\mathrm{i}\omega\tau} \tag{9.17}$$

其中，震源密度函数 $\psi_s(\boldsymbol{y}_\perp)$ 是非负函数，且有

$$\int_{\mathbb{R}^2}\psi_s(y_\perp)\mathrm{d}y_\perp=N_s$$

存在反射体时的互相关可以写成：

$$C^{(1)}(\tau,\boldsymbol{x}_q,\boldsymbol{x}_{q'})=C_0^{(1)}(\tau,\boldsymbol{x}_q,\boldsymbol{x}_{q'})+\Delta C^{(1)}(\tau,\boldsymbol{x}_q,\boldsymbol{x}_{q'}) \tag{9.18}$$

式中，$\Delta C_0^{(1)}$ 为背景格林函数［式（3.7）］的统计互相关；$\Delta C^{(1)}$ 为差分互相关。对含有 $\sigma_r l_r^3$ 的同类项进行合并，略去了 $O(1)$ 阶项，只保留了 $O(\sigma_r l_r^3)$ 阶项，以保持与玻恩近似一致：

$$\Delta C^{(1)}(\tau,\boldsymbol{x}_q,\boldsymbol{x}_{q'})=\Delta C_{\mathrm{I}}^{(1)}(\tau,\boldsymbol{x}_q,\boldsymbol{x}_{q'})+\Delta C_{\mathrm{II}}^{(1)}(\tau,\boldsymbol{x}_q,\boldsymbol{x}_{q'}) \tag{9.19}$$

$$\Delta C_{\mathrm{I}}^{(1)}(\tau,\boldsymbol{x}_q,\boldsymbol{x}_{q'})=\frac{\sigma_r l_r^3}{2\pi c_0^2\varepsilon}\int_{\mathbb{R}^2}\mathrm{d}y_\perp\int\mathrm{d}\omega\psi_s(\boldsymbol{y}_\perp)\omega^2|\hat{f}(\omega)|^2\,\overline{\hat{G}_0}\left(\frac{\omega}{\varepsilon},\boldsymbol{x}_q,\boldsymbol{z}_r\right)$$
$$\times\overline{\hat{G}_0}\left[\frac{\omega}{\varepsilon},\boldsymbol{z}_r,(\boldsymbol{y}_\perp,0)\right]\hat{G}_0\left[\frac{\omega}{\varepsilon},\boldsymbol{x}_{q'},(\boldsymbol{y}_\perp,0)\right]\mathrm{e}^{-\frac{\mathrm{i}\omega\tau}{\varepsilon}} \tag{9.20}$$

$$\Delta C_{\mathrm{II}}^{(1)}(\tau,\boldsymbol{x}_q,\boldsymbol{x}_{q'})=\frac{\sigma_{\mathrm{r}}l_{\mathrm{r}}^3}{2\pi c_0^2\varepsilon}\int_{\mathbb{R}^2}\mathrm{d}y_\perp\int\mathrm{d}\omega\psi_s(\boldsymbol{y}_\perp)\omega^2|\hat{f}(\omega)|^2\overline{\hat{G}_0}\left[\frac{\omega}{\varepsilon},\boldsymbol{x}_q,(\boldsymbol{y}_\perp,0)\right]$$
$$\times\hat{G}_0\left(\frac{\omega}{\varepsilon},\boldsymbol{x}_{q'},\boldsymbol{z}_{\mathrm{r}}\right)\hat{G}_0\left[\frac{\omega}{\varepsilon},\boldsymbol{z}_{\mathrm{r}},(\boldsymbol{y}_\perp,0)\right]\mathrm{e}^{-\frac{\mathrm{i}\omega\tau}{\varepsilon}} \tag{9.21}$$

如命题 9.2 所述，互相关中包含了关于反射体位置的信息，表现为延迟时间等于两个检波器到反射体之间的正负走时和处出现峰值。

命题 9.2 在 $\varepsilon\to 0$ 的邻域中，差分互相关在延迟时间等于 $\pm[\mathcal{T}(\boldsymbol{x}_{q'},\boldsymbol{z}_{\mathrm{r}})+\mathcal{T}(\boldsymbol{x}_q,\boldsymbol{z}_{\mathrm{r}})]$ 处出现峰值，以 $\mathcal{T}(\boldsymbol{x}_{q'},\boldsymbol{z}_{\mathrm{r}})+\mathcal{T}(\boldsymbol{x}_q,\boldsymbol{z}_{\mathrm{r}})$ 时刻为中心的峰值具有以下形式：

$$\Delta C^{(1)}(\tau,\boldsymbol{x}_q,\boldsymbol{x}_{q'})\approx\frac{\sigma_{\mathrm{r}}l_{\mathrm{r}}^3\varepsilon}{32\pi^2c_0}\frac{\mathcal{K}_{\mathrm{vs}}(\boldsymbol{x}_q,\boldsymbol{z}_{\mathrm{r}})}{|\boldsymbol{z}_{\mathrm{r}}-\boldsymbol{x}_q||\boldsymbol{z}_{\mathrm{r}}-\boldsymbol{x}_{q'}|}\partial_\tau F_{\mathrm{vs}}\left(\frac{\tau-[\mathcal{T}(\boldsymbol{x}_{q'},\boldsymbol{z}_{\mathrm{r}})+\mathcal{T}(\boldsymbol{x}_q,\boldsymbol{z}_{\mathrm{r}})]}{\varepsilon}\right) \tag{9.22}$$

以 $-[\mathcal{T}(\boldsymbol{x}_{q'},\ \boldsymbol{z}_{\mathrm{r}})+\mathcal{T}(\boldsymbol{x}_q,\ \boldsymbol{z}_{\mathrm{r}})]$ 时刻为中心的峰值具有以下形式：

$$\Delta C^{(1)}(\tau,\boldsymbol{x}_q,\boldsymbol{x}_{q'})\approx\frac{\sigma_{\mathrm{r}}l_{\mathrm{r}}^3\varepsilon}{32\pi^2c_0}\frac{\mathcal{K}_{\mathrm{vs}}(\boldsymbol{x}_{q'},\boldsymbol{z}_{\mathrm{r}})}{|\boldsymbol{z}_{\mathrm{r}}-\boldsymbol{x}_q||\boldsymbol{z}_{\mathrm{r}}-\boldsymbol{x}_{q'}|}\partial_\tau F_{\mathrm{vs}}\left(\frac{\tau+[\mathcal{T}(\boldsymbol{x}_{q'},\boldsymbol{z}_{\mathrm{r}})+\mathcal{T}(\boldsymbol{x}_q,\boldsymbol{z}_{\mathrm{r}})]}{\varepsilon}\right) \tag{9.23}$$

$\mathcal{K}_{\mathrm{vs}}(\boldsymbol{x}_q,\ \boldsymbol{z}_{\mathrm{r}})$ 与 $\boldsymbol{Y}_\perp(\boldsymbol{x}_{q\perp})$ 的定义如下

$$\mathcal{K}_{\mathrm{vs}}(\boldsymbol{x}_q,\boldsymbol{z}_{\mathrm{r}})=\psi_s[Y_\perp(\boldsymbol{x}_{q\perp})]\frac{|\boldsymbol{x}_q-\boldsymbol{z}_{\mathrm{r}}|}{L_{\mathrm{r}}-L} \tag{9.24}$$

$$Y_\perp(\boldsymbol{x}_{q\perp})=\frac{\boldsymbol{x}_{q\perp}L_{\mathrm{r}}-\boldsymbol{z}_{\mathrm{r}\perp}L}{L_{\mathrm{r}}-L} \tag{9.25}$$

其中，F_{vs} 由式（9.10）定义。

注意，$[Y_\perp(\boldsymbol{x}_{q\perp}),0]$ 是穿过 $\boldsymbol{x}_q$ 和 $\boldsymbol{z}_{\mathrm{r}}$ 的射线与平面 $z=0$ 的交点。由于 ψ_s 是源阵列的空间支撑函数，这意味着只有当射线穿过源点、检波器和反射体时，与反射体相关的互相关才出现峰值，这是第 5、6 章中介绍的典型光照成像情况。

将这个结论与命题 6.3 进行比较，如果认为由式（9.24）定义的 $\mathcal{K}_{\mathrm{vs}}(\boldsymbol{x}_q,\boldsymbol{z}_{\mathrm{r}})$ 和由式（6.15）定义的 $\mathcal{K}(\boldsymbol{x}_q,\boldsymbol{z}_{\mathrm{r}})$ 是等价的，就会发现二者是完全一致的。

$$\mathcal{K}(\boldsymbol{x}_q,\boldsymbol{z}_{\mathrm{r}})=\int_0^\infty K\left(\boldsymbol{x}_q+\frac{\boldsymbol{x}_q-\boldsymbol{z}_{\mathrm{r}}}{|\boldsymbol{x}_q-\boldsymbol{z}_{\mathrm{r}}|}l\right)\mathrm{d}l$$

式中，K 为第 6 章中所述的噪声源支撑函数。这种类比是合理的，因为在本章所述的平面 $z=0$ 上的主动源的行为类似于具有如下形式支撑函数的非相干源：

$$K(\boldsymbol{y}_\perp,z)=\psi_s(\boldsymbol{y}_\perp)\delta(z)$$

因此，根据 $\mathcal{K}(\boldsymbol{x}_q,\ \boldsymbol{z}_{\mathrm{r}})$ 的定义式（6.15）就可以得到：

$$\begin{aligned}\mathcal{K}(\boldsymbol{x}_q,\boldsymbol{z}_{\mathrm{r}})&=\int_0^\infty\psi_s\left(\boldsymbol{x}_{q\perp}+\frac{\boldsymbol{x}_{q\perp}-\boldsymbol{z}_{\mathrm{r}\perp}}{|\boldsymbol{x}_q-\boldsymbol{z}_{\mathrm{r}}|}l\right)\delta\left(-L+\frac{L_{\mathrm{r}}-L}{|\boldsymbol{x}_q-\boldsymbol{z}_{\mathrm{r}}|}l\right)\mathrm{d}l\\&=\frac{|\boldsymbol{x}_q-\boldsymbol{z}_{\mathrm{r}}|}{L_{\mathrm{r}}-L}\psi_s\left(\frac{L_{\mathrm{r}}\boldsymbol{x}_{q\perp}-L\boldsymbol{z}_{\mathrm{r}\perp}}{L_{\mathrm{r}}-L}\right)\\&=\mathcal{K}_{\mathrm{vs}}(\boldsymbol{x}_q,\boldsymbol{z}_{\mathrm{r}})\end{aligned}$$

这些结果表明，密度函数为 $\psi_s(\boldsymbol{y}_\perp)$ 的点源阵列在平面 $z=0$ 上发出的 $f(t)$ 形式的独立短脉冲序列与功率谱密度为 $|\hat{f}^\varepsilon(\omega)|^2$、空间支撑函数为 $K(\boldsymbol{y}_\perp,z)=\psi_s(\boldsymbol{y}_\perp)\delta(z)$ 的不相关噪声源具有相同的照明和互相关特性。

9.3.3 成像函数的高频分析

下面研究成像函数式（9.4）的高频行为。假设辅助接收阵列足够密集，则可以用积分代替关于 q 和 q' 的离散和：

$$\mathcal{I}(z^s)=\iint_{\mathbb{R}^2\times\mathbb{R}^2}\mathrm{d}x_\perp\mathrm{d}x'_\perp\psi_q(\boldsymbol{x}_\perp)\psi_q(\boldsymbol{x}'_\perp)C^{(1)}\{\mathcal{T}[(\boldsymbol{x}_\perp,-L),z^s]+\mathcal{T}[z^s,(\boldsymbol{x}'_\perp,-L)],(\boldsymbol{x}_\perp,-L),(\boldsymbol{x}'_\perp,-L)\} \tag{9.26}$$

式中，ψ_q 为辅助检波器阵列的分布密度函数，满足 $\int_{\mathbb{R}^2}\psi_q(\boldsymbol{x}_\perp)\mathrm{d}x_\perp=N_q$。

命题 9.3 在 $\varepsilon\to0$ 的邻域中，有

$$\mathcal{I}(z^s)=\frac{\sigma_r l_r^3}{64\pi^3c_0}\iint_{\mathbb{R}^2\times\mathbb{R}^2}\mathrm{d}x_\perp\mathrm{d}x'_\perp\frac{\psi_q(\boldsymbol{x}_\perp)\psi_q(\boldsymbol{x}'_\perp)\psi_s[Y_\perp(\boldsymbol{x}'_\perp)]}{(L_r-L)|(\boldsymbol{x}_\perp,-L)-z_r|}\int\mathrm{d}\omega\mathrm{i}\omega|\hat{f}(\omega)|^2\times\exp\left[-\mathrm{i}\frac{\omega}{c_0}\frac{z^s-z_r}{\varepsilon}\left(\frac{(\boldsymbol{x}_\perp,-L)-z_r}{|(\boldsymbol{x}_\perp,-L)-z_r|}+\frac{(\boldsymbol{x}'_\perp,-L)-z_r}{|(\boldsymbol{x}'_\perp,-L)-z_r|}\right)\right] \tag{9.27}$$

在推论 9.4 中做了一些假设，从而可以得到成像函数的点扩散函数显式表达式。这些假设是：源阵列和检波器阵列都是正方形的，其边长分别为 b 和 a，反射体正好位于它们下方距离大于辅助阵列直径的地方，源脉冲 f 的带宽 B 小于其载频 ω_0。

推论 9.4 假设 $z_r=(0,-L_r)$，$\psi_s(\boldsymbol{x}_\perp)=\frac{N_s}{b^2}\mathbf{1}_{[-b/2,b/2]^2}(\boldsymbol{x}_\perp)$，$\psi_q(\boldsymbol{x}_\perp)=\frac{N_q}{a^2}\mathbf{1}_{[-a/2,a/2]^2}(\boldsymbol{x}_\perp)$，$L_r-L\gg a$，且 $\omega_0\gg B$。将搜索点参数化为

$$z^s=z_r+\varepsilon(\xi_1,\xi_2,\eta)$$

于是

$$\mathcal{I}(z^s)=-\frac{\sigma_r l_r^3N_sN_q^2a_{\mathrm{eff}}^2}{32\pi^2c_0a^2b^2(L_r-L)^2}\partial_\tau F_{\mathrm{vs}}\left(\frac{2\eta}{c_0}\right)\mathrm{sinc}\left(\frac{\omega_0a}{2c_0(L_r-L)}\xi_1\right)\times\mathrm{sinc}\left(\frac{\omega_0a_{\mathrm{eff}}}{2c_0(L_r-L)}\xi_1\right)\mathrm{sinc}\left(\frac{\omega_0a}{2c_0(L_r-L)}\xi_2\right)\mathrm{sinc}\left(\frac{\omega_0a_{\mathrm{eff}}}{2c_0(L_r-L)}\xi_2\right) \tag{9.28}$$

其中

$$a_{\mathrm{eff}}=\min\left\{a,b\frac{L_r-L}{L_r}\right\} \tag{9.29}$$

a_{eff}的表达式是根据 $Y_\perp(\boldsymbol{x}'_\perp)=\frac{L_r}{L_r-L}\boldsymbol{x}'_\perp$ 得到的，因此：

$$\psi_q(\boldsymbol{x}'_\perp)\psi_s[Y_\perp(\boldsymbol{x}'_\perp)]=\frac{N_s}{b_2}\frac{N_q}{a_2}\mathbf{1}[-a_{\mathrm{eff}}/2,a_{\mathrm{eff}}/2]^2(\boldsymbol{x}'_\perp)$$

该推论表明，纵向分辨率是由源的带宽决定的。更有趣的是，横向分辨率取决于照明的差异性。首先要注意的是，有效接收阵列直径 a_{eff} 可以从几何上进行简单解释，即锥形照明与辅助接收阵列相交的圆的直径（图 9.4）。

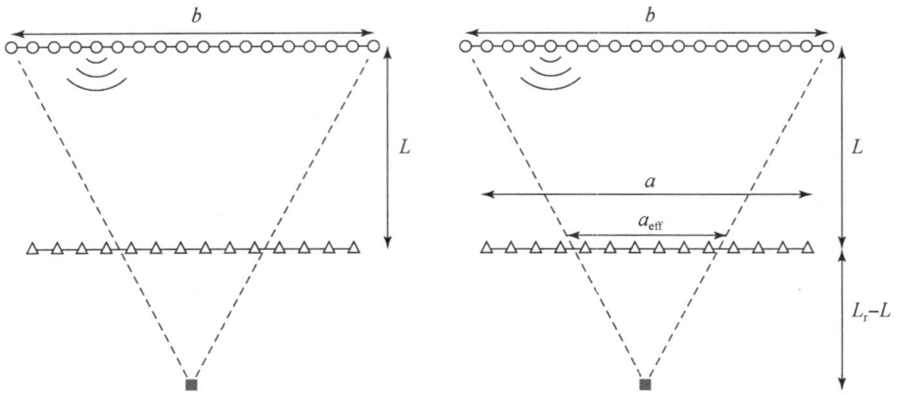

图 9.4　左图定义了锥形照明源。右图中，锥形照明与辅助接收阵列相交形成的圆环确定了有效检波器阵列直径 a_{eff}。

如果源阵列具有足够大的孔径，使得照明圆锥覆盖整个辅助接收阵列，则 $a_{\mathrm{eff}}=a$ 且横向分辨率变量中的点扩散函数具有 sinc^2 函数形式，其半径由瑞利分辨率公式 $\frac{\lambda\ (L_r-L)}{a}$ 给出，此时点扩散函数的表达式为

$$\mathcal{I}(\boldsymbol{z}^s)=-\frac{\sigma_r l_r^3 N_s N_q^2}{32\pi^2 c_0 b^2\ (L_r-L)^2}\partial_\tau F_{\mathrm{vs}}\left(\frac{2\eta}{c_0}\right)\mathrm{sinc}^2\left(\frac{\omega_0 a}{2c_0(L_r-L)}\xi_1\right)\mathrm{sinc}^2\left(\frac{\omega_0 a}{2c_0(L_r-L)}\xi_2\right) \quad (9.30)$$

如果源阵列具有足够小的孔径，以至于照明圆锥不能覆盖整个辅助检波器阵列，则 $a_{\mathrm{eff}}<a$ 且横向分辨率变量中的点扩散函数具有 sinc 的简单形式，其半径由瑞利分辨率公式 $\frac{\lambda\ (L_r-L)}{a}$ 给定，此时点扩散函数形式为

$$\mathcal{I}(\boldsymbol{z}^s)=-\frac{\sigma_r l_r^3 N_s N_q^2}{32\pi^2 c_0 a^2 L_r^2}\partial_\tau F_{\mathrm{vs}}\left(\frac{2\eta}{c_0}\right)\mathrm{sinc}\left(\frac{\omega_0 a}{2c_0(L_r-L)}\xi_1\right)\mathrm{sinc}\left(\frac{\omega_0 a}{2c_0(L_r-L)}\xi_2\right) \quad (9.31)$$

9.4　均匀背景介质中被动源合成孔径成像

在本节中，将重新讨论 9.3 节中介绍的成像排列方式。仍然假设源阵列在平面 $z=0$ 上，反射体在平面 $z=-L_r$ 上，在平面 $z=-L$ 上有一个移动的检波器，而不是辅助检波器阵列。这是被动源合成孔径雷达成像中的典型情况（Farina and Kuschel，2012）。移动检波器在连续位置 $x_q, q=1,\cdots,N_q$ 上观测。对于移动接收天线的每个位置 $x_q, x_s, s=1,\cdots,N_s$ 处的源发射异步信号（图 9.5），数据集由检波器在 x_q 处记录的信号组成：

$$\{u_{q,s}(t,\boldsymbol{x}_q),t\in\mathbb{R},s=1,\cdots,N_s,q=1,\cdots,N_q\} \quad (9.32)$$

式中，$u_{q,s}(t,\ \boldsymbol{x}_q)$ 是下面方程的解：

$$\frac{1}{c^2(\boldsymbol{x})}\frac{\partial^2 u_{q,s}}{\partial t^2}-\Delta_x u_{q,s}=f^\varepsilon(t-T_{q,s})\delta(\boldsymbol{x}-\boldsymbol{x}_s) \quad (9.33)$$

其中，波速表达式如式（9.13）所示，脉冲源的形式如式（9.14）所示。$T_{q,s}$ 是当检

波器位于 x_q 时，第 s 个源的作用时间。由于每个 $T_{q,s}$ 都是不同的，因此源是异步的。此时的经验自相关函数为

$$C_T(\tau,\boldsymbol{x}_q,\boldsymbol{x}_q)=\sum_{s=1}^{N_s}\int_0^T u_{q,s}(t,\boldsymbol{x}_q)u_{q,s}(t+\tau,\boldsymbol{x}_q)\mathrm{d}t \tag{9.34}$$

式中，$q=1,\cdots,N_q$。当 $T\to\infty$ 时，式（9.34）收敛到统计自相关函数：

$$C_T(\tau,\boldsymbol{x}_q,\boldsymbol{x}_q)\xrightarrow{T\to\infty}C^{(1)}(\tau,\boldsymbol{x}_q,\boldsymbol{x}_q):=\sum_{s=1}^{N_s}\int_{-\infty}^{\infty}u_{q,s}(t,\boldsymbol{x}_q)u_{q,s}(t+\tau,\boldsymbol{x}_q)\mathrm{d}t$$

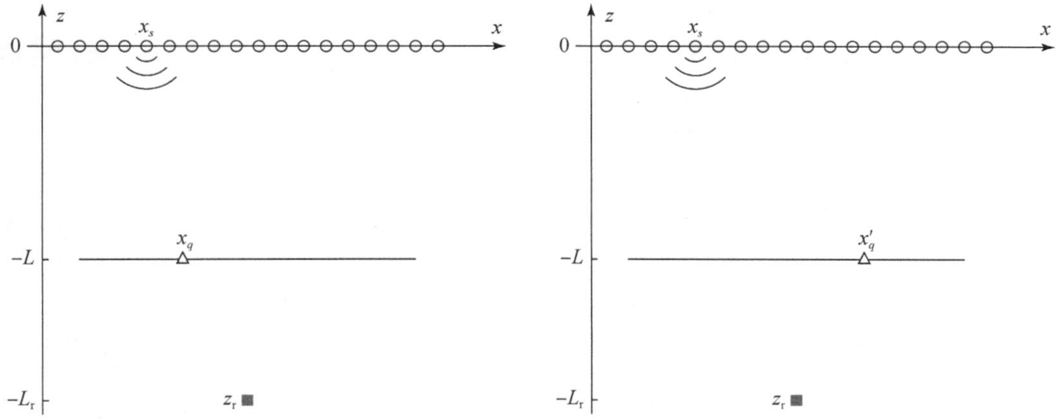

图 9.5　被动源合成孔径成像排列方式。$\boldsymbol{x}_q$ 和 $\boldsymbol{x}'_q$ 是检波器在平面 $z=-L$ 上的位置。源阵列位于自由表面 $z=0$ 处。z_r 是位于 $z=-L_r$ 处的反射体。

统计自相关函数也可以表示为

$$C^{(1)}(\tau,\boldsymbol{x}_q,\boldsymbol{x}_q)=\frac{1}{2\pi}\sum_{s=1}^{N_s}\mathrm{d}\omega\ |\hat{f}^{\varepsilon}(\omega)|^2\ \overline{\hat{G}(\omega,\boldsymbol{x}_q,\boldsymbol{x}_s)}\hat{G}(\omega,\boldsymbol{x}_q,\boldsymbol{x}_s)\exp(-\mathrm{i}\omega\tau) \tag{9.35}$$

式中，$\hat{G}(\omega,x,y)$ 为存在反射体时介质的简谐格林函数。

因此，成像函数本质上是被动源合成孔径成像函数：

$$\mathcal{I}_{\mathrm{psa}}(\boldsymbol{z}^s)=\sum_{q=1}^{N_q}C^{(1)}[2\mathcal{T}(\boldsymbol{x}_q,\boldsymbol{z}^s),\boldsymbol{x}_q,\boldsymbol{x}_q] \tag{9.36}$$

这些简单的论证表明，被动合成孔径成像问题可以看作是一种基于相关的成像问题，实际只用到互相关矩阵的对角部分。接下来的论述表明了互相关矩阵对角部分的偏移成像效果很好。互相关成像方法的优势之一就是可以很容易地用于解决同步问题，正如自相关函数式（9.35）中 $C^{(1)}$ 就不依赖于脉冲作用时间 $T_{q,s}$。

备注

当前几节中的被动源辅助阵列只测量波场傅里叶变换的模时，也会出现同样的问题，这是傅里叶变换相位丢失的典型情况。更确切地说，傅里叶定相是根据傅里叶数据的模重建未知物体的问题，在许多应用中是基础性问题（Fienup，1982，1987；Fienup and Wackerman，1986）。数据集是

$$\{|\hat{u}(\omega,\boldsymbol{x}_q;\boldsymbol{x}_s)|^2,\omega\in\mathbb{R},s=1,\cdots,N_s,q=1,\cdots,N_q\} \tag{9.37}$$

式中，$u(t,\boldsymbol{x}_q;\boldsymbol{x}_s)$为波动方程式（9.11）的解。从这个数据集中，可以通过对 s 求和及傅里叶逆变换来建立辅助阵列的互相关矩阵对角部分。事实上：

$$C^{(1)}(\tau,\boldsymbol{x}_q,\boldsymbol{x}_q)=\frac{1}{2\pi}\sum_{s=1}^{N_s}\int_{-\infty}^{\infty}|\hat{u}(\omega,x_q;x_s)|^2\mathrm{e}^{-\mathrm{i}\omega\tau}\mathrm{d}\omega \tag{9.38}$$

式中，$q=1,\cdots,N_q$。

9.4.1　成像函数的高频分析

在高频情况下，成像函数式（9.36）具有以反射体位置 z_{r} 为中心的清晰可辨的峰值，以下命题和推论从理论上证明了这一点。

命题 9.5　在 $\varepsilon\to0$ 的渐近域中，下式成立：

$$\begin{aligned}\mathcal{I}_{\mathrm{psa}}(\boldsymbol{z}^s)=&\frac{\sigma_{\mathrm{r}}l_{\mathrm{r}}^3}{64\pi^3c_0}\int_{\mathbb{R}^2}\mathrm{d}x_\perp\frac{\psi_q(\boldsymbol{x}_\perp)\psi_s[Y_\perp(\boldsymbol{x}_\perp)]}{(L_{\mathrm{r}}-L)|z_{\mathrm{r}}-(\boldsymbol{x}_\perp,-L)|}\int\mathrm{d}\omega\mathrm{i}\omega|\hat{f}(\omega)|^2\\&\times\exp\left[-2\mathrm{i}\frac{\omega}{c_0}\frac{z^S-z_{\mathrm{r}}}{\varepsilon}\frac{(\boldsymbol{x}_\perp,-L)-\boldsymbol{z}_{\mathrm{r}}}{|(\boldsymbol{x}_\perp,-L)-\boldsymbol{z}_{\mathrm{r}}|}\right]\end{aligned} \tag{9.39}$$

下面的推论中作了一些假设，从而能够得到成像函数的点扩散函数的显式表达式。

推论 9.6　假设 $\boldsymbol{z}_{\mathrm{r}}=(0,-L_{\mathrm{r}})$，$\psi_s(\boldsymbol{x}_\perp)=\frac{N_s}{b^2}\mathbf{1}_{[-b/2,b/2]^2}(\boldsymbol{x}_\perp),\psi_q(\boldsymbol{x}_\perp)=\frac{N_q}{a^2}\mathbf{1}_{[-a/2,a/2]^2}(\boldsymbol{x}_\perp)$，$L_{\mathrm{r}}-L\gg a$，且 $\omega_0\gg B$。将搜索点参数化为

$$z^s=z_{\mathrm{r}}+\varepsilon(\xi_1,\xi_2,\eta)$$

于是

$$\mathcal{I}_{\mathrm{psa}}(\boldsymbol{z}^s)=-\frac{\sigma_{\mathrm{r}}l_{\mathrm{r}}^3N_sN_qa_{\mathrm{eff}}^2}{32\pi^2c_0a^2b^2(L_{\mathrm{r}}-L)^2}\partial_\tau F_{\mathrm{vs}}\left(\frac{2\eta}{c_0}\right)\mathrm{sinc}\left(\frac{\omega_0a_{\mathrm{eff}}}{c_0(L_{\mathrm{r}}-L)}\xi_1\right)\mathrm{sinc}\left(\frac{\omega_0a_{\mathrm{eff}}}{c_0(L_{\mathrm{r}}-L)}\xi_2\right) \tag{9.40}$$

式中，a_{eff}由式（9.29）定义。

这一推论表明，切向点扩展函数具有 sinc 函数形式，其半径由瑞雷分辨率$\frac{\lambda(L_{\mathrm{r}}-L)}{2a_{\mathrm{eff}}}$决定，而纵向分辨率由源的带宽决定。这表明，要获得良好的横向分辨率、光照范围，大的照明圆锥区域是必要的。只要照明锥足够大，即 $a_{\mathrm{eff}}=a$，那么图像的分辨率就可以用直径为 a 的有源阵列标准分辨率公式计算。更准确地说，在 9.4.2 节中，将证明成像函数式（9.36）与合成孔径成像的成像函数等价，在合成孔径成像中，只需要考虑响应矩阵的对角部分即可。

9.4.2　与经典合成孔径成像的比较

在本节中，将讨论合成孔径成像的经典情况。在这种情况下，一个特定的源-检波器组合在平面 $z=-L$ 上沿着某条测线移动，进行连续测量（图 9.6）。在每个位置$(x_q)_{q=1}^{N_q}$上，源发射出式（9.14）形式的脉冲$f^\varepsilon(t)$，其中f的支撑位于区间（$0,T_0$）内，由相干检波器记录接收到的信号。因此，数据集是

$$\{v(t,\boldsymbol{x}_q;\boldsymbol{x}_q),t\in(\varepsilon T_0,\infty),q=1,\cdots,N_q\}$$

其中，$(t,\boldsymbol{x})\to v(t,\boldsymbol{x};\boldsymbol{x}_q)$是下式的解：

$$\frac{1}{c^2(\boldsymbol{x})}\frac{\partial^2 v}{\partial t^2}-\Delta_x v=f^\varepsilon(t)\delta(\boldsymbol{x}-\boldsymbol{x}_q)$$

该数据集是$(x_q)_{q=1}^{N_q}$处主动源阵列响应矩阵的对角部分。注意，时间记录窗口的选择应当使检波器仅记录逆散射波而不记录正向传播的波。

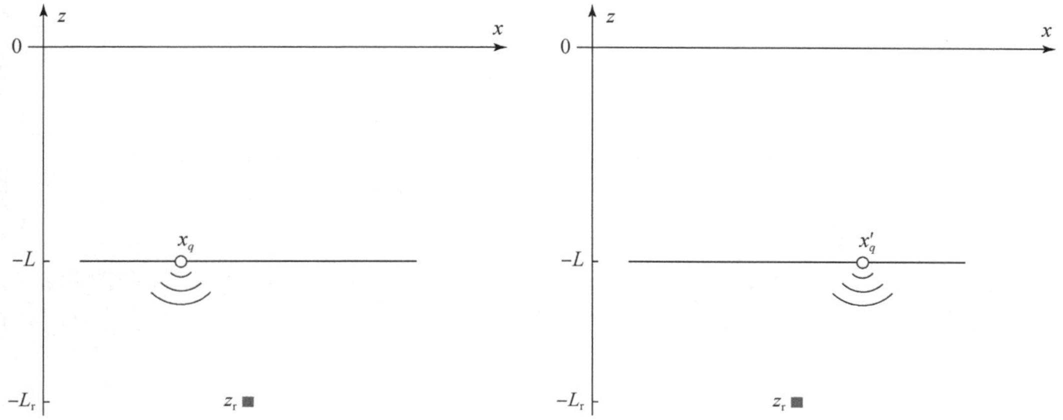

图 9.6　主动源合成孔径成像排列方式。$\boldsymbol{x}_q$ 和 $\boldsymbol{x}_{q'}$是源和检波器在平面 $z=-L$ 中的位置。z_r 是 $z=-L_r$ 处的反射体。

如果假设在平面 $z=-L_r$ 上的 z_r 处有一个点状反射体，其反射率 σ_r 和体积 l_r^3 如前几节所述，则 $\hat{v}(\omega,\boldsymbol{x}_q;\boldsymbol{x}_q)$具有以下形式：

$$\hat{v}(\omega,\boldsymbol{x}_q;\boldsymbol{x}_q)=\frac{\sigma_r l_r^3\omega^2}{c_0^2}[\hat{G}_0(\omega,\boldsymbol{x}_q,\boldsymbol{z}_r)]^2\hat{f}^\varepsilon(\omega)$$

因此，该合成孔径成像方式所对应的基尔霍夫偏移成像函数是

$$\mathcal{I}_{\text{KMsar}}(\boldsymbol{z}^s)=\sum_{q=1}^{N_q}v[2\mathcal{T}(\boldsymbol{x}_q,\boldsymbol{z}^S),\boldsymbol{x}_q;\boldsymbol{x}_q] \tag{9.41}$$

其中，走时 $\mathcal{T}$满足式（9.1）。然而，最标准的成像方法是称为主动合成孔径成像函数的匹配滤波器成像函数（Cheney, 2001；Borcea et al., 2012）：

$$\mathcal{I}_{\text{sa}}(\boldsymbol{z}^s)=\frac{1}{2\pi}\sum_{q=1}^{N_q}\int\overline{\hat{f}^\varepsilon(\omega)}\hat{v}(\omega,\boldsymbol{x}_q;\boldsymbol{x}_q)\exp[-2\mathrm{i}\omega\mathcal{T}(\boldsymbol{x}_q,\boldsymbol{z}^s)]\mathrm{d}\omega \tag{9.42}$$

在平面 $z=-L$ 上位置 $(x_q)_{q=1}^{N_q}$进行连续观测形成的阵列密度函数为 ψ_q 时，对成像函数式（9.42）进行了高频分析，其中 ψ_q 满足：

$$\int_{\mathbb{R}^2}\mathrm{d}x_\perp\,\psi_q(x_\perp)=N_q$$

命题 9.7　在 $\varepsilon\to 0$ 的渐近域中，下式成立：

$$\mathcal{I}_{\mathrm{sa}}(\boldsymbol{z}^s)=\frac{\sigma_{\mathrm{r}}l_{\mathrm{r}}^3}{32\pi^3c_0^2\varepsilon}\int_{\mathbb{R}^2}\mathrm{d}x_{\perp}\frac{\psi_q(\boldsymbol{x}_{\perp})}{|\boldsymbol{z}_{\mathrm{r}}-(\boldsymbol{x}_{\perp},-L)|}\int\mathrm{d}\omega\omega^2|\hat{f}(\omega)|^2 \times\exp\left[-2\mathrm{i}\frac{\omega}{c_0}\frac{\boldsymbol{z}^s-\boldsymbol{z}_{\mathrm{r}}}{\varepsilon}\frac{(\boldsymbol{x}_{\perp},-L)-\boldsymbol{z}_{\mathrm{r}}}{|(\boldsymbol{x}_{\perp},-L)-\boldsymbol{z}_{\mathrm{r}}|}\right] \tag{9.43}$$

在推论9.8中，做了一些假设，从而可以得到成像函数的点扩散函数的显式表达式。

推论9.8　假设 $\boldsymbol{z}_{\mathrm{r}}=(0,-L_{\mathrm{r}})$，$\psi_q(\boldsymbol{x}_{\perp})=\frac{N_q}{a^2}\mathbf{1}_{[-a/2,a/2]^2}(\boldsymbol{x}_{\perp})$，$L_{\mathrm{r}}-L\gg a$，且 $\omega_0\gg B$。将搜索点参数化为

$$\boldsymbol{z}^s=\boldsymbol{z}_{\mathrm{r}}+\varepsilon(\xi_1,\xi_2,\eta)$$

于是

$$\mathcal{I}_{\mathrm{sa}}(\boldsymbol{z}^s)=-\frac{\sigma_{\mathrm{r}}l_{\mathrm{r}}^3N_q}{16\pi^2c_0^2\varepsilon\,(L_{\mathrm{r}}-L)^2}\partial_\tau^2F_{\mathrm{vs}}\left(\frac{2\eta}{c_0}\right)\mathrm{sinc}\left(\frac{\omega_0a}{c_0(L_{\mathrm{r}}-L)}\xi_1\right)\mathrm{sinc}\left(\frac{\omega_0a}{c_0(L_{\mathrm{r}}-L)}\xi_2\right) \tag{9.44}$$

其中，F_{vs}满足式（9.10）。

通过比较命题9.5和命题9.7，或者推论9.6和推论9.8，可以看到，如果被动源成像方式中的照明使得 $a_{\mathrm{eff}}=a$，则被动合成孔径成像函数式（9.36）的分辨率与主动合成孔径成像函数式（9.42）的分辨率是等价的。

9.5　结　　论

在本章中，介绍了在勘探地震学中有着广泛应用的虚源成像问题，该问题中，由远震震源发出的信号被辅助接收阵列记录，以形成成像数据集。针对均匀介质对这种高频成像方法进行了分析，定量刻画了相关成像函数的分辨率与源阵列和辅助接收阵列直径的关系。在被动源照明足够充分时，被动合成孔径成像的分辨率基本上等同于通常的主动合成孔径成像。

附录9.A：命题9.2的证明

以式（9.20）定义的第一项 $\Delta C_{\mathrm{I}}^{(1)}$ 为例。使用齐次格林函数的显式表达式，$\Delta C_{\mathrm{I}}^{(1)}$ 可以写成：

$$\Delta C_{\mathrm{I}}^{(1)}(\tau,\boldsymbol{x}_q,\boldsymbol{x}_{q'})=\frac{\sigma_{\mathrm{r}}l_{\mathrm{r}}^3}{2^7\pi^4c_0^2\varepsilon}\int_{\mathbb{R}^2}\mathrm{d}y_{\perp}\int\mathrm{d}\omega\frac{\psi_s(\boldsymbol{y}_{\perp})\omega^2|\hat{f}(\omega)|^2}{|\boldsymbol{x}_q-\boldsymbol{z}_{\mathrm{r}}||\boldsymbol{z}_{\mathrm{r}}-(\boldsymbol{y}_{\perp},0)||\boldsymbol{x}_{q'}-(\boldsymbol{y}_{\perp},0)|}\mathrm{e}^{\mathrm{i}\frac{\Phi_{\mathrm{I}}(\boldsymbol{y}_{\perp},\omega)}{\varepsilon}}$$

其中快相位是

$$\Phi_{\mathrm{I}}(\boldsymbol{y}_{\perp},\omega)=\omega\{\mathcal{T}[\boldsymbol{x}_{q'},(\boldsymbol{y}_{\perp},0)]-\mathcal{T}(\boldsymbol{x}_q,\boldsymbol{z}_{\mathrm{r}})-\mathcal{T}[\boldsymbol{z}_{\mathrm{r}},(\boldsymbol{y}_{\perp},0)]-\tau\}$$

为了确定具有快相位 Φ_{I} 的第一项的主要作用，采用驻相法进行分析。驻点满足如下两个条件：

$$\partial_\omega[\Phi_{\mathrm{I}}(\omega,\boldsymbol{y}_{\perp})]=0,\quad\nabla_{\boldsymbol{y}_{\perp}}[\Phi_{\mathrm{I}}(\omega,\boldsymbol{y}_{\perp})]=0$$

这意味着

$$\mathcal{T}[\boldsymbol{x}_{q'},(\boldsymbol{y}_{\perp},0)]-\mathcal{T}(\boldsymbol{x}_q,\boldsymbol{z}_{\mathrm{r}})-\mathcal{T}[\boldsymbol{z}_{\mathrm{r}},(\boldsymbol{y}_{\perp},0)]=\tau$$
$$\nabla_{\boldsymbol{y}_{\perp}}\mathcal{T}[\boldsymbol{x}_{q'},(\boldsymbol{y}_{\perp},0)]-\nabla_{\boldsymbol{y}_{\perp}}\mathcal{T}[\boldsymbol{z}_{\mathrm{r}},(\boldsymbol{y}_{\perp},0)]=0$$

其中第二个条件意味着

$$\frac{\boldsymbol{y}_\perp-\boldsymbol{x}_{q'_\perp}}{\sqrt{L^2+|\boldsymbol{x}_{q'_\perp}-\boldsymbol{y}_\perp|^2}}-\frac{\boldsymbol{y}_\perp-\boldsymbol{z}_{\mathrm{r}_\perp}}{\sqrt{L_{\mathrm{r}}^2+|\boldsymbol{z}_{\mathrm{r}_\perp}-\boldsymbol{y}_\perp|^2}}=0$$

可以按照 $y_\perp=Y_\perp(\boldsymbol{x}_{q'_\perp})$ 求解。

$Y_\perp$ 由式（9.25）定义，它是穿过 $\boldsymbol{x}_{q'}$ 和 $\boldsymbol{z}_{\mathrm{r}}$ 的射线与源平面 $z=0$ 的交点，从而第一个条件可写为：$\tau=-\mathcal{T}(\boldsymbol{x}_q,\boldsymbol{z}_{\mathrm{r}})-\mathcal{T}(\boldsymbol{x}_{q'},\boldsymbol{z}_{\mathrm{r}})$。

引入单位向量：

$$\hat{\boldsymbol{g}}_1=\frac{\boldsymbol{z}_{\mathrm{r}_\perp}-\boldsymbol{x}_{q'_\perp}}{|\boldsymbol{z}_{\mathrm{r}_\perp}-\boldsymbol{x}_{q'_\perp}|}$$

并与另一个单位向量 $\hat{\boldsymbol{g}}_2\in\mathbb{R}^2$ 构成 $\mathbb{R}^2$ 上的标准正交基。作如下形式的变量代换：

$$\boldsymbol{y}_\perp=Y_\perp(\boldsymbol{x}_{q'_\perp})+\sqrt{\varepsilon}\,|\boldsymbol{z}_{\mathrm{r}}-\boldsymbol{x}_{q'}|(s_1\hat{\boldsymbol{g}}_1+s_2\hat{\boldsymbol{g}}_2)$$

其雅可比行列式为 $\varepsilon\,|\boldsymbol{z}_{\mathrm{r}}-\boldsymbol{x}_{q'}|^2$。对滞后时间 τ 进行如下形式的参数化处理：

$$\tau=-\mathcal{T}(\boldsymbol{x}_q,\boldsymbol{z}_{\mathrm{r}})-\mathcal{T}(\boldsymbol{x}_{q'},\boldsymbol{z}_{\mathrm{r}})+\varepsilon\tau_0$$

通过泰勒展开，可以得到：

$$\frac{\psi_s(\boldsymbol{y}_\perp)}{|\boldsymbol{x}_q-\boldsymbol{z}_{\mathrm{r}}|\,|\boldsymbol{z}_{\mathrm{r}}-(\boldsymbol{y}_\perp,0)|\,|\boldsymbol{x}_{q'}-(\boldsymbol{y}_\perp,0)|}=\frac{\psi_s[Y_\perp(\boldsymbol{x}_{q'\perp})](L_{\mathrm{r}}-L)^2}{|\boldsymbol{x}_q-\boldsymbol{z}_{\mathrm{r}}|\,|\boldsymbol{x}_{q'}-\boldsymbol{z}_{\mathrm{r}}|^2L_{\mathrm{r}}L}$$

$$\Phi_{\mathrm{I}}=\varepsilon\omega\left[\frac{(L_{\mathrm{r}}-L)^2\,|\boldsymbol{z}_{\mathrm{r}}-\boldsymbol{x}_{q'}|}{2c_0L_{\mathrm{r}}L}\left(s_1^2\frac{(L_{\mathrm{r}}-L)^2}{|z_{\mathrm{r}}-x_{q'}|^2}+s_2^2\right)-\tau_0\right]$$

利用第二个展开式和恒等式 $\int\mathrm{e}^{\frac{1}{2}\mathrm{i}s^2}\mathrm{d}s=\sqrt{2\pi}\,\mathrm{e}^{\mathrm{i}\frac{\pi}{4}}$，可以得到，当 $\varepsilon\to0$ 时：

$$\iint\exp\left(\mathrm{i}\frac{\Phi_{\mathrm{I}}}{\varepsilon}\right)\mathrm{d}s_1\mathrm{d}s_2=\frac{2\mathrm{i}\pi c_0L_{\mathrm{r}}L}{(L_{\mathrm{r}}-L)}\mathrm{e}^{-\mathrm{i}\omega\tau_0}$$

利用这些关系最终可以得到：

$$\begin{aligned}\Delta C_{\mathrm{I}}^{(1)}(\tau,\boldsymbol{x}_q,\boldsymbol{x}_{q'})&=\frac{\sigma_{\mathrm{r}}l_{\mathrm{r}}^3}{2^6\pi^3c_0}\frac{\psi_s[Y_\perp(\boldsymbol{x}_{q'\perp})]}{(L_{\mathrm{r}}-L)\,|z_{\mathrm{r}}-x_q|}\left[\iint\mathrm{d}\omega\,|\hat{f}(\omega)|^2\mathrm{i}\omega\mathrm{e}^{-\mathrm{i}\omega\tau_0}\right]\\&=\frac{\sigma_{\mathrm{r}}l_{\mathrm{r}}^3}{2^5\pi^2c_0}\frac{\mathcal{K}_{\mathrm{vs}}(\boldsymbol{x}_{q'},\boldsymbol{z}_{\mathrm{r}})}{|\boldsymbol{z}_{\mathrm{r}}-\boldsymbol{x}_q|\,|\boldsymbol{z}_{\mathrm{r}}-\boldsymbol{x}_{q'}|}\left[\frac{1}{2\pi}\int\mathrm{d}\omega\,|\hat{f}(\omega)|^2\mathrm{i}\omega\mathrm{e}^{-\mathrm{i}\omega\tau_0}\right]\end{aligned}$$

从而得到

$$\Delta C_{\mathrm{I}}^{(1)}(\tau,\boldsymbol{x}_q,\boldsymbol{x}_{q'})=-\frac{\sigma_{\mathrm{r}}l_{\mathrm{r}}^3}{2^5\pi^2c_0}\frac{\mathcal{K}_{\mathrm{vs}}(\boldsymbol{x}_{q'},\boldsymbol{z}_{\mathrm{r}})}{|\boldsymbol{z}_{\mathrm{r}}-\boldsymbol{x}_q|\,|\boldsymbol{z}_{\mathrm{r}}-\boldsymbol{x}_{q'}|}\partial_\tau F_{\mathrm{vs}}(\tau_0)$$

式中，$\mathcal{K}_{\mathrm{vs}}$ 和 F_{vs} 分别由式（9.24）和式（9.10）定义。用同样的方法计算 $\Delta C_{\mathrm{II}}^{(1)}(\tau,\boldsymbol{x}_q,\boldsymbol{x}_{q'})$ 的表达式，就可以得到结果。

附录 9. B：命题 9.3 的证明

考虑结合 $\Delta C_{\mathrm{I}}^{(1)}$ 和 $\Delta C_{\mathrm{II}}^{(1)}$ 得到的式（9.26），利用 $\Delta C^{(1)}(\tau,\boldsymbol{x},\boldsymbol{x}')=\Delta C^{(1)}(-\tau,\boldsymbol{x}',\boldsymbol{x})$，可以得到：

$$\mathcal{I}(\boldsymbol{z}^s)=\mathcal{I}_{\mathrm{I}+}(\boldsymbol{z}^s)+\mathcal{I}_{\mathrm{II}+}(\boldsymbol{z}^s)+\mathcal{I}_{\mathrm{I}-}(\boldsymbol{z}^s)+\mathcal{I}_{\mathrm{II}-}(\boldsymbol{z}^s)$$

其中

$$\begin{aligned}\mathcal{I}_{\mathrm{I}\pm}(\boldsymbol{z}^s)=&\frac{1}{2}\iint \mathrm{d}x_\perp \mathrm{d}x'_\perp \psi_q(\boldsymbol{x}_\perp)\psi_q(\boldsymbol{x}'_\perp)\\&\times\Delta C_{\mathrm{I}}^{(1)}\left(\pm\{\mathcal{T}[(\boldsymbol{x}_\perp,-L),\boldsymbol{z}^s]+\mathcal{T}[\boldsymbol{z}^s,(\boldsymbol{x}'_\perp,-L)]\},(\boldsymbol{x}_\perp,-L),(\boldsymbol{x}'_\perp,-L)\right)\\\mathcal{I}_{\mathrm{II}\pm}(\boldsymbol{z}^s)=&\frac{1}{2}\iint \mathrm{d}x_\perp \mathrm{d}x'_\perp \psi_q(\boldsymbol{x}_\perp)\psi_q(\boldsymbol{x}'_\perp)\\&\times\Delta C_{\mathrm{I}}^{(1)}\left(\pm\{\mathcal{T}[(\boldsymbol{x}_\perp,-L),\boldsymbol{z}^s]+\mathcal{T}[\boldsymbol{z}^s,(\boldsymbol{x}'_\perp,-L)]\},(\boldsymbol{x}_\perp,-L),(\boldsymbol{x}'_\perp,-L)\right)\end{aligned}$$

现在研究第一个式子 $\mathcal{I}_{\mathrm{I}-}$。利用式（9.20）和格林函数的显式形式，可以将 $\mathcal{I}_{\mathrm{I}-}$ 写成：

$$\begin{aligned}\mathcal{I}_{\mathrm{I}-}(\boldsymbol{z}^s)=&\frac{\sigma_\mathrm{r} l_\mathrm{r}^3}{2^8\pi^4 c_0^2\varepsilon}\iint_{\mathbb{R}^2\times\mathbb{R}^2}\mathrm{d}x_\perp \mathrm{d}x'_\perp\int \mathrm{d}\omega\int_{\mathbb{R}^2}\mathrm{d}y_\perp\\&\times\frac{\omega^2\,|\hat{f}(\omega)|^2\psi_q(\boldsymbol{x}_\perp)\psi_q(\boldsymbol{x}'_\perp)\psi_s(\boldsymbol{y}_\perp)}{|(\boldsymbol{x}_\perp,-L)-\boldsymbol{z}_\mathrm{r}|\,|\boldsymbol{z}_\mathrm{r}-(\boldsymbol{y}_\perp,0)|\,|(\boldsymbol{x}'_\perp,-L)-(\boldsymbol{y}_\perp,0)|}\mathrm{e}^{\mathrm{i}\frac{\Phi(\omega,\boldsymbol{y}_\perp,\boldsymbol{x}_\perp,\boldsymbol{x}'_\perp)}{\varepsilon}}\end{aligned}$$

其中，快相位是

$$\begin{aligned}\Phi(\omega,\boldsymbol{y}_\perp,\boldsymbol{x}_\perp,\boldsymbol{x}'_\perp)=&\,\omega\{\mathcal{T}[(\boldsymbol{x}'_\perp,-L),[(\boldsymbol{y}_\perp,0)]-\mathcal{T}[(\boldsymbol{x}_\perp,-L),\boldsymbol{z}_\mathrm{r}]-\mathcal{T}[\boldsymbol{z}_\mathrm{r},(\boldsymbol{y}_\perp,0)]\}\\&+\mathcal{T}[(\boldsymbol{x}_\perp,-L),\boldsymbol{z}^s]+\mathcal{T}[(\boldsymbol{x}'_\perp,-L),\boldsymbol{z}^s]\end{aligned}$$

同样采用驻相法进行分析，驻点满足以下四个条件：

$$\partial_\omega[\Phi(\omega,\boldsymbol{y}_\perp,\boldsymbol{x}_\perp,\boldsymbol{x}'_\perp)]=0,\quad \nabla_{y_\perp}[\Phi(\omega,\boldsymbol{y}_\perp,\boldsymbol{x}_\perp,\boldsymbol{x}'_\perp)]=0$$

$$\nabla_{x_\perp}[\Phi(\omega,\boldsymbol{y}_\perp,\boldsymbol{x}_\perp,\boldsymbol{x}'_\perp)]=0,\quad \nabla_{x'_\perp}[\Phi(\omega,\boldsymbol{y}_\perp,\boldsymbol{x}_\perp,\boldsymbol{x}'_\perp)]=0$$

第二个条件意味着：

$$y_\perp=Y_\perp(\boldsymbol{x}'_\perp)$$

式中，$Y_\perp$ 由式（9.25）定义。只要 $\boldsymbol{z}^s=\boldsymbol{z}_\mathrm{r}$，其他三个条件都满足。

将搜索点 $\boldsymbol{z}^s$ 在反射体位置 $\boldsymbol{z}_\mathrm{r}$ 的邻域内参数化，得到：

$$\boldsymbol{z}^s=\boldsymbol{z}_\mathrm{r}+\varepsilon\boldsymbol{z}$$

通过泰勒展开，得到：

$$|(\boldsymbol{x}_\perp,-L)-\boldsymbol{z}^s|=|(\boldsymbol{x}_\perp,-L)-\boldsymbol{z}_\mathrm{r}|\left[1-\varepsilon\frac{\boldsymbol{z}[(\boldsymbol{x}_\perp,-L)-\boldsymbol{z}_\mathrm{r}]}{|(\boldsymbol{x}_\perp,-L)-\boldsymbol{z}_\mathrm{r}|^2}\right]$$

从而得到

$$\begin{aligned}\mathcal{I}_{\mathrm{I}-}(\boldsymbol{z}^s)=&\frac{\sigma_\mathrm{r} l_\mathrm{r}^3}{2^8\pi^4 c_0^2}\iint_{\mathbb{R}^2\times\mathbb{R}^2}\mathrm{d}x_\perp \mathrm{d}x'_\perp\int \mathrm{d}\omega\,\frac{\omega^2\,|\hat{f}(\omega)|^2\psi_q(\boldsymbol{x}_\perp)\psi_q(\boldsymbol{x}'_\perp)\psi_s[Y_\perp(\boldsymbol{x}'_\perp)](L_\mathrm{r}-L)^2}{|(\boldsymbol{x}_\perp,-L)-\boldsymbol{z}_\mathrm{r}|L_\mathrm{r}L}\\&\times\iint \mathrm{d}s_1\mathrm{d}s_2\exp\left[\mathrm{i}\,\frac{\omega\,(L_\mathrm{r}-L)^2\,|(\boldsymbol{x}'_\perp,-L)-\boldsymbol{z}_\mathrm{r}|}{2c_0L_\mathrm{r}L}\left(s_1^2\,\frac{(L_\mathrm{r}-L)^2}{|(\boldsymbol{x}'_\perp,-L)-\boldsymbol{z}_\mathrm{r}|^2}+s_2^2\right)\right]\\&\times\exp\left[-\mathrm{i}\,\frac{\omega}{c_0}\boldsymbol{z}\left(\frac{(\boldsymbol{x}_\perp,-L)-\boldsymbol{z}_\mathrm{r}}{|(\boldsymbol{x}_\perp,-L)-\boldsymbol{z}_\mathrm{r}|}+\frac{(\boldsymbol{x}'_\perp,-L)-\boldsymbol{z}_\mathrm{r}}{|(\boldsymbol{x}'_\perp,-L)-\boldsymbol{z}_\mathrm{r}|}\right)\right]\end{aligned}$$

通过计算关于 s_1 和 s_2 的积分，得到了 $\mathcal{I}_{\mathrm{I}-}$ 的表达式。对 $\mathcal{I}_{\mathrm{I}+}$、$\mathcal{I}_{\mathrm{II}-}$ 和 $\mathcal{I}_{\mathrm{II}+}$ 进行类似的计算，最后发现只有 $\mathcal{I}_{\mathrm{II}+}$ 有贡献。事实上，$\mathcal{I}_{\mathrm{II}+}=\overline{\mathcal{I}_{\mathrm{I}-}}$。从而得到命题 9.3 中给出的点扩散函数的式（9.27）。

第 10 章　散射介质虚源成像

本章将重新讨论第 9 章中提到的随机非均匀介质中辅助阵列成像问题，其中重点分析散射对成像分辨率的影响。这里用旁轴区域的随机介质模拟散射模型，并讨论其有效性范围，在 12.2 节中将对此进行详细介绍，并分析互相关成像的分辨率特性。有意思的是，成像不仅不会受到介质非均匀性的影响，实际上分辨率反而得到了提高，这是因为随机介质可以增加照明的多样性。本章将从逆时偏移的角度对此结果进行解释。

10.3.1 小节总结了散射介质中提高虚源成像分辨率的主要方法，10.4.1 小节给出了旁轴区域中互相关矩阵渐近形式的详细分析，10.4.2 小节描述了偏移图像的特性，10.5 小节给出了一些数值模拟实例，这些结果说明在散射介质中，与标准偏移成像结果相比，虚源成像更有效。最后，10.6 节研究了随机各向异性介质中被动合成孔径成像问题。

10.1　辅助阵列成像装置

空间坐标用 $\boldsymbol{x}=(x_{\perp},z)\in\mathbb{R}^2\times\mathbb{R}$ 表示。平面 $z=0$ 中的点源 $(x_s)_{s=1,\cdots,N_s}$ 激发地震波，这些波由平面 $z=-L$ 中的接收器 $(x_q)_{q=1,\cdots,N_q}$ 记录（图 10.1）。

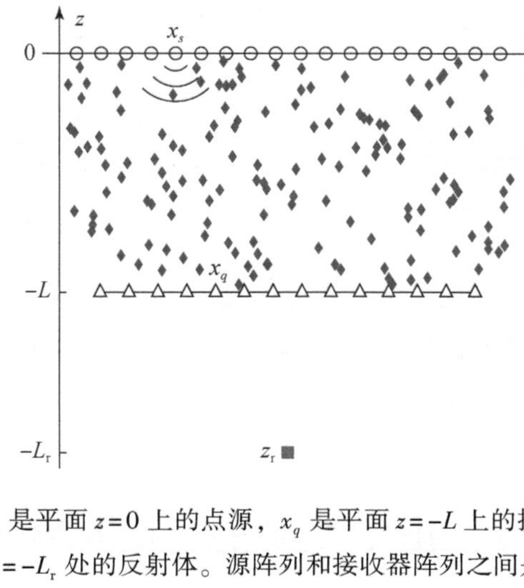

图 10.1　$\boldsymbol{x}_s$ 是平面 $z=0$ 上的点源，x_q 是平面 $z=-L$ 上的接收器，z_r 是阵列下方 $z=-L_r$ 处的反射体。源阵列和接收器阵列之间是散射介质。

记录信号形成的数据矩阵形式如下：

$$\{u(t,\boldsymbol{x}_q;\boldsymbol{x}_s),t\in\mathbb{R},q=1,\cdots,N_q,s=1,\cdots,N_s\}\tag{10.1}$$

式中，波场 $u(t,\boldsymbol{x}_q;\boldsymbol{x}_s)$ 满足标量波动方程：

$$\frac{1}{[c(\boldsymbol{x})]^2}\frac{\partial^2 u}{\partial t^2}-\Delta_x u=f(t)\delta(\boldsymbol{x}-\boldsymbol{x}_s) \tag{10.2}$$

式中，$c(\boldsymbol{x})$ 为波速；$f(t)\delta(\boldsymbol{x}-\boldsymbol{x}_s)$模拟位于 $\boldsymbol{x}_s=(x_{s\perp},z=0)$处的点源，其发出脉冲$f(t)$。本章考虑这样一种情况：$z\in(-L,0)$的区域中充填随机散射介质，区域上下两侧均为均匀半空间，并且在 $z_r=(z_{r\perp},-L_r),-L_r<-L$ 处的随机介质下方有一个反射体，该介质模型的数学模型为

$$\frac{1}{[c(\boldsymbol{x})]^2}=\begin{cases}\dfrac{1}{c_0^2}, & x\in\mathbb{R}^2\times(0,\infty)\\ \dfrac{1}{c_0^2}[1+\mu(\boldsymbol{x})], & x\in\mathbb{R}^2\times(-L,0)\\ \dfrac{1}{c_0^2}[1+\sigma_r\mathbf{1}_{\Omega_r}(\boldsymbol{x}-\boldsymbol{z}_r)], & x\in\mathbb{R}^2\times(-\infty,-L)\end{cases} \tag{10.3}$$

式中，$\mu(x)$ 为模拟介质各向异性的零均值平稳随机过程；z_r 为反射体的位置；Ω_r 为体积是 l_r^3 的反射体所占据的区域；σ_r 为反射体的反射率。

本实验的目的是根据记录信号构成的数据矩阵式（10.1）对反射体的位置成像。这里使用第 9 章介绍的成像函数对记录信号进行互相关成像：

$$\mathcal{I}(\boldsymbol{z}^s)=\sum_{q,q'=1}^{N_q}C\left(\frac{|\boldsymbol{x}_q-\boldsymbol{z}^s|+|\boldsymbol{z}^s-\boldsymbol{x}_{q'}|}{c_0},\boldsymbol{x}_q,\boldsymbol{x}_{q'}\right) \tag{10.4}$$

此处

$$C(\tau,x_q,x_{q'})=\sum_{s=1}^{N_s}\int_{\mathbb{R}}u(t,x_q;x_s)u(t+\tau,x_{q'};x_s)\,\mathrm{d}t \tag{10.5}$$

本章将研究旁轴区域中，即传播距离远大于介质相关长度而相关长度本身比特征波长大得多的区域，波的传播和成像问题。

在源阵列具有完整孔径并覆盖表面 $z=0$ 的情况下，基于互相关的成像函数式（10.4）生成的图像，其特征与源和接收器阵列之间介质均匀且接收器阵列是由源和接收器组成的有源阵列所生成的图像完全一致，从而完全消除了随机散射的影响，因此该方法非常有效。

事实证明，在源阵列具有有限孔径且未覆盖表面 $z=0$ 的情况下，随机散射的确起作用，并且有无随机散射的情况不再等效，这将在命题 10.4 中证明，散射可以增强反射体所在的下半空间的照明强度，成像函数可以利用散射获得比第 9 章推论 9.4 中讨论的均匀介质情况更好的成像分辨率。

10.2　虚源成像的逆时解释

在随机介质中进行虚源成像之所以如此有效，是因为根据波场互易性原理，互相关 $C(\tau,x_q,x_{q'})$可以用逆时原理进行解释，并且随机介质中的逆时波场可以很好地成像（Derode et al., 1995），能在随机介质中进行逆时成像分析（Blomgren et al., 2002；Borcea et al., 2003；Fouque et al., 2007）。随机介质中逆时偏移的主要结果可总结如下：

（1）图像分辨率的增强，意味着互相关偏移可以给出反射体的清晰图像。

（2）统计稳定性，意味着互相关函数由于随机介质的不均匀性而产生的波动很小，只要来自表面的源照明是宽带的（Fouque et al.，2007），就意味着图像的信噪比不受随机介质的影响。

本章中的分析基于 12.2 节给出的格林函数矩在随机旁轴区域中的渐近表达式，这些表达式是众所周知的，以前曾用于分析逆时实验（Papanicolaou et al.，2004，2007）。在逆时背景下，多重散射可以提高分辨率，但是本书中的成像背景却大不相同。在逆时成像中，地震波通过波场反传重新进入介质中，因此，波在介质中是真实传播的，且散射可以增强波传播的多路径效应。在常规成像中，由于一些小的介质扰动是未知的，只能通过在合成均匀介质中波场反传来完成成像操作。在这种情况下，计算波场反传时无法消除或减弱散射效应。事实证明，只要多重散射具有良好的各向同性特征，多重散射分量就会改善介质中合成阵列数据的互相关矩阵波场反传效果。

本章成像中的波场反传是在合成均匀介质中以数值计算方式进行的，而非真实介质中以物理方式进行的波场逆时传播。然而，当采用互相关成像时，这两种情形之间却存在某种关联。实际上，互相关函数式（10.5）可以用逆时实验来解释：如果将$(x_s)_{s=1}^{N_s}$处的源看作点源，并且使用格林函数的互易性，则互相关可以表示为

$$C(\tau,x_q,x_{q'})=\sum_{s=1}^{N_s}\int_{\mathbb{R}}u(\tau-t,x_{q'};x_s)u(-t,x_s;x_q)\,\mathrm{d}t$$

实际上，当满足以下条件时，上述互相关相当于逆时实验中 $x_{q'}$处观察到的波场：①x_q处的初始波源发出脉冲；②在$(x_s)_{s=1}^{N_s}$处的逆时阵列记录波动信号，并将其逆时传播到同一介质中。互相关函数式（10.5）的逆时解释也说明了在随机旁轴状态下用于分析逆时成像的方法在分析互相关成像中也是适用的。

10.3　随机介质中的旁轴近似

本章假设散射是各向同性且较弱，这样就可以使用随机旁轴波动模型来描述波在散射区域中的传播。在这种近似下，后向散射可以忽略不计，但是随着波的前进，会有很大的横向散射。即使它们很弱，但这些影响会在较长的传播距离上累积，如果不能通过某种方式减弱这种效应，它们可能成为限制成像分辨率提高的因素。旁轴状态下随机介质中的波传播已广泛用于水下声波传播研究以及大气科学中的微波和光学研究领域中（Uscinski，1977；Tappert，1977）。

10.3.1　旁轴近似的主要结论

当满足旁轴近似条件时，波动方程为具有随机势的薛定谔方程，势函数的形式为零均值高斯场，其协方差函数由下式给出：

$$\mathbb{E}[B(\boldsymbol{x}_\perp,z)B(\boldsymbol{x}'_\perp,z')]=\gamma_0(\boldsymbol{x}_\perp-\boldsymbol{x}'_\perp)(|z|\wedge|z'|)\tag{10.6}$$

其中

$$\gamma_0(\boldsymbol{x}_\perp)=\int_{-\infty}^{\infty}\mathbb{E}[\mu(\boldsymbol{0},0)\mu(\boldsymbol{x}_\perp,z)]\mathrm{d}z \tag{10.7}$$

根据多尺度分析方法可知，与均匀介质中对反射体照明的锥形相干波相比，对反射体照明的锥形非相干波得到了增强（图 10.2），并且该锥形照明源的有效源阵列直径 b_{eff} 由下式给出

$$b_{\mathrm{eff}}^2=b^2+\frac{\overline{\gamma}_2L^3}{3} \tag{10.8}$$

此处，假设 γ_0 在 $|x_\perp|\ll 1$ 情况可展开为 $\gamma_0(\boldsymbol{x}_\perp)=\gamma_0(\boldsymbol{0})-\overline{\gamma}_2\ |\boldsymbol{x}_\perp|^2+o(|\boldsymbol{x}_\perp|^2)$。

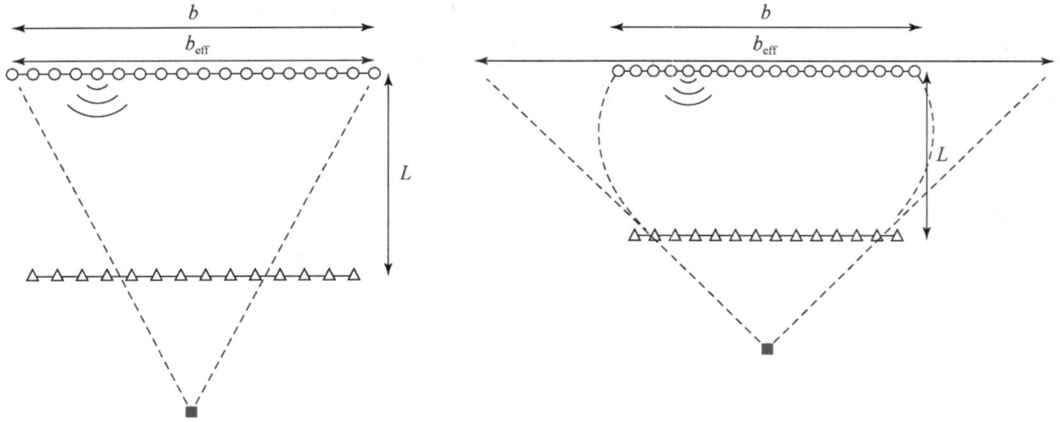

图 10.2　左图为均匀介质情况下的照明方式，锥形照明孔径由源阵列的有效直径 $b_{\mathrm{eff}}=b$ 决定。右图为随机散射介质情况下的照明方式，锥形照明孔径通过散射得到增强，并且可与增强的源阵列孔径 $b_{\mathrm{eff}}=\sqrt{b^2+\overline{\gamma}_2L^3/3}$ 建立关联。

这对应于由下式给出的有效接收器阵列直径 a_{eff}（定义为照明圆锥与辅助接收器阵列的交集）（图 10.3）：

$$a_{\mathrm{eff}}=b_{\mathrm{eff}}\frac{L_{\mathrm{r}}-L}{L_{\mathrm{r}}} \tag{10.9}$$

因此，成像函数的横向分辨率由等效瑞利分辨率公式 $\dfrac{\lambda_0\ (L_{\mathrm{r}}-L)}{a_{\mathrm{eff}}}$ 给出，其中 λ_0 是载波波长，由于在随机介质中 a_{eff} 较大，因此分辨率得到了提高。纵向分辨率仍由 c_0/B 给出，下一章将会对此进行详细分析。

10.3.2　随机介质中旁轴近似的有效性

这里通过参数缩放来表述随机介质中旁轴波的传播方式，从而进行详细而有效的数学分析，有关表述如下。

（1）假设介质的相关长度 l_{c} 比随机介质的宽度 L 小得多，将相关长度和典型传播距离之间的比率记作 ε^2：

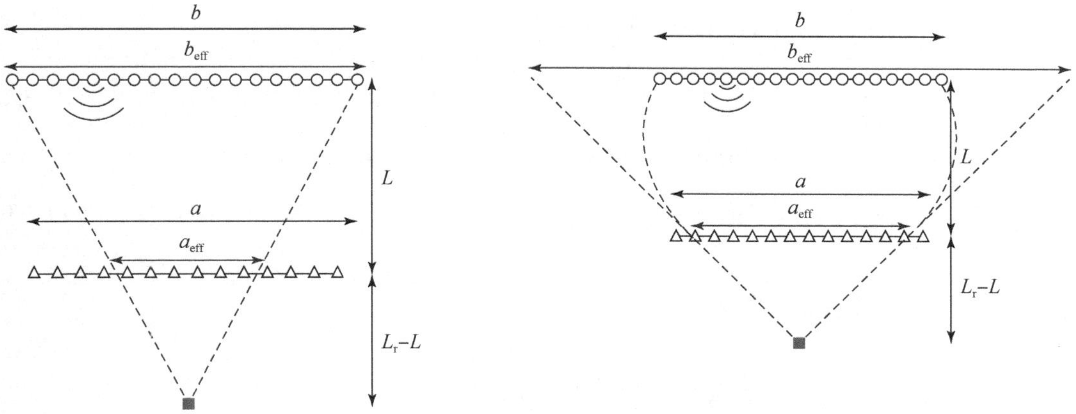

图 10.3　左图为均匀介质情况：确定性照明圆锥与辅助接收器阵列的交集决定有效接收器阵列直径 $a_{\text{eff}}=b(L_r-L)\ /L_r$。右图为随机散射介质情况：散射增强的照明圆锥与辅助接收器阵列的交集确定了有效接收器阵列的直径 a_{eff}，该直径大于均匀介质中有效接收器阵列的直径。

$$\frac{l_c}{L}\sim\varepsilon^2$$

（2）假设源阵列的直径、辅助阵列的直径以及介质的相关长度 l_c 是同量级的。之所以存在这种比例关系，是因为在这种情况下，介质扰动和波场之间存在相互作用。

（3）假设特征波长 λ 远小于相关长度 l_c。更准确地说，假设比率 λ/L 的量级为 ε^4，即

$$\frac{\lambda}{L}\sim\varepsilon^4$$

（4）假设介质随机扰动的特征振幅很小。更确切地说，假设扰动的相对振幅量级为 ε^3，选择该量级是为了在 ε 趋于零时获得有效的一阶状态。也就是说，如果扰动振幅的量级小于 ε^3，则波将像在均匀介质中那样传播，而如果扰动振幅的量级较大，则波将无法穿透随机介质。

10.4　随机旁轴区域中的虚源成像分析

这里考虑 10.1 节中描述的随机旁轴情况。点源的位置为 $\boldsymbol{x}_s^\varepsilon=(\varepsilon^2\boldsymbol{x}_{s\perp},0)$，辅助阵列中接收器的位置为 $\boldsymbol{x}_q^\varepsilon=(\varepsilon^2\boldsymbol{x}_{q\perp},-L)$。点源产生的波场 $u^\varepsilon(t,\boldsymbol{x};\boldsymbol{x}_s^\varepsilon)$ 是如下方程的解：

$$\frac{1}{[c^\varepsilon(\boldsymbol{x})]^2}\frac{\partial^2 u^\varepsilon}{\partial t^2}-\Delta_x u^\varepsilon=f^\varepsilon(t)\delta(\boldsymbol{x}-\boldsymbol{x}_s^\varepsilon)\tag{10.10}$$

（1）震源项是 $f^\varepsilon(t)\delta(z)\delta(\boldsymbol{x}_\perp-\varepsilon^2\boldsymbol{x}_{s_\perp})$，其脉冲形式为

$$f^\varepsilon(t)=f\left(\frac{t}{\varepsilon^4}\right)\tag{10.11}$$

其中，载频为 ω_0、带宽为 B 的函数 f 的傅里叶变换的支撑是有界的，且在无穷远处快

速衰减。

（2）在区域 $z\in(-L,0)$ 中介质是随机的：

$$\frac{1}{[c^{\varepsilon}(\boldsymbol{x})]^2}=\frac{1}{c_0^2}\left[1+\varepsilon^3\mu\left(\frac{x_{\perp}}{\varepsilon^2},\frac{z}{\varepsilon^2}\right)\right],\quad \boldsymbol{x}=(x_{\perp},z)\in\mathbb{R}^2\times(-L,0) \tag{10.12}$$

（3）散射区域下方的均匀介质中位置 $\boldsymbol{z}_{\mathrm{r}}^{\varepsilon}=(\varepsilon^2 z_{\mathrm{r}\perp},-L_{\mathrm{r}})$ 处有一个反射体：

$$\frac{1}{[c^{\varepsilon}(\boldsymbol{x})]^2}=\frac{1}{c_0^2}[1+\sigma_{\mathrm{r}}\mathbf{1}_{\Omega_{\mathrm{r}}}(\boldsymbol{x}-\boldsymbol{z}_{\mathrm{r}}^{\varepsilon})],\quad \boldsymbol{x}=(\boldsymbol{x}_{\perp},z)\in\mathbb{R}^2\times(-\infty,-L) \tag{10.13}$$

10.4.1 接收区的互相关

在位置 $(x_q^{\varepsilon})_{q=1}^{N_q}$ 处记录信号的互相关定义为

$$C^{\varepsilon}(\tau,\boldsymbol{x}_q^{\varepsilon},\boldsymbol{x}_{q'}^{\varepsilon})=\int_{\mathbb{R}}\sum_{s=1}^{N_s}u^{\varepsilon}(t,\boldsymbol{x}_q^{\varepsilon};\boldsymbol{x}_s^{\varepsilon})u^{\varepsilon}(t+\tau,\boldsymbol{x}_{q'}^{\varepsilon};\boldsymbol{x}_s^{\varepsilon})\,\mathrm{d}t \tag{10.14}$$

假定源是密集分布的，且覆盖 $z=0$ 整个区域的源阵列直径为 $b^{\varepsilon}=\varepsilon^2 b$（$b\gg1$），源与源之间的距离很小，这样就可以用 $\mathbb{R}^2$ 上关于 $x_{s\perp}$ 的连续积分替换式（10.14）中对 s 的求和（证明过程见附录 10. A）：

$$C^{\varepsilon}(\tau,x_q^{\varepsilon},x_{q'}^{\varepsilon})=\frac{N_{\mathrm{s}}}{\pi b^2}\int_{\mathbb{R}}\int_{\mathbb{R}^2}u^{\varepsilon}[t,x_q^{\varepsilon};(\varepsilon^2 x_{s_\perp},0)]u^{\varepsilon}[t+\tau,x_{q'}^{\varepsilon};(\varepsilon^2 x_{s_\perp},0)]\,\mathrm{d}x_{s\perp}\,\mathrm{d}t$$

对辅助接收器阵列下方均匀介质中 $\boldsymbol{z}_{\mathrm{r}}^{\varepsilon}=(\varepsilon^2 z_{\mathrm{r}\perp},-L_{\mathrm{r}})$ 处的点状反射体运用玻恩近似，可以得到以下命题。

命题 10.1 在 $\varepsilon\to0$ 的随机旁轴区域，当在 $\boldsymbol{z}_{\mathrm{r}}^{\varepsilon}=(\varepsilon^2 z_{\mathrm{r}_\perp},-L_{\mathrm{r}})$ 处有一个点状反射体，并且源阵列密集覆盖表面 $z=0$ 时，接收器阵列记录信号的互相关在概率意义上满足：

$$C^{\varepsilon}\left(\frac{2L_{\mathrm{r}}-2L}{c_0}+\varepsilon^4 s,x_q^{\varepsilon},x_{q'}^{\varepsilon}\right)\xrightarrow{\varepsilon\to0}-\frac{\sigma_{\mathrm{r}}l_{\mathrm{r}}^3 N_s}{64\pi^4 c_0\,(L_{\mathrm{r}}-L)^2 b^2\varepsilon^4}\int \mathrm{i}\omega\,|\hat{f}(\omega)|^2$$
$$\times\exp\left[-\mathrm{i}\omega\left(s-\frac{1}{2c_0}\,\frac{|z_{\mathrm{r}_\perp}-x_{q_\perp}|^2+|z_{\mathrm{r}_\perp}-x_{q'_\perp}|^2}{L_{\mathrm{r}}-L}\right)\right]\mathrm{d}\omega \tag{10.15}$$

在频率域积分时两个格林函数乘积的自平均特性确保了互相关在概率意义上的收敛性，这是因为源的带宽（ε^{-4}阶）比格林函数的频率相干半径（ε^{-2}阶）大得多。相同的物理机制也可确保在逆时实验中重聚焦的统计稳定性，这意味着重聚焦波的焦点取决于随机介质的统计属性，而不是取决于某一特定的情况。

由于

$$C^{\varepsilon}(\tau_{x_q^{\varepsilon},x_{q'}^{\varepsilon}}+\varepsilon^4 s,x_q^{\varepsilon},x_{q'}^{\varepsilon})\xrightarrow{\varepsilon\to0}\frac{\sigma_{\mathrm{r}}l_{\mathrm{r}}^3 N_s}{32\pi^3 c_0\,(L_{\mathrm{r}}-L)^2 b^2\varepsilon^4}\partial_{\mathrm{s}}F_{\mathrm{vs}}(s)$$

在 $s=0$ 处出现峰值，命题 10.1 表明互相关 $\tau\to C^{\varepsilon}(\tau,x_q^{\varepsilon},x_{q'}^{\varepsilon})$ 在延迟时间

$$\tau_{x_q^{\varepsilon},x_{q'}^{\varepsilon}}=\frac{2L_{\mathrm{r}}-2L}{c_0}+\frac{\varepsilon^4}{2c_0}\,\frac{|z_{\mathrm{r}_\perp}-x_{q_\perp}|^2+|z_{\mathrm{r}_\perp}-x_{q'_\perp}|^2}{L_{\mathrm{r}}-L}$$

时出现峰值。其中

$$F_{\mathrm{vs}}(s)=\frac{1}{2\pi}\int|\hat{f}(\omega)|^2 e^{-i\omega s}d\omega$$

延迟时间 $\tau_{x_q^\varepsilon,x_{q'}^\varepsilon}$ 是在旁轴近似中从 $\boldsymbol{x}_q^\varepsilon$ 到 $\boldsymbol{z}_r^\varepsilon$ 以及从 $\boldsymbol{z}_r^\varepsilon$ 到 $x_{q'}^\varepsilon$ 的走时和：

$$\begin{aligned}\mathcal{T}(\boldsymbol{x}_q^\varepsilon,\boldsymbol{z}_r^\varepsilon)+\mathcal{T}(\boldsymbol{z}_r^\varepsilon,x_{q'}^\varepsilon)&=\frac{1}{c_0}\sqrt{(L_r-L)^2+\varepsilon^4\ |\boldsymbol{z}_{r_\perp}-\boldsymbol{x}_{q_\perp}|^2}+\frac{1}{c_0}\sqrt{(L_r-L)^2+\varepsilon^4\ |\boldsymbol{z}_{r_\perp}-\boldsymbol{x}_{q'_\perp}|^2}\\&=\frac{2L_r-2L}{c_0}+\frac{\varepsilon^4}{2c_0}\frac{|\boldsymbol{z}_{r_\perp}-\boldsymbol{x}_{q_\perp}|^2+|\boldsymbol{z}_{r_\perp}-\boldsymbol{x}_{q'_\perp}|^2}{L_r-L}+O(\varepsilon^8)\\&=\tau_{x_q^\varepsilon,x_{q'}^\varepsilon}+O(\varepsilon^8)\end{aligned}$$

因此，互相关 $\tau\to C^\varepsilon(\tau,\boldsymbol{x}_q^\varepsilon,\boldsymbol{x}_{q'}^\varepsilon)$ 的峰值出现在 $\mathcal{T}(\boldsymbol{x}_q^\varepsilon,\boldsymbol{z}_r^\varepsilon)+\mathcal{T}(\boldsymbol{z}_r^\varepsilon,\boldsymbol{x}_{q'}^\varepsilon)$ 处。与式（9.22）有类似的表达方式：

$$C^\varepsilon[\mathcal{T}(\boldsymbol{x}_q^\varepsilon,\boldsymbol{z}_r^\varepsilon)+\mathcal{T}(\boldsymbol{z}_r^\varepsilon,\boldsymbol{x}_{q'}^\varepsilon)+\varepsilon^4 s,\boldsymbol{x}_q^\varepsilon,\boldsymbol{x}_{q'}^\varepsilon)\xrightarrow{\varepsilon\to 0}\frac{\sigma_r l_r^3 N_s}{32\pi^3 c_0\ (L_r-L)^2 b^2\varepsilon^4}\partial_s F_{\mathrm{vs}}(s)$$

可以用相同的方式证明在 $-[\mathcal{T}(\boldsymbol{x}_q^\varepsilon,\boldsymbol{z}_r^\varepsilon)+\mathcal{T}(\boldsymbol{z}_r^\varepsilon,\boldsymbol{x}_{q'}^\varepsilon)]$ 处也存在一个峰值。因此，随机介质的影响已完全消失。也就是说，对被动阵列的互相关进行基尔霍夫偏移产生的图像与介质均匀且接收器阵列是主动源所产生的图像一致。

当源阵列具有直径为 $b^\varepsilon=\varepsilon^2 b$ 的有限孔径时，由式（10.8）所定义的源阵列有效直径 $b_{\mathrm{eff}}^\varepsilon=\varepsilon^2 b_{\mathrm{eff}}$ 就显得尤其重要了。有效直径可以解释为透过随机介质看到的接收阵列的直径，随机介质中波的散射会扩大该有效直径的范围，如将在 10.4.2 小节中看到的那样，正是这种有效直径范围的扩大提高了成像函数的分辨率。在研究随机旁轴区域中的波传播时，也可以显示有效孔径的概念：如命题 12.8 所示，如果波束在 $z=0$ 的平面上具有半径为 b 的高斯空间分布，则平均强度在平面 $z=-L$ 上具有半径由式（10.8）给出的高斯空间分布。

更准确地说，以下命题表明，仅在由源阵列有效孔径确定的圆锥内的接收器对互相关有贡献。如果阵列有效直径大于某个阈值，则互相关与源阵列全孔径情况下的互相关相同。在均匀介质情况下，要求源阵列直径必须大于该阈值。在随机介质情况下，源阵列不需要很大，只需要源阵列有效直径大于该阈值即可，这要归功于式（10.8）中的右侧第二项（散射项）。

命题 10.2　考虑 $\varepsilon\to 0$ 时的随机旁轴波动情形，当 $\boldsymbol{z}_r^\varepsilon=(\varepsilon^2 z_{r_\perp},-L_r)$ 处有一个点状反射体且源阵列在 $z=0$ 的表面上覆盖半径为 $b^\varepsilon=\varepsilon^2 b$ 的范围时，如果源阵列有效直径在有效菲涅耳数 $\frac{b_{\mathrm{eff}}^2}{\lambda_0 L}\gg\frac{L_r}{L_r-L}$ 的意义上足够大，其中 $\lambda_0=2\pi c_0/\omega_0$ 是载波波长，则接收器阵列处记录信号的互相关在概率意义上满足：

$$\begin{aligned}C^\varepsilon\left(\frac{2L_r-2L}{c_0}+\varepsilon^4 s,\boldsymbol{x}_q^\varepsilon,\boldsymbol{x}_{q'}^\varepsilon\right)&\xrightarrow{\varepsilon\to 0}\frac{\sigma_r l_r^3 N_s}{32\pi^3 c_0\ (L_r-L)^2 b_{\mathrm{eff}}^2\varepsilon^4}\psi_{\mathrm{eff}}(\boldsymbol{x}_{q_\perp},\boldsymbol{z}_{r_\perp})\\&\times\partial_s F_{\mathrm{vs}}\left(s-\frac{1}{2c_0}\frac{|\boldsymbol{z}_{r_\perp}-\boldsymbol{x}_{q_\perp}|^2+|\boldsymbol{z}_{r_\perp}-\boldsymbol{x}_{q'_\perp}|^2}{L_r-L}\right)\end{aligned}\tag{10.16}$$

其中

$$\psi_{\mathrm{eff}}(\boldsymbol{x}_{q\perp},\boldsymbol{z}_{\mathrm{r}\perp})=\exp\left(-\frac{\left|\boldsymbol{x}_{q\perp}-\boldsymbol{z}_{\mathrm{r}\perp}\frac{L}{L_{\mathrm{r}}}\right|^2}{a_{\mathrm{eff}}^2}\right) \tag{10.17}$$

式中，a_{eff}由式（10.9）定义；b_{eff}由式（10.8）定义。

为了获得有效截断函数ψ_{eff}的显式闭形式表达式，假设源阵列是密集的且表面$z=0$上的源密度函数为

$$\psi_s(\boldsymbol{y}_\perp)=\frac{N_s}{\pi b^2}\exp\left(-\frac{|\boldsymbol{y}_\perp|^2}{b^2}\right) \tag{10.18}$$

也就是服从半径为b的高斯分布：

$$\int_{\mathbb{R}^2}\psi_s(\boldsymbol{y}_\perp)\mathrm{d}y_\perp=N_s$$

对于任意形式的函数ψ_s，命题10.2的结论是确定的，但是有效截断函数没有闭合形式的表达式。最后，请注意，当$b\gg 1$时，就重现了命题10.1的结果。

源阵列的有限孔径限制了照明的角度范围，导致只有部分接收器对以有效截断函数$\psi_{\mathrm{eff}}(\boldsymbol{x}_{q\perp},\boldsymbol{z}_{\mathrm{r}\perp})$为特征的互相关有贡献。在均匀介质中（图10.2，左），有效截断函数具有明确的几何意义：只有沿从源到反射体的射线分布的记录信号才对互相关有贡献。在随机介质中，散射可以扩大照明的角度范围，有效截断函数可由取决于源阵列直径b和散射引起的照明角度扩大的有效源阵列直径b_{eff}刻画，见式（10.8）。式（10.17）表明，就式（10.9）定义的有效接收器阵列直径a_{eff}而言，可以得出以下结论：

（1）如果$a_{\mathrm{eff}}\gg a$，从而接收阵列中所有x_q^ε都有$\left|x_{q\perp}-z_{\mathrm{r}\perp}\frac{L}{L_{\mathrm{r}}}\right|\ll a_{\mathrm{eff}}$，则有效截断函数$\psi_{\mathrm{eff}}$不起作用，互相关结果与具有完整、无限孔径的源阵列情况相同。在这种情况下，偏移函数式（10.19）采用式（10.24）的形式。

（2）如果$a_{\mathrm{eff}}<a$，则有效截断函数ψ_{eff}确实起作用，此时得到的结果与具有全孔径的源阵列情况不同。在这种情况下，偏移函数式（10.19）采用式（10.25）的形式。

（3）在上述两种情况下，散射都是起作用的，因为它可以增加照明角度的范围并减弱有效截断函数ψ_{eff}的影响。

10.4.2　互相关偏移成像

搜索点$\boldsymbol{z}^s$处的偏移函数为

$$\mathcal{I}^\varepsilon(\boldsymbol{z}^s)=\sum_{q,q'=1}^{N_q}C^\varepsilon\left(\frac{|\boldsymbol{x}_q^\varepsilon-\boldsymbol{z}^s|+|\boldsymbol{z}^s-\boldsymbol{x}_{q'}^\varepsilon|}{c_0},\boldsymbol{x}_q^\varepsilon,\boldsymbol{x}_{q'}^\varepsilon\right) \tag{10.19}$$

式中，N_q为接收阵列中的接收器数量。以下命题（在附录10.B中证明）描述了当源阵列具有全孔径时成像函数的分辨率特征。

命题10.3　如果深度为$-L$的接收阵列是一个以（0，$-L$）为中心，边长为$a^\varepsilon=\varepsilon^2a$的密集正方形阵列，源阵列覆盖$z=0$的表面，且假设与主频$\omega_0$相比，源脉冲的带宽$B$很小。

如果将搜索点表示为

$$\boldsymbol{z}^s=\boldsymbol{z}_{\mathrm{r}}^\varepsilon+(\varepsilon^2\boldsymbol{\xi}_\perp,\varepsilon^4\eta) \tag{10.20}$$

则可以得到

$$\mathcal{I}^{\varepsilon}(z^s)\xrightarrow{\varepsilon\to 0}\frac{\sigma_r l_r^3 N_s N_q^2}{32\pi^3 c_0 (L_r-L)^2 b^2 \varepsilon^4}\operatorname{sinc}^2\left(\frac{\pi a\xi_1}{\lambda_0(L_r-L)}\right)\operatorname{sinc}^2\left(\frac{\pi a\xi_2}{\lambda_0(L_r-L)}\right)$$

$$\times\cos\left[\frac{\omega_0}{c_0(L_r-L)}(|\xi_\perp|^2+2\xi_\perp\cdot z_{r_\perp})\right]\partial_s F_{vs}\left(\frac{2\eta}{c_0}\right) \quad (10.21)$$

请注意，如果带宽与主频具有相同量级，则结果不会发生量变，但是偏移函数图像的横截面形状不再是 sinc^2 形式（Garnier and Papanicolaou，2012，2014a）。

这表明互相关偏移产生的结果与对接收阵列的响应矩阵做偏移得到的结果相同。事实上，如果介质是均匀的，被动源接收阵列可以用作主动源阵列，且阵列的响应矩阵已偏移到搜索点 z^s，则成像函数式（10.21）恰好是成像所需要的。此时横向分辨率为$\frac{\lambda_0(L-L_r)}{a}$，如式（10.21）中两个$\operatorname{sinc}^2$ 函数所表示，纵向分辨率为$\frac{c_0}{B}$，如式（10.21）中 $\partial_s F_{vs}$ 函数所表示。

以下命题描述了当源阵列具有有限孔径时成像函数的分辨率属性。

命题 10.4　如果深度为$-L$ 的辅助接收阵列是以（0，$-L$）为中心，边长为 $a^{\varepsilon}=\varepsilon^2 a$ 的一个密集方阵，且源阵列具有直径为 $b^{\varepsilon}=\varepsilon^2 b$ 及密度函数为式（10.18）的有限孔径，结合命题 10.3 中的假设，那么，当搜索点如式（10.20）所示时，有如下表达式：

$$\mathcal{I}^{\varepsilon}(z^s)\xrightarrow{\varepsilon\to 0}\frac{\sigma_r l_r^3 N_s N_q^2}{64\pi^3 c_0 (L_r-L)^2 b_{\mathrm{eff}}^2 \varepsilon^4}\operatorname{sinc}\left(\frac{\pi a\xi_1}{\lambda_0(L_r-L)}\right)\operatorname{sinc}\left(\frac{\pi a\xi_2}{\lambda_0(L_r-L)}\right)$$

$$\times\frac{1}{a^2}\int_{[-a/2,a/2]^2}\mathrm{d}x_{q_\perp}\exp\left(-\frac{\left|\boldsymbol{x}_{q_\perp}-\boldsymbol{z}_{r_\perp}\frac{L}{L_r}\right|^2}{a_{\mathrm{eff}}^2}+\mathrm{i}\frac{\omega_0}{c_0(L_r-L)}\boldsymbol{\xi}_\perp\cdot\boldsymbol{x}_{q_\perp}\right)$$

$$\times\exp\left[-\mathrm{i}\frac{\omega_0}{c_0(L_r-L)}(|\boldsymbol{\xi}_\perp|^2+2\boldsymbol{\xi}_\perp\cdot\boldsymbol{z}_{r_\perp})\right]\partial_s F_{vs}\left(\frac{2\eta}{c_0}\right)+c.c. \quad (10.22)$$

式中，$c.c.$ 代表复共轭。

这表明如下几点。

（1）如果源阵列有效孔径足够大，从而对任意 $x_{q_\perp}\in[-a/2,a/2]^2$ 都有$\left|\boldsymbol{x}_{q_\perp}-\boldsymbol{z}_{r_\perp}\frac{L}{L_r}\right|\ll a_{\mathrm{eff}}$，则可得到与全孔径源阵列相同的结果：

$$\mathcal{I}^{\varepsilon}(z^s)\xrightarrow{\varepsilon\to 0}\frac{\sigma_r l_r^3 N_s N_q^2}{32\pi^3 c_0 L_r^2 a_{\mathrm{eff}}^2 \varepsilon^4}\operatorname{sinc}^2\left(\frac{\pi a\xi_1}{\lambda_0(L_r-L)}\right)\operatorname{sinc}^2\left(\frac{\pi a\xi_2}{\lambda_0(L_r-L)}\right)$$

$$\times\cos\left[\frac{\omega_0}{c_0(L_r-L)}(|\boldsymbol{\xi}_\perp|^2+2\boldsymbol{\xi}_\perp\cdot\boldsymbol{z}_{r_\perp})\right]\partial_s F_{vs}\left(\frac{2\eta}{c_0}\right) \quad (10.23)$$

（2）如果源阵列有效直径 a_{eff}小于 a，则有

$$\mathcal{I}^{\varepsilon}(z^{s})\xrightarrow{\varepsilon\to 0}-\frac{\sigma_{r}l_{r}^{3}N_{s}N_{q}^{2}}{32\pi^{2}c_{0}L_{r}^{2}a^{2}\varepsilon^{4}}\mathrm{sinc}\left(\frac{\pi a\xi_{1}}{\lambda_{0}(L_{r}-L)}\right)\mathrm{sinc}\left(\frac{\pi a\xi_{2}}{\lambda_{0}(L_{r}-L)}\right)$$
$$\times\cos\left\{\frac{\omega_{0}}{c_{0}}\left[\frac{|\boldsymbol{\xi}_{\perp}|^{2}}{L_{r}-L}+\boldsymbol{\xi}_{\perp}\cdot\boldsymbol{z}_{r_{\perp}}\left(\frac{1}{L_{r}}+\frac{1}{L_{r}-L}\right)\right]\right\}\exp\left(-\frac{\pi^{2}a_{\mathrm{eff}}^{2}|\boldsymbol{\xi}_{\perp}|^{2}}{\lambda_{0}^{2}(L_{r}-L)^{2}}\right)\partial_{s}F_{\mathrm{vs}}\left(\frac{2\eta}{c_{0}}\right)$$
$$(10.24)$$

式中，a_{eff}由式（10.9）定义。由于 $a_{\mathrm{eff}}<a$，实际上：

$$\mathcal{I}^{\varepsilon}(z^{s})\xrightarrow{\varepsilon\to 0}-\frac{\sigma_{r}l_{r}^{3}N_{s}N_{q}^{2}}{32\pi^{2}c_{0}L_{r}^{2}a^{2}\varepsilon^{4}}\mathrm{sinc}\left(\frac{\pi a\xi_{1}}{\lambda_{0}(L_{r}-L)}\right)\mathrm{sinc}\left(\frac{\pi a\xi_{2}}{\lambda_{0}(L_{r}-L)}\right)$$
$$\times\cos\left\{\frac{\omega_{0}}{c_{0}}\left[\frac{|\boldsymbol{\xi}_{\perp}|^{2}}{L_{r}-L}+\boldsymbol{\xi}_{\perp}\cdot\boldsymbol{z}_{r_{\perp}}\left(\frac{1}{L_{r}}+\frac{1}{L_{r}-L}\right)\right]\right\}\partial_{s}F_{\mathrm{vs}}\left(\frac{2\eta}{c_{0}}\right)\quad(10.25)$$

式（10.25）与式（10.23）的区别在于 sinc 函数没有平方。这表明与具有全孔径的源阵列情况相比横向分辨率降低了，而径向分辨率不受影响。

10.5 数值模拟实例

本节将阐述 Garnier 等（2015）获得的一些数值结果。考虑如图 10.1 所示的二维成像装置，使用的参数与勘探地球物理学中的参数类似，但频率会高一些。待成像的反射体位于一个复杂结构的下方，由式（10.3）给出的传播速度 $c(x)$ 的随机扰动来模拟这种复杂情况。通过将各向同性和分层随机过程相结合，可以获得速度 μ 的扰动为

$$\mu(x)=\frac{\sigma}{\sqrt{2}}[\mu_{i}(x)+\mu_{l}(x)]\quad(10.26)$$

式中，标准差 $\sigma=0.08$。各向同性部分 $\mu_i(x)$ 满足高斯型相关函数：

$$\mathbb{E}[\mu_{i}(\boldsymbol{x})\mu_{i}(\boldsymbol{x}')]=\exp\left(-\frac{|x-x'|^{2}}{2\ell^{2}}\right),\ell=\frac{\lambda_{0}}{2}$$

分层随机过程 $\mu_l(x)$ 具有 Matérn-3/2 相关函数形式：

$$\mathbb{E}[\mu_{l}(x_{1},z_{1})\mu_{l}(x_{2},z_{2})]=\left(1+\frac{|z_{1}-z_{2}|}{\ell_{z}}\right)\exp\left(-\frac{|z_{1}-z_{2}|}{\ell_{z}}\right),\ell_{z}=\frac{\lambda_{0}}{30}$$

式中，λ_0 为源的主波长。

如图 10.4 所示为声波速度围绕常数 $c_0=3000\mathrm{m/s}$ 扰动的平方的图像。用一个中心在 $(0,-60\lambda_0)$、边长等于 $2\lambda_0$ 且具有齐次 Dirichlet 边界条件的正方形模拟反射体。在计算区域顶部的自由表面上，使用 Neumann 边界条件，位于 $\boldsymbol{x}_s=[-24\lambda_0+(s-1)\lambda_0/2,0]$, $s=1,\cdots,N_s$ 处的源阵列由 $N_s=97$ 个源组成。位于 $\boldsymbol{x}_q=[-15\lambda_0+(q-1)\lambda_0/2,-51\lambda_0]$，$q=1,\cdots,N_q$、由 $N_q=61$个接收器组成的辅助接收阵列记录压力场。模拟过程如下。

位于模型表面的每个源均发出以下形式的脉冲：

$$f(t)=\mathrm{sinc}(B_{0}t)\cos(2\pi v_{0}t)\exp\left(-\frac{t^{2}}{2T_{0}^{2}}\right)\quad(10.27)$$

在位于复杂结构介质下方的辅助接收阵列记录波场响应。在式（10.27）中，取 $v_0=100\mathrm{Hz}$，$B_0=100\mathrm{Hz}$，$T_0=0.3\mathrm{s}$，因此 $\omega_0=2\pi v_0=2\pi\times 100\mathrm{rad/s}$ 且 $\lambda_0=30\mathrm{m}$。对于 $v_0=$

100Hz 和 $\Delta v=40$Hz 而言，频率区间 $[v_0-\Delta v/2, v_0+\Delta v/2]=[80, 120]$Hz 中脉冲的傅里叶变换在本质上是成立的。

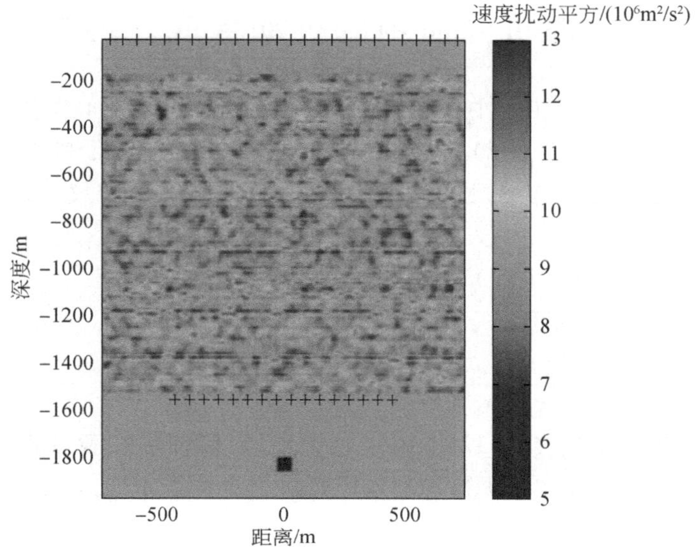

图 10.4　声速扰动成像排列方式。待成像的反射体位于复杂介质的下方，主动源阵列位于表面上，被动源阵列位于复杂结构的下方（Garnier et al., 2015）（见彩插）。

在数值模拟中，采用的几种不同比例长度是：源阵列和辅助阵列之间的距离 $L=51\lambda_0$，反射体和源阵列之间的距离 $L_r=60\lambda_0$，辅助接收阵列的直径 $a=30\lambda_0$，源阵列的直径 $b=48\lambda_0$。

在图 10.5 中，将经典基尔霍夫偏移成像函数

$$\mathcal{I}_{KM}(z^s)=\sum_{q=1}^{N_q}\sum_{s=1}^{N_s}u\left(\frac{|\boldsymbol{x}_q-\boldsymbol{z}^s|+|\boldsymbol{z}^s-\boldsymbol{x}_s|}{c_0},\boldsymbol{x}_q;\boldsymbol{x}_s\right) \tag{10.28}$$

与相关成像函数式（10.4）的成像结果进行了比较。

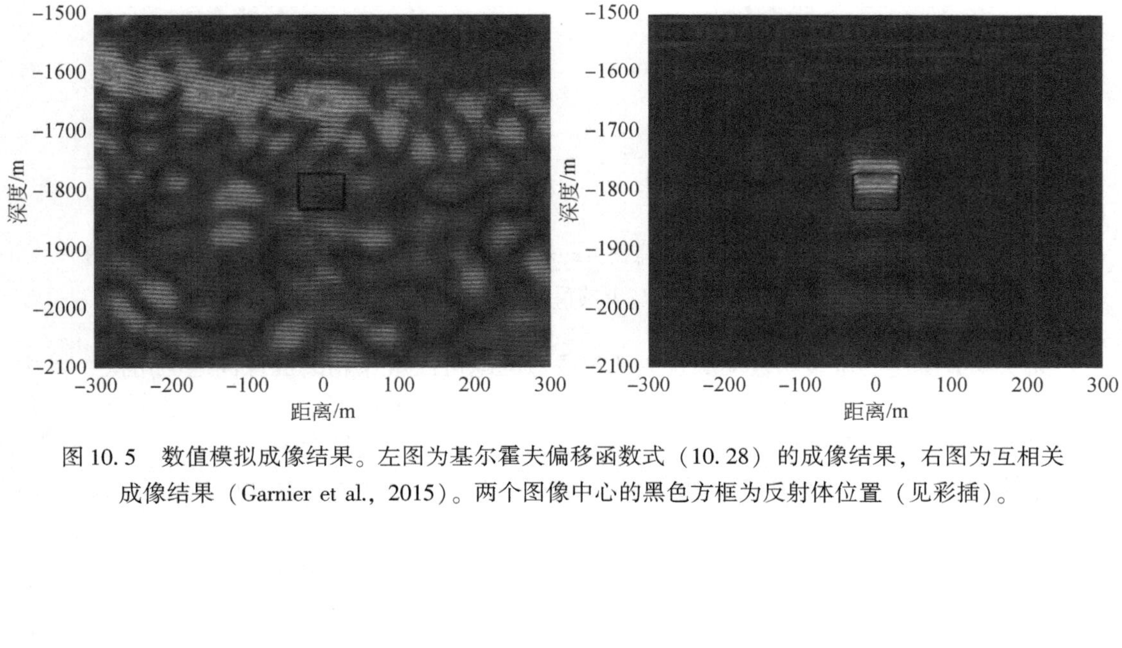

图 10.5　数值模拟成像结果。左图为基尔霍夫偏移函数式（10.28）的成像结果，右图为互相关成像结果（Garnier et al., 2015）。两个图像中心的黑色方框为反射体位置（见彩插）。

两种成像函数都使用相同的数据集。显然，相关成像函数可以得到更好的图像。该数值模拟结果说明了互相关成像在勘探地球物理学中的巨大潜力。

10.6　随机介质中的被动合成孔径成像

本节中，在区域 $z\in(-L,0)$ 中存在散射的情况下重新讨论 9.4 节中介绍的成像装置。

接收器在位置 $\boldsymbol{x}_q^\varepsilon=(\varepsilon^2 x_{q_\perp},-L),q=1,\cdots,N_q$ 处接收数据。对于接收器的每个位置 x_q^ε，位于 $\boldsymbol{x}_s^\varepsilon=(\varepsilon^2 x_{s_\perp},0),s=1,\cdots,N_s$ 的源发出异步短脉冲（图 10.6）。数据集由接收器在 x_q^ε 处记录的信号构成：

$$\{u_{q,s}^\varepsilon(t,\boldsymbol{x}_q^\varepsilon),t\in\mathbb{R},s=1,\cdots,N_s,q=1,\cdots,N_q\} \tag{10.29}$$

式中，$u_{q,s}^\varepsilon(t,\boldsymbol{x})$是以下方程的解：

$$\frac{1}{[c^\varepsilon(\boldsymbol{x})]^2}\frac{\partial^2 u_{q,s}^\varepsilon}{\partial t^2}-\Delta_x u_{q,s}^\varepsilon=f^\varepsilon(t-T_{q,s})\delta(\boldsymbol{x}-\boldsymbol{x}_s^\varepsilon) \tag{10.30}$$

其中，波速分别满足式（10.12）及式（10.13），脉冲形式满足式（10.11）。$T_{q,s}$是接收器位于位置 x_q^ε 处时，第 s 个源脉冲的作用时间。此时，对于 $q=1$，…，N_q，可以根据数据集式（10.29）构建自相关函数：

$$C^\varepsilon(\tau,\boldsymbol{x}_q^\varepsilon,\boldsymbol{x}_q^\varepsilon)=\sum_{s=1}^{N_s}\int_{-\infty}^{\infty}u_{q,s}^\varepsilon(t,\boldsymbol{x}_q^\varepsilon)u_{q,s}^\varepsilon(t+\tau,\boldsymbol{x}_q^\varepsilon)\mathrm{d}t \tag{10.31}$$

它是 10.5 节中研究的互相关矩阵的对角线元素，可以使用式（9.36）成像函数进行成像：

$$\mathcal{I}_{\mathrm{psa}}^\varepsilon(z^s)=\sum_{q=1}^{N_q}C^\varepsilon\left(2\frac{|\boldsymbol{x}_q^\varepsilon-z^s|}{c_0},\boldsymbol{x}_q^\varepsilon,\boldsymbol{x}_q^\varepsilon\right) \tag{10.32}$$

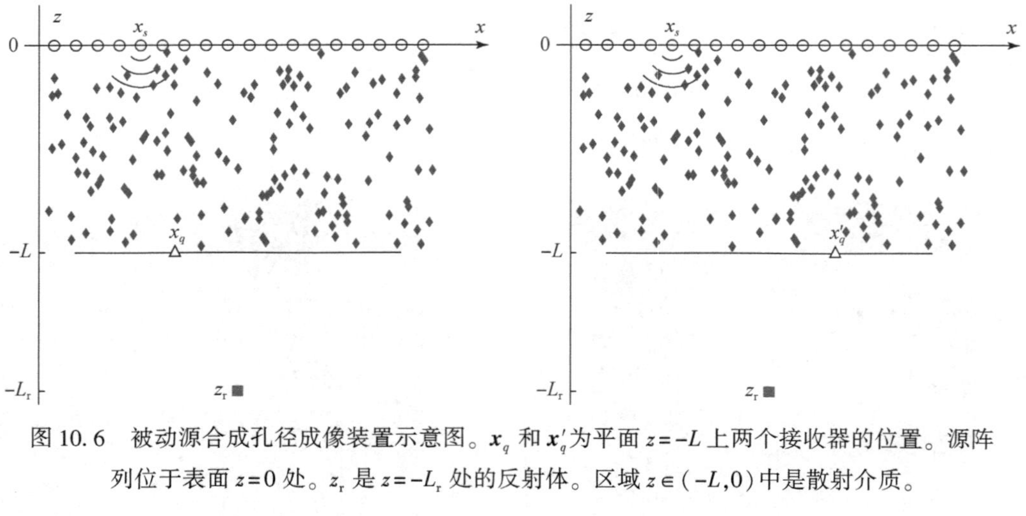

图 10.6　被动源合成孔径成像装置示意图。$\boldsymbol{x}_q$ 和 $\boldsymbol{x}'_q$为平面 $z=-L$ 上两个接收器的位置。源阵列位于表面 $z=0$ 处。z_r 是 $z=-L_r$ 处的反射体。区域 $z\in(-L,0)$ 中是散射介质。

如 9.4 节所述，这表明被动源合成孔径成像问题可以看作相关成像问题来解决，其中只有互相关矩阵的对角线部分可用。利用该对角线部分作偏移可以给出良好的图像，并且图像质量随介质散射程度增加而变好，因为此时锥形照明区域扩大了。

命题 10.5　如果深度为$-L$ 的密集接收阵列是一个以（$0,-L$）为中心、边长为 $a^\varepsilon=\varepsilon^2 a$

的正方形阵列，且源阵列为直径 $b^{\varepsilon}=\varepsilon^2 b$ 的有限孔径，密度函数如式（10.18）所示，结合命题 10.3 中的假设，若搜索点如式（10.20）所示，则有

$$\mathcal{I}^{\varepsilon}_{\mathrm{psa}}(\boldsymbol{z}^s)\xrightarrow{\varepsilon\to0}-\frac{\sigma_{\mathrm{r}}l_{\mathrm{r}}^3N_sN_q}{64\pi^3c_0\,(L_{\mathrm{r}}-L)^2b_{\mathrm{eff}}^2\varepsilon^4}\frac{1}{a^2}\int_{[-a/2,a/2]^2}\mathrm{d}x_{q\perp}\exp\left(-\frac{\left|\boldsymbol{x}_{q\perp}-\boldsymbol{z}_{\mathrm{r}\perp}\dfrac{L}{L_{\mathrm{r}}}\right|^2}{a_{\mathrm{eff}}^2}+\mathrm{i}\frac{2\omega_0}{c_0(L_{\mathrm{r}}-L)}\boldsymbol{\xi}_{\perp}\cdot\boldsymbol{x}_{q\perp}\right)$$
$$\times\exp\left[-\mathrm{i}\frac{\omega_0}{c_0(L_{\mathrm{r}}-L)}(\,|\xi_{\perp}|^2+2\xi_{\perp}\cdot z_{\mathrm{r}\perp})\right]\partial_sF_{\mathrm{vs}}\left(\frac{2\eta}{c_0}\right)+c.\,c. \tag{10.33}$$

其中，b_{eff}和 a_{eff}分别由式（10.8）和式（10.9）定义。

这表明：

（1）如果源阵列的有效直径足够大，对任意 $x_{q\perp}\in[-a/2,a/2]^2$ 都有 $|\boldsymbol{x}_{q\perp}-\boldsymbol{z}_{\mathrm{r}\perp}|\ll a_{\mathrm{eff}}$，则有

$$\begin{aligned}\mathcal{I}^{\varepsilon}_{\mathrm{psa}}(\boldsymbol{z}^s)\xrightarrow{\varepsilon\to0}&-\frac{\sigma_{\mathrm{r}}l_{\mathrm{r}}^3N_sN_q}{32\pi^3c_0L_{\mathrm{r}}^2a_{\mathrm{eff}}^2\varepsilon^4}\mathrm{sinc}\left(\frac{2\pi a\xi_1}{\lambda_0(L_{\mathrm{r}}-L)}\right)\mathrm{sinc}\left(\frac{2\pi a\xi_2}{\lambda_0(L_{\mathrm{r}}-L)}\right)\\&\times\cos\left[\frac{\omega_0}{c_0(L_{\mathrm{r}}-L)}(\,|\boldsymbol{\xi}_{\perp}|^2+2\boldsymbol{\xi}_{\perp}\cdot z_{\mathrm{r}\perp})\right]\partial_sF_{\mathrm{vs}}\left(\frac{2\eta}{c_0}\right)\end{aligned} \tag{10.34}$$

这表明，横向分辨率为$\dfrac{\lambda_0\ (L_{\mathrm{r}}-L)}{2a}$，纵向分辨率为$\dfrac{c_0}{B}$。

（2）如果源阵列的有效直径 $a_{\mathrm{eff}}<a$，则有

$$\mathcal{I}^{\varepsilon}_{\mathrm{psa}}(\boldsymbol{z}^s)\xrightarrow{\varepsilon\to0}-\frac{\sigma_{\mathrm{r}}l_{\mathrm{r}}^3N_sN_q}{32\pi^2c_0L_{\mathrm{r}}^2a^2\varepsilon^4}\exp\left(-\frac{4\pi^2a_{\mathrm{eff}}^2|\boldsymbol{\xi}_{\perp}|^2}{\lambda_0^2(L_{\mathrm{r}}-L)^2}\right)\cos\left[\frac{\omega_0}{c_0}\left(\frac{|\boldsymbol{\xi}_{\perp}|^2}{L_{\mathrm{r}}-L}+\frac{\boldsymbol{\xi}_{\perp}\cdot z_{\mathrm{r}\perp}}{L_{\mathrm{r}}}\right)\right]\partial_sF_{\mathrm{vs}}\left(\frac{2\eta}{c_0}\right) \tag{10.35}$$

其中，a_{eff}由式（10.9）定义。这表明横向分辨率降低了，仅为$\dfrac{\lambda_0\ (L_{\mathrm{r}}-L)}{a_{\mathrm{eff}}}$，而纵向分辨率不受影响，仍为$\dfrac{c_0}{B}$。

由于散射可以使 a_{eff}的值增大，这些结果表明，当散射较强时，用于被动合成孔径成像问题的成像函数式（10.32）具有更好的分辨率，因为此时锥形照明区域范围扩大了。

10.7 结　　论

在本章中，分析了散射在虚源成像中的作用。事实证明，随机旁轴近似下的各向同性散射提高了相关成像函数的分辨率，因为它扩大了照明的角度范围。然而，这种结果并不具有普遍性，随机分层介质的各向异性散射可能会降低分辨率，因为这种各向异性散射会减小照明的角度范围。

当辅助接收阵列放置在表面主阵列和待成像反射体之间的分界面上方或下方时，辅助阵列互相关偏移产生的图像跟界面不存在时产生的图像一样（Garnier and Papanicolaou，2012）。在海洋勘探地球物理学中经常遇到这种情况，收发阵列在海面上，而界面却在海

底。辅助阵列可以设置在海底，而待成像的反射体在海底地下。这种情形在消除海面和海底数据中的多次反射时非常有用（Backus，1959；Calvert，1990；Mehta et al.，2007）。

Mehta 等在 2007 年的文献中建议将辅助阵列数据分解为上行波和下行波，然后仅计算上行波与下行波的互相关以提高偏移图像的质量。为了分离上行波和下行波，必须同时记录压力和垂直速度或三维速度。Garnier 和 Papanicolaou（2012）对这种技术进行了分析，认为确实可以在存在确定性界面或随机分层介质的情况下提高图像的信噪比。

当辅助阵列和反射体之间的介质存在散射且散射介质可由随机非均匀介质近似时，成像情况又如何呢？如果散射较弱，则可以使用辅助阵列的互相关得到相干干涉图像，这相当于使用尾波互相关成像，Borcea 等（2005）首次介绍了这种成像类型。尽管与均质介质相比，分辨率有所下降，但图像具有统计稳定性：也就是说，图像质量往往不依赖于随机介质。Borcea 等（2011）的研究表明，相较于基尔霍夫偏移而言，相干干涉成像的信噪比有所提升，这是非常重要的。当然，当辅助阵列和反射体之间的散射很强时，则不可能得到任何图像。

附录 10. A：命题 10. 1、命题 10. 2 的证明

在表面阵列或接收器阵列处记录的不同类型的波可由式（12. 42）中定义的其矩由命题 12. 6 给出的随机介质基函数 $\hat{g}$ 及式（12. 43）给出的齐次基函数 $\hat{g}_0$ 表示。

$\boldsymbol{x}_s^\varepsilon=(\varepsilon^2 x_{s_\perp},0)$ 处点源发射的主波场（即没有反射的波场）为

$$\hat{u}^\varepsilon[\omega,(\varepsilon^2 x_\perp,z);\boldsymbol{x}_s^\varepsilon]=\hat{G}^\varepsilon[\omega,(\varepsilon^2 x_\perp,z),(\varepsilon^2 x_{s_\perp},0)]\hat{f}^\varepsilon(\omega)$$

式中，$\hat{G}^\varepsilon$ 为随机介质的格林函数。当 $z<0$ 时，根据旁轴近似基本解，上式可表示为

$$\hat{u}^\varepsilon\left[\frac{\omega}{\varepsilon^4},(\varepsilon^2 x_\perp,z);\boldsymbol{x}_s^\varepsilon\right]=\varepsilon^4\hat{G}^\varepsilon\left[\frac{\omega}{\varepsilon^4},(\varepsilon^2 x_\perp,z),(\varepsilon^2 x_{s_\perp},0)\right]\hat{f}(\omega)$$

$$\xrightarrow{\varepsilon\to 0}\frac{\mathrm{i}c_0\varepsilon^4}{2\omega}\exp\left(-\frac{\mathrm{i}\omega}{\varepsilon^4 c_0}z\right)\hat{g}[\omega,(x_\perp,z),(x_{s_\perp},0)]\hat{f}(\omega)$$

因此，在 $\boldsymbol{x}_q^\varepsilon=(\varepsilon^2 x_{q_\perp},-L)$ 处被动源接收阵列记录的 L/c_0 时刻的波场为

$$u^\varepsilon\left(\frac{L}{c_0}+\varepsilon^4 s,x_q^\varepsilon;x_s^\varepsilon\right)=\frac{1}{2\pi\varepsilon^4}\int\hat{u}^\varepsilon\left[\frac{\omega}{\varepsilon^4},(\varepsilon^2 x_{q_\perp},-L);x_s^\varepsilon\right]\exp\left[-\mathrm{i}\frac{\omega}{\varepsilon^4}\left(\frac{L}{c_0}+\varepsilon^4 s\right)\right]\mathrm{d}\omega$$

$$\xrightarrow{\varepsilon\to 0}\frac{1}{2\pi}\int_{-\infty}^{\infty}\frac{\mathrm{i}c_0}{2\omega}\hat{f}(\omega)\mathrm{e}^{-\mathrm{i}\omega s}\hat{g}[\omega,(x_{q_\perp},-L),(x_{s_\perp},0)]\mathrm{d}\omega$$

使用玻恩近似，在被动接收阵列 $\boldsymbol{x}_{q'}^\varepsilon=(\varepsilon^2 x_{q'_\perp},-L)$ 处记录的次级波场为

$$\hat{u}^\varepsilon(\omega,\boldsymbol{x}_{q'}^\varepsilon;\boldsymbol{x}_s^\varepsilon)=\frac{\sigma_\mathrm{r}l_\mathrm{r}^3\omega^2}{c_0^2}\hat{G}^\varepsilon[\omega,(\varepsilon^2 x_{q'_\perp},-L),(\varepsilon^2 z_{\mathrm{r}_\perp},-L_\mathrm{r})]$$

$$\times\hat{G}^\varepsilon[\omega,(\varepsilon^2 z_{\mathrm{r}_\perp},-L_\mathrm{r}),(\varepsilon^2 x_{s_\perp},0)]\hat{f}^\varepsilon(\omega)$$

根据旁轴近似基本解，可以得到：

$$\hat{u}^\varepsilon\left(\frac{\omega}{\varepsilon^4},\boldsymbol{x}_{q'}^\varepsilon;\boldsymbol{x}_s^\varepsilon\right)\xrightarrow{\varepsilon\to 0}-\frac{\sigma_\mathrm{r}l_\mathrm{r}^3}{4\varepsilon^4}\exp\left[\frac{\mathrm{i}\omega}{\varepsilon^4 c_0}(2L_\mathrm{r}-L)\right]\hat{g}[\omega,(x_{q'_\perp},-L),(z_{\mathrm{r}_\perp},-L_\mathrm{r})]$$

$$\times\hat{g}[\omega,(z_{\mathrm{r}_\perp},-L_\mathrm{r}),(x_{s_\perp},0)]\hat{f}(\omega)$$

由于介质仅在区域（$-L$,0）中是随机的：

$$\hat{u}^{\varepsilon}\left(\frac{\omega}{\varepsilon^4},x_{q'}^{\varepsilon};x_s^{\varepsilon}\right)\xrightarrow{\varepsilon\to 0}-\frac{\sigma_{\mathrm{r}}l_{\mathrm{r}}^3}{4\varepsilon^4}\exp\left[\frac{\mathrm{i}\omega}{\varepsilon^4 c_0}(2L_{\mathrm{r}}-L)\right]\hat{g}_0[\omega,(x_{q'_\perp},-L),(z_{\mathrm{r}_\perp},-L_{\mathrm{r}})]$$
$$\times\int_{\mathbb{R}^2}\hat{g}_0[\omega,(z_{\mathrm{r}_\perp},-L_{\mathrm{r}}),(x_\perp,-L)]\hat{g}[\omega,(x_\perp,-L),(x_{s_\perp},0)]\mathrm{d}x_\perp\hat{f}(\omega)$$

因此，在 $\boldsymbol{x}_{q'}^{\varepsilon}=(\varepsilon^2 x_{q'_\perp},-L)$ 处的被动接收阵列所记录的 $\frac{2L_{\mathrm{r}}-L}{c_0}$ 时刻的波场为

$$u^{\varepsilon}\left(\frac{2L_{\mathrm{r}}-L}{c_0}+\varepsilon^4 s,x_{q'}^{\varepsilon};x_s^{\varepsilon}\right)\xrightarrow{\varepsilon\to 0}-\frac{\sigma_{\mathrm{r}}l_{\mathrm{r}}^3}{8\pi\varepsilon^8}\int_{-\infty}^{\infty}\int_{\mathbb{R}^2}\hat{f}(\omega)\mathrm{e}^{-\mathrm{i}\omega s}\hat{g}_0[\omega,(z_{\mathrm{r}_\perp},-L_{\mathrm{r}}),(x_{q'_\perp},-L)]$$
$$\times\hat{g}_0[\omega,(z_{\mathrm{r}_\perp},-L_{\mathrm{r}}),(x_\perp,-L)]\hat{g}[\omega,(x_\perp,-L),(x_{s_\perp},0)]\mathrm{d}x_\perp\mathrm{d}\omega$$

在玻恩近似中，若时间 $t_0\notin\{L/c_0,\ (2L_{\mathrm{r}}-L)/c_0\}$，则在 $\boldsymbol{x}_q^{\varepsilon}$，$\boldsymbol{x}_{q'}^{\varepsilon}$ 处记录不到其他波场分量。结果是，由式（10.14）定义的接收阵列所记录信号的互相关集中出现在滞后时间 $(2L_{\mathrm{r}}-L)/c_0$ 处，且具有以下形式：

$$C^{\varepsilon}\left(\frac{2L_{\mathrm{r}}-2L}{c_0}+\varepsilon^4 s,x_q^{\varepsilon},x_{q'}^{\varepsilon}\right)\xrightarrow{\varepsilon\to 0}\frac{\sigma_{\mathrm{r}}l_{\mathrm{r}}^3 c_0}{16\pi\varepsilon^4}\int_{-\infty}^{\infty}\int_{\mathbb{R}^2}\int_{\mathbb{R}^2}\frac{\mathrm{i}}{\omega}|\hat{f}(\omega)|^2\mathrm{e}^{-\mathrm{i}\omega s}\psi_s(x_{s_\perp})$$
$$\times\hat{g}_0[\omega,(z_{\mathrm{r}_\perp},-L_{\mathrm{r}}),(x_{q'_\perp},-L)]\hat{g}_0[\omega,(z_{\mathrm{r}_\perp},-L_{\mathrm{r}}),(x_\perp,-L)]$$
$$\times\hat{g}[\omega,(x_\perp,-L),(x_{s_\perp},0)]\overline{\hat{g}[\omega,(x_{q_\perp},-L),(x_{s_\perp},0)]}\mathrm{d}x_{s_\perp}\mathrm{d}x_\perp\mathrm{d}\omega$$

式中，由密度函数 ψ_s 刻画的源密集分布在表面 $z=0$ 上。根据命题 12.6 和以上两个基本解乘积的自平均特性（Papanicolaou et al.，2004，2007；Garnier and Sølna，2009a），得到：

$$C^{\varepsilon}\left(\frac{2L_{\mathrm{r}}-2L}{c_0}+\varepsilon^4 s,x_q^{\varepsilon},x_{q'}^{\varepsilon}\right)\xrightarrow{\varepsilon\to 0}\frac{\sigma_{\mathrm{r}}l_{\mathrm{r}}^3 c_0}{16\pi\varepsilon^4}\int_{-\infty}^{\infty}\int_{\mathbb{R}^2}\int_{\mathbb{R}^2}\frac{\mathrm{i}}{\omega}|\hat{f}(\omega)|^2\mathrm{e}^{-\mathrm{i}\omega s}\psi_s(x_{s_\perp})$$
$$\times\hat{g}_0[\omega,(z_{\mathrm{r}_\perp},-L_{\mathrm{r}}),(x_{q'_\perp},-L)]\hat{g}_0[\omega,(z_{\mathrm{r}_\perp},-L_{\mathrm{r}}),(x_\perp,-L)]$$
$$\times\hat{g}_0[\omega,(x_\perp,-L),(x_{s_\perp},0)]\overline{\hat{g}_0[\omega,(x_{q_\perp},-L),(x_{s_\perp},0)]}$$
$$\times\exp\left(-\frac{\omega^2 L\gamma_2(x_\perp-x_{q_\perp})}{4c_0^2}\right)\mathrm{d}x_{s_\perp}\mathrm{d}x_\perp\mathrm{d}\omega$$

其中，γ_2 定义为

$$\gamma_2(x_\perp)=\int_0^1\gamma_0(\mathbf{0})-\gamma_0(x_\perp s)\mathrm{d}s \tag{10.36}$$

当源覆盖 $z=0$ 的表面，即 $\psi_s\equiv N_s/(\pi b^2)$ 时，通过对 $x_{s_\perp}$ 进行积分并使用式（12.43）的显式表达式，可以得到狄拉克分布 $\delta(\boldsymbol{x}_\perp-\boldsymbol{x}_{q_\perp})$。当 $\gamma_2(0)=0$［式（10.36）］时，指数阻尼项消失，因此：

$$C^{\varepsilon}\left(\frac{2L_{\mathrm{r}}-2L}{c_0}+\varepsilon^4 s,x_q^{\varepsilon},x_{q'}^{\varepsilon}\right)\xrightarrow{\varepsilon\to 0}\frac{\sigma_{\mathrm{r}}l_{\mathrm{r}}^3 c_0}{16\pi^2\varepsilon^4 b^2}\int_{-\infty}^{\infty}\frac{\mathrm{i}}{\omega}|\hat{f}(\omega)|^2\mathrm{e}^{-\mathrm{i}\omega s}\hat{g}_0[\omega,(z_{\mathrm{r}_\perp},-L_{\mathrm{r}}),(x_{q'_\perp},-L)]$$
$$\times\hat{g}_0[\omega,(z_{\mathrm{r}_\perp},-L_{\mathrm{r}}),(x_{q_\perp},-L)]\mathrm{d}\omega$$

最终可以得到式（10.15）。

当在 $z=0$ 的面上直径为 b 的源阵列具有有限孔径且可由式（10.18）给出的密度函数

ψ_s 刻画时，通过对 $x_{s_\perp}$ 积分并使用式（12.43）的显式表达式，可以得到：

$$C^{\varepsilon}\left(\frac{2L_r-2L}{c_0}+\varepsilon^4 s, x_q^{\varepsilon}, x_{q'}^{\varepsilon}\right)\xrightarrow{\varepsilon\to 0}\frac{\sigma_r l_r^3 N_s}{128\pi^4 c_0^2 L^2(L_r-L)\varepsilon^4}\int \omega^2 |\hat{f}(\omega)|^2 e^{-i\omega s} \times\hat{g}_0[\omega,(z_{r_\perp},-L_r),(x_{q'_\perp},-L)] \times\mathcal{G}[\omega,(z_{r_\perp},-L_r),(x_{q_\perp},-L)]d\omega \tag{10.37}$$

其中

$$\mathcal{G}[\omega,(\boldsymbol{z}_{r_\perp},-L_r),(\boldsymbol{x}_{q_\perp},-L)]=\int_{\mathbb{R}^2}\exp\left(i\frac{\omega}{2c_0(L_r-L)}|\boldsymbol{z}_{r_\perp}-\boldsymbol{x}_\perp|^2\right) \times\exp\left[i\frac{\omega}{2c_0 L}(|\boldsymbol{x}_\perp|^2-|\boldsymbol{x}_{q_\perp}|^2)\right] \times\exp\left(-\frac{\omega^2 b^2|\boldsymbol{x}_\perp-\boldsymbol{x}_{q_\perp}|^2}{4c_0^2L^2}-\frac{\omega^2 L\gamma_2(\boldsymbol{x}_\perp-\boldsymbol{x}_{q_\perp})}{4c_0^2}\right)dx_\perp$$

（1）当不存在散射或散射较弱，即对于噪声源频率 ω，$\gamma_0(\mathbf{0})\omega^2L/c_0^2\ll 1$ 时，有

$$\gamma_2(x_\perp-x_{q_\perp})\omega^2L/c_0^2\simeq 0$$

且

$$\exp\left(-\frac{\omega^2 b^2|\boldsymbol{x}_\perp-\boldsymbol{x}_{q_\perp}|^2}{4c_0^2L^2}-\frac{\omega^2L\gamma_2(\boldsymbol{x}_\perp-\boldsymbol{x}_{q_\perp})}{4c_0^2}\right)\simeq\exp\left(-\frac{\omega^2 b_{\text{eff}}^2|\boldsymbol{x}_\perp-\boldsymbol{x}_{q_\perp}|^2}{4c_0^2L^2}\right)$$

式中，$b_{\text{eff}}=b$。

（2）当散射很强，从而对于噪声源频率 ω，$\gamma_0(\mathbf{0})\omega^2L/c_0^2\gg 1$ 时，有

$$\exp\left(-\frac{\omega^2L\gamma_2(\boldsymbol{x}_\perp-\boldsymbol{x}_{q_\perp})}{4c_0^2}\right)\simeq\exp\left(-\frac{\overline{\gamma}_2\omega^2 L}{12c_0^2}|\boldsymbol{x}_\perp-\boldsymbol{x}_{q_\perp}|^2\right)$$

其中，对于 $|\boldsymbol{x}_\perp|\ll 1$，$\overline{\gamma}_2$ 满足 $\gamma_0(\boldsymbol{x}_\perp)=\gamma_0(\mathbf{0})-\overline{\gamma}_2|\boldsymbol{x}_\perp|^2$，因此对于 $|x_\perp|\ll 1$ 有 $\gamma_2(\boldsymbol{x}_\perp)=\frac{\overline{\gamma}_2|\boldsymbol{x}_\perp|^2}{3}$［由式（10.36）展开得到］，并且：

$$\exp\left(-\frac{\omega^2 b^2|\boldsymbol{x}_\perp-\boldsymbol{x}_{q_\perp}|^2}{4c_0^2L^2}-\frac{\omega^2L\gamma_2(\boldsymbol{x}_\perp-\boldsymbol{x}_{q_\perp})}{4c_0^2}\right)\simeq\exp\left(-\frac{\omega^2 b_{\text{eff}}^2|\boldsymbol{x}_\perp-\boldsymbol{x}_{q_\perp}|^2}{4c_0^2L^2}\right)$$

其中

$$b_{\text{eff}}^2=b^2+\frac{\overline{\gamma}_2L^3}{3}$$

将函数 $\mathcal{G}$ 对 $x_\perp$ 积分，得到：

$$\mathcal{G}[\omega,(\boldsymbol{z}_{r_\perp},-L_r),(\boldsymbol{x}_{q_\perp},-L)]=\frac{\pi}{\frac{\omega^2 b_{\text{eff}}^2}{4c_0^2L^2}-\frac{i\omega L_r}{2c_0L(L_r-L)}}\exp\left(i\frac{\omega|\boldsymbol{x}_{q_\perp}-\boldsymbol{z}_{r_\perp}|^2}{2c_0(L_r-L)}\right) \times\exp\left(-\frac{\frac{\omega^2 L_r{}^2}{4c_0^2(L_r-L)^2L^2}\left|\boldsymbol{x}_{q_\perp}-\frac{L}{L_r}z_{r_\perp}\right|^2}{\frac{\omega^2 b_{\text{eff}}^2}{4c_0^2L^2}-\frac{i\omega L_r}{2c_0L(L_r-L)}}\right)$$

如果$\frac{\omega_0 b_{\mathrm{eff}}^2}{c_0 L} \gg \frac{L_{\mathrm{r}}}{L_{\mathrm{r}}-L}$，则有

$$\mathcal{G}[\omega,(z_{\mathrm{r}_\perp},-L_{\mathrm{r}}),(\boldsymbol{x}_{q_\perp},-L)]=\frac{4\pi c_0^2 L^2}{\omega^2 b_{\mathrm{eff}}^2}\exp\left(\mathrm{i}\frac{\omega\ |\boldsymbol{x}_{q_\perp}-z_{\mathrm{r}_\perp}|^2}{2c_0(L_{\mathrm{r}}-L)}\right)\exp\left(-\frac{\left|\boldsymbol{x}_{q_\perp}-\frac{L}{L_{\mathrm{r}}}z_{\mathrm{r}_\perp}\right|^2}{a_{\mathrm{eff}}^2}\right)$$

将上式代入式（10.37）即可得到要证明的结果。

附录 10.B：命题 10.3、命题 10.4 的证明

当搜索点 $\boldsymbol{z}^s$ 按式（10.20）参数化时，可以得到：

$$\begin{aligned}|\boldsymbol{x}_q^\varepsilon-\boldsymbol{z}^s|+|\boldsymbol{z}^s-\boldsymbol{x}_{q'}^\varepsilon| &=\sqrt{(L_{\mathrm{r}}-\varepsilon^4\eta-L)^2+\varepsilon^4|\boldsymbol{z}_{\mathrm{r}_\perp}+\boldsymbol{\xi}_\perp-\boldsymbol{x}_{q_\perp}|^2}+\sqrt{(L_{\mathrm{r}}-\varepsilon^4\eta-L)^2+\varepsilon^4|\boldsymbol{z}_{\mathrm{r}_\perp}+\boldsymbol{\xi}_\perp-\boldsymbol{x}_{q'_\perp}|^2}\\ &=2L_{\mathrm{r}}-2L-2\varepsilon^4\eta+\varepsilon^4\frac{|\boldsymbol{z}_{\mathrm{r}_\perp}+\boldsymbol{\xi}_\perp-\boldsymbol{x}_{q_\perp}|^2+|\boldsymbol{z}_{\mathrm{r}_\perp}+\boldsymbol{\xi}_\perp-\boldsymbol{x}_{q'_\perp}|^2}{2(L_{\mathrm{r}}-L)}+O(\varepsilon^8)\\ &=2L_{\mathrm{r}}-2L+\varepsilon^4\frac{|\boldsymbol{z}_{\mathrm{r}_\perp}-\boldsymbol{x}_{q_\perp}|^2+|\boldsymbol{z}_{\mathrm{r}_\perp}-\boldsymbol{x}_{q'_\perp}|^2}{2(L_{\mathrm{r}}-L)}\\ &\quad+\varepsilon^4\left(-2\eta-\frac{\boldsymbol{x}_{q_\perp}+\boldsymbol{x}_{q'_\perp}}{L_{\mathrm{r}}-L}\cdot\boldsymbol{\xi}_\perp+\frac{|\boldsymbol{\xi}_\perp|^2+2\boldsymbol{z}_{\mathrm{r}_\perp}\cdot\boldsymbol{\xi}_\perp}{L_{\mathrm{r}}-L}\right)+O(\varepsilon^8)\end{aligned}$$

将此展开式代入式（10.19）中，并使用连续函数逼近，用密度函数 $\psi_q(x_{q_\perp})$ 和 $\psi_q(x_{q'_\perp})$ 对 $x_{q_\perp}$ 和 $x_{q'_\perp}$ 的连续积分替换对 q 和 q' 的求和，其中：

$$\psi_q(x_{q_\perp})=\frac{N_q}{a^2}\mathbf{1}_{[-a/2,a/2]^2}(x_{q_\perp})$$

结合式（10.15），可以得到命题 10.3。结合式（10.16），可以得到命题 10.4。

第 11 章　强度互相关成像

在本书中，始终假设波场是可以在时间域中测量的。这一假设在地震学和声学中是很自然的，因为在这些领域中，采样率大于工作频率。但在光学领域中则不然，因为只有光的强度是可测量的。本章的目的是通过对一个特定成像问题的分析来说明，当信号源由噪声源提供时，在仅进行强度测量的情况下仍可进行相关成像。

在本章中，将分析一种被称为鬼成像的成像方法，它可以通过将两个探测器测量的强度做互相关来成像：一个与待探测对象有关，另一个与待探测对象没有关系。在鬼成像中，一个高分辨率探测器测量由部分相干源产生的场强，该部分相干源没有与被成像的物体发生相互作用。一个桶探测器测量与物体发生相互作用的相同源产生的总场强。通过高分辨率探测器上测得的场强与桶探测器测得的场强的互相关就可以对物体成像。

在 11.2 节中，用格林函数和源的协方差函数来表达测量强度之间的互相关，并定义了鬼成像函数。在 11.3 节中，将分析鬼成像函数的分辨率特性。这里强调了源部分相干性的重要性，并研究了散射对旁轴区域成像分辨率的影响。总的结论是，图像分辨率随源相干性的降低而提高，随介质散射程度的增加而降低。

11.1　鬼成像装置

如图 11.1 所示为 Valencia 等（2005）、Cheng（2009）、Li 等（2010）及 Shapiro 和 Boyd（2012）使用的实验装置。光波由部分相干源产生，从部分相干源发出的光波经过分光器后被分裂成两种类型的波：

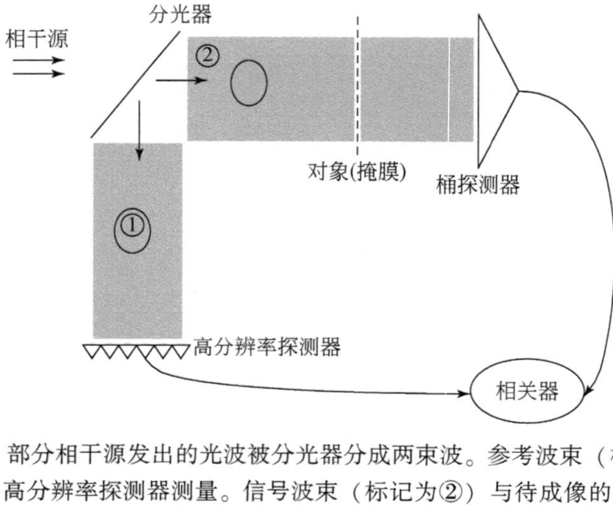

图 11.1　鬼成像装置。部分相干源发出的光波被分光器分成两束波。参考波束（标记为①）不与物体发生相互作用，其强度由高分辨率探测器测量。信号波束（标记为②）与待成像的目标发生相互作用，其总强度由桶探测器测量。

(1) 标记为①的参考波束通过均匀或散射介质传播到测量空间透射波强度的高分辨率探测器。

(2) 标记为②的信号波束通过均匀或散射介质传播，并与待成像的物体发生相互作用，总透射强度由桶探测器测量。

这种成像方式被称为鬼成像，因为高分辨率探测器不能“看到”要成像的物体，但是对两个强度信号做互相关就可以得到待成像目标的图像。

本章分析的透射问题研究对象是用透射函数刻画的掩膜。空间坐标用 $x=(x_\perp,z)\in\mathbb{R}^2\times\mathbb{R}$ 表示，震源位于平面 $z=0$ 内。参考路径（图 11.1 中标记为①）中源到高分辨率探测器的距离为 L，信号路径（图 11.1 中标记为②）中从源到研究目标的距离也是 L，从研究目标到桶探测器的传播距离是 L_0。在每条路径中，标量波场 $u_j(t,\boldsymbol{x})$，$j=1$，2 满足下面的波动方程：

$$\frac{1}{[c_j(\boldsymbol{x})]^2}\frac{\partial^2 u_j}{\partial t^2}-\Delta_x u_j=n(t,\boldsymbol{x}_\perp)\delta(z) \tag{11.1}$$

式中，$c_j(\boldsymbol{x})$ 为介质中对应于第 j 个路径的波速，震源用 $n(t,\boldsymbol{x}_\perp)$ 描述，对于两束光波而言，源是相同的。

在鬼成像实验中，光源通常是通过旋转玻璃漫射器产生的激光束（Valencia et al., 2005；Katz et al., 2009；Zhang et al., 2010；Shapiro and Boyd, 2012），通常用下面的表达式来描述：

$$n(t,\boldsymbol{x}_\perp)=f(t,\boldsymbol{x}_\perp)\mathrm{e}^{-\mathrm{i}\omega_0 t}+c.\ c. \tag{11.2}$$

式中，$c.\ c.$ 为复共轭；ω_0 为载频；$f(t,\ \boldsymbol{x}_\perp)$ 为复值缓变包络，其傅里叶变换具有比 ω_0 小得多的带宽。假设它是一个满足如下关系和协方差函数的复值、零均值的平稳高斯过程（见 13.5.9 小节）：

$$\langle f(t,\boldsymbol{x}_\perp)f(t',\boldsymbol{x}'_\perp)\rangle=0 \tag{11.3}$$

$$\langle f(t,\boldsymbol{x}_\perp)\overline{f(t',\boldsymbol{x}'_\perp)}\rangle=F(t-t')\Gamma(\boldsymbol{x}_\perp,\boldsymbol{x}') \tag{11.4}$$

对实值函数 F 和 Γ 而言，$F(0)=1$。傅里叶变换谱 $\hat{F}(\omega)$ 的带宽比 ω_0 小得多。在该框架下，标量波场 u_j，$j=1$，2 可以表示为

$$u_j(t,\boldsymbol{x})=\boldsymbol{v}_j(t,x)\mathrm{e}^{-\mathrm{i}\omega_0 t}+c.\ c.$$

其中，$\boldsymbol{v}_j$ 满足：

$$\frac{1}{[c_j(\boldsymbol{x})]^2}\frac{\partial^2}{\partial t^2}(\boldsymbol{v}_j\mathrm{e}^{-\mathrm{i}\omega_0 t})-\Delta_x(\boldsymbol{v}_j\mathrm{e}^{-\mathrm{i}\omega_0 t})=f(t,\boldsymbol{x}_\perp)\mathrm{e}^{-\mathrm{i}\omega_0 t}\delta(z)$$

$\boldsymbol{v}_j$ 的傅里叶变换 $\hat{\boldsymbol{v}}_j$ 是以下亥姆霍兹方程的辐射解：

$$\frac{(\omega_0+\omega)^2}{[c_j(\boldsymbol{x})]^2}\hat{\boldsymbol{v}}_j+\Delta_x\hat{\boldsymbol{v}}_j=-\hat{f}(\omega,\boldsymbol{x}_\perp)\delta(z) \tag{11.5}$$

根据 13.4 节可知，探测器测量的强度为 $\boldsymbol{v}_j$，$j=1$，2 的模的平方。

这里所描述的实验目的是对信号路径中平面 $z=L$ 上用透射函数刻画的目标成像。在本实验中，待成像的对象是一个掩膜，通常是双缝的（Valencia et al., 2005；Katz et al., 2009；Zhang et al., 2010；Shapiro and Boyd, 2012）。

在 11.2 节中，用两个路径中的格林函数、源的协方差函数和透射函数来表示由高分

辨率探测器和桶探测器记录的强度相关函数（命题 11.1）。结果表明，在随机旁轴区域中，相关函数呈式（11.14）的形式。通过考虑随机介质（如大气湍流）在时间上缓慢而遍历的变化，可以得出结论：相关函数是关于随机介质分布的自平均函数，成像函数用平均相关来定义（11.2.4 小节）。对 11.3 节中成像函数的分析表明，它是透射函数平方的平滑形式，具有可以定量分析的平滑核。该分析中根据源和随机介质的相关半径表示成像函数的分辨率，量化了相干源的相干性以及介质散射特性的作用。总体结果是，图像分辨率随源相干性的降低而提高，随介质散射程度的增加而降低。

备注

鬼成像属于全息成像技术范畴，因为这两种技术都利用了与被成像物体发生相互作用的信号波束和不发生相互作用的参考波束之间的相互作用。全息成像的目标是在掩膜上记录和显示一个物体的图像。全息成像包括两个步骤：记录和显示（Hariharan，1996）。

（1）在记录过程中，简谐平面波（通常是相干光束）被分光器分成两个波束。其中一个波束（信号波束）与待成像目标发生作用；另一个波束（参考波束）与待成像目标不发生作用。两个波束在一个类似于胶片的记录干涉图案强度的平面上发生干涉，这个图案就是可以用来显示物体图像的全息图。

（2）在显示过程中，与用于记录全息图的参考光束相同的光束照亮记录介质。然后，记录的全息图对光束进行衍射，并生成原始物体的图像。

可以看出，全息成像与鬼成像相比，有两个主要区别：

（1）记录介质记录干涉图案的强度，并且感兴趣的量是对应于参考光束和信号光束的强度互相关。本章的主要内容是说明用强度互相关代替场的互相关进行成像是可能的。

（2）全息成像需要使用相干光，而鬼成像需要使用非相干光。

11.2 强度相关函数

11.2.1 经验互相关和统计互相关

由高分辨率探测器测量的量是参考路径①中平面 $z=L$ 上的空间解析强度：

$$I_1(t,x_{1_\perp}) = |v_1[t,(x_{1_\perp},L)]|^2 \tag{11.6}$$

桶探测器测量的量是信号路径②中平面 $z=L+L_0$ 上的空间综合强度：

$$I_2(t) = \int_{\mathbb{R}^2} |v_2[t,(x_{2_\perp},L+L_0)]|^2 \mathrm{d}x_{2_\perp} \tag{11.7}$$

对这两个量做互相关计算，即可得到强度相关函数为

$$C_T(x_{1_\perp}) = \frac{1}{T}\int_0^T I_1(t,x_{1_\perp})I_2(t)\,\mathrm{d}t - \left[\frac{1}{T}\int_0^T I_1(t,x_{1_\perp})\,\mathrm{d}t\right]\left[\frac{1}{T}\int_0^T I_2(t)\,\mathrm{d}t\right] \tag{11.8}$$

利用式（11.5），根据参考路径上的完备格林函数 $\hat{\mathcal{G}}_1$ 和源的傅里叶变换 $\hat{f}$，可以将高分辨率探测器平面 $z=L$ 上的点 $x_1=(x_{1\perp},L)$ 处的参考场 $\hat{v}_1$ 表示为

$$\hat{v}_1(\omega,x_1) = \int_{\mathbb{R}^2} \hat{\mathcal{G}}_1[\omega_0+\omega,x_1,(x_{s\perp},0)]\hat{f}(\omega,x_{s\perp})\,\mathrm{d}x_{s\perp}$$

类似地，根据信号路径上的完备格林函数 $\hat{\mathcal{G}}_2$，可以将桶探测器平面 $z=L+L_0$ 上的点 $x_2=(x_{1\perp},L+L_0)$ 处的信号场 $\hat{v}_2$ 表示为

$$\hat{v}_2(\omega,x_2)=\int_{\mathbb{R}^2}\hat{\mathcal{G}}_2[\omega_0+\omega,x_2,(x_{s\perp},0)]\hat{f}(\omega,x_{s\perp})\mathrm{d}x_{s\perp}$$

在这一小节中，假设参考路径和信号路径经过的介质是与时间无关的。

命题 11.1　经验互相关在概率意义上收敛到统计互相关：

$$\mathcal{C}_T(x_{1\perp})\xrightarrow{T\to\infty}\mathcal{C}(x_{1\perp})$$

其中，统计互相关由下式给出：

$$\begin{aligned}\mathcal{C}(x_{1\perp})=&\frac{1}{4\pi^2}\int_{-\infty}^{\infty}\mathrm{d}\omega\int_{-\infty}^{\infty}\mathrm{d}\omega'\int_{\mathbb{R}^2}\mathrm{d}y_{1\perp}\int_{\mathbb{R}^2}\mathrm{d}y'_{1\perp}\int_{\mathbb{R}^2}\mathrm{d}y_{2\perp}\int_{\mathbb{R}^2}\mathrm{d}y'_{2\perp}\int_{\mathbb{R}^2}\mathrm{d}x_{2\perp}\\&\times\hat{\mathcal{G}}_1[\omega_0+\omega,(x_{1\perp},L),(y_{1\perp},0)]\overline{\hat{\mathcal{G}}_1[\omega_0+\omega',(x_{1\perp},L),(y'_{1\perp},0)]}\\&\times\overline{\hat{\mathcal{G}}_2[\omega_0+\omega,(x_{2\perp},L+L_0),(y_{2\perp},0)]}\hat{\mathcal{G}}_2[\omega_0+\omega',(x_{2\perp},L+L_0),(y'_{2\perp},0)]\\&\times\Gamma(y_{1\perp},y_{2\perp})\Gamma(y'_{1\perp},y'_{2\perp})\hat{F}(\omega)\hat{F}(\omega')\end{aligned}\tag{11.9}$$

【证明】可以用与其他章节中类似命题相同的方法证明这种概率意义上的收敛性，即证明 $\mathcal{C}_T$ 的方差与 $1/T$ 成正比。

统计互相关由下式给出：

$$\begin{aligned}\mathcal{C}(x_{1\perp})=&\int_{\mathbb{R}^2}\langle|v_1[0,(x_{1\perp},L)]|^2\ |v_2[0,(x_{2\perp},L+L_0)]|^2\rangle\mathrm{d}x_{2\perp}\\&-\langle|v_1[0,(x_{1\perp},L)]|^2\rangle\int_{\mathbb{R}^2}\langle|v_2[0,(x_{2\perp},L+L_0)]|^2\rangle\mathrm{d}x_{2\perp}\end{aligned}$$

在频率域中，源用具有以下协方差函数关系的复值高斯函数描述：

$$\langle\hat{f}(\omega,x_\perp)\hat{f}(\omega',x'_\perp)\rangle=0\tag{11.10}$$

$$\langle\hat{f}(\omega,x_\perp)\overline{\hat{f}(\omega',x'_\perp)}\rangle=2\pi\delta(\omega-\omega')\hat{F}(\omega)\Gamma(x_\perp,x'_\perp)\tag{11.11}$$

统计互相关的傅里叶变换为

$$\begin{aligned}\mathcal{C}(x_{1\perp})=&\frac{1}{(2\pi)^4}\int_{\mathbb{R}^2}\mathrm{d}y_{1\perp}\int_{\mathbb{R}^2}\mathrm{d}y'_{1\perp}\int_{\mathbb{R}^2}\mathrm{d}y_{2\perp}\int_{\mathbb{R}^2}\mathrm{d}y'_{2\perp}\int_{\mathbb{R}^2}\mathrm{d}x_{2\perp}\\&\times\int_{-\infty}^{\infty}\mathrm{d}\omega_1\int_{-\infty}^{\infty}\mathrm{d}\omega'_1\int_{-\infty}^{\infty}\mathrm{d}\omega_2\int_{-\infty}^{\infty}\mathrm{d}\omega'_2\\&\times\hat{\mathcal{G}}_1[\omega_0+\omega_1,(x_{1\perp},L),(y_{1\perp},0)]\overline{\hat{\mathcal{G}}_1[\omega_0+\omega'_1,(x_{1\perp},L),(y'_{1\perp},0)]}\\&\times\overline{\hat{\mathcal{G}}_2[\omega_0+\omega_2,(x_{2\perp},L+L_0),(y_{2\perp},0)]}\hat{\mathcal{G}}_2[\omega_0+\omega'_2,(x_{2\perp},L+L_0),(y'_{2\perp},0)]\\&\times\Big[\langle\hat{f}(\omega_1,y_{1\perp})\overline{\hat{f}(\omega'_1,y'_{1\perp})\hat{f}(\omega_2,y_{2\perp})}\hat{f}(\omega'_2,y'_{2\perp})\rangle\\&-\langle\hat{f}(\omega_1,y_{1\perp})\overline{\hat{f}(\omega'_1,y'_{1\perp})}\rangle\langle\overline{\hat{f}(\omega_2,y_{2\perp})}\hat{f}(\omega'_2,y'_{2\perp})\rangle\Big]\end{aligned}$$

根据噪声源的高斯特性，可以得到：

$$\langle \hat{f}(\omega_1,y_{1\perp})\overline{\hat{f}(\omega_1',y_{1\perp}')\hat{f}(\omega_2,y_{2\perp})}\hat{f}(\omega_2',y_{2\perp}')\rangle = \langle \hat{f}(\omega_1,y_{1\perp})\overline{\hat{f}(\omega_2,y_{2\perp})}\rangle\langle \overline{\hat{f}(\omega_1',y_{1\perp}')}\hat{f}(\omega_2',y_{2\perp}')\rangle$$

$$-\langle \hat{f}(\omega_1,y_{1\perp})\overline{\hat{f}(\omega_1',y_{1\perp}')}\rangle\langle \overline{\hat{f}(\omega_2,y_{2\perp})}\hat{f}(\omega_2',y_{2\perp}')\rangle + \langle \hat{f}(\omega_1,y_{1\perp})\hat{f}(\omega_2',y_{2\perp}')\rangle\langle \overline{\hat{f}(\omega_1',y_{1\perp}')\hat{f}(\omega_2,y_{2\perp})}\rangle$$

$$=(2\pi)^2\Gamma(y_{1\perp},y_{2\perp})\Gamma(y_{1\perp}',y_{2\perp}')\times\hat{F}(\omega_1)\hat{F}(\omega_1')\delta(\omega_1-\omega_2)\delta(\omega_1'-\omega_2')$$

此即需要证明的结果。

11.2.2 旁轴状态

本章研究旁轴区域中波的传播和成像问题。所谓旁轴区域，是指传播距离远大于介质的相关长度，且介质本身的相关长度也远大于特征波长的区域。与第 10 章一样，引入一个无量纲参数 ε 来量化这些比例，并假设特征波长的阶数为 ε^4，介质的相关长度和波束半径阶数均为 ε^2，而物体本身尺寸的阶数为 ε^2，与传播波束的大小相当。此外，在光学鬼成像实验中，部分相干波是通过单色激光束穿过旋转漫射器（Katz et al., 2009）产生的。时间扰动的退相干时间远大于单色激光束的振荡频率，因此假定退相干时间的阶数为 ε^P，$p\in(0,4)$。

综上所述，考虑到载波频率为 ω_0/ε^4，光源项可表示为

$$f^{\varepsilon}(t,x_\perp)=f\left(\frac{t}{\varepsilon^P},\frac{x_\perp}{\varepsilon^2}\right) \tag{11.12}$$

用于模拟成像目标的透射函数形式为

$$\mathcal{T}^{\varepsilon}(y_\perp)=\mathcal{T}\left(\frac{y_\perp}{\varepsilon^2}\right) \tag{11.13}$$

如附录 11. A 所示，在点 $x_1^{\varepsilon}=(\varepsilon^2x_{1\perp},L)$ 处高分辨率检测器所在的 $z=L$ 平面内参考场的缓变包络为

$$\hat{v}_1^{\varepsilon}(\frac{\omega}{\varepsilon^p},x_1^{\varepsilon})\xrightarrow{\varepsilon\to0}\frac{\mathrm{i}c_0\varepsilon^{4+p}}{2\omega_0}\exp\left[\mathrm{i}\left(\frac{\omega_0}{\varepsilon^4}+\frac{\omega}{\varepsilon^P}\right)\frac{L}{c_0}\right]\int_{\mathbb{R}^2}\hat{g}_1[\omega_0,(x_{1\perp},L),(y_{1\perp},0)]\hat{f}(\omega,y_{1\perp})\mathrm{d}y_{1\perp}$$

式中，$\hat{g}_1$ 为伊藤–薛定谔（Itô- Schrödinger）方程［式（12.42）］沿参考路径的基本解。这个表达式意味着，在白噪声旁轴区域，波从源平面 $z=0$ 传播到了高分辨率探测平面 $z=L$。

在点$\boldsymbol{x}_2^{\varepsilon}=(\varepsilon^2x_{2\perp},L+L_0)$处的桶探测器平面 $z=L+L_0$ 内信号的缓变包络为

$$\hat{v}_2^{\varepsilon}\left(\frac{\omega}{\varepsilon^p},x_2^{\varepsilon}\right)\xrightarrow{\varepsilon\to0}\frac{\mathrm{i}c_0\varepsilon^{4+p}}{2\omega_0}\exp\left[\mathrm{i}\left(\frac{\omega_0}{\varepsilon^4}+\frac{\omega}{\varepsilon^P}\right)\frac{L+L_0}{c_0}\right]\int_{\mathbb{R}^2}\int_{\mathbb{R}^2}\hat{g}_2[\omega_0,(x_{2\perp},L+L_0),(y_\perp,L)]$$
$$\times\mathcal{T}(y_\perp)\hat{g}_2[\omega_0,(y_\perp,L),(y_{2\perp},0)]\hat{f}(\omega,y_{2\perp})\mathrm{d}y_{2\perp}\mathrm{d}y_\perp$$

式中，$\hat{g}_2$ 为伊藤–薛定谔方程沿信号路径的基本解。该表达式意味着在白噪声旁轴区域中波从源平面 $z=0$ 传播到目标平面 $z=L$，它穿过由透射函数 $\mathcal{T}$描述的掩膜，并且它在白噪声旁轴区域中从目标平面 $z=L$ 传播到桶检测器平面 $z=L+L_0$。

基于这些表达式，统计互相关可由下式给出：

$$\varepsilon^{-20}\mathcal{C}^{\varepsilon}(\varepsilon^2 x_{1\perp})\xrightarrow{\varepsilon\to 0}\mathcal{C}_p(x_{1\perp})$$

其中

$$\begin{aligned}\mathcal{C}_p(x_{1\perp})=&\frac{c_0^4}{16\omega_0^4}\int_{\mathbb{R}^2}\mathrm{d}y_{1\perp}\int_{\mathbb{R}^2}\mathrm{d}y'_{1\perp}\int_{\mathbb{R}^2}\mathrm{d}y_{2\perp}\int_{\mathbb{R}^2}\mathrm{d}y'_{2\perp}\int_{\mathbb{R}^2}\mathrm{d}y_{3\perp}\int_{\mathbb{R}^2}\mathrm{d}y'_{3\perp}\\&\times\int_{\mathbb{R}^2}\mathrm{d}x_{2\perp}\hat{g}_1[\omega_0,(x_{1\perp},L),(y_{1\perp},0)]\overline{\hat{g}_1[\omega_0,(x_{1\perp},L),(y'_{1\perp},0)]}\\&\times\overline{\hat{g}_2[\omega_0,(x_{2\perp},L+L_0),(y'_{3\perp},L)]}\mathcal{T}(y'_{3\perp})\overline{\hat{g}_2[\omega_0,(y'_{3\perp},L),(y_{2\perp},0)]}\\&\times\hat{g}_2[\omega_0,(x_{2\perp},L+L_0),(y_{3\perp},L)]\mathcal{T}(y_{3\perp})\hat{g}_2[\omega_0,(y_{3\perp},L),(y'_{2\perp},0)]\\&\times\Gamma(y_{1\perp},y_{2\perp})\Gamma(y'_{1\perp},y'_{2\perp})\end{aligned}\tag{11.14}$$

这里使用了恒等式 $\int\hat{F}(\omega)\mathrm{d}\omega=2\pi F(0)=2\pi$。

11.2.3 时间反演解释

现在尝试讨论当源在空间不相干时，即 $\Gamma(\boldsymbol{x}_\perp,\boldsymbol{x}'_\perp)=K(\boldsymbol{x}_\perp)\delta(\boldsymbol{x}_\perp-\boldsymbol{x}'_\perp)$ 时，统计互相关也能够给出透射函数 $\mathcal{T}$ 的高品质图像。此时：

$$\begin{aligned}\mathcal{C}_p(x_{1\perp})=&\frac{c_0^4}{16\omega_0^4}\int_{\mathbb{R}^2}\mathrm{d}y_{3\perp}\int_{\mathbb{R}^2}\mathrm{d}y'_{3\perp}\mathcal{T}(y_{3\perp})\mathcal{T}(y'_{3\perp})\\&\times\int_{\mathbb{R}^2}\mathrm{d}y_{1\perp}\hat{g}_1[\omega_0,(x_{1\perp},L),(y_{1\perp},0)]\overline{\hat{g}_2[\omega_0,(y'_{3\perp},L),(y_{1\perp},0)]}K(y_{1\perp})\\&\times\int_{\mathbb{R}^2}\mathrm{d}y'_{1\perp}\overline{\hat{g}_1[\omega_0,(x_{1\perp},L),(y'_{1\perp},0)]}\hat{g}_2[\omega_0,(y_{3\perp},L),(y'_{1\perp},0)]K(y'_{1\perp})\\&\times\int_{\mathbb{R}^2}\mathrm{d}x_{2\perp}\overline{\hat{g}_2[\omega_0,(x_{2\perp},L+L_0),(y'_{3\perp},L)]}\hat{g}_2[\omega_0,(x_{2\perp},L+L_0),(y_{3\perp},L)]\end{aligned}$$

对 $\mathrm{d}y_{1\perp}$ 的积分描述了当点源位于$(y'_{3\perp},L)$处、时间反演镜位于由函数 K 描述的横向支承平面 $z=0$ 上，而观测点位于$(x_{1\perp},L)$处时的时间反演实验结果。可以预测它在 $x_{1\perp}=y'_{3\perp}$ 处收敛。类似地，也可以预测，对 $dy'_{1\perp}$ 的积分在 $x_{1\perp}=y_{3\perp}$ 处收敛，而最后关于 $dx_{2\perp}$ 的积分在 $y'_{3\perp}=y_{3\perp}$ 处收敛。对关于 $y'_{3\perp}$ 和 $y_{3\perp}$ 的函数 $\mathcal{T}(y_{3\perp})\mathcal{T}(y'_{3\perp})$ 进行积分时，可以预测其结果应该与 $[\mathcal{T}(x_{1\perp})]^2$ 成正比，这意味着统计互相关应该是透射函数 $\mathcal{T}$ 平方的图像。

当介质均匀时，这种尝试性的解释实际上非常接近现实，因为此时 $\hat{g}_1=\hat{g}_2=\hat{g}_0$，其中 $\hat{g}_0$ 是齐次基本解式（12.43）。然而，当介质为随机介质时，参考波和时间反演波通过两种随机介质后相互独立传播，从而 $\hat{g}_1$ 和 $\hat{g}_2$ 虽然可能具有相同的统计信息，但它们是相互独立的。在时间反演解释中，这意味着时间反演波在随机介质中以一种不同的方式传播。众所周知，时间反演重聚焦对介质的变化非常敏感（Alfaro Vigo et al., 2004），因此，随机散射不利于鬼成像。接下来将对此进行定量。

11.2.4 随机介质的平均效应

将鬼成像函数定义为以下互相关的平均：

$$\mathcal{I}_{\mathrm{gi}}(x_{1\perp}) = \mathbb{E}[C_p(x_{1\perp})] \tag{11.15}$$

式中，$\mathbb{E}$ 是参考路径（标记为①）和信号路径（标记为②）中随机介质的期望。在随机介质为湍流大气的实验条件下，这样计算期望值确实是合理的。湍流大气随时间缓慢而遍历地变化，消相干时间约为几毫秒，如 Ishimaru（1997）、Shapiro 和 Boyd（2012）及 Tatarski（1961）所述。如果积分时间 T 大于该消相干时间，则经验互相关相对于随机介质的分布是自平均的。

由于参考路径和信号路径中的随机介质是相互独立的，所以函数 $\hat{g}_1$ 和 $\hat{g}_2$ 也是相互独立的，于是可以得到：

$$\begin{aligned}\mathcal{I}_{\mathrm{gi}}(x_{1\perp}) = {} & \frac{c_0^4}{16\omega_0^4}\int_{\mathbb{R}^2}\mathrm{d}y_{1\perp}\int_{\mathbb{R}^2}\mathrm{d}y'_{1\perp}\int_{\mathbb{R}^2}\mathrm{d}y_{2\perp}\int_{\mathbb{R}^2}\mathrm{d}y'_{2\perp}\int_{\mathbb{R}^2}\mathrm{d}y_{3\perp}\int_{\mathbb{R}^2}\mathrm{d}y'_{3\perp}\\ & \times\int_{\mathbb{R}^2}\mathrm{d}x_{2\perp}\mathbb{E}\{\hat{g}_1[\omega_0,(x_{1\perp},L),(y_{1\perp},0)]\overline{\hat{g}_1[\omega_0,(x_{1\perp},L),(y'_{1\perp},0)]}\}\\ & \times\mathbb{E}\{\overline{\hat{g}_2[\omega_0,(x_{2\perp},L+L_0),(y'_{3\perp},L)]}\hat{g}_2[\omega_0,(x_{2\perp},L+L_0),(y_{3\perp},L)]\}\\ & \times\overline{\hat{g}_2[\omega_0,(y'_{3\perp},L),(y_{2\perp},0)]}\hat{g}_2[\omega_0,(y_{3\perp},L),(y'_{2\perp},0)]\\ & \times\mathcal{T}(y_{3\perp})\mathcal{T}(y'_{3\perp})\Gamma(y_{1\perp},y_{2\perp})\Gamma(y'_{1\perp},y'_{2\perp})\end{aligned}$$

实际上，$\hat{g}_2[\omega_0,(\cdot,L),(\cdot,0)]$ 和 $\hat{g}_2[\omega_0,(\cdot,L+L_0),(\cdot,L)]$ 是相互独立的，因为它们分别与式（12.42）中的 $[B(\cdot,z)]_{z\in[0,L]}$ 和 $[B(\cdot,z)-B(\cdot,L)]_{z\in[L,L+L_0]}$ 有关。因此，鬼成像函数可以表示为

$$\begin{aligned}\mathcal{I}_{\mathrm{gi}}(x_{1\perp}) = {} & \frac{c_0^4}{16\omega_0^4}\int_{\mathbb{R}^2}\mathrm{d}y_{1\perp}\int_{\mathbb{R}^2}\mathrm{d}y'_{1\perp}\int_{\mathbb{R}^2}\mathrm{d}y_{2\perp}\int_{\mathbb{R}^2}\mathrm{d}y'_{2\perp}\int_{\mathbb{R}^2}\mathrm{d}y_{3\perp}\int_{\mathbb{R}^2}\mathrm{d}y'_{3\perp}\\ & \times\int_{\mathbb{R}^2}\mathrm{d}x_{2\perp}\mathbb{E}\{\hat{g}_1[\omega_0,(x_{1\perp},L),(y_{1\perp},0)]\overline{\hat{g}_1[\omega_0,(x_{1\perp},L),(y'_{1\perp},0)]}\}\\ & \times\mathbb{E}\{\overline{\hat{g}_2[\omega_0,(x_{2\perp},L+L_0),(y'_{3\perp},L)]}\hat{g}_2[\omega_0,(x_{2\perp},L+L_0),(y_{3\perp},L)]\}\\ & \times\mathbb{E}\{\overline{\hat{g}_2[\omega_0,(y'_{3\perp},L),(y_{2\perp},0)]}\hat{g}_2[\omega_0,(y_{3\perp},L),(y'_{2\perp},0)]\}\\ & \times\mathcal{T}(y_{3\perp})\mathcal{T}(y'_{3\perp})\Gamma(y_{1\perp},y_{2\perp})\Gamma(y'_{1\perp},y'_{2\perp})\end{aligned} \tag{11.16}$$

切记，γ_2 是由式（10.36）定义的。这里要区分 $\gamma_2^{(1)}$ 和 $\gamma_2^{(2)}$，因为沿着参考路径（标记为①）和信号路径（标记为②）的随机介质可能具有不同的统计数据。结合式（12.45）和式（12.43），可以得到：

$$\begin{aligned}& \int_{\mathbb{R}^2}\mathrm{d}x_{2\perp}\mathbb{E}\{\overline{\hat{g}_2[\omega_0,(x_{2\perp},L+L_0),(y'_{3\perp},L)]}\hat{g}_2[\omega_0,(x_{2\perp},L+L_0),(y_{3\perp},L)]\}\\ & = \int_{\mathbb{R}^2}\mathrm{d}x_{2\perp}\overline{\hat{g}_0[\omega_0,(x_{2\perp},L+L_0),(y'_{3\perp},L)]}\hat{g}_0[\omega_0,(x_{2\perp},L+L_0),(y_{3\perp},L)]\\ & \quad\times\exp\left(-\frac{\gamma_2^{(2)}(y'_{3\perp}-y_{3\perp})\omega_0^2L_0}{4c_0^2}\right)\end{aligned}$$

$$
\begin{aligned}
&=\frac{\omega_0^2}{4\pi^2 c_0^2 L_0^2}\int_{\mathbb{R}^2} \mathrm{d}x_{2\perp} \exp\left(\mathrm{i}\,\frac{\omega_0 x_{2\perp}\cdot(y_{3\perp}-y'_{3\perp})}{c_0 L_0}\right)\\
&\quad \exp\left(\mathrm{i}\,\frac{\omega_0(|y'_{3\perp}|^2-|y_{3\perp}|^2)}{2c_0L_0}-\frac{\gamma_2^{(2)}(y'_{3\perp}-y_{3\perp})\omega_0^2 L_0}{4c_0^2}\right)\\
&=\delta(y_{3\perp}-y'_{3\perp})
\end{aligned}
$$

由此可以得到鬼成像函数与透射函数平方之间的关系为

$$
\mathcal{I}_{\mathrm{gi}}(x_{1\perp})=\int_{\mathbb{R}^2}\mathrm{d}y_{3\perp} H(x_{1\perp},y_{3\perp})[\mathcal{T}(y_{3\perp})]^2 \tag{11.17}
$$

其中，核函数 $H(x_{1\perp},y_{3\perp})$ 表达式为

$$
\begin{aligned}
H(x_{1\perp},y_{3\perp})=&\frac{c_0^4}{16\omega_0^4}\int_{\mathbb{R}^2}\mathrm{d}y_{1\perp}\int_{\mathbb{R}^2}\mathrm{d}y'_{1\perp}\int_{\mathbb{R}^2}\mathrm{d}y_{2\perp}\int_{\mathbb{R}^2}\mathrm{d}y'_{2\perp}\Gamma(y_{1\perp},y_{2\perp})\Gamma(y'_{1\perp},y'_{2\perp})\\
&\times\mathbb{E}\{\hat{g}_1[\omega_0,(x_{1\perp},L),(y_{1\perp},0)]\overline{\hat{g}_1[\omega_0,(x_{1\perp},L),(y'_{1\perp},0)]}\}\\
&\times\mathbb{E}\{\overline{\hat{g}_2[\omega_0,(y_{3\perp},L),(y_{2\perp},0)]}\hat{g}_2[\omega_0,(y_{3\perp},L),(y'_{2\perp},0)]\}
\end{aligned} \tag{11.18}
$$

接下来，将在源的相干性及随机介质的散射特性基础上讨论核函数 H 的特性进而分析鬼成像的分辨率特性。

11.3　分辨率分析

11.3.1　噪声源完全不相干时的分辨率分析

在本节中，考虑噪声源完全不相干的情况：

$$
\Gamma(\boldsymbol{x}_\perp,\boldsymbol{x}'_\perp)=I_0\exp\left(-\frac{|\boldsymbol{x}_\perp|^2}{r_0^2}\right)\delta(\boldsymbol{x}_\perp-\boldsymbol{x}'_\perp) \tag{11.19}
$$

这里，假设噪声源的协方差函数是 δ-函数，并且具有半径为 r_0 的高斯型空间支撑。

命题 11.2　在噪声源式（11.19）完全不相干的情况下，鬼成像函数是透射函数平方与卷积核 $\mathcal{H}$ 的褶积：

$$
\mathcal{I}_{\mathrm{gi}}(x_{1\perp})=\int_{\mathbb{R}^2}\mathcal{H}(x_{1\perp}-y_{3\perp})[\mathcal{T}(y_{3\perp})]^2\mathrm{d}y_{3\perp} \tag{11.20}
$$

其中

$$
\mathcal{H}(x_\perp)=\frac{I_0^2 r_0^4}{2^9\pi^3 L^4}\int_{\mathbb{R}^2}\mathrm{d}\beta_\perp\exp\left(-\frac{|\beta_\perp|^2}{2}-\frac{\gamma_2(r_0\beta_\perp)\omega_0^2 L}{2c_0^2}+\mathrm{i}\,\frac{\omega_0 r_0 x_\perp\cdot\beta_\perp}{c_0 L}\right) \tag{11.21}
$$

且

$$
\gamma_2(x_\perp)=[\gamma_2^{(1)}(x_\perp)+\gamma_2^{(2)}(x_\perp)]/2。
$$

【证明】 将式（12.45）与式（11.18）结合，可以得到：

$$
\begin{aligned}
H(x_{1\perp},y_{3\perp})=&\frac{I_0^2 c_0^4}{16\omega_0^4}\int_{\mathbb{R}^2}\mathrm{d}y_{1\perp}\int_{\mathbb{R}^2}\mathrm{d}y'_{1\perp}\exp\left(-\frac{|y_{1\perp}|^2+|y'_{1\perp}|^2}{r_0^2}\right)\\
&\times\hat{g}_0[\omega_0,(x_{1\perp},L),(y_{1\perp},0)]\overline{\hat{g}_0[\omega_0,(x_{1\perp},L),(y'_{1\perp},0)]}
\end{aligned}
$$

$$\times \exp\left(-\frac{\gamma_2^{(1)}(y_{1\perp}-y'_{1\perp})\omega_0^2 L}{4c_0^2}\right)$$

$$\overline{\times \hat{g}_0[\omega_0,(y_{3\perp},L),(y_{1\perp},0)]}\hat{g}_0[\omega_0,(y_{3\perp},L),(y'_{1\perp},0)]$$

$$\times \exp\left(-\frac{\gamma_2^{(2)}(y_{1\perp}-y'_{1\perp})\omega_0^2 L}{4c_0^2}\right)$$

使用 $\hat{g}_0$ 的显式形式［式（12.43）］，得到：

$$H(x_{1\perp},y_{3\perp})=\frac{I_0^2}{16(2\pi)^4L^4}\int_{\mathbb{R}^2}\mathrm{d}y_{1\perp}\int_{\mathbb{R}^2}\mathrm{d}y'_{1\perp}\exp\left(-\frac{|\boldsymbol{y}_{1\perp}|^2+|\boldsymbol{y}'_{1\perp}|^2}{r_0^2}\right)$$

$$\times \exp\left(\mathrm{i}\,\frac{\omega_0(\boldsymbol{y}_{1\perp}-\boldsymbol{y}'_{1\perp})\cdot(\boldsymbol{y}_{3\perp}-\boldsymbol{x}_{1\perp})}{c_0L}\right)\exp\left(-\frac{\gamma_2(\boldsymbol{y}_{1\perp}-\boldsymbol{y}'_{1\perp})\omega_0^2L}{2c_0^2}\right)$$

通过变量代换 $y_{1\perp}=x_\perp+y_\perp/2,y'_{1\perp}=x_\perp-y_\perp/2$，并对 $x_\perp$ 积分，得到：

$$H(\boldsymbol{x}_{1\perp},\boldsymbol{y}_{3\perp})=\frac{I_0^2}{16(2\pi)^4L^4}\int_{\mathbb{R}^2}\mathrm{d}y_\perp\int_{\mathbb{R}^2}\mathrm{d}x_\perp\exp\left(-\frac{2|\boldsymbol{x}_\perp|^2}{r_0^2}-\frac{|\boldsymbol{y}_\perp|^2}{2r_0^2}\right)$$

$$\times \exp\left(\mathrm{i}\,\frac{\omega_0\boldsymbol{y}_\perp\cdot(\boldsymbol{y}_{3\perp}-\boldsymbol{x}_{1\perp})}{c_0L}-\frac{\gamma_2(\boldsymbol{y}_\perp)\omega_0^2L}{2c_0^2}\right)$$

$$=\frac{I_0^2r_0^2}{2^9\pi^3L^4}\int_{\mathbb{R}^2}\mathrm{d}y_\perp\exp\left(-\frac{|\boldsymbol{y}_\perp|^2}{2r_0^2}\right)\exp\left(\mathrm{i}\,\frac{\omega_0\boldsymbol{y}_\perp\cdot(\boldsymbol{y}_{3\perp}-\boldsymbol{x}_{1\perp})}{c_0L}-\frac{\gamma_2(\boldsymbol{y}_\perp)\omega_0^2L}{2c_0^2}\right)$$

因此，它仅是 $x_{1\perp}-y_{3\perp}$ 的函数：

$$H(\boldsymbol{x}_{1\perp},\boldsymbol{y}_{3\perp})=\mathcal{H}(\boldsymbol{x}_{1\perp}-\boldsymbol{y}_{3\perp})$$

式中，$\mathcal{H}(x_\perp)$ 由式（11.21）定义（作变量代换 $y_\perp=r_0\beta_\perp$）。

如果介质是均匀的，$\gamma_2\equiv 0$，则卷积核具有高斯形式：

$$\mathcal{H}(x_\perp)=\frac{I_0^2r_0^4}{2^8\pi^2L^4}\exp\left(-\frac{|x_\perp|^2}{4\rho_{\mathrm{gi0}}^2}\right) \tag{11.22}$$

高斯半径为

$$\rho_{\mathrm{gi0}}^2=\frac{c_0^2L^2}{2\omega_0^2r_0^2} \tag{11.23}$$

这实质上是瑞利分辨率公式，其中 ρ_{gi0} 与 λ_0L/r_0 成正比，$\lambda_0=2\pi\omega_0/c_0$。

如果介质是强散射的，当传播距离大于散射平均自由程，即 $\frac{\gamma_0(\mathbf{0})\omega_0^2L}{c_0^2}\gg 1$，并且 $\gamma_0(x_\perp)=[\gamma_0^{(1)}(x_\perp)+\gamma_0^{(2)}(x_\perp)]/2$时，有

$$\mathcal{H}(\boldsymbol{x}_\perp)=\frac{I_0^2r_0^4\rho_{\mathrm{gi0}}^2}{2^8\pi^2L^4\rho_{\mathrm{gi1}}^2}\exp\left(-\frac{|x_\perp|^2}{4\rho_{\mathrm{gi1}}^2}\right) \tag{11.24}$$

其中

$$\rho_{\mathrm{gi1}}^2=\frac{c_0^2L^2}{2\omega_0^2r_0^2}+\frac{\bar{\gamma}_2L^3}{6} \tag{11.25}$$

式中，$\bar{\gamma}_2$ 的定义与命题 12.7 中一致：$\gamma_0(x_\perp)=\gamma_0(\mathbf{0})-\bar{\gamma}_2|x_\perp|^2+o(|x_\perp|^2)$。这一结果表明，当传播距离大于散射平均自由程时，鬼成像函数仍能给出掩膜的图像，但随机散射使

其分辨率略有降低。当两列波分别沿着位于相互独立介质中的路径传播时，随机散射不再起作用。如果沿着两条路径随机介质特性相同（当然这不现实），那么随机散射将提高分辨率，正如在时间逆转实验中观察到的那样（Blomgren et al., 2002；Fouque et al., 2007；Garnier and Papanocolaou, 2007）。

11.3.2　噪声源部分相干时的分辨率分析

本节讨论如下部分相干情况：

$$\Gamma(x_\perp, x'_\perp) = I_0 \exp\left(-\frac{|x_\perp + x'_\perp|^2}{4r_0^2} - \frac{|x_\perp - x'_\perp|^2}{4\rho_0^2}\right) \tag{11.26}$$

其中，假设源具有半径为 r_0 的高斯型及半径为 ρ_0 的局部高斯型相关函数空间支撑。这个模型在物理学文献中被称为高斯–谢尔（Gaussian-Schell）模型（Mandel and Wolf, 1995）。值得注意的是，总假设 $r_0 \geqslant \rho_0$ 以确保 Γ 是一个正核。$\rho_0 \to 0$ 的极限情况对应于 11.3.1 小节中描述的完全不相干情况。$\rho_0 = r_0$ 的极限情况：

$$\Gamma(\boldsymbol{x}_\perp, \boldsymbol{x}'_\perp) = I_0 \exp\left(-\frac{|\boldsymbol{x}_\perp|^2 + |\boldsymbol{x}'_\perp|^2}{2r_0^2}\right)$$

对应于完全相干情形：场的空间分布是确定的，且具有半径为 r_0 的高斯型支撑。下面的命题给出了鬼成像核函数的表达式。

命题 11.3　在式（11.26）所描述的部分相干情况下，鬼成像函数具有式（11.17）的形式，其中核函数由下式给出：

$$\begin{aligned} H(\boldsymbol{x}_{1\perp}, \boldsymbol{y}_{3\perp}) = {} & \frac{I_0^2 \rho_0^4 r_0^4}{64\pi^2 L^4} \int_{\mathbb{R}^2} \mathrm{d}\alpha_\perp \int_{\mathbb{R}^2} \mathrm{d}\beta_\perp \exp\left[-\frac{|\boldsymbol{\alpha}_\perp|^2 + |\boldsymbol{\beta}_\perp|^2}{2}\left(1 + \frac{\omega_0^2 r_0^2 \rho_0^2}{c_0^2 L^2}\right)\right] \\ & \times \exp\left\{-\mathrm{i}\frac{\omega_0}{c_0 L}\left[\rho_0(\boldsymbol{x}_{1\perp} + \boldsymbol{y}_{3\perp}) \cdot \boldsymbol{\alpha}_\perp + r_0(\boldsymbol{x}_{1\perp} - \boldsymbol{y}_{3\perp}) \cdot \boldsymbol{\beta}_\perp\right]\right\} \\ & \times \exp\left\{-\frac{\omega_0^2 L}{4c_0^2}\left[\gamma_2^{(1)}(\rho_0\boldsymbol{\alpha}_\perp + r_0\boldsymbol{\beta}_\perp)\right] + \gamma_2^{(2)}(\rho_0\boldsymbol{\alpha}_\perp - r_0\boldsymbol{\beta}_\perp)\right\} \end{aligned} \tag{11.27}$$

【证明】 根据式（11.18）和式（11.26）的协方差函数 Γ 表达式，得到：

$$\begin{aligned} H(\boldsymbol{x}_{1\perp}, \boldsymbol{y}_{3\perp}) = {} & \frac{I_0^2}{2^8 \pi^4 L^4} \int_{\mathbb{R}^2} \mathrm{d}y_{1\perp} \int_{\mathbb{R}^2} \mathrm{d}y'_{1\perp} \int_{\mathbb{R}^2} \mathrm{d}y_{2\perp} \int_{\mathbb{R}^2} \mathrm{d}y'_{2\perp} \\ & \times \exp\left(-\frac{|\boldsymbol{y}_{1\perp} + \boldsymbol{y}_{2\perp}|^2}{4r_0^2} - \frac{|\boldsymbol{y}_{1\perp} - \boldsymbol{y}_{2\perp}|^2}{4\rho_0^2} - \frac{|\boldsymbol{y}'_{1\perp} + \boldsymbol{y}'_{2\perp}|^2}{4r_0^2} - \frac{|\boldsymbol{y}'_{1\perp} - \boldsymbol{y}'_{2\perp}|^2}{4\rho_0^2}\right) \\ & \times \exp\left\{\mathrm{i}\frac{\omega_0}{c_0 L}\left[\boldsymbol{x}_{1\perp} \cdot (\boldsymbol{y}'_{1\perp} - \boldsymbol{y}_{1\perp}) + \boldsymbol{y}_{3\perp} \cdot (\boldsymbol{y}_{2\perp} - \boldsymbol{y}'_{2\perp})\right]\right\} \\ & \times \exp\left[\mathrm{i}\frac{\omega_0}{2c_0 L}\left(|\boldsymbol{y}_{1\perp}|^2 - |\boldsymbol{y}'_{1\perp}|^2 + |\boldsymbol{y}'_{2\perp}|^2 - |\boldsymbol{y}_{2\perp}|^2\right)\right] \\ & \times \exp\left\{-\frac{\omega_0^2 L}{4c_0^2}\left[\gamma_2^{(2)}(\boldsymbol{y}_{2\perp} - \boldsymbol{y}'_{2\perp})\right] + \gamma_2^{(1)}(\boldsymbol{y}'_{1\perp} - \boldsymbol{y}_{1\perp})\right\} \end{aligned}$$

作如下形式的变量代换后

$$\boldsymbol{x}_{a\perp}=\frac{\boldsymbol{y}_{1\perp}+\boldsymbol{y}'_{1\perp}}{2},\boldsymbol{y}_{a\perp}=\boldsymbol{y}_{1\perp}-\boldsymbol{y}'_{1\perp},\boldsymbol{x}_{b\perp}=\frac{\boldsymbol{y}_{2\perp}+\boldsymbol{y}'_{2\perp}}{2},\boldsymbol{y}_{b\perp}=\boldsymbol{y}'_{2\perp}-\boldsymbol{y}_{2\perp},$$

H 可以写成

$$\begin{aligned}H(\boldsymbol{x}_{1\perp},\boldsymbol{y}_{3\perp})=&\frac{I_0^2}{2^8\pi^4L^4}\int_{\mathbb{R}^2}\mathrm{d}x_{a\perp}\int_{\mathbb{R}^2}\mathrm{d}x_{b\perp}\int_{\mathbb{R}^2}\mathrm{d}y_{a\perp}\int_{\mathbb{R}^2}\mathrm{d}y_{b\perp}\\&\times\exp\left(-\frac{|\boldsymbol{x}_{a\perp}+\boldsymbol{x}_{b\perp}|^2}{2r_0^2}-\frac{|\boldsymbol{x}_{a\perp}-\boldsymbol{x}_{b\perp}|^2}{2\rho_0^2}-\frac{|\boldsymbol{y}_{a\perp}-\boldsymbol{y}_{b\perp}|^2}{8r_0^2}-\frac{|\boldsymbol{y}_{a\perp}+\boldsymbol{y}_{b\perp}|^2}{8\rho_0^2}\right)\\&\times\exp\left\{\mathrm{i}\frac{\omega_0}{c_0L}[(\boldsymbol{x}_{a\perp}-\boldsymbol{x}_{1\perp})\cdot\boldsymbol{y}_{a\perp}+(\boldsymbol{x}_{b\perp}-\boldsymbol{y}_{3\perp})\cdot\boldsymbol{y}_{b\perp}]\right\}\\&\times\exp\left\{-\frac{\omega_0^2L}{4c_0^2}[\gamma_2^{(2)}(\boldsymbol{y}_{b\perp})+\gamma_2^{(1)}(\boldsymbol{y}_{a\perp})]\right\}\end{aligned}$$

对 $x_{a\perp}$ 和 $x_{b\perp}$ 进行积分，可得到：

$$\begin{aligned}H(\boldsymbol{x}_{1\perp},\boldsymbol{y}_{3\perp})=&\frac{I_0^2r_0^2\rho_0^2}{2^8\pi^2L^4}\int_{\mathbb{R}^2}\mathrm{d}y_{a\perp}\int_{\mathbb{R}^2}\mathrm{d}y_{b\perp}\exp\Bigg[-\frac{|\boldsymbol{y}_{a\perp}-\boldsymbol{y}_{b\perp}|^2}{8r_0^2}-\frac{|\boldsymbol{y}_{a\perp}+\boldsymbol{y}_{b\perp}|^2}{8\rho_0^2}\\&-\mathrm{i}\frac{\omega_0}{c_0L}(\boldsymbol{y}_{a\perp}\cdot\boldsymbol{x}_{1\perp}+\boldsymbol{y}_{b\perp}\cdot\boldsymbol{y}_{3\perp})\Bigg]\\&\times\exp\left[-\frac{\omega_0^2}{8c_0^2L^2}(r_0^2|\boldsymbol{y}_{a\perp}+\boldsymbol{y}_{b\perp}|^2+\rho_0^2|\boldsymbol{y}_{a\perp}-\boldsymbol{y}_{b\perp}|^2)\right]\\&\times\exp\left\{-\frac{\omega_0^2L}{4c_0^2}[\gamma_2^{(2)}(\boldsymbol{y}_{b\perp})+\gamma_2^{(1)}(\boldsymbol{y}_{a\perp})]\right\}\end{aligned}$$

作新的变量代换 $\boldsymbol{y}_{a\perp}=\rho_0\boldsymbol{\alpha}_\perp+r_0\boldsymbol{\beta}_\perp$ 和 $\boldsymbol{y}_{b\perp}=\rho_0\boldsymbol{\alpha}_\perp-r_0\boldsymbol{\beta}_\perp$，就可以得到式（11.27）。

如果假设沿参考路径和信号路径的随机介质具有相同的统计特性，即它们是同一过程的两种相互独立的实现方式，则 $\gamma_0^{(2)}=\gamma_0^{(1)}=\gamma_0$。当发生强散射时，传播距离大于散射平均自由程，即 $\gamma_0(\mathbf{0})\omega_0^2L/c_0^2\gg1$，此时有

$$H(\boldsymbol{x}_{1\perp},\boldsymbol{y}_{3\perp})=\frac{I_0^2\rho_0^2r_0^2c_0^4}{64\omega_0^4\rho_{\mathrm{gi}}^2R_{\mathrm{gi}}^2}\exp\left(-\frac{|\boldsymbol{x}_{1\perp}-\boldsymbol{y}_{3\perp}|^2}{4\rho_{\mathrm{gi}}^2}-\frac{|\boldsymbol{x}_{1\perp}+\boldsymbol{y}_{3\perp}|^2}{4R_{\mathrm{gi}}^2}\right)\tag{11.28}$$

其中

$$\rho_{\mathrm{gi}}^2=\frac{c_0^2L^2}{2\omega_0^2r_0^2}+\frac{\rho_0^2}{2}+\frac{\overline{\gamma}_2L^3}{6}\tag{11.29}$$

$$R_{\mathrm{gi}}^2=\frac{c_0^2L^2}{2\omega_0^2\rho_0^2}+\frac{r_0^2}{2}+\frac{\overline{\gamma}_2L^3}{6}\tag{11.30}$$

式中，$\overline{\gamma}_2$ 满足 $\gamma_0(\boldsymbol{x}_\perp)=\gamma_0(\mathbf{0})-\overline{\gamma}_2|\boldsymbol{x}_\perp|^2+o(|\boldsymbol{x}_\perp|^2)$。当 $\overline{\gamma}_2=0$ 时，该公式就是均匀介质中成像核函数的表达式。

在部分相干情况下，$\rho_0\leqslant r_0$，从式（11.29）可以看出，源的空间相干性反倒降低了成像分辨率。从式（11.30）可以看出，如果待成像目标（例如，透射函数的支撑）位于半径为 R_{gi} 的圆形平面内，则仍然可以成像。当震源的相干性较差时，这个圆形平面的半径就需要更大一些。

在源完全不相干，即 $\rho_0\to0$ 的极限情况下，可以得到如下两个表达式

$$\frac{1}{4\pi\rho_0^2}\Gamma(x_\perp,x'_\perp)\xrightarrow{\rho_0\to 0}I_0\exp\left(-\frac{|x_\perp|^2}{r_0^2}\right)\delta(x_\perp-x'_\perp)$$

和

$$\frac{1}{(4\pi\rho_0^2)^2}H(x_{1\perp},y_{3\perp})\xrightarrow{\rho_0\to 0}\frac{I_0^2r_0^4\rho_{\mathrm{gi0}}^2}{2^8\pi^2L^4\rho_{\mathrm{gi1}}^2}\exp\left(-\frac{|x_\perp-y_{3\perp}|^2}{4\rho_{\mathrm{gi1}}^2}\right)$$

式（11.29）和式（11.30）给出了用完全不相干近似部分相干情况的有效性条件：当 ρ_0 比 ρ_{gi0} 小得多，并且透射函数的支撑位于半径为 $\rho_{\mathrm{gi0}}r_0/\rho_0$（或者更确切地为 $\sqrt{\rho_{\mathrm{gi0}}^2r_0^2/\rho_0^2+\overline{\gamma}_2L^3/6}$）的圆形平面内时，可以通过完全非相干情况式（11.19）来近似部分相干情况式（11.26）。

在源完全相干，即 $\rho_0=r_0$ 的极限情况下，$\rho_{\mathrm{gi}}^2=R_{\mathrm{gi}}^2$，并且

$$H(x_{1\perp},y_{3\perp})=\frac{I_0^2r_0^4c_0^4}{64\omega_0^4R_{\mathrm{gi}}^4}\exp\left(-\frac{|x_{1\perp}|^2+|y_{3\perp}|^2}{2R_{\mathrm{gi}}^2}\right)$$

具有可分表示形式。在这种情况下，得不到透射函数的任何图像，并且无论透射函数的形式是什么，成像函数都具有带宽为 R_{gi} 的高斯函数形式。这证实了源的不相干性（或部分相干性）是鬼成像的关键要素。

11.4　结　　论

在本章中，对基于透射函数的鬼成像进行了系统分析。其实，在反射地震学中，也可以考虑对粗糙界面成像的反射波鬼成像问题（Hardy and Shapiro，2011；Shapiro and Boyd，2012）。此外，也可以在相关文献中找到鬼成像的详细描述。第一个结论是，如果采用基于压缩感知的高级重建算法，则不需要测量参考场的完整透射强度，且可以减少图像恢复所需的测量次数（Katz et al.，2009）。第二个结论是，如果局部相干源可以完美可控，则根本不需要高分辨率探测器。例如，如果光源是空间可调的，当介质均匀时，可以直接计算参考场而不用人为去测量，此时鬼成像函数是桶探测器处测得的信号场总强度与计算得到的参考场强度之间的互相关（Shapiro，2008）。值得注意的是，在该装置中，仅用一个桶探测器就可以获得目标体的高分辨率图像。

附录 11. A　白噪声旁轴区域中的场

在本附录中，将定量描述桶探测器平面内的信号波 v_2^ε 和旁轴区域内高分辨率探测器平面内的参考波 v_1^ε，它们分别用随机介质中沿着由式（12.42）定义的参考路径（标记为①）和信号路径（标记为②）的特征函数 $\hat{g}_1$ 和 $\hat{g}_2$ 表达。

在点 $\boldsymbol{x}_1^\varepsilon=(\varepsilon^2x_{1\perp},L)$ 处的高分辨率探测器平面 $z=L$ 内参考波的缓变包络为

$$\hat{v}_1^\varepsilon(\omega,x_1^\varepsilon)=\int_{\mathbb{R}^2}\hat{\mathcal{G}}_1^\varepsilon\left[\frac{\omega_0}{\varepsilon^4}+\omega,x_1^\varepsilon,(x_{s\perp},0)\right]\hat{f}^\varepsilon(\omega,x_{s\perp})\,\mathrm{d}x_{s\perp}$$

式中，$\hat{\mathcal{G}}_1^\varepsilon=\hat{G}_1^\varepsilon$ 为参考路径上随机介质的格林函数，源表达式为

$$\hat{f}^{\varepsilon}(\omega, x_{s\perp}) = \varepsilon^{p}\hat{f}\left(\varepsilon^{p}\omega, \frac{x_{s\perp}}{\varepsilon^{2}}\right)$$

就旁轴近似的基本解而言，这意味着

$$\hat{v}_1^{\varepsilon}\left(\frac{\omega}{\varepsilon^{p}}, x_1^{\varepsilon}\right) = \varepsilon^{4+p}\int_{\mathbf{R}^2} \hat{G}_1^{\varepsilon}\left[\frac{\omega_0}{\varepsilon^4}+\frac{\omega}{\varepsilon^{p}}, (\varepsilon^2 x_{1\perp}, L), (\varepsilon^2 x_{s\perp}, 0)\right]\hat{f}(\omega, x_{s\perp})\,\mathrm{d}x_{s\perp}$$

$$\xrightarrow{\varepsilon\to 0} \frac{\mathrm{i}c_0\varepsilon^{4+p}}{2\omega_0}\exp\left[\mathrm{i}\left(\frac{\omega_0}{\varepsilon^4}+\frac{\omega}{\varepsilon^{p}}\right)\frac{L}{c_0}\right]\int_{\mathbf{R}^2} \hat{g}_1[\omega_0, (x_{1\perp}, L), (x_{s\perp}, 0)]\hat{f}(\omega, x_{s\perp})\,\mathrm{d}x_{s\perp}$$

在点 $x_2^{\varepsilon} = (\varepsilon^2 x_{2\perp}, L+L_0)$ 处的桶探测器平面 $z = L+L_0$ 内信号波的缓变包络为

$$\hat{v}_2^{\varepsilon}(\omega, x_2^{\varepsilon}) = \int_{\mathbf{R}^2} \hat{\mathcal{G}}_2^{\varepsilon}\left[\frac{\omega_0}{\varepsilon^4}+\omega, x_2^{\varepsilon}, (x_{s\perp}, 0)\right]\hat{f}^{\varepsilon}(\omega, x_{s\perp})\,\mathrm{d}x_{s\perp}$$

此处

$$\hat{\mathcal{G}}_2^{\varepsilon}[\omega, x_2^{\varepsilon}, (x_{s\perp}, 0)] = -\frac{2\mathrm{i}\omega}{c_0}\int_{\mathbf{R}^2} \hat{G}_2^{\varepsilon}[\omega, x_2^{\varepsilon}, (y_{\perp}, L)]\mathcal{T}^{\varepsilon}(y_{\perp})\hat{G}_2^{\varepsilon}[\omega, (y_{\perp}, L), (x_{s\perp}, 0)]\,\mathrm{d}y_{\perp}$$

式中，$\hat{G}_2^{\varepsilon}$ 为信号路径上随机介质的格林函数；$\mathcal{T}^{\varepsilon}(y_{\perp}) = \mathcal{T}(y_{\perp}/\varepsilon^2)$ 为用于模拟待成像目标的透射函数。因此：

$$\hat{v}_2^{\varepsilon}\left(\frac{\omega}{\varepsilon^{p}}, x_2^{\varepsilon}\right) = \varepsilon^{4+p}\int_{\mathbf{R}^2} \hat{\mathcal{G}}_2^{\varepsilon}\left[\frac{\omega_0}{\varepsilon^4}+\frac{\omega}{\varepsilon^{p}}, x_2^{\varepsilon}, (\varepsilon^2 x_{s\perp}, 0)\right]\hat{f}(\omega, x_{s\perp})\,\mathrm{d}x_{s\perp}$$

且

$$\hat{\mathcal{G}}_2^{\varepsilon}\left[\frac{\omega_0}{\varepsilon^4}+\frac{\omega}{\varepsilon^{p}}, x_2^{\varepsilon}, (\varepsilon^2 x_{s\perp}, 0)\right] = -\frac{2\mathrm{i}(\omega_0+\varepsilon^{4-p}\omega)}{c_0}\int_{\mathbf{R}^2} \hat{G}_2^{\varepsilon}\left[\frac{\omega_0}{\varepsilon^4}+\frac{\omega}{\varepsilon^{p}}, x_2^{\varepsilon}, (\varepsilon^2 y_{\perp}, L)\right]$$

$$\times\mathcal{T}(y_{\perp})\hat{G}_2^{\varepsilon}\left[\frac{\omega_0}{\varepsilon^4}+\frac{\omega}{\varepsilon^{p}}, (\varepsilon^2 y_{\perp}, L), (\varepsilon^2 x_{s\perp}, 0)\right]\mathrm{d}y_{\perp}$$

就旁轴近似的基本解而言，可以写为

$$\hat{v}_2^{\varepsilon}\left(\frac{\omega}{\varepsilon^{p}}, x_2^{\varepsilon}\right) \xrightarrow{\varepsilon\to 0} \frac{\mathrm{i}c_0\varepsilon^{4+p}}{2\omega_0}\exp\left[\mathrm{i}\left(\frac{\omega_0}{\varepsilon^4}+\frac{\omega}{\varepsilon^{p}}\right)\frac{L+L_0}{c_0}\right]\int_{\mathbf{R}^2}\int_{\mathbf{R}^2} \hat{g}_2[\omega_0, (x_{2\perp}, L+L_0), (y_{\perp}, L)]$$

$$\times\mathcal{T}(y_{\perp})\hat{g}_2[\omega_0, (y_{\perp}, L), (x_{s\perp}, 0)]\hat{f}(\omega, x_{s\perp})\,\mathrm{d}x_{s\perp}\,\mathrm{d}y_{\perp}$$

第 12 章　随机介质中波传播回顾

在本章中，描述了标量波在随机介质中传播的三种模型。12.1 节介绍了随机走时模型，这是一种特殊的高频传播模型，该模型中，随机介质的扰动只会对波的相位产生影响。12.2 节分析了随机旁轴模型，在该模型中，逆散射可以忽略，但当波的传播距离较长时，会产生显著的侧向散射。12.3 节研究了随机分层模型，在该模型中，介质只沿波传播的纵向发生变化，并且存在显著的逆散射。

对于每一种模型，对其特征尺度和适用范围进行了描述，并给出了格林函数一阶矩和二阶矩的表达式。一阶矩可用于计算决定相干波场指数衰减程度的散射平均自由程，二阶矩可用于确定波场非相干扰动的相关半径。

在本章中，空间变量统一用 $\boldsymbol{x}\in\mathbb{R}^3$ 表示。假定波主要沿着第三个坐标轴方向传播，并记作 $\boldsymbol{x}=(x_\perp, z)$，其中 $\boldsymbol{x}\in\mathbb{R}^3$，$z\in\mathbb{R}$。

12.1　随机走时模型

在本节中，介绍和分析一种弱散射各向同性标量模型，该模型中只有波场的相位发生扰动，这就是所谓的随机走时模型。

12.1.1　适用范围

随机介质中的波动方程为

$$\frac{1}{c^2(\boldsymbol{x})}\frac{\partial^2 u}{\partial t^2}-\Delta_x u=n(t,x) \tag{12.1}$$

其中，波速 $c(\boldsymbol{x})$ 满足：

$$\frac{1}{c^2(\boldsymbol{x})}=\frac{1}{c_0^2}\left[1+\sigma\mu\left(\frac{x}{l_c}\right)\right] \tag{12.2}$$

式中，σ 为扰动的标准差；l_c为相关长度。波速 $c(\boldsymbol{x})$ 存在围绕均匀介质中波速 c_0的扰动，并可用零均值随机过程 μ 来模拟。假设 μ 与自协方差在统计意义上是一致的：

$$\mathcal{R}(\boldsymbol{x}-\boldsymbol{x}')=\mathbb{E}[\mu(\boldsymbol{x})\mu(\boldsymbol{x}')] \tag{12.3}$$

式（12.3）满足归一化条件：

$$\mathcal{R}(0)=1 \quad 且 \quad \int_{\mathbb{R}^3}\mathcal{R}(\boldsymbol{x})\,\mathrm{d}x=1 \tag{12.4}$$

考虑波的长时程传播，即：

$$l_c \ll L \tag{12.5}$$

进一步假设波速的随机扰动很弱，即：

$$\sigma^2 \ll \frac{l_c^3}{L^3} \tag{12.6}$$

并且特征波长 λ（其中 $\omega=2\pi c_0/\lambda$）满足：

$$\frac{\sigma^2 L^3}{l_c^3} \ll \frac{\lambda^2}{\sigma^2 l_c L} \leqslant 1 \tag{12.7}$$

式（12.5）~式（12.7）这三个条件保证了随机走时模型的有效性，该模型属于一种特殊的高频模型 $\lambda \ll l_c \ll L$，其中菲涅耳数的倒数相对于相关长度而言很小，即：

$$\frac{L\lambda}{l_c^2} \leqslant \frac{\sigma L^{3/2}}{l_c^{3/2}} \ll 1$$

该模型中，当波速存在随机扰动时，几何光学近似是有效的。波传播过程中的振幅扰动可以忽略不计，但波的相位扰动却是一阶或更高阶的，且可用高斯统计量来描述。12.1.2 小节根据条件式（12.5）~式（12.7）分析了该模型的适用范围。请注意以下几点：

（1）根据中心极限定理，条件 $l_c \ll L$ 确保了走时扰动具有近似的高斯统计特性。

（2）$\frac{\sigma^2 L^3}{l_c^3}$ 项定量刻画了振幅扰动的方差，因此它应当很小，以确保振幅扰动可以忽略不计。

（3）$\frac{\sigma^2 l_c L}{\lambda^2}$ 项定量刻画了相位的扰动方差，它应当大于 1，以确保相位扰动不可忽略。

12.1.2　振幅和相位扰动的统计特性

Tatarski（1961）及 Rytov 等（1989）根据波传播路径上折射率的扰动给出了振幅和相位扰动的几何光学近似。在这一小节中，为了连续起见，重新推导了这些方程［见式（12.10）~式（12.12）］，并研究在哪些条件下随机走时模型是有效的［见式（12.16）］。

如 3.3.1 小节所示，波场的几何光学近似形式为 $u=\mathcal{A}e^{i\omega\mathcal{T}}$，其中 $\mathcal{A}$ 是振幅，走时 $\mathcal{T}$ 是以下程函方程的解：

$$|\Delta\mathcal{T}|^2 = \frac{1}{c^2(\boldsymbol{x})}$$

而振幅 $\mathcal{A}$ 是如下输运方程的解：

$$2\nabla\mathcal{A}\cdot\nabla\mathcal{T}+\mathcal{A}\Delta\mathcal{T}=0$$

如果折射率的扰动振幅 σ 很小，对振幅 $\mathcal{A}$ 和走时 $\mathcal{T}$ 进行泰勒展开，可以得到：

$$\mathcal{A}=\mathcal{A}_0+\sigma\mathcal{A}_1+\sigma^2\mathcal{A}_2+\cdots,\quad \mathcal{T}=\mathcal{T}_0+\sigma\mathcal{T}_1+\sigma^2\mathcal{T}_2+\cdots$$

将这些幂级数分别代入程函方程和输运方程中，并对 σ 的相同次幂合并同类项，可以得到：

$$|\Delta\mathcal{T}_0| = \frac{1}{c_0} \tag{12.8}$$

$$\Delta\mathcal{T}_0\cdot\Delta\mathcal{T}_1 = \frac{1}{2c_0^2}\mu\left(\frac{x}{l_c}\right) \tag{12.9}$$

$$2\,\nabla\mathcal{A}_0\cdot\nabla\mathcal{T}_0+\mathcal{A}_0\Delta\mathcal{T}_0=0$$

$$2\,\nabla\mathcal{A}_0\cdot\nabla\mathcal{T}_1+2\,\nabla\mathcal{A}_1\cdot\nabla\mathcal{T}_0+\mathcal{A}_0\Delta\mathcal{T}_1+\mathcal{A}_1\Delta\mathcal{T}_0=0$$

这里考虑沿 z 向传播的平面波扰动。对于首项，有

$$\mathcal{A}_0=1,\quad \mathcal{T}_0=\frac{z}{c_0}$$

校正值 $\mathcal{A}_1$ 和 $\mathcal{T}_1$ 满足：

$$\partial_z\mathcal{T}_1=\frac{1}{2c_0}\mu\left(\frac{x}{l_c}\right),\quad \partial_z\mathcal{A}_1=-\frac{c_0}{2}\Delta\mathcal{T}_1$$

通过将拉普拉斯算子分解为 $\Delta=\Delta_\perp+\partial_z^2$，发现关于 $\mathcal{A}_1$ 的方程等价于：

$$\partial_z\mathcal{A}_1=-\frac{1}{4}\partial_z\left[\mu\left(\frac{x}{l_c}\right)\right]-\frac{c_0}{2}\Delta_\perp\mathcal{T}_1$$

并且，当 $\boldsymbol{x}=(0,0,L)$ 时：

$$\mathcal{T}_1=\frac{1}{2c_0}\int_0^L\mu\left(\frac{s\boldsymbol{e}_3}{l_c}\right)\mathrm{d}s \tag{12.10}$$

$$\mathcal{A}_1=\frac{1}{4}\mu(\boldsymbol{0})-\frac{1}{4}\mu\left(\frac{L\boldsymbol{e}_3}{l_c}\right)+\widetilde{\mathcal{A}}_1 \tag{12.11}$$

其中

$$\widetilde{\mathcal{A}}_1=-\frac{1}{4l_c^2}\int_0^L(L-s)\Delta_\perp\mu\left(\frac{s\boldsymbol{e}_3}{l_c}\right)\mathrm{d}s \tag{12.12}$$

式中，$\boldsymbol{e}_3$是$\mathbb{R}^3$空间中 z 向的单位基矢量。

这里探讨的目标是找出在哪些条件下随机走时模型是有效的。这个模型中，波的振幅扰动可以忽略不计，相位（或走时）扰动可以用均值为零的高斯过程刻画。下面的引理中，假设 $L\gg l_c$，根据中心极限定理可以确保 $\mathcal{T}_1$ 具有高斯分布。

引理 12.1　如果随机过程的功率谱密度 $\widetilde{\mathcal{R}}$（$\mathcal{R}$ 的傅里叶变换）衰减得足够快，且 $L\gg l_c$，则：

（1）走时校正值 $\mathcal{T}_1$ 具有均值$\mathbb{E}[\mathcal{T}_1]=0$、方差$\mathbb{E}[\mathcal{T}_1^2]$ 阶数为$(L/c_0)^2(l_c/L)$ 的高斯统计。

$$\mathbb{E}[\mathcal{T}_1^2]=\frac{\gamma_0}{4}\frac{l_c}{L}\frac{L^2}{c_0^2},\quad \gamma_0=\frac{1}{(2\pi)^2}\int_{\mathbb{R}^2}\hat{\mathcal{R}}[(\kappa_\perp,0)]\mathrm{d}\kappa_\perp \tag{12.13}$$

请谨记 $\mathcal{T}_0=L/c_0$。

（2）振幅校正值 $\mathcal{A}_1$ 具有均值$\mathbb{E}[\mathcal{A}_1]=0$、方差$\mathbb{E}[\mathcal{A}_1^2]$ 阶数为$(L/l_c)^3$ 的高斯统计。

$$\mathbb{E}[\mathcal{A}_1^2]=\frac{\gamma_4}{48}\frac{L^3}{l_c^3},\ \gamma_4=\frac{1}{(2\pi)^2}\int_{\mathbb{R}}^2\hat{\mathcal{R}}[(\kappa_\perp,0)]\,|\kappa_\perp|^4\mathrm{d}\kappa_\perp \tag{12.14}$$

请谨记 $\mathcal{A}_0=1$。

还要注意，相位扰动方差与振幅扰动方差的比值为

$$\frac{\mathbb{E}[\omega^2\mathcal{T}_1^2]}{\mathbb{E}[\mathcal{A}_1^2]}\sim\frac{l_c^4}{\lambda^2L^2}$$

附录 12.A 给出了引理 12.1 的证明，其中包含了冗长但简单的计算。

走时展开式中的二阶项 $\mathcal{T}_2$ 满足方程：

$$2\,\nabla\mathcal{T}_0\cdot\nabla\mathcal{T}_2+|\nabla\mathcal{T}_1|^2=0$$

从而得到

$$\mathcal{T}_2=-\frac{1}{8c_0}\int_0^L\mu^2\left(\frac{s\boldsymbol{e}_3}{l_c}\right)\mathrm{d}s-\frac{1}{8c_0l_c^2}\int_0^L\left|\int_0^s\nabla_\perp\mu\left(\frac{s'\boldsymbol{e}_3}{l_c}\right)\mathrm{d}s'\right|^2\mathrm{d}s$$

它的均值和方差由引理 12.2 给出，其证明过程涉及的计算与引理 12.1 的证明中进行的计算相类似，此处不再赘述。

引理 12.2　在与引理 12.1 相同的假设条件下，如下的表达式成立：

$$\mathbb{E}[\mathcal{T}_2]=-\gamma_2\frac{L^2}{16c_0l_c},\quad \mathrm{Var}(\mathcal{T}_2)=\frac{2}{3}\widetilde{\gamma}_2\left(\frac{L^2}{16c_0l_c}\right)^2 \tag{12.15}$$

其中

$$\gamma_2=\frac{1}{(2\pi)^2}\int_{\mathbb{R}^2}\hat{\mathcal{R}}[(\kappa_\perp,0)]\,|\kappa_\perp|^2\mathrm{d}\kappa_\perp$$

$$\widetilde{\gamma}_2=\sum_{j,l=1}^{2}\left[\frac{1}{(2\pi)^2}\int_{\mathbb{R}^2}\hat{\mathcal{R}}[(\kappa_\perp,0)]\kappa_j\kappa_l\mathrm{d}\kappa_\perp\right]^2$$

为了确保随机走时模型有效，折射率扰动的波长 λ、相关长度 l_c、传播距离 L 和标准差 σ 应满足以下条件：

（1）为了确保几何光学近似有效，需要 $\lambda\ll l_c$。

（2）相位统计应当满足高斯分布，因此需要 $l_c\ll L$。

（3）折射率扰动的振幅应该很小，因此 $\sigma\ll 1$。

（4）振幅扰动 $\mathcal{A}_1$ 应该很小，根据式（12.14）可以得到 $\sigma^2\dfrac{L^3}{l_c^3}\ll 1$。

（5）相位 $\omega\mathcal{T}_1$ 的扰动至少是一阶的，根据式（12.13）可以得到 $\sigma^2\dfrac{Ll_c}{\lambda^2}\sim 1$（或>1）。

（6）相位应由 $\omega(\mathcal{T}_0+\sigma\mathcal{T}_1)$ 的展开式精确描述。根据式（12.15），如果 $\sigma^2\dfrac{L^2}{\lambda l_c}\ll 1$，则相位项 $\omega\mathcal{T}_2$ 是可以忽略的。

如果以下条件得到满足，则上面提到的所有条件自然得到满足。

$$\frac{l_c}{L}\ll 1,\quad \sigma^2\ll\frac{l_c^3}{L^3},\quad \sigma^2\frac{L^3}{l_c^3}\ll\frac{\lambda^2}{\sigma^2l_cL}\lesssim 1 \tag{12.16}$$

注意，既然 $\sigma^2\dfrac{L^3}{l_c^3}\ll 1$，可以通过较大的 λ 值范围来满足最后一个条件。其实，可以考虑随机走时模型的一个更普适情形：可以适当放宽条件，即波的相位扰动至少应为一阶，但这可能会导致介质的随机扰动既不引起波的振幅扰动也不引起相位扰动。还可以适当放宽走时校正值 $\mathcal{T}_2$ 忽略这一条件，但这意味着走时统计信息将变得比本章中考虑的更为复杂。

12.1.3　格林函数的矩

随机走时模型提供了相距为 L 的两点之间格林函数的近似表达式：

$$\hat{G}(\omega,\boldsymbol{x},\boldsymbol{y}) \approx \mathcal{A}_0(\boldsymbol{x},\boldsymbol{y})\,\mathrm{e}^{\mathrm{i}\omega[\mathcal{T}_0(\boldsymbol{x},\boldsymbol{y})+\nu_{\mathcal{T}}(\boldsymbol{x},\boldsymbol{y})]} \tag{12.17}$$

这里 $\mathcal{T}_0$ 是格林函数在均匀背景介质中的走时：

$$\mathcal{T}_0(\boldsymbol{x},\boldsymbol{y}) = \frac{|\boldsymbol{x}-\boldsymbol{y}|}{c_0}$$

$\mathcal{A}_0$ 是均匀背景介质中格林函数的振幅：

$$\mathcal{A}_0(\boldsymbol{x},\boldsymbol{y}) = \frac{1}{4\pi|\boldsymbol{x}-\boldsymbol{y}|}$$

$\nu_T(\boldsymbol{x},\boldsymbol{y})$ 是 $\frac{1}{c}$ 沿 y 到 x 未被扰动直射线通过积分得到的随机走时扰动：

$$\nu_T(\boldsymbol{x},\boldsymbol{y}) = \frac{\sigma|\boldsymbol{x}-\boldsymbol{y}|}{2c_0}\int_0^1 \mu\left(\frac{\boldsymbol{y}+(\boldsymbol{x}-\boldsymbol{y})s}{l_c}\right)\mathrm{d}s \tag{12.18}$$

为简化起见，在不失一般性的情况下，μ 的高斯型自相关可以表达如下：

$$\mathcal{R}(\boldsymbol{x}) = \mathrm{e}^{-\pi|\boldsymbol{x}|^2} \tag{12.19}$$

由于源点 $\boldsymbol{y}$ 距离排列的距离很远（$L \gg l_c$），走时扰动 $\nu_{\mathcal{T}}(\boldsymbol{x},\boldsymbol{y})$ 的统计分布特性可用以下引理来描述。

引理 12.3 若 $\boldsymbol{y}=(0,0,L)\in\mathbb{R}^3$，$A\subset\mathbb{R}^2$ 且 $\operatorname{diam}(A)\ll L$，$l_c \ll L$，则对于 $x_\perp\in A$，由下式定义的随机过程

$$\nu(x_\perp) := \nu\mathcal{T}[\boldsymbol{x}=(x_\perp,0),\boldsymbol{y}] \tag{12.20}$$

具有均值为零的高斯统计量和如下的协方差函数

$$\mathbb{E}[\nu(\boldsymbol{x}_\perp)\nu(\boldsymbol{x}'_\perp)] = \mathcal{T}_c^2\,\mathcal{C}\left(\frac{|\boldsymbol{x}_\perp-\boldsymbol{x}'_\perp|}{l_c}\right) \tag{12.21}$$

其中

$$\mathcal{T}_c^2 = \frac{\sigma^2 l_c L}{4c_0^2} \tag{12.22}$$

是随机走时扰动的方差，并且

$$\mathcal{C}(r) = \frac{1}{r}\int_0^r \mathrm{e}^{-\pi u^2}\mathrm{d}u \tag{12.23}$$

是协方差的归一化形式。

【证明】 根据式（12.18）、式（12.19）进行直接计算，假设 $L\gg|\boldsymbol{x}_\perp|$，$L\gg|\boldsymbol{x}'_\perp|$，随机过程 $\boldsymbol{\nu}(x_\perp)$ 具有零均值和如下形式的协方差函数：

$$\begin{aligned}\mathbb{E}[\nu(\boldsymbol{x}_\perp)\nu(\boldsymbol{x}'_\perp)] &= \frac{\sigma^2L^2}{4c_0^2}\int_0^1\mathrm{d}s\int_0^1\mathrm{d}s'\exp\left[-\frac{\pi\,|s\boldsymbol{x}_\perp-s'\boldsymbol{x}'_\perp|^2}{l_c^2}-\frac{\pi\,(s-s')^2L^2}{l_c^2}\right]\\ &= \frac{\sigma^2Ll_c}{4c_0^2}\int_0^1\mathrm{d}s\int_{-sL/l_c}^{(1-s)L/l_c}\mathrm{d}\tilde{s}\exp\left[-\frac{\pi\,|s(\boldsymbol{x}_\perp-\boldsymbol{x}'_\perp)-\tilde{s}\,\boldsymbol{x}'_\perp l_c/L|^2}{l_c^2}-\pi\tilde{s}^2\right]\end{aligned} \tag{12.24}$$

如果 μ 服从高斯分布，则高斯特性是自动满足的。通常情况下，当 $L\gg l_c$ 时，根据中心极限定理可以得到高斯特性。此外，当 $L\gg l_c$ 时，在式（12.24）中计算关于 $\tilde{s}$ 的积分可以得到式（12.21）、式（12.22）。

对互相关成像函数的分析涉及格林函数统计矩的计算，这些矩的表达式可以根据式（12.21）和 ν 的高斯性得到。

引理 12.4　若 $\boldsymbol{y}=(0,0,L)\in\mathbb{R}^3$，$A\subset\mathbb{R}^2$ 且 $\mathrm{diam}(A)\ll L$，$l_c\ll L$，则对于任意的 $x_\perp\in A$ 及 $x'_\perp\in A$，以下表达式成立：

$$\mathbb{E}[\mathrm{e}^{\mathrm{i}\omega\nu(\boldsymbol{x}_\perp)}]=\exp\left(-\frac{\omega^2\mathcal{T}_c^2}{2}\right) \tag{12.25}$$

$$\mathbb{E}[\mathrm{e}^{\mathrm{i}\omega\nu(\boldsymbol{x}_\perp)-\mathrm{i}\omega'\nu(\boldsymbol{x}'_\perp)}]=\exp\left\{-\frac{(\omega-\omega')^2\mathcal{T}_c^2}{2}-\omega\omega'\mathcal{T}_c^2\left[1-\mathcal{C}\left(\frac{|x_\perp-x'_\perp|}{l_c}\right)\right]\right\} \tag{12.26}$$

另外，如果 ω，$\omega'\in[\omega_0-B/2,\omega_0+B/2]$ 且 $B\ll\omega_0$，$\omega_0\mathcal{T}_c\gg1$，则：

$$\mathbb{E}[\mathrm{e}^{\mathrm{i}\omega\nu(\boldsymbol{x}_\perp)-\mathrm{i}\omega'\nu(\boldsymbol{x}'_\perp)}]\approx\exp\left(-\frac{(\omega-\omega')^2}{2\Omega_c^2}-\frac{|\boldsymbol{x}_\perp-\boldsymbol{x}'_\perp|^2}{2X_c^2}\right) \tag{12.27}$$

其中

$$X_c=\frac{\sqrt{3}\,l_c}{\sqrt{2\pi}\,\omega_0\mathcal{T}_c},\quad \Omega_c=\frac{1}{\mathcal{T}_c}$$

或等价表示为

$$X_c=\frac{\sqrt{6}\,c_0\sqrt{l_c}}{\sqrt{\pi}\,\omega_0\sigma\sqrt{L}},\quad \Omega_c=\frac{2c_0}{\sigma\sqrt{l_cL}} \tag{12.28}$$

式（12.27）表明 X_c 是格林函数在空间 A 中接收点处的消相干长度，而 Ω_c 是其消相干频率。注意，附加条件 $\omega\mathcal{T}_c\gg1$ 等价于式（12.7）中的 $\dfrac{\lambda^2}{\sigma^2l_cL}\ll1$。

【证明】 可以根据高斯随机变量的特征函数表达式得到式（12.25）、式（12.26）。

$$\mathbb{E}[\mathrm{e}^{\mathrm{i}\omega\nu(\boldsymbol{x}_\perp)-\mathrm{i}\omega'\nu(\boldsymbol{x}'_\perp)}]=\exp\left(-\frac{1}{2}\mathbb{E}\{[\omega\nu(\boldsymbol{x}_\perp)-\omega'\nu(\boldsymbol{x}'_\perp)]^2\}\right)$$

当 $\omega\mathcal{T}_c\gg1$ 且 $\omega'\mathcal{T}_c\gg1$ 时，式（12.25）中的一阶矩很小，因此，当 $|\boldsymbol{x}_\perp-\boldsymbol{x}'_\perp|\geq l_c$ 时，式（12.26）中的二阶矩也很小。只有当 $|\boldsymbol{x}_\perp-\boldsymbol{x}'_\perp|\ll l_c$ 时，$\mathcal{C}(|\boldsymbol{x}_\perp-\boldsymbol{x}'_\perp|/l_c)\approx1$，式（12.26）中的期望值为一阶的。因此，可以在零点处将协方差函数式（12.23）展开为 $\mathcal{C}(r)=1-\pi r^2/3+o(r^2)$，即可得到式（12.27）、式（12.28）。

例如，格林函数的均值及方差为

$$\mathbb{E}[\hat{G}(\omega,\boldsymbol{x},\boldsymbol{y})]=\hat{G}_0(\omega,\boldsymbol{x},\boldsymbol{y})\mathbb{E}[\mathrm{e}^{\mathrm{i}\omega\nu(\boldsymbol{x}_\perp)}]=\hat{G}_0(\omega,\boldsymbol{x},\boldsymbol{y})\mathrm{e}^{-\frac{\omega^2\mathcal{T}_c^2}{2}} \tag{12.29}$$

$$\mathbb{E}[|\hat{G}(\omega,\boldsymbol{x},\boldsymbol{y})|^2]-|\mathbb{E}[\hat{G}(\omega,\boldsymbol{x},\boldsymbol{y})]|^2=|\hat{G}_0(\omega,\boldsymbol{x},\boldsymbol{y})|^2(1-\mathrm{e}^{-\omega^2\mathcal{T}_c^2}) \tag{12.30}$$

式中，$\hat{G}_0$ 为均匀背景介质的格林函数。仔细观察可以发现在非常弱的混波中（$\omega\mathcal{T}_c\ll1$），$\hat{G}\approx\hat{G}_0$，此时波前畸变可忽略不计。

在波前畸变很强的情况下，$\omega\mathcal{T}_c\gg1$，格林函数 $\hat{G}$ 具有明显的随机相位扰动，此时格林函数的平均值也可以写为

$$\mathbb{E}[\hat{G}(\omega,\boldsymbol{x},\boldsymbol{y})]=\hat{G}_0(\omega,\boldsymbol{x},\boldsymbol{y})\mathrm{e}^{-L/l_{\mathrm{sca}}}$$

其中

$$l_{\mathrm{sca}}=\frac{8c_0^2}{\sigma^2 l_c \omega^2} \tag{12.31}$$

在物理学文献中，l_{sca}被称为“散射平均自由程”，它表征了散射介质中平均场的衰减率。

命题 12.5　若 $\boldsymbol{y}=(0,0,L)\in\mathbb{R}^3$，$A\subset\mathbb{R}^2$ 且 $\mathrm{diam}(A)\ll L$，$l_c\ll L$，且如果 $\omega_0 T_c\gg 1$，则对于 $x_\perp\in A$ 及 ω_0 阶的频率 ω，格林函数的一阶矩为零：

$$\mathbb{E}\left\{\hat{G}[\omega,(\boldsymbol{x}_\perp,0),\boldsymbol{y}]\right\}\approx 0 \tag{12.32}$$

对于任意 $x_\perp\in A$、$x'_\perp\in A$ 及任意 ω_0 阶的频率 ω 与 ω'，二阶矩的形式为

$$\mathbb{E}\left\{\hat{G}[\omega,(\boldsymbol{x}_\perp,0),\boldsymbol{y}]\overline{\hat{G}[\omega',(\boldsymbol{x}'_\perp,0),\boldsymbol{y}]}\right\}\approx\hat{G}_0[\omega,(\boldsymbol{x}_\perp,0),\boldsymbol{y}]\overline{\hat{G}_0[\omega',(\boldsymbol{x}'_\perp,0),\boldsymbol{y}]}$$
$$\times\exp\left(-\frac{(\omega-\omega')^2}{2\Omega_c^2}-\frac{|\boldsymbol{x}_\perp-\boldsymbol{x}'_\perp|^2}{2X_c^2}\right) \tag{12.33}$$

12.2　随机旁轴模型

12.2.1　随机旁轴体系

在本节中，将引入并分析弱各向同性散射的标度体系，这样就可以使用随机旁轴模型描述波在散射区域中的传播特征。在这种近似下，逆散射可以忽略不计，但当波的传播距离较长时，就会产生明显的侧向散射。即使它们很弱，但这些影响会累积起来，如果不以某种方式削弱这些影响，就有可能成为成像精度的限制因素。随机介质旁轴体系性中波的传播理论已广泛用于水声传播以及大气科学中的微波及光学问题（Uscinski，1977；Tappert，1977）。通过参数缩放对随机介质中旁轴波的传播状态进行公式化处理，就可以进行详细的数学分析（Garnier and Sølna，2009a）。

（1）假设介质的相关长度 l_c远小于波传播的特征距离 L。相关长度与波传播的特征距离之间的比值用 ε^2 表示，即：

$$\frac{l_c}{L}\sim\varepsilon^2$$

（2）假定源的横向宽度 R_0 与介质的相关长度 l_c 为同一量级，则意味着 R_0/L 也是 ε^2 阶的。在该体系中，介质扰动和波的扰动之间存在着非平凡的相互作用。

（3）假设特征波长 λ 远小于传播距离 L，更确切地说，假设 λ/L 为 ε^4 阶。这种高频标度出于以下考虑：当不存在随机扰动时，初始宽度为 R_0、主波长为 λ 的波束瑞利长度为$\dfrac{R_0^2}{\lambda}$阶。所谓瑞利长度是指与光束腰部的距离，其中光束面积因衍射而加倍（Born and Wolf，1999）。为了获得 L 阶的瑞利长度，由于$\dfrac{R_0}{L}\sim\varepsilon^2$，$\lambda/L$ 必须是 ε^4 阶，即：

$$\frac{\lambda}{L}\sim\varepsilon^4$$

（4）假设介质随机扰动的特征振幅较小，更确切地说，假设扰动的相对振幅为 ε^3 阶。选择该标度是为了在 ε 趋于零时获得有效的一阶体系。也就是说，如果扰动的幅度小于 ε^3，则波将像在均匀介质中传播一样，而如果振幅阶数过大，则波将无法穿透随机介质。

12.2.2　随机旁轴波动方程

此处考虑简谐波形式的标量波动方程：

$$(\partial_z^2+\Delta_\perp)\hat{u}+\frac{\omega^2}{c_0^2}[1+\mu(x_\perp,z)]\hat{u}=0 \tag{12.34}$$

式中，μ 为一个零均值、稳态、在 z 方向上具有多重性质的三维随机过程。在上节讨论的高频体系中：

$$\omega\to\frac{\omega}{\varepsilon^4},\quad \mu(\boldsymbol{x}_\perp,z)\to\varepsilon^3\mu\left(\frac{\boldsymbol{x}_\perp}{\varepsilon^2},\frac{z}{\varepsilon^2}\right) \tag{12.35}$$

校正函数 $\hat{\phi}^\varepsilon$ 由下式定义：

$$\hat{u}^\varepsilon(\omega,x_\perp,z)=\exp\left(\mathrm{i}\frac{\omega}{\varepsilon^4}\frac{z}{c_0}\right)\hat{\phi}^\varepsilon\left(\frac{\omega}{\varepsilon^4},\frac{x_\perp}{\varepsilon^2},z\right) \tag{12.36}$$

且满足

$$\varepsilon^4\partial_z^2\hat{\phi}^\varepsilon+\left[2\mathrm{i}\frac{\omega}{c_0}\partial_z\hat{\phi}^\varepsilon+\Delta_\perp\hat{\phi}^\varepsilon+\frac{\omega^2}{\varepsilon c_0^2}\mu\left(x_\perp,\frac{z}{\varepsilon^2}\right)\hat{\phi}^\varepsilon\right]=0 \tag{12.37}$$

拟解析表达式（12.36）对应于具有缓变包络的上行平面波。在 $\varepsilon\ll1$ 的体系中，Garnier 和 Sølna（2009a）证明了正散射近似和白噪声近似是有效的，这意味着式（12.37）中 z 的二阶导数可以忽略，并且可以用关于 z 的白噪声代替随机势 $\frac{1}{\varepsilon}\mu\left(x_\perp,\frac{z}{\varepsilon^2}\right)$，用数学语言表达就是函数 $\hat{\phi}^\varepsilon(\omega,x_\perp,z)$ 收敛到伊藤-薛定谔方程式（12.38）的解 $\hat{\phi}(\omega,x_\perp,z)$：

$$2\mathrm{i}\frac{\omega}{c_0}\mathrm{d}_z\hat{\phi}(\omega,x_\perp,z)+\Delta_\perp\hat{\phi}(\omega,x_\perp,z)\mathrm{d}z+\frac{\omega^2}{c_0^2}\hat{\phi}(\omega,x_\perp,z)\circ\mathrm{d}B(x_\perp,z)=0 \tag{12.38}$$

式中，$B(x_\perp,z)$ 为布朗场，即具有零均值和如下协方差函数的高斯过程：

$$\mathbb{E}[B(\boldsymbol{x}_\perp,z)B(\boldsymbol{x}'_\perp,z')]=\gamma_0(\boldsymbol{x}_\perp-\boldsymbol{x}'_\perp)(z\wedge z') \tag{12.39}$$

其中

$$\gamma_0(\boldsymbol{x}_\perp)=\int_{-\infty}^{\infty}\mathbb{E}[\mu(\boldsymbol{0},0)\mu(\boldsymbol{x}_\perp,z)]\mathrm{d}z \tag{12.40}$$

式（12.38）中的“∘”代表 Stratonovich 随机积分（Garnier and Sølna，2009a）。这个方程可以写成伊藤（Itô）方程的形式：

$$\mathrm{d}_z\hat{\phi}(\omega,x_\perp,z)=\mathrm{i}\frac{c_0}{2\omega}\Delta_\perp\hat{\phi}(\omega,x_\perp,z)\mathrm{d}z+\frac{\mathrm{i}\omega}{2c_0}\hat{\phi}(\omega,x_\perp,z)\mathrm{d}B(x_\perp,z)-\frac{\omega^2\gamma_0(\boldsymbol{0})}{8c_0^2}\hat{\phi}(\omega,x_\perp,z)\mathrm{d}z \tag{12.41}$$

12.2.3　基本解的矩

当 $z>z_0$ 时，式（12.42）满足初值条件 $\hat{g}[\omega,(\boldsymbol{x}_\perp,z=z_0),(\boldsymbol{x}_{0\perp},z_0)]=\delta(\boldsymbol{x}_\perp-\boldsymbol{x}_{0\perp})$ 时在（$\boldsymbol{x}_\perp$，z）上的解定义为满足式（12.42）的基本解 $\hat{g}[\omega,(\boldsymbol{x}_\perp,z),(\boldsymbol{x}_{0\perp},z_0)]$：

$$2\mathrm{i}\,\frac{\omega}{c_0}\mathrm{d}_z\hat{g}+\Delta_\perp\hat{g}\mathrm{d}_z+\frac{\omega^2}{c_0^2}\hat{g}\circ\mathrm{d}B(\boldsymbol{x}_\perp,z)=0 \tag{12.42}$$

在均匀介质中（$B\equiv 0$），基本解为

$$\hat{g}_0[\omega,(\boldsymbol{x}_\perp,z),(\boldsymbol{x}_{0\perp},z_0)]=\frac{\omega}{2\mathrm{i}\pi(z-z_0)}\exp\left(\mathrm{i}\,\frac{\omega\,|\boldsymbol{x}_\perp-\boldsymbol{x}_{0\perp}|^2}{2c_0(z-z_0)}\right) \tag{12.43}$$

在随机介质中，基本解的一阶矩和二阶矩具有以下表达式。

命题 12.6　在 $z>z_0$ 的随机介质中基本解的一阶矩呈现出与频率相关的阻尼特性：

$$\mathbb{E}\{\hat{g}[\omega,(\boldsymbol{x}_\perp,z),(\boldsymbol{x}_{0\perp},z_0)]\}=\hat{g}_0[\omega,(\boldsymbol{x}_\perp,z),(\boldsymbol{x}_{0\perp},z_0)]\exp\left(-\frac{\gamma_0(\boldsymbol{0})\omega^2(z-z_0)}{8c_0^2}\right) \tag{12.44}$$

式中，γ_0 满足式（12.40）。

随机介质中基本解的二阶矩表现出空间去相关特性：

$$\begin{aligned}\mathbb{E}\{\hat{g}[\omega,(\boldsymbol{x}_\perp,z),(\boldsymbol{x}_{0\perp},z_0)]\overline{\hat{g}[\omega,(\boldsymbol{x}'_\perp,z),(\boldsymbol{x}_{0\perp},z_0)]}\}=&\hat{g}_0[\omega,(\boldsymbol{x}_\perp,z),(\boldsymbol{x}_{0\perp},z_0)]\\&\times\overline{\hat{g}_0[\omega,(\boldsymbol{x}'_\perp,z),(\boldsymbol{x}_{0\perp},z_0)]}\\&\times\exp\left(-\frac{\gamma_2(\boldsymbol{x}_\perp-\boldsymbol{x}'_\perp)\omega^2(z-z_0)}{4c_0^2}\right)\end{aligned} \tag{12.45}$$

其中

$$\gamma_2(\boldsymbol{x}_\perp)=\int_0^1\gamma_0(\boldsymbol{0})-\gamma_0(\boldsymbol{x}_\perp s)\,\mathrm{d}s \tag{12.46}$$

一旦证明了随机旁轴方程的正确性，那么这里阐述的结果就将成为经典结果（Ishimaru，1997）。为了与前面的章节在结构上保持一致性，在附录 12.B 中给出了命题 12.6 的证明。一阶矩的结果表明，如果传播距离大于散射平均自由程

$$l_{\mathrm{sca}}=\frac{8c_0^2}{\gamma_0(\boldsymbol{0})\omega^2} \tag{12.47}$$

则任何相干波成像方法都无法给出高质量的图像，因为波的相干分量将按指数规律衰减。

这一点必须要考虑到，因为在这种情况下互相关偏移成像才有效。注意，随机旁轴体系中的散射平均自由程表达式类似于随机走时模型中的相应表达式［式（12.31）］。在这两种情况下，平均格林函数的指数衰减基本上都源于随机相位的平均化。二阶矩的结果可用于定量分析记录信号的互相关。

下面，将讨论强散射问题：即传播距离大于散射平均自由程的情况。

命题 12.7　假设介质扰动是平滑的，从而协方差函数 γ_0 可以展开为

$$\gamma_0(\boldsymbol{x}_\perp)=\gamma_0(\boldsymbol{0})-\overline{\gamma}_2\ |\boldsymbol{x}_\perp|^2+o(|\boldsymbol{x}_\perp|^2)$$

其中，$\overline{\gamma}_2>0$。

在强散射体系中，$|z-z_0|\gg l_{\text{sca}}$，随机介质中基本解的一阶矩为零，二阶矩满足：

$$\begin{aligned}\mathbb{E}\{\hat{g}[\omega,(\boldsymbol{x}_\perp,z),(\boldsymbol{x}_{0\perp},z_0)]\overline{\hat{g}[\omega,(\boldsymbol{x}'_\perp,z),(\boldsymbol{x}_{0\perp},z_0)]}\}=&\hat{g}_0[\omega,(\boldsymbol{x}_\perp,z),(\boldsymbol{x}_{0\perp},z_0)]\\&\times\overline{\hat{g}_0[\omega,(\boldsymbol{x}'_\perp,z),(\boldsymbol{x}_{0\perp},z_0)]}\\&\times\exp\left(-\frac{|\boldsymbol{x}_\perp-\boldsymbol{x}'_\perp|^2}{2X_c^2}\right)\end{aligned}\tag{12.48}$$

其中

$$X_c=\frac{\sqrt{6}\,c_0}{\sqrt{\overline{\gamma}_2}\,\omega\sqrt{(z-z_0)}}\tag{12.49}$$

例如，如果介质扰动的协方差函数具有以下形式：

$$\mathbb{E}[\mu(\boldsymbol{x})\mu(\boldsymbol{x}')]=\sigma^2\exp\left(-\frac{\pi\ |\boldsymbol{x}-\boldsymbol{x}'|^2}{l_c^2}\right)$$

则格林函数的去相干长度为

$$X_c=\frac{\sqrt{6}\,c_0\sqrt{l_c}}{\sigma\sqrt{\pi}\,\omega\sqrt{z-z_0}}$$

该公式与随机走时模型中式（12.28）在形式上是一致的。事实上，在这两种情况下，格林函数的相干性本质上都源于随机相位项的增加。不同的是，在随机走时模型中，振幅不受散射效应的影响，而在随机旁轴模型中振幅是受散射效应影响的。下面关于高斯束扩散的命题将对这一效应进行具体说明，附录 12. C 对此进行了证明。

命题 12. 8　考虑平面 $z=0$ 中的初始条件，其形式为具有初始半径 r_{ic} 的高斯光束：

$$\hat{\phi}(\omega,\boldsymbol{x}_\perp,z=0)=\exp\left(-\frac{|\boldsymbol{x}_\perp|^2}{2r_{\text{ic}}^2}\right)\tag{12.50}$$

在强散射区域 $z\gg l_{\text{sca}}$ 中，平均光强分布剖面是半径为 $R(\omega,z)$ 的高斯光束：

$$\mathbb{E}[|\hat{\phi}(\omega,\boldsymbol{x}_\perp,z)|^2]=\frac{r_{\text{ic}}^2}{R^2(\omega,z)}\exp\left(-\frac{|x_\perp|^2}{R^2(\omega,z)}\right)$$

其中

$$R^2(\omega,z)=r_{\text{ic}}^2+\frac{c_0^2z^2}{r_{\text{ic}}^2\omega^2}+\frac{\overline{\gamma}_2z^3}{3}\tag{12.51}$$

请注意，$r_{\text{ic}}^2+\frac{c_0^2z^2}{r_{\text{ic}}^2\omega^2}$是经过经典衍射的高斯光束半径的平方。$\frac{\overline{\gamma}_2z^3}{3}$由散射引起，它表明散射使得光束发散得到了增强。

12.3　随机分层模型

12.3.1　标度体系

在本节中，主要考虑标量波在三维层状介质中的传播。出于地球物理应用的考虑，通常将探测脉冲的特征波长设置为大于介质的相关长度而小于传播距离。Asch 等（1991）和 Fouque 等（2007）都对此进行了研究，这一做法在勘探地球物理学中得到广泛应用（White et al., 1990），其中相关长度 l_c 估计值为 2～3m，主波长 λ 为 150m，传播距离 L 通常为 5～10km，这对应于 50Hz 的峰值频率和 3km/s 的平均传播速度。在具体分析中，通过引入一个无量纲参数 ε 来抽象这一物理参数体系，该参数大致反映了标度比的阶数：

$$\frac{l_c}{L} \sim \varepsilon^2, \quad \frac{\lambda}{L} \sim \varepsilon \tag{12.52}$$

这里的分析类似于渐近理论应用于物理问题的情形，其中最重要的几个问题是：①数学标度与物理参数最大限度兼容；②随机非均匀性对波传播过程中的多次散射的累积效应是显著的，并可通过分析得到。

标量波的控制方程是

$$\frac{1}{[c^{\varepsilon}(z)]^2}\frac{\partial^2 u^{\varepsilon}}{\partial t^2} - \Delta u^{\varepsilon} = -\nabla \cdot \boldsymbol{F}^{\varepsilon}(t, x) \tag{12.53}$$

式中，$u^{\varepsilon}(t,x)$ 为波场；$c^{\varepsilon}(z)$ 为介质中的波速；$\boldsymbol{x}=(x_{\perp}, z) \in \mathbb{R}^2 \times \mathbb{R}$ 为空间坐标。介质中的波速 c^{ε} 仅沿 z 方向变化。应力项 $\boldsymbol{F}^{\varepsilon}(t,x)$ 模拟位于 $z=0^+$ 处的震源。

在本节中，考虑层状介质完全占据 $z\in(0,L)$ 部分并夹在两个均匀半空间之间的情形。均匀半空间 $z\geqslant L$ 与层状空间 $z\in(0,L)$ 相匹配。为更符合地球物理应用的实际情况，假设均匀半空间 $z\leqslant 0$ 中的介质密度远小于 $z\geqslant 0$ 的层状介质密度，这意味着 $z<0$ 空间中的（压力）场趋于零，根据连续性，$z=0$ 处压力也为零，这就是所谓的自由边界条件：$u^{\varepsilon}[t,(\boldsymbol{x}_{\perp}, z=0)]=0$。

现在考虑区域 $z\in(0,L)$ 中具有随机分层介质的情况。假设介质参数可用以下公式描述：

$$[c^{\varepsilon}(z)]^{-2} = \begin{cases} c_0^{-2}, & z\in[L,\infty) \\ c_0^{-2}\left[1+\nu\left(\dfrac{z}{\varepsilon^2}\right)\right], & z\in(0,L] \end{cases} \tag{12.54}$$

在该模型中，介质参数具有随机而快速扰动的性质，其特征扰动幅度远小于介质层的厚度，二者之间的比值用无量纲小量 ε^2 表示。小尺度的随机扰动用随机过程 $\nu(z)$ 来描述。随机过程 ν 的幅值大小满足 $|\nu|\leqslant 1$，因此 c^{ε} 是正数。随机过程 $\nu(z)$ 是均值为零的稳态过程，假设它具有很强的混频性质，这样就可以使用 Fouque 等（2007）提出的随机微分方程均值方法来描述。从统计学的观点来看，一个重要的物理量是由下式定义的随机介质扰动协方差的积分：

$$\gamma = \int_{-\infty}^{\infty} \mathbb{E}[\nu(z')\nu(z'+z)]\mathrm{d}z \tag{12.55}$$

根据维纳–辛钦（Wiener-Khintchine）定理，由于式（12.55）是在零频率下估算的功率谱密度，因此其值是非负的。整体协方差 γ 的阶数是介质扰动的方差与介质扰动相关长度的乘积。正如在后续章节中会看到的那样，波场的统计特性通过该整体协方差或功率谱密度与随机介质相联系。

假设用应力项 $F^{\varepsilon}(t,x)$ 来模拟的震源是位于 $x_s=(x_{s_\perp},0^+)$ 处的点源，并且发出主波长阶数为 ε 的短脉冲：

$$F^{\varepsilon}(t,\boldsymbol{x}_\perp,z)=f^{\varepsilon}(t)\delta(z)\delta(\boldsymbol{x}_\perp-\boldsymbol{x}_{s_\perp}) \tag{12.56}$$

其中，假设 $f=(f_{x_\perp},f_z)$ 的傅里叶变换的支撑是有界的，并且在无穷远处快速衰减。式（12.56）中的独特标度 f^{ε} 意味着主波长与介质随机扰动微观尺度变化相比较大，与背景介质变化的宏观尺度相比则较小，如式（12.52）所示。因为波动方程是线性的，归一化振幅因子 ε 与源的乘积并不重要，但它会使一阶量 $\varepsilon\to 0$。

12.3.2 随机分层介质中波传播回顾

随机分层介质是一种数学上易处理且物理上合理的模型。在 12.3.3 小节中，将给出一些关于随机分层介质的精确结果，但在本小节中，只阐述一些定性结果（Fouque et al., 2007）。当频率为 $\dfrac{\omega}{\varepsilon}$ 的平面波 $\hat{u}^{\varepsilon}_{\mathrm{inc}}(\omega,z)=\exp(\mathrm{i}\omega z/\varepsilon)$ 垂直入射到具有匹配边界条件的随机分层介质中时，可用透射系数 $T^{\varepsilon}(\omega)$ 描述该平面波通过随机介质的传播特征，当波透射该随机分层介质时，透射波场可表示为 $\hat{u}^{\varepsilon}_{\mathrm{tr}}(\omega,z)=T^{\varepsilon}(\omega)\exp(\mathrm{i}\omega z/\varepsilon)$。

平均透射系数 $\mathbb{E}[T^{\varepsilon}(\omega)]$ 刻画了透射波相干分量的特性。分析表明，平均透射系数随着随机介质尺度的增加以速率 $\mathrm{e}^{-\frac{L}{l_{\mathrm{sca}}}}$ 按指数规律衰减，其中：

$$l_{\mathrm{sca}}=\frac{4c_0^2}{\omega^2\gamma}$$

l_{sca} 在物理学文献中被称为“散射平均自由程”。平均场或平均透射系数的指数衰减是振幅和随机相位指数衰减的结果，该随机相位取平均值的目的是增强平均透射系数的衰减。在这种情况下，逆散射引起的透射振幅衰减解释了为什么散射平均自由程是随机走时模型［式（12.31）］和随机旁轴模型［式（12.47）］中的散射平均自由程的 1/2，其中逆散射可以忽略不计，只有相位平均有助于平均场的衰减。

平均能量透射系数 $\mathbb{E}[|T^{\varepsilon}|^2]$ 刻画了透射波非相干分量的特性。分析表明，它以速率 $\mathrm{e}^{-\frac{2L}{l_{\mathrm{loc}}}}$ 呈指数规律衰减，其中：

$$l_{\mathrm{loc}}=\frac{32c_0^2}{\omega^2\gamma}$$

l_{loc} 在物理学文献中被称为局域长度。在随机层状介质中，局域长度和散射平均自由程在 12.3.1 小节描述的体系中成正比，但对于其他类型的随机介质则不是这样。注意，在 $L>l_{\mathrm{loc}}$ 的情况下，相干透射波能量 $|\mathbb{E}[T^{\varepsilon}]|^2$ 比非相干透射波能量 $\mathbb{E}[|T^{\varepsilon}|^2]$ 小得多。

当散射较强时，即随机介质的尺度大于散射平均自由程时，几乎没有相干波通过随机介质。这样就会有两个结论，第一个结论是波场偏移将无法获得高质量的图像，因为偏移只使用相干信息；第二个结论是通过随机介质透射并由被动接收阵列记录的波是非相干的。通过与背景噪声成像类比可知互相关偏移可以产生高质量的图像。

12.3.3　格林函数的统计特性

$\boldsymbol{x}_s=(x_{s_\perp},0)$处的点源发出并穿过随机介质传播的波满足下面的方程：

$$u^\varepsilon(t,\boldsymbol{x};\boldsymbol{x}_s)=-\frac{1}{(2\pi)^3\varepsilon}\int_{\mathbb{R}^2}\int_{\mathbb{R}}\mathcal{G}^\varepsilon_{\omega,\kappa}\exp\left\{-\mathrm{i}\frac{\omega}{\varepsilon}\left[t-\boldsymbol{\kappa}_\perp\cdot(\boldsymbol{x}_\perp-\boldsymbol{x}_{s\perp})-\frac{L}{c_0(\kappa)}\right]\right\}\hat{f}_z(\omega)\omega^2\mathrm{d}\omega\mathrm{d}\kappa_\perp \tag{12.57}$$

其中，$\boldsymbol{x}=(x_\perp,L)$，$\kappa=|\boldsymbol{\kappa}_\perp|$，$c_0(\kappa)$是 k 阶模态波的速度，表达式如下：

$$c_0(\kappa)=\frac{c_0}{\sqrt{1-\kappa^2c_0^2}} \tag{12.58}$$

随机复系数 $\mathcal{G}^\varepsilon_{\omega,\kappa}$是平面 $z=0$ 上满足 Dirichlet 边界条件的格林函数的傅里叶变换，这里的傅里叶变换是对时间和横向空间变量进行的。格林函数可以用随机介质剖面上（相应的边界条件为透射边界条件）模态波反射系数 $R^\varepsilon_{\omega,\kappa}$和透射系数 $T^\varepsilon_{\omega,\kappa}$表达，具体表达式如下：

$$\mathcal{G}^\varepsilon_{\omega,\kappa}=\frac{T^\varepsilon_{\omega,\kappa}}{1-R^\varepsilon_{\omega,\kappa}}=\sum_{j=0}^{\infty}T^\varepsilon_{\omega,\kappa}(R^\varepsilon_{\omega,\kappa})^j \tag{12.59}$$

当介质均匀时，$\mathcal{G}^\varepsilon_{\omega,\kappa}=1$。Garnier 和 Sølna（2010a）研究了当介质随机分层时的 $|\mathcal{G}^\varepsilon_{\omega,\kappa}|^2$ 统计特性，并特别证明了$\mathbb{E}\left[|\mathcal{G}^\varepsilon_{\omega,k}|^2\right]\xrightarrow{\varepsilon\to0}1$，这是研究虚源成像中无限孔径排列记录信号互相关的充要条件，如第 10 章所述。当震源排列的孔径有限时，需要两个相邻频率处的格林函数矩来成像。从 Garnier 和 Sølna（2010a）的命题 5.1 中，可以得到格林函数的二阶统计量。

命题 12.9　格林函数式（12.59）的期望值为

$$\mathbb{E}[\mathcal{G}^\varepsilon_{\omega,k}]\xrightarrow{\varepsilon\to0}\exp\left(-\frac{\gamma\omega^2c_0^2(\kappa)L}{4c_0^4}\right) \tag{12.60}$$

格林函数在两个相邻慢度处的自协方差函数满足：

$$\mathbb{E}[\mathcal{G}^\varepsilon_{\omega,k+\varepsilon\lambda/2}\overline{\mathcal{G}^\varepsilon_{\omega,k-\varepsilon\lambda/2}}]\xrightarrow{\varepsilon\to0}\exp\int\mathcal{U}(\omega,\kappa,\xi)\exp(-\mathrm{i}\omega\kappa\lambda\xi)\,\mathrm{d}\xi \tag{12.61}$$

密度谱 $\mathcal{U}(\omega,\kappa,\xi)$ 可用概率表示，对于固定的（ω,κ），它是某个随机变量的概率密度函数：

$$\mathcal{U}(\omega,\kappa,\xi)=\mathbb{E}\left\{\delta\left[\xi-2c_0(\kappa)\int_0^LN_{\omega,\kappa}(z)\,\mathrm{d}z\right]\,\middle|\,N_{\omega,\kappa}(0)=0\right\} \tag{12.62}$$

式中，$N_{\omega,\kappa}(z)_{0\leqslant z\leqslant L}$为具有状态空间$\mathbb{N}$ 和无穷小生成器的跃变马尔可夫过程：

$$\mathcal{L}_\phi(N)=\frac{\gamma c_0^2(\kappa)\omega^2}{4c_0^4}\{(N+1)^2[\phi(N-1)-\phi(N)]+N^2[\phi(N-1)-\phi(N)]\} \tag{12.63}$$

12.4　结　　论

关于波在随机介质中传播的三种模型的更多细节，可以在以下书籍和论文中找到，它们在本章描述的三种不同情况下都是有效的。Tatarski（1961）的第 6 章，Rytov 等（1989）的第 1 章，Fradkin（1989）、Borcea 等（2011）研究了随机走时模型。Uscinski（1977）及 Tappert（1977）对随机旁轴模型进行了阐述。Dawson 和 Papanicolaou（1984）、Papanicolaou 等（2007）、Garnier 和 Sølna（2009a）都对伊藤-薛定谔模型进行了研究。Asch 等（1991）及 Fouque 等（2007）都对随机分层模型进行了详细研究。出于完整性考虑，Ryzhik 等（1996）、Sato 和 Fehler（1998）、van Rossum 和 Nieuwenhuizen（1999）对辐射传输模型进行了分析，在本章中没有对该模型进行描述，但该模型对于各向同性散射介质中的应用也有重要意义，其中非均匀性的相关长度与主波长相当。

附录 12.A：引理 12.1 的证明

当 $\mathcal{R}_0$ 是下式所示稳态过程 $s\to\mu(s\boldsymbol{e}_3)$ 的自相关时：

$$\mathcal{R}_0(s'-s)=\mathbb{E}[\mu(s\boldsymbol{e}_3)\mu(s'\boldsymbol{e}_3)]=\mathbb{E}\{\mu(0)\mu[(s'-s)\boldsymbol{e}_3]\}$$

可以得到

$$\mathbb{E}[\mathcal{T}_1^2]=\frac{1}{4c_0^2}\int_0^L\int_0^L\mathcal{R}_0\left(\frac{s'-s}{l_c}\right)\mathrm{d}s\mathrm{d}s'$$

由于 $\mathcal{R}_0$ 是偶函数，所以：

$$\mathbb{E}[\mathcal{T}_1^2]=\frac{1}{2c_0^2}\int_0^L\int_s^L\mathcal{R}_0\left(\frac{\tilde{s}}{l_c}\right)\mathrm{d}s\mathrm{d}\tilde{s}=\frac{1}{2c_0^2}\int_0^L\mathcal{R}_0\left(\frac{\tilde{s}}{l_c}\right)(L-\tilde{s})\mathrm{d}\tilde{s}=\frac{Ll_c}{2c_0^2}\int_0^{L/l_c}\left(1-s\frac{l_c}{L}\right)\mathcal{R}_0(s)\mathrm{d}s$$

由于对所有 $s\geqslant0$，$\left|\left(1-s\frac{l_c}{L}\right)\mathcal{R}_0(s)\right|\mathbf{1}_{[0,L/l_c]}(s)\leqslant\mathcal{R}_0(s)$，若 $\mathcal{R}_0\in L^1(\mathbb{R})$，由勒贝格（Lebesgue's）收敛定理得到：

$$\frac{2c_0^2}{Ll_c}\mathbb{E}[\mathcal{T}_1^2]=\int_0^{L/l_c}\left(1-s\frac{l_c}{L}\right)\mathcal{R}_0(s)\mathrm{d}s\xrightarrow{L/l_c\to\infty}\frac{1}{2}\int_{-\infty}^{\infty}\mathcal{R}_0(s)\mathrm{d}s$$

根据

$$\mathbb{E}[\mu(\boldsymbol{x})\mu(\boldsymbol{x}')]=\mathcal{R}(\boldsymbol{x}-\boldsymbol{x}')=\frac{1}{(2\pi)^3}\int_{\mathbb{R}^3}\hat{\mathcal{R}}(\boldsymbol{\kappa})\mathrm{e}^{\mathrm{i}\boldsymbol{\kappa}\cdot(\boldsymbol{x}-\boldsymbol{x}')}\mathrm{d}\boldsymbol{\kappa}\tag{12.64}$$

可以得到

$$\mathcal{R}_0(s)=\mathcal{R}(s\boldsymbol{e}_3)=\frac{1}{(2\pi)^3}\int_{\mathbb{R}^3}\hat{\mathcal{R}}(\boldsymbol{\kappa})\mathrm{e}^{\mathrm{i}\kappa_3 s}\mathrm{d}\boldsymbol{\kappa}$$

对 s 积分就可以得到式（12.13）。

如果 μ 服从高斯分布，则上式的高斯特性是显而易见的。在 μ 不服从高斯分布的情况下，当极限过程 $s\to\mu(s\boldsymbol{e}_3/l_c)$ 强混频且存在高阶矩时，根据强混频情况下中心极限定理的具体形式也可以导出上式。

$$\mathbb{E}[\widetilde{\mathcal{A}}_1^2]=\frac{1}{16l_c^4}\int_0^L\int_0^L(L-s)(L-s')\mathcal{R}_4\left(\frac{s'-s}{l_c}\right)\mathrm{d}s\mathrm{d}s'$$

式中，$\widetilde{\mathcal{A}}_1$ 由式（12.12）定义；$\mathcal{R}_4$ 为 $s\to\Delta_\perp\mu\ (s\boldsymbol{e}_3)$ 时的相关函数：

$$\mathcal{R}_4(s-s')=\mathbb{E}[\Delta_\perp\mu(s\boldsymbol{e}_3)\Delta_\perp\mu(s'\boldsymbol{e}_3)]=\mathbb{E}[\Delta_\perp\mu(0)\Delta_\perp\mu(s'-s)\boldsymbol{e}_3]$$

由于 $\mathcal{R}_4$ 是偶函数，从而有

$$\mathbb{E}[\widetilde{\mathcal{A}}_1^2]=\frac{1}{16l_c^4}\int_0^L\int_0^L ss'\mathcal{R}_4\left(\frac{s'-s}{l_c}\right)\mathrm{d}s'\mathrm{d}s=\frac{L^3}{24l_c^3}\int_0^{L/l_c}\left(1-s\frac{3l_c}{2L}+s^3\frac{l_c^3}{2L^3}\right)\mathcal{R}_4(s)\mathrm{d}s$$

对于所有 $s\geqslant0$，由于 $\left|\left(1-s\frac{3l_c}{2L}+s^3\frac{l_c^3}{2L^3}\right)\mathcal{R}_4(s)\right|\mathbf{1}_{[0,L/l_c]}(s)\leqslant|\mathcal{R}_4(s)|$，若 $\mathcal{R}_4\in L^1(\mathbb{R})$，由勒贝格收敛定理得到：

$$\frac{l_c^3}{L^3}\mathbb{E}[\widetilde{\mathcal{A}}_1^2]=\frac{1}{24}\int_0^{L/l_c}\left(1-s\frac{3l_c}{2L}+s^3\frac{l_c^3}{2L^3}\right)\mathcal{R}_4(s)\mathrm{d}s\xrightarrow{L/l_c\to\infty}\frac{1}{48}\int_{-\infty}^{\infty}\mathcal{R}_4(s)\mathrm{d}s$$

对于 $\boldsymbol{\kappa}=(\boldsymbol{\kappa}_\perp,\kappa_3)$，从式（12.64）也可得到：

$$\mathcal{R}_4(s)=\Delta_\perp^2\mathcal{R}(s\boldsymbol{e}_3)=\frac{1}{(2\pi)^3}\int_{\mathbb{R}^3}|\boldsymbol{k}_\perp|^4\mathcal{R}(k)\mathrm{e}^{(\mathrm{i}k_3 s)}\mathrm{d}k$$

对 s 积分并结合

$$1\sim\mathbb{E}[(\mathcal{A}_1-\widetilde{\mathcal{A}}_1^2)]\ll\mathbb{E}[\widetilde{\mathcal{A}}_1^2]\sim\left(\frac{L}{l_c}\right)^3$$

就可以得到式（12.14）。

附录 12. B：命题 12.6 的证明

在后续讨论中，均假设 ω 是常数，这样就可以在后续表达式中省略。考虑式（12.41）在任意初始条件 $\hat{\phi}(\boldsymbol{x}_\perp,z=0)=\hat{\phi}_{\mathrm{ic}}(\boldsymbol{x}_\perp)$ 下的解。一阶矩

$$M_1(\boldsymbol{x}_\perp,z)=\mathbb{E}[\hat{\phi}(\boldsymbol{x}_\perp,z)] \tag{12.65}$$

满足具有均匀阻尼的薛定谔方程：

$$\frac{\partial M_1}{\partial z}=\frac{\mathrm{i}c_0}{2\omega}\Delta_\perp M_1-\frac{\omega^2\gamma_0(\mathbf{0})}{8c_0^2}M_1 \tag{12.66}$$

$$M_1(\boldsymbol{x}_\perp,z=0)=\hat{\phi}_{\mathrm{ic}}(\boldsymbol{x}_\perp) \tag{12.67}$$

通过对 x 作傅里叶变换，求解频率域方程，然后进行傅里叶逆变换，就可以得到时间域解为

$$M_1(\boldsymbol{x}_\perp,z)=\frac{1}{4\pi^2}\int_{\mathbb{R}^2}\mathrm{d}\kappa_\perp\ \breve{\phi}_{\mathrm{ic}}(\kappa_\perp)\exp\left(\mathrm{i}\kappa_\perp\cdot\boldsymbol{x}_\perp-\frac{\mathrm{i}c_0\ |\kappa_\perp|^2}{2\omega}z-\frac{\omega^2\gamma_0(\mathbf{0})}{8c_0^2}z\right) \tag{12.68}$$

其中

$$\breve{\phi}_{\mathrm{ic}}(\boldsymbol{\kappa}_\perp)=\int_{\mathbb{R}^2}\hat{\phi}_{\mathrm{ic}}(\boldsymbol{x}_\perp)\exp(-\mathrm{i}\boldsymbol{\kappa}_\perp\cdot\boldsymbol{x}_\perp)\mathrm{d}x_\perp$$

特别地，如果空间分布 $\hat{\phi}_{\mathrm{ic}}(\boldsymbol{x}_\perp)$ 服从半径为 r_{ic} 和单位 L^1 范数的高斯分布：

$$\hat{\phi}_{\text{ic}}(\boldsymbol{x}_\perp)=\frac{1}{2\pi r_{\text{ic}}^2}\exp\left(-\frac{|\boldsymbol{x}_\perp|^2}{2r_{\text{ic}}^2}\right) \tag{12.69}$$

则

$$M_1(\boldsymbol{x}_\perp,z)=\frac{1}{2\pi\left(r_{\text{ic}}^2+\frac{\mathrm{i}c_0z}{\omega}\right)}\exp\left(-\frac{|\boldsymbol{x}_\perp|^2}{2\left(r_{\text{ic}}^2+\frac{\mathrm{i}c_0z}{\omega}\right)}\right)\exp\left(-\frac{\omega^2\gamma_0(\mathbf{0})}{8c_0^2}z\right) \tag{12.70}$$

如果初始条件是单位脉冲（可以视为 $r_{\text{ic}}\to 0$ 时高斯初始条件的极限），则如命题式（12.44）所述：

$$M_1(\boldsymbol{x}_\perp,z)=\frac{1}{2\mathrm{i}\pi c_0z}\exp\left(\mathrm{i}\frac{\omega|\boldsymbol{x}_\perp|^2}{2c_0z}\right)\exp\left(-\frac{\omega^2\gamma_0(\mathbf{0})}{8c_0^2}z\right) \tag{12.71}$$

通过将伊藤公式应用于式（12.41），则二阶矩

$$M_2(\boldsymbol{x}_\perp,\boldsymbol{x}'_\perp,z)=\mathbb{E}[\hat{\phi}(\boldsymbol{x}_\perp,z)\overline{\hat{\phi}(\boldsymbol{x}'_\perp,z)}] \tag{12.72}$$

满足如下定解问题：

$$\frac{\partial M_2}{\partial z}=\frac{\mathrm{i}c_0}{2\omega}(\Delta_{x_\perp}-\Delta_{x'_\perp})M_2+\frac{\omega_0^2}{4c_0^2}[\gamma_0(\boldsymbol{x}_\perp-\boldsymbol{x}'_\perp)-\gamma_0(\mathbf{0})]M_2 \tag{12.73}$$

$$M_2(\boldsymbol{x}_\perp,\boldsymbol{x}'_\perp,z=0)=\hat{\phi}_{\text{ic}}(\boldsymbol{x}_\perp)\overline{\hat{\phi}_{\text{ic}}(\boldsymbol{x}'_\perp)} \tag{12.74}$$

求解二阶矩所满足方程的一种简便方法是维格纳变换。一个物理场的维格纳变换由下式定义：

$$W(\boldsymbol{x}_\perp,\boldsymbol{q}_\perp,z)=\int_{\mathbb{R}^2}\exp(-\mathrm{i}\boldsymbol{q}_\perp\cdot\boldsymbol{y}_\perp)\mathbb{E}\left[\hat{\phi}\left(\boldsymbol{x}_\perp+\frac{\boldsymbol{y}_\perp}{2},z\right)\overline{\hat{\phi}}\left(\boldsymbol{x}_\perp-\frac{\boldsymbol{y}_\perp}{2},z\right)\right]\mathrm{d}y_\perp \tag{12.75}$$

结合式（12.73）并定义

$$\breve{\gamma}_0(\boldsymbol{\kappa}_\perp)=\int_{\mathbb{R}^2}\gamma_0(\boldsymbol{x}_\perp)\exp(-\mathrm{i}\boldsymbol{\kappa}_\perp\cdot\boldsymbol{x}_\perp)\mathrm{d}x_\perp$$

可以发现 W 满足初始条件为 $W(\boldsymbol{x}_\perp,\boldsymbol{q}_\perp,z=0)=W_{\text{ic}}(\boldsymbol{x}_\perp,\boldsymbol{q}_\perp)$ 的闭系统：

$$\frac{\partial W}{\partial z}+\frac{c_0}{\omega}\boldsymbol{q}_\perp\cdot\nabla_{x_\perp}W=\frac{\omega^2}{16\pi^2c_0^2}\int_{\mathbb{R}^2}\breve{\gamma}_0(\boldsymbol{\kappa}_\perp)[W(\boldsymbol{q}_\perp-\boldsymbol{\kappa}_\perp)-W(\boldsymbol{q}_\perp)]\mathrm{d}\kappa_\perp \tag{12.76}$$

式中，$W_{\text{ic}}(\boldsymbol{x}_\perp,\boldsymbol{q}_\perp)$ 为初始场 $\hat{\phi}_{\text{ic}}$ 的维格纳变换：

$$W_{\text{ic}}(\boldsymbol{x}_\perp,\boldsymbol{q}_\perp)=\int_{\mathbb{R}^2}\exp(-\mathrm{i}\boldsymbol{q}_\perp\cdot\boldsymbol{y}_\perp)\hat{\phi}_{\text{ic}}\left(\boldsymbol{x}_\perp+\frac{\boldsymbol{y}_\perp}{2}\right)\overline{\hat{\phi}_{\text{ic}}}\left(\boldsymbol{x}_\perp-\frac{\boldsymbol{y}_\perp}{2}\right)\mathrm{d}y_\perp$$

式（12.76）具有能量密度 W 随入射角变化的波所满足的辐射传输方程形式。在此前提下，$\frac{\omega^2\gamma_0(\mathbf{0})}{4c_0^2}$表示总散射截面，$\frac{\omega^2\breve{\gamma}_0(\cdot)}{16\pi^2c_0^2}$表示描述模式转换率的微分散射截面。

对式（12.76）作关于 $q_\perp$ 和 $x_\perp$ 的傅里叶变换，得到一个可积的传输方程，从而可以将 W 表示为以下积分形式：

$$\begin{aligned}W(x_\perp,\boldsymbol{q}_\perp,z)=&\frac{1}{4\pi^2}\iint\exp\left[\mathrm{i}\xi\cdot\left(\boldsymbol{x}_\perp-\boldsymbol{q}_\perp\frac{c_0z}{\omega}\right)-\mathrm{i}\boldsymbol{y}_\perp\cdot\boldsymbol{q}_\perp\right]\hat{W}_{\text{ic}}(\xi_\perp,\boldsymbol{y}_\perp)\\&\times\exp\left[\frac{\omega^2}{4c_0^2}\int_0^z\gamma_0\left(\boldsymbol{q}_\perp+\xi_\perp\frac{c_0z'}{\omega}\right)-\gamma_0(\mathbf{0})\mathrm{d}z'\right]\mathrm{d}\xi_\perp\mathrm{d}y_\perp\end{aligned} \tag{12.77}$$

其中，$\hat{W}_{ic}$由初始场$\hat{\phi}_{ic}$确定：

$$\hat{W}_{ic}(\boldsymbol{\xi}_\perp,\boldsymbol{y}_\perp)=\int_{\mathbb{R}^2}\exp(\mathrm{i}\boldsymbol{\xi}_\perp\cdot\boldsymbol{x}_\perp)\hat{\phi}_{ic}\left(\boldsymbol{x}_\perp+\frac{\boldsymbol{y}_\perp}{2}\right)\overline{\hat{\phi}_{ic}}\left(\boldsymbol{x}_\perp-\frac{\boldsymbol{y}_\perp}{2}\right)\mathrm{d}x_\perp$$

通过傅里叶逆变换，式（12.77）可以用来计算和讨论互相关函数：

$$\Gamma^{(2)}(\boldsymbol{x}_\perp+\boldsymbol{y}_\perp,z)=M_2\left(\boldsymbol{x}_\perp+\frac{\boldsymbol{y}_\perp}{2},\boldsymbol{x}_\perp-\frac{\boldsymbol{y}_\perp}{2},z\right)=\mathbb{E}\left[\hat{\phi}\left(\boldsymbol{x}_\perp+\frac{\boldsymbol{y}_\perp}{2},z\right)\overline{\hat{\phi}}\left(\boldsymbol{x}_\perp-\frac{\boldsymbol{y}_\perp}{2},z\right)\right]\quad(12.78)$$

式（12.78）可以表达为

$$\Gamma^{(2)}(\boldsymbol{x}_\perp,\boldsymbol{y}_\perp,z)=\frac{1}{4\pi^2}\int_{\mathbb{R}^2}\exp(\mathrm{i}\boldsymbol{\xi}_\perp\cdot\boldsymbol{x}_\perp)\hat{W}_{ic}\left(\boldsymbol{\xi}_\perp,\boldsymbol{y}_\perp-\boldsymbol{\xi}_\perp\frac{c_0z}{\omega}\right)\times\exp\left[\frac{\omega^2}{4c_0^2}\int_0^z\gamma_0\left(\boldsymbol{y}_\perp-\boldsymbol{\xi}_\perp\frac{c_0z'}{\omega}\right)-\gamma_0(\boldsymbol{0})\,\mathrm{d}z'\right]\mathrm{d}\boldsymbol{\xi}_\perp\quad(12.79)$$

式中，$\boldsymbol{x}_\perp$为中点；$\boldsymbol{y}_\perp$为偏移量。下面讨论分别与高斯波束和点源相对应的两个特定初始条件。

如果源是半径为r_{ic}且具有L^1单位范数的高斯型空间形态，如式（12.69）所示，则有

$$\hat{W}_{ic}(\boldsymbol{\xi}_\perp,\boldsymbol{y}_\perp)=\frac{1}{4\pi r_{ic}^2}\exp\left(-\frac{r_{ic}^2|\boldsymbol{\xi}_\perp|^2}{4}-\frac{|y_\perp|^2}{4r_{ic}^2}\right)\quad(12.80)$$

根据式（12.79）可知，场的二阶矩满足以下形式：

$$\Gamma^{(2)}(\boldsymbol{x}_\perp,\boldsymbol{y}_\perp,z)=\frac{1}{16\pi^3r_{ic}^2}\int\exp\left(-\frac{1}{4r_{ic}^2}\left|\boldsymbol{y}_\perp-\boldsymbol{\xi}_\perp\frac{c_0z}{\omega}\right|^2-\frac{r_{ic}^2|\boldsymbol{\xi}_\perp|^2}{4}+\mathrm{i}\boldsymbol{\xi}_\perp\cdot\boldsymbol{x}_\perp\right)\times\exp\left[\frac{\omega^2}{4c_0^2}\int_0^z\gamma_0(\boldsymbol{y}_\perp-\boldsymbol{\xi}_\perp\frac{c_0z'}{\omega})-\gamma_0(\boldsymbol{0})\,\mathrm{d}z'\right]\mathrm{d}\boldsymbol{\xi}_\perp\quad(12.81)$$

如果源是具有单位振幅的点源（可以看作当$r_{ic}\to0$时高斯型初始条件的极限），则$\hat{W}_{ic}(\boldsymbol{\xi}_\perp,\boldsymbol{y}_\perp)=\delta(y_\perp)$，且

$$\Gamma^{(2)}(\boldsymbol{x}_\perp,\boldsymbol{y}_\perp,z)=\frac{\omega^2}{4\pi^2c_0^2z^2}\exp\left(\frac{\mathrm{i}\omega}{c_0z}\boldsymbol{y}_\perp\cdot\boldsymbol{x}_\perp\right)\exp\left[\frac{\omega^2}{4c_0^2}\int_0^z\gamma_0\left(\boldsymbol{y}_\perp\frac{z'}{z}\right)-\gamma_0(\boldsymbol{0})\,\mathrm{d}z'\right]\quad(12.82)$$

从而证明了式（12.45）。

附录 12. C：命题 12.8 的证明

假设初始条件仍然是式（12.50），并且使用与附录 12. B 中相同的符号，得到：

$$\hat{W}_{ic}(\boldsymbol{\xi}_\perp,\boldsymbol{y}_\perp)=\pi r_{ic}^2\exp\left(-\frac{r_{ic}^2|\boldsymbol{\xi}_\perp|^2}{4}-\frac{|\boldsymbol{y}_\perp|^2}{4r_{ic}^2}\right)$$

从式（12.79）中可以发现，波场的二阶矩满足以下形式：

$$\Gamma^{(2)}(\boldsymbol{x}_\perp,\boldsymbol{y}_\perp,z)=\frac{r_{ic}^2}{4\pi}\int\exp\left(-\frac{1}{4r_{ic}^2}\left|\boldsymbol{y}_\perp-\boldsymbol{\xi}_\perp\frac{c_0z}{\omega}\right|^2-\frac{r_{ic}^2|\boldsymbol{\xi}_\perp|^2}{4}+\mathrm{i}\boldsymbol{\xi}_\perp\cdot\boldsymbol{x}_\perp\right)\times\exp\left[\frac{\omega^2}{4c_0^2}\int_0^z\gamma_0\left(\boldsymbol{y}_\perp-\boldsymbol{\xi}_\perp\frac{c_0z'}{\omega}\right)-\gamma_0(\boldsymbol{0})\,\mathrm{d}z'\right]\mathrm{d}\boldsymbol{\xi}_\perp\quad(12.83)$$

在强散射体系中，即 $z \gg l_{\text{sca}}$ 时，借助于指数项中 $\gamma_0(\boldsymbol{x}_\perp)$ 的泰勒展开式

$$\gamma_0(\boldsymbol{x}_\perp)=\gamma_0(0)-\bar{\gamma}_2\ |\boldsymbol{x}_\perp|^2+o(|\boldsymbol{x}_\perp|^2)$$

得到

$$\exp\left\{\frac{\omega^2}{4c_0^2}\int_0^z \gamma_0[\boldsymbol{X}_\perp(z')]-\gamma_0(\boldsymbol{0})\,\mathrm{d}z'\right\}\simeq\exp\left[-\frac{\omega^2\bar{\gamma}_2}{4c_0^2}\int_0^z |\boldsymbol{X}_\perp(z')|^2\mathrm{d}z'\right]$$

其中，$\boldsymbol{X}_\perp(z')=\boldsymbol{y}_\perp-\xi_\perp\dfrac{c_0z'}{\omega}$。当 $|\boldsymbol{X}_\perp(z')|$ 较小时，这显然是正确的。当 $|\boldsymbol{X}_\perp(z')|$ 较大时，这仍然正确，因为对于某个常数 α，这两个量的量级都是 $\mathrm{e}^{-\frac{\alpha z}{l_{\text{sca}}}}$ 阶的，因此它们都接近于零，可以得到：

$$\Gamma^{(2)}(\boldsymbol{x}_\perp,\boldsymbol{y}_\perp,z)=\frac{r_{\text{ic}}^2}{4\pi}\int\exp\left[\mathrm{i}\xi_\perp\cdot\boldsymbol{x}_\perp-\left(\frac{r_{\text{ic}}^2}{4}+\frac{c_0^2z^2}{4r_{\text{ic}}^2\omega^2}+\frac{\bar{\gamma}_2z^3}{12}\right)|\xi_\perp|^2\right.$$
$$\left.+\left(\frac{c_0z}{2\omega r_{\text{ic}}^2}+\frac{\overline{\omega\gamma}_2z^2}{4c_0}\right)\boldsymbol{y}_\perp\cdot\xi_\perp-\left(\frac{1}{4r_{\text{ic}}^2}+\frac{\omega^2\bar{\gamma}_2z}{4c_0^2}\right)|y_\perp|^2\right]\mathrm{d}\xi_\perp$$

令 $\boldsymbol{y}_\perp=0$，最终得到

$$\begin{aligned}\mathbb{E}[|\hat{\phi}(\omega,\boldsymbol{x}_\perp,z)|^2]&=\Gamma^{(2)}(\boldsymbol{x}_\perp,\boldsymbol{0},z)\\&=\frac{r_{\text{ic}}^2}{4\pi}\int\exp\left[\mathrm{i}\xi_\perp\cdot\boldsymbol{x}_\perp-\left(\frac{r_{\text{ic}}^2}{4}+\frac{c_0^2z^2}{4r_{\text{ic}}^2\omega^2}+\frac{\bar{\gamma}_2z^3}{12}\right)|\xi_\perp|^2\right]\mathrm{d}\xi_\perp\\&=\frac{r_{\text{ic}}^2}{R^2(\omega,z)}\exp\left(-\frac{|\boldsymbol{x}_\perp|^2}{R^2(\omega,z)}\right)\end{aligned}\tag{12.84}$$

命题得证。

第 13 章　数学分析和概率论基本理论

本章系统回顾了整本书中使用的一些基本数学知识。13.1 节阐述了大家熟知的傅里叶变换，13.2 节阐述了散度定理，13.3 节讨论了驻相法，13.4 节阐述了香农（Shannon）采样定理，13.5 节介绍了概率论的一些结果，重点是随机过程建模。

13.1　傅里叶变换

假设$f(t)$是一个光滑可积的实值函数，则其傅里叶变换定义为

$$\hat{f}(\omega)=\int_{\mathbb{R}} f(t)\mathrm{e}^{\mathrm{i}\omega t}\mathrm{d}t$$

相应的傅里叶逆变换定义为

$$f(t)=\frac{1}{2\pi}\int_{\mathbb{R}} \hat{f}(\omega)\mathrm{e}^{-\mathrm{i}\omega t}\mathrm{d}\omega$$

表 13.1 列出了本书中使用的重要傅里叶恒等式。通过使用变量代换或分步积分，很容易证明这些恒等式（Evans，2010）。

表 13.1　本书中使用的重要傅里叶恒等式

序号	$f(t)$	$\hat{f}(\omega)$
①	$\frac{\mathrm{d}^n f}{\mathrm{d}t^n}$	$(-i\omega)^n\hat{f}(\omega)$
②	$f(t)*g(t)=\int f(s)g(t-s)\mathrm{d}s$	$\hat{f}(\omega)\hat{g}(\omega)$
③	$f(-t)$	$\overline{\hat{f}(\omega)}$
④	$\int f(s)g(t+s)\mathrm{d}s$	$\overline{\hat{f}(\omega)}\hat{g}(\omega)$

第③个恒等式对于时间反演很有用，它表示这样一个事实，即时间域中的时间反演等效于频率域中的复共轭。第④个恒等式表明，两个信号的互相关由这两个信号的傅里叶变换乘积确定，其中一个变换是复共轭的。

13.2　散 度 定 理

散度定理是本书中使用的一个基本恒等式，Evans（2010）对其应用进行了详细说明。设 V 是 n 维空间$\mathbb{R}^n$ 中的有界开子集，其边界 ∂V 为 $\mathcal{C}^1$。令$f\in\mathcal{C}^1(\overline{V},\mathbb{R}^n)$，其中 $\overline{V}=V\cup\partial V$ 是

V 的闭包，那么：

$$\int_V \nabla \cdot f(\boldsymbol{x})\,\mathrm{d}x = \int_{\partial V} \boldsymbol{n}(x) \cdot f(\boldsymbol{x})\,\mathrm{d}\sigma(x)$$

式中，$n(x)$ 为边界 ∂V 在 $x \in \partial V$ 处的外法线单位向量。

13.3　驻　相　法

本节将对驻相法进行简单的回顾和总结，具体介绍请参考 Bleistein 和 Handelsman（1986）及 Wong（2001）对该方法的详细介绍，这里不再赘述。

13.3.1　一维情况

令 ϕ 和 f 是从 $\mathbb{R}$ 到 $\mathbb{R}$ 的两个光滑函数。假设 f 是紧支撑的，只有当 $s=s_0$ 时，$\phi'(s)=0$，并且 $f(s_0)\neq 0$，且 $\phi''(s_0)\neq 0$。则积分

$$I(\varepsilon) = \int_{\mathbf{R}} \mathrm{e}^{\mathrm{i}\frac{\varphi(s)}{\varepsilon}} f(s)\,\mathrm{d}s$$

在 $\varepsilon \to 0$ 时可以近似表示为

$$\lim_{\varepsilon\to\infty} \frac{1}{\sqrt{\varepsilon}} I(\varepsilon)\,\mathrm{e}^{-\mathrm{i}\frac{\phi(s_0)}{\varepsilon}} = \frac{\sqrt{2\pi}}{\sqrt{|\phi''(s_0)|}} \mathrm{e}^{\mathrm{i}n^*\frac{\pi}{4}} f(s_0)$$

式中，$n^* = \mathrm{sgn}[\phi''(s_0)]$（Wong，2001）。

13.3.2　n 维情况

驻相定理可以推广到 n 维积分的情形（Wong，2001）。假设 n 为正整数，ϕ 和 f 是从 n 维空间 $\mathbb{R}^n$ 映射到空间 $\mathbb{R}$ 的两个光滑函数。假设 f 是紧支撑的，$\nabla\phi(s)$ 仅在 s_0 处为零，即 $\nabla\phi(s_0)=0$，并且 $f(s_0)$ 的值和 ϕ 的海森（Hessian）矩阵 $\boldsymbol{H}_{s_0}(\phi)$ 在 s_0 处的行列式不为零。则积分

$$I(\varepsilon) = \int_{\mathbf{R}^n} \mathrm{e}^{\mathrm{i}\frac{\phi(s)}{\varepsilon}} f(s)\,\mathrm{d}s$$

在 $\varepsilon \to 0$ 时可以近似表示为

$$\lim_{\varepsilon\to\infty} \frac{1}{\varepsilon^{n/2}} I(\varepsilon)\,\mathrm{e}^{-\mathrm{i}\frac{\phi(s_0)}{\varepsilon}} = \frac{(2\pi)^{n/2}}{\sqrt{|\det \boldsymbol{H}_{s_0}(\phi)|}} \mathrm{e}^{\mathrm{i}(2n^*-n)\frac{\pi}{4}} f(s_0) \tag{13.1}$$

式中，n^* 为 $\boldsymbol{H}_{s_0}(\phi)$ 的正特征值个数。使得 $\nabla\phi(s_0)=0$ 的点 s_0 称为驻点。实际上，存在一个仅依赖于 f 和 ϕ 的常数 C，使得：

$$\left| \frac{1}{\varepsilon^{n/2}} I(\varepsilon) - \frac{(2\pi)^{n/2}}{\sqrt{|\det \boldsymbol{H}_{s_0}(\phi)|}} \mathrm{e}^{\mathrm{i}(2n^*-n)\frac{\pi}{4}} f(s_0)\,\mathrm{e}^{\mathrm{i}\frac{\phi(s_0)}{\varepsilon}} \right| \leqslant C\sqrt{\varepsilon} \tag{13.2}$$

13.3.3　一种退化情形

本书中遇到的典型情形实际上是退化的（例如，有无数个驻点和/或驻点处的海森矩阵不可逆），Wong（2001）对此进行了具体分析。在这里，给出了一种特定情况下的结果，在这种特定情况下，存在呈线性排列的驻点，这也是读者感兴趣的。

命题 13.1　对于任意 $\varepsilon>0$，考虑以下积分：

$$I(\varepsilon)=\int_{\mathbb{R}}\int_{\mathbb{R}^n}\mathrm{e}^{\mathrm{i}\frac{\omega\phi(s)}{\varepsilon}}f(\omega)g(s)\,\mathrm{d}s\mathrm{d}\omega$$

式中，ϕ 和 g 为从 n 维空间$\mathbb{R}^n$ 映射到空间$\mathbb{R}$ 的光滑函数，g 是紧支撑的；f 为从$\mathbb{R}$ 映射到$\mathbb{R}$ 的紧支撑光滑函数。假设$\nabla\phi(s)$ 仅在 $s_0\in\mathbb{R}^n$ 时为零，并且在 s_0 处 ϕ 的海森矩阵$\boldsymbol{H}_{s_0}(\phi)$ 行列式不为零，那么有以下两种情形。

（1）如果 $\phi(s_0)\neq 0$，那么：

$$\lim_{\varepsilon\to 0}\frac{1}{\varepsilon^{n/2}}I(\varepsilon)=0 \tag{13.3}$$

（2）如果 $\phi(s_0)=0$，那么：

$$\lim_{\varepsilon\to\infty}\frac{1}{\varepsilon^{n/2}}I(\varepsilon)=\frac{(2\pi)^{n/2}g(s_0)}{\sqrt{|\det\boldsymbol{H}_{s_0}(\phi)|}}\int\mathrm{e}^{\mathrm{i}(2n^*-n)\frac{\pi}{4}\mathrm{sgn}(\omega)}\frac{f(\omega)}{|\omega|^{n/2}}\mathrm{d}\omega \tag{13.4}$$

式中，n^* 为$\boldsymbol{H}_{s_0}(\phi)$ 正特征值的个数。

该命题的证明是基于在f 支撑中对任意 ω 产生的估计式（13.2）来完成（不含零值）：

$$\left|\frac{1}{\varepsilon^{n/2}}\int_{\mathbb{R}^n}\mathrm{e}^{\mathrm{i}\frac{\omega\phi(s)}{\varepsilon}}g(s)\,\mathrm{d}s-\frac{(2\pi)^{n/2}g(s_0)}{\sqrt{|\det\boldsymbol{H}_{s_0}(\phi)|}\,|\omega|^{n/2}}\mathrm{e}^{\mathrm{i}(2n^*-n)\frac{\pi}{4}\mathrm{sgn}(\omega)}\mathrm{e}^{\mathrm{i}\frac{\omega\phi(s_0)}{\varepsilon}}\right|\leqslant C\frac{\sqrt{\varepsilon}}{\sqrt{\omega}}$$

式中，C 仅取决于 ϕ 和 g。现在可以在f 支撑上对 ω 进行积分。如果 $\phi(s_0)\neq 0$，根据黎曼-勒贝格引理，当 $\varepsilon\to 0$ 时，积分

$$\int_{\mathbb{R}}\mathrm{e}^{\mathrm{i}(2n^*-n)\frac{\pi}{4}\mathrm{sgn}(\omega)}\mathrm{e}^{\mathrm{i}\frac{\omega\phi(s_0)}{\varepsilon}}\frac{f(\omega)}{|\omega|^{n/2}}\mathrm{d}\omega\to 0$$

从而得到式（13.3）。如果 $\phi(s_0)=0$，则可直接得到式（13.4）。

13.4　采 样 定 理

本节主要讨论时间域采样问题，但这些参数可以很容易地扩展到空间域。由于仪器本身和计算机内存的限制，信号$[f(t)]_{t\in\mathbb{R}}$只能在离散时间点$(t_i)_{i\in\mathbb{Z}}$处采样。将连续函数$[f(t)]_{t\in\mathbb{R}}$简化为离散采样序列$[f(t_i)]_{i\in\mathbb{Z}}$可能会导致信息丢失，并且这种信息丢失的程度取决于采样点$(t_i)_{i\in\mathbb{Z}}$的密度或者说采样率。问题是能否假设具有完全的保真度，并且可以用连续时间相关信号的积分来代替采样点上的离散和，就像在书中大多数地方所做的那样（除了第 11 章）。香农采样定理可以回答这个问题，该定理可以充分保证有限带宽函数的完美保真度，这类函数的傅里叶变换具有紧支撑。

临界采样率可以通过函数$[f(t)]_{t\in\mathbb{R}}$的带宽表达如下：如果在区间［$-B,B$］上，函数

$[f(t)]_{t\in\mathbf{R}}$的傅里叶变换具有支集，则该函数可以完全由间隔为 $1/(2B)$ 的离散采样点构成的规则时间序列确定，采样率 $2B$ 称为尼奎斯特频率。该定理给出了理想插值算法的惠特克–香农（Whittaker-Shannon）公式，即：

$$f(t)=\sum_{n=-\infty}^{\infty} f\left(\frac{n}{2B}\right)\mathrm{sinc}[\pi(2Bt-n)] \tag{13.5}$$

其中，$\mathrm{sinc}(s)=\sin(s)/s$（Meyer，1992）。

在整本书中，都假设传感器记录到的信号是采样良好的，这是可以接受的，因为所涉及的大多数应用是地球物理学或声学领域，其工作频率足够低，这在探地雷达中也得到日益广泛的应用。在第 11 章中，讨论了一个光学实验问题，在这种情况下，由于波的主频太高，传感器无法在尼奎斯特频率下记录波场 $u(t)$ 的值。但是，记录器可以记录到波场强度，即：

$$I(t)=\frac{1}{2T_e}\int_{-\infty}^{\infty}\prod\left(\frac{\tau}{T_e}\right)[u(t+\tau)]^2\mathrm{d}\tau \tag{13.6}$$

式中，T_e 为记录器的积分时间；$\prod$ 为归一化的截止函数，满足 $\int\prod(s)\mathrm{d}s=1$。假设波场是指数调制函数：

$$u(t)=\exp(-\mathrm{i}\omega_0 t)f(t)+c.c. \tag{13.7}$$

式中，$c.c.$ 代表复共轭；ω_0 为载频；$f(t)$ 为缓变包络，即复值、有界且连续的函数，其傅里叶变换具有比 ω_0 小得多的特征带宽 B。如果 $BT_e\ll 1\ll\omega_0 T_e$，则：

$$I(t)\simeq|f(t)|^2 \tag{13.8}$$

具体说明如下。首先引入无量纲参数 ε 来刻画标度假设。通过假定 $\omega_0 T_e$ 很大，约为 ε^{-1}阶，而 BT_e 很小，约为 ε 阶，其中 $\varepsilon\ll 1$，波场可以表示为以下形式：

$$u^{\varepsilon}(t)=\exp\left(-\mathrm{i}\frac{\omega_0}{\varepsilon}t\right)f(\varepsilon t)+c.c.$$

其强度为

$$I^{\varepsilon}(t)=\frac{1}{2T_e}\int_{-\infty}^{\infty}\prod\left(\frac{\tau}{T_e}\right)[u^{\varepsilon}(t+\tau)]^2\mathrm{d}\tau$$

因此

$$\begin{aligned}I^{\varepsilon}\left(\frac{t}{\varepsilon}\right)&=\frac{1}{2T_e}\int_{-\infty}^{\infty}\prod\left(\frac{\tau}{T_e}\right)\left[u^{\varepsilon}\left(\frac{t}{\varepsilon}+\tau\right)\right]^2\mathrm{d}\tau\\&=\frac{1}{2T_e}\exp\left(-\mathrm{i}\frac{2\omega_0 t}{\varepsilon^2}\right)\int_{-\infty}^{\infty}\prod\left(\frac{\tau}{T_e}\right)\exp\left(-\mathrm{i}\frac{2\omega_0\tau}{\varepsilon}\right)[f(t+\varepsilon\tau)]^2\mathrm{d}\tau\\&\quad+\frac{1}{2T_e}\exp\left(\mathrm{i}\frac{2\omega_0 t}{\varepsilon^2}\right)\int_{-\infty}^{\infty}\prod\left(\frac{\tau}{T_e}\right)\exp\left(i\frac{2\omega_0\tau}{\varepsilon}\right)[\bar{f}(t+\varepsilon\tau)]^2\mathrm{d}\tau\\&\quad+\frac{1}{T_e}\int_{-\infty}^{\infty}\prod\left(\frac{\tau}{T_e}\right)|f(t+\varepsilon\tau)|^2\mathrm{d}\tau\end{aligned}$$

由黎曼–勒贝格定理可知，当 $\varepsilon\to 0$ 时，前两项收敛到 0，而第三项收敛到 $|f(t)|^2$，结论得证。

13.5　随机过程

本节将介绍随机过程的一些背景知识，Breiman（1968）对这些知识进行了详细介绍。

13.5.1　随机变量

噪声的特征是在重复测量或重复观察中没有固定值。这里考虑可以用一个实值随机变量来建模的量，在实现过程中，该变量的确切值是未知的，但是可以用该变量来表征任何可测值的可能集合或经验频率。因此，可以将随机变量的统计分布定义为空间$\mathbb{R}$上的概率值，该概率值定量刻画了随机变量在某一特定可测量集合中取值的可能性。在本节中，只讨论连续随机变量，其分布与空间$\mathbb{R}$上勒贝格测度的密度有关，因为在本书中不会遇到离散或其他奇异随机变量。这样，随机变量的统计分布就可以用其概率密度函数来表征。若实值随机变量 Z 的概率密度函数用 $p_Z(z)$ 表示，则有

$$\mathbb{P}(Z\in[a,b])=\int_a^b p_z(z)\,\mathrm{d}z$$

请注意，p_Z 是一个积分等于 1 的非负函数。在给定概率密度函数的情况下，可以计算出随机变量 $\phi(Z)$ 的一个佳函数（有界或正值）的期望，它是 ϕ 相对于概率密度函数 p_z 的加权平均值：

$$\mathbb{E}[\phi(Z)]=\int_{\mathbf{R}}\phi(z)p_z(z)\,\mathrm{d}z$$

最重要的加权平均值是随机变量 Z 的一阶矩和二阶矩（本书中仅考虑一阶矩和二阶矩为有限值的随机变量）。随机变量 Z 的平均值（或期望）定义为

$$\mathbb{E}[Z]=\int_{\mathbf{R}}zp_z(z)\,\mathrm{d}z \tag{13.9}$$

这是 Z 的一阶统计矩，是在以下均方意义上最接近随机变量 Z 的确定值：

$$\mathbb{E}[Z]=\underset{a\in\mathbf{R}}{\operatorname{argmin}}\,\mathbb{E}[(Z-a)^2]$$

Z 的方差定义为

$$\mathrm{Var}(Z)=\mathbb{E}[\,|Z-\mathbb{E}[Z]|^2]=\mathbb{E}[Z^2]-(\mathbb{E}[Z])^2 \tag{13.10}$$

这是 Z 的二阶统计矩。$\sigma_Z=\sqrt{\mathrm{Var}(Z)}$ 称为标准差，它表征了平均值偏离数据集的平均程度。

在实际情况中，噪声信号的概率密度函数并非总是已知的。人们经常使用均值和方差之类的参数描述它，并且通常假定噪声具有高斯型的概率密度函数。可以通过最大熵原理来证明这一点，该原理要求在满足条件 $\int p_z(z)\,\mathrm{d}z=1$，$\int zp_z(z)\,\mathrm{d}z=\mu$ 和 $\int(z-\mu)^2p_z(z)\,\mathrm{d}z=\sigma^2$ 的情况下，使熵 $-\int p_z(z)\ln p_z(z)\,\mathrm{d}z$ 最大化的概率密度函数是具有均值 μ 和方差 σ^2 的高斯型概率密度函数：

$$p_z(z)=\frac{1}{\sqrt{2\pi}\sigma}\mathrm{e}^{-\frac{(z-\mu)^2}{2\sigma^2}} \tag{13.11}$$

如果随机变量 Z 具有式（13.11）所示的概率密度函数，则 Z 的分布律可以表示为 $Z\sim\mathcal{N}(\mu,\sigma^2)$。噪声信号通常是由许多非相关源的累积效应产生的，因此，根据中心极限定理，大多数测量到的噪声信号都可以视为高斯噪声。在这里再回顾一下中心极限定理：当随机变量 Z 是 $\boldsymbol{n}$ 个独立且均匀分布的随机变量之和，假定方差是有限值，当 $n\to+\infty$时，则 Z 服从具有某个均值和方差的高斯分布。

13.5.2 随机向量

一个 d 维随机向量 $\boldsymbol{Z}$ 定义为 d 个实值随机变量构成的集合$(Z_1,\ \cdots,\ Z_d)^{\mathrm{T}}$。随机向量的分布特征可由概率密度函数 p_Z 表示：

$$\mathbb{P}(Z\in[a_1,b_1]\times\cdots\times[a_d,b_d])=\int_{[a_1,b_1]\times\cdots\times[a_d,b_d]}p_Z(z)\mathrm{d}z,\quad a_j\leqslant b_j$$

概率密度函数 pz 是从 $\mathbb{R}^d$ 到 $[0,\ \infty]$ 的映射，其积分等于 1。如果对于所有 $z=(z_1,\ \cdots,\ z_d)^{\mathrm{T}}\in\mathbb{R}^d$，随机向量 $\boldsymbol{Z}=(Z_1,\ \cdots,\ Z_d)^{\mathrm{T}}$ 的概率密度函数可以表示为坐标向量的一维概率密度函数的乘积：

$$p_Z(z)=\prod_{j=1}^{d}p_{z_j}(z_j)$$

或对于所有连续的有界函数 $\phi_1,\ \cdots,\ \phi_d\in\mathcal{C}_b(\mathbb{R},\ \mathbb{R})$，有等价表达式

$$\mathbb{E}[\phi_1(Z_1)\cdots\phi_d(Z_d)]=\mathbb{E}[\phi_1(Z_1)]\cdots\mathbb{E}[\phi_d(Z_d)]$$

则称该随机向量是独立的。

例如，d 维归一化高斯随机向量 $\boldsymbol{Z}$ 具有高斯概率密度函数

$$p_Z(z)=\frac{1}{(2\pi)^{d/2}}\mathrm{e}^{-\frac{|z|^2}{2}}$$

该概率密度函数可以分解为一维高斯概率密度函数的乘积，这表明 $\boldsymbol{Z}$ 是一个由归一化的独立高斯随机变量$(Z_1,\ \cdots,\ Z_d)^{\mathrm{T}}$ 构成的向量（归一化的意思是均值为零且方差等于 1）。

与随机变量一样，可能并不需要或者可能无法给出随机向量的完整统计描述。在这种情况下，仅使用第一和第二统计矩来描述随机向量。令 $\boldsymbol{Z}=(Z_i)_{i=1,\cdots,d}$为随机向量，则 $\boldsymbol{Z}$ 的均值是向量$\boldsymbol{\mu}=(\mu_j)_{j=1,\cdots,d}$，其中 μ_j 为

$$\mu_j=\mathbb{E}[Z_j]$$

$\boldsymbol{Z}$ 的协方差矩阵为 $\boldsymbol{C}=(C_{jl})_{j,l=1,\cdots,d}$，其中 C_{jl}为

$$C_{jl}=\mathbb{E}[(Z_j-\mathbb{E}[Z_j])(Z_l-\mathbb{E}[Z_l])]$$

这些统计矩足以表征 $\boldsymbol{Z}$ 的分量任意线性组合的一阶矩和二阶矩。实际上，如果 $\boldsymbol{\beta}=(\beta_j)_{j=1,\cdots,d}\in\mathbb{R}^d$，则随机变量 $Z_\beta=\boldsymbol{\beta}\cdot\boldsymbol{Z}=\sum_{j=1}^{d}\beta_jZ_j$ 具有均值

$$\mathbb{E}[Z_\beta]=\boldsymbol{\beta}\cdot\boldsymbol{\mu}=\sum_{j=1}^{d}\beta_j\,\mathbb{E}[Z_j]$$

和方差

$$\mathrm{Var}(Z_\beta)=\boldsymbol{\beta}^T\boldsymbol{C}\boldsymbol{\beta}=\sum_{j,l=1}^{d}C_{jl}\beta_j\beta_l$$

根据上面的结论，可以发现协方差矩阵 $\boldsymbol{C}$ 必定是非负的。

如果变量之间是相互独立的，则协方差矩阵为对角阵。特别地

$$\operatorname{Var}\left(\sum_{j=1}^{d} Z_j\right)=\sum_{j=1}^{d} \operatorname{Var}(Z_j)$$

但通常情况下，协方差矩阵是对角形式，并不能确保随机向量是独立的。

13.5.3　高斯随机向量

对于均值为 μ、协方差矩阵为 $\boldsymbol{R}$ 的高斯随机向量 $\boldsymbol{Z}=(Z_1, \cdots, Z_d)^{\mathrm{T}}$，记作 $\boldsymbol{Z}\sim\mathcal{N}(\mu,\mathbf{R})$，当 $\boldsymbol{R}$ 为正定矩阵时，其概率密度函数为

$$p(z)=\frac{1}{(2\pi)^{d/2}(\det\boldsymbol{R})^{1/2}}\exp\left(-\frac{(z-\mu)^{\mathrm{T}}\boldsymbol{R}^{-1}(z-\mu)}{2}\right) \tag{13.12}$$

正如在随机变量部分提到的那样，高斯统计量是根据最大熵原理（假设已经确定了随机向量的一阶矩和二阶矩）和中心极限定理得到的。这种分布由特征函数或概率密度函数的傅里叶变换来刻画：

$$\mathbb{E}[\mathrm{e}^{\mathrm{i}\lambda\cdot Z}]=\int_{\mathbb{R}^d}\mathrm{e}^{\mathrm{i}\lambda\cdot z}p(z)\,\mathrm{d}z=\exp\left(\mathrm{i}\lambda\cdot\boldsymbol{\mu}-\frac{\lambda^{\mathrm{T}}\boldsymbol{R}\lambda}{2}\right),\lambda\in\mathbb{R}^d \tag{13.13}$$

这也表明，如果 $\lambda\in\mathbb{R}^d$，则线性组合 $\lambda\cdot\boldsymbol{Z}$ 是具有均值 $\lambda\cdot\boldsymbol{\mu}$ 和方差 $\lambda^{\mathrm{T}}\boldsymbol{R}\lambda$ 的实值高斯随机变量。

零均值高斯随机向量高阶矩的期望可以表示为其所有的二阶矩之和。例如，如果 $\boldsymbol{Z}=(Z_1,Z_2,Z_3,Z_4)^{\mathrm{T}}$ 是零均值高斯向量，则

$$\mathbb{E}\left[\prod_{j=1}^{4} Z_j\right]=\mathbb{E}[Z_1Z_2]\mathbb{E}[Z_3Z_4]+\mathbb{E}[Z_1Z_3]\mathbb{E}[Z_2Z_4]+\mathbb{E}[Z_1Z_4]\mathbb{E}[Z_2Z_3]$$

13.5.4　随机过程

非均匀介质的折射率扰动，接收阵列记录的波场扰动或图像中出现的噪声均可由具有随机值的空间（或时间）函数描述，称为随机过程。

实际上，随机变量是一个随机数，从某种意义上说，随机变量是一个实数，且随机变量的统计分布由其概率密度函数表征。同样，随机过程 $[Z(\boldsymbol{x})]_{x\in\mathbb{R}^d}$ 可用一个随机函数来表达，从某种意义上说，随机过程的实现就是从 $\mathbb{R}^d$ 到 $\mathbb{R}$ 的映射，且对于任意 $x_1,\cdots,x_n\in\mathbb{R}^d$ 而言，$[Z(\boldsymbol{x})]_{x\in\mathbb{R}^d}$ 的分布特征可由有限维分布 $[Z(x_1),\cdots,Z(x_n)]^{\mathrm{T}}$ 完整刻画（随机过程的分布特征由有限维分布完全刻画并非微不足道，而是遵循柯尔莫哥洛夫扩展定理）。

与随机变量一样，可能并不总是要求对随机过程进行完整的统计描述，或即使需要也可能无法实现。在这种情况下，一般使用第一和第二统计矩来描述，其中最重要的是均值、方差和协方差。

（1）均值：$\mathbb{E}[Z(x)]$；

（2）方差：$\operatorname{Var}[Z(x)]=\mathbb{E}\left(\{Z(x)-\mathbb{E}[Z(x)]\}^2\right)$；

(3) 协方差：$R(x,x')=\mathbb{E}\left(\{Z(x)-\mathbb{E}[Z(x)]\}\right)\{Z(x')-\mathbb{E}[Z(x')]\}$。

对于任意 $x_0\in\mathbb{R}^d$，如果坐标原点的移动不能引起随机过程的统计特征发生变化，则称 $[Z(\boldsymbol{x})]_{\boldsymbol{x}\in\mathbb{R}^d}$ 是平稳随机过程，即：

$$[Z(x_0+x)]_{x\in\mathbb{R}^d}\overset{\text{distribution}}{=}[Z(x)]_{x\in\mathbb{R}^d}$$

这是一个统计意义上的稳定状态，其充要条件是对于任意整数 $\boldsymbol{n}$、任意 $x_0,x_1,\cdots,x_n\in\mathbb{R}^d$ 及任意有界连续函数 $\mathbb{E}\in\mathcal{C}_b(\mathbb{R}^n,\ \mathbb{R})$，都有

$$\mathbb{E}\{\phi[Z(x_0+x_1),\cdots,Z(x_0+x_n)]\}=\mathbb{E}\{\phi[Z(x_1),\cdots,Z(x_n)]\}$$

13.5.5　遍历过程

下面考虑一个 $\mathbb{E}[|Z(x)|]<\infty$ 的平稳过程。令 $\mu=\mathbb{E}[Z(x)]$，遍历定理表明，在遍历假说下，时间平均值可由统计平均值代替（Breiman，1968）。

定理 13.2　如果 $Z(x)$ 满足遍历假设，则：

$$\frac{1}{N^d}\int_{[0,N]^d}Z(x)\,dx\xrightarrow{N\to\infty}\mu$$

遍历性假设要求 $[Z(\boldsymbol{x})]_{x\in\mathbb{R}^d}$ 访问所有相空间。尽管这似乎是一个直观的概念，但陈述和理解起来并不容易（请参见备注 13.4）。实例 13.3 展示了一个非遍历过程。

实例 13.3　令 $[Z_1(t)]_{t\in\mathbb{R}}$ 和 $[Z_2(t)]_{t\in\mathbb{R}}$ 是两个遍历过程（满足定理 13.2），记作 $\mu_j=\mathbb{E}\ [Z_j(t)]$，$j=1$，2。假设 $\mu_1\neq\mu_2$。考虑一个独立于 $[Z_1(t)]_{t\in\mathbb{R}}$ 和 $[Z_2(t)]_{t\in\mathbb{R}}$ 且其分布为 $\mathbb{P}(\chi=1)=\mathbb{P}(\chi=0)=1/2$ 的伯努利随机变量 χ。令 $Z(t)=\chi Z_1(t)+(1-\chi)Z_2(t)$ 为一个均值为 $\mu=\frac{1}{2}(\mu_1+\mu_2)$ 的平稳过程。时间平均过程满足：

$$\frac{1}{T}\int_0^T Z(t)\,\mathrm{d}t=\chi\left[\frac{1}{T}\int_0^T Z_1(t)\,\mathrm{d}t\right]+(1-\chi)\left[\frac{1}{T}\int_0^T Z_2(t)\,\mathrm{d}t\right]\xrightarrow{T\to\infty}\chi\mu_1+(1-\chi)\mu_2$$

这是一个不同于 μ 的随机极限。由于 Z 被限制在部分相空间中，所以时间平均极限值取决于 χ，过程 $[Z(t)]_{t\in\mathbb{R}}$ 是非遍历的。

备注 13.4　（关于遍历理论的补充）在这里，我们将对遍历定理进行严格的说明（以下内容是非必要的）。设（Ω，$\mathcal{A}$，$\mathbb{P}$）为概率空间，即：

(1) Ω 是一个非空集；

(2) $\mathcal{A}$ 是 Ω 上的 σ 代数；

(3) $\mathbb{P}$：$\mathcal{A}\to$［0，1］是一个概率［即对于任意非相交集的可数族 $A_j\in\mathcal{A}$，有 $\mathbb{P}(\Omega)=1$ 且 $\mathbb{P}(\cup_j A_j)=\sum_j\mathbb{P}(A_j)$］。

令 θ_x：$\Omega\to\Omega$，$x\in\mathbb{R}^d$ 是一组具有概率 $\mathbb{P}$ 的可测移位算子，对于任意 $A\in\mathcal{A}$ 和 $x\in\mathbb{R}^d$，有 $\mathbb{P}[\theta_x^{-1}(A)]=\mathbb{P}(A)$［即对于任意 $A\in\mathcal{A}$ 和 $x\in\mathbb{R}^d$，有 $\theta_x^{-1}(A)\in\mathcal{A}$；对于任意 $\boldsymbol{x},\boldsymbol{y}\in\mathbb{R}^d$，有 $\theta_0=I_d$ 且 $\theta_{x+y}=\theta_x\circ\theta_y$］。

如果不变集是可忽略的或可忽略互补的不变集，即对于所有的 $x\in\mathbb{R}^d\Rightarrow\mathbb{P}(A)=0$ 或 1，有 $\theta_x^{-1}(A)=A$，则数集 $(\theta_x)_{x\in\mathbb{R}^d}$ 是遍历的。

据此，有以下命题。

命题　令 f：$(\Omega, \mathcal{A}, \mathbb{P}) \to \mathbb{R}$ 且 $Z(x,\omega)=f[\theta_x(\omega)]$

（1）Z 是平稳随机过程。

（2）如果 $f\in L^1(\mathbb{P})$ 和 $(\theta_x)_{x\in\mathbb{R}^d}$ 是遍历的，则：

$$\frac{1}{N^d}\int_{[0,N]^d} Z(x,\omega)\,\mathrm{d}x \xrightarrow{N\to\infty} \mathbb{E}[f] = \int_\Omega f\mathrm{d}\,\mathbb{P}$$

13.5.6　均方理论

在本小节中，将介绍遍历定理的一种弱形式，该形式在简单显式条件下仍然适用。假设平稳随机过程 $[Z(\boldsymbol{x})]_{x\in\mathbb{R}^d}$ 的方差是有限的，即 $\mathbb{E}[Z^2(\mathbf{0})]<\infty$，引入自相关函数：

$$c(\boldsymbol{x})=\mathbb{E}\{[Z(y)-\mu][Z(y+x)-\mu]\}$$

式中，$\mu=\mathbb{E}[Z(y)]$。根据稳态性可知，c 和 μ 都不依赖于 y。同样，根据稳定性可以判定 c 是一个偶函数，即：

$$c(-\boldsymbol{x})=\mathbb{E}\{[Z(y)-\mu][Z(y-x)-\mu]\}=\mathbb{E}\{[Z(y'+x)-\mu][Z(y')-\mu]\}=c(\boldsymbol{x})$$

根据柯西–施瓦兹不等式，当 $x=0$ 时 c（x）达到最大值：

$$c(\boldsymbol{x})\leqslant(\mathbb{E}\{[Z(y)-\mu]^2\})^{1/2}\left(\mathbb{E}\{[Z(y+x)-\mu]^2\}\right)^{1/2}=c(\mathbf{0})$$

并且，$c(\mathbf{0})=\mathrm{Var}[Z(\mathbf{0})]$。

命题 13.5　假设 $\int_{\mathbb{R}^d}|c(x)|\mathrm{d}x<\infty$。令

$$S(N)=\frac{1}{N^d}\int_{[0,N]^d}Z(x)\,\mathrm{d}x$$

那么

$$\mathbb{E}\{[S(N)-\mu]^2\}\xrightarrow{N\to\infty}0$$

更确切地说

$$N\,\mathbb{E}\{[S(N)-\mu]^2\}\xrightarrow{N\to\infty}\int_{\mathbb{R}^d}c(x)\,\mathrm{d}x$$

应该将条件 $\int_{\mathbb{R}^d}|c(x)|\mathrm{d}x<\infty$ 解释为：当 $|x|\to\infty$ 时，自协方差函数 $c(x)$ 以足够快的速度衰减到 0。该假设是混合均方形式：$Z(y)$ 和 $Z(y+x)$ 对于大延迟 x 近似独立，混合代替了大数定律中的独立性。$d=1$ 混合过程的一个例子是由下式定义的分段常数过程：

$$Z(s)=\sum_{k\in\mathbb{Z}}f_k\,\mathbf{1}_{[L_k,L_{k+1})}(s)$$

对于 $k\geqslant1$，其具有独立且均匀分布的随机变量 f_k，$L_0=0$，$L_k=\sum_{j=1}^{k}l_j$。

对于 $k\leqslant-1$，$L_k=-\sum_{j=k}^{-1}l_j$，l_j 是均值为 1 的独立指数随机变量。此处有

$$c(\boldsymbol{\tau})=\mathrm{Var}(f_1)\exp(-|\boldsymbol{\tau}|)$$

【证明】 可以通过直接计算的方式证明该命题。在 $d=1$ 的情况下给出证明过程：

$$\begin{aligned}\mathbb{E}\{[S(N)-\mu]^2\} &= \mathbb{E}\left\{\frac{1}{T^2}\int_0^N [Z(t_1)-\mu]\mathrm{d}t_1 \int_0^N [Z(t_2)-\mu]\mathrm{d}t_2\right\}\\ &\overset{\text{symmetry}}{=} \frac{2}{N^2}\int_0^N \mathrm{d}t_1 \int_0^{t_1} \mathrm{d}t_2 c(t_1-t_2)\\ &\overset{\substack{\tau=t_1-t_2\\ h=t_2}}{=} \frac{2}{N^2}\int_0^N \mathrm{d}\tau \int_0^{N-\tau} \mathrm{d}h c(\tau)\\ &= \frac{2}{N^2}\int_0^N \mathrm{d}\tau (N-\tau) c(\tau)\\ &= \frac{2}{N}\int_0^\infty \mathrm{d}\tau c_N(\tau)\end{aligned}$$

式中，$c_N(\tau)=c(\tau)(1-\tau/N)\mathbf{1}_{[0,N]}(\tau)$。根据勒贝格收敛定理，得到

$$N\,\mathbb{E}\{[S(N)-\mu]^2\} \xrightarrow{N\to\infty} 2\int_0^\infty c(\tau)\mathrm{d}\tau$$

结论得证。

请注意，由于极限是确定性的，$L^2(\mathbb{P})$ 收敛意味着概率意义上的收敛。实际上，根据切比雪夫不等式，对于任意 $\delta>0$：

$$\mathbb{P}(|S(N)-\mu|\geqslant\delta)\leqslant\frac{\mathbb{E}\{[S(N)-\mu]^2\}}{\delta^2}\xrightarrow{N\to\infty}0$$

还要注意，对于任意 $k\in\mathbb{R}^d$，可以通过相同的方法得到：

$$N^d\,\mathbb{E}\left\{\left|\int_{[0,N]^d}[Z(x)-\mu]\mathrm{e}^{\mathrm{i}k\cdot x}\mathrm{d}x\right|^2\right\}\xrightarrow{N\to\infty}\int_{\mathbb{R}^d}c(x)\mathrm{e}^{\mathrm{i}k\cdot x}\mathrm{d}x$$

这表明平稳随机过程的协方差函数的傅里叶变换是非负的。这是博赫纳（Bochner）定理的一种初步形式，它要求当且仅当函数 $c(x)$ 的傅里叶变换非负时，才是平稳过程的协方差函数。协方差函数的傅里叶变换是平稳过程的功率谱密度。

13.5.7　高斯过程

当 n 为任意整数，$x_i\in\mathbb{R}^d$，$\lambda_i\in\mathbb{R}$ 时，如果任意线性组合 $Z_\lambda=\sum_{i=1}^n\lambda_i Z(x_i)$ 具有高斯分布，则随机过程 $[Z(\boldsymbol{x})]_{x\in\mathbb{R}^d}$ 服从高斯分布。在这种情况下，Z_λ 的概率密度函数是

$$p_{Z_\lambda}(z)=\frac{1}{\sqrt{2\pi}\sigma_\lambda}\exp\left(-\frac{(z-\mu_\lambda)^2}{2\sigma_\lambda^2}\right),z\in\mathbb{R}$$

其均值和方差分别为

$$\mu_\lambda=\sum_{i=1}^n\lambda_i\,\mathbb{E}[Z(x_i)],\quad \sigma_\lambda^2=\sum_{i,j=1}^n\lambda_i\lambda_j\,\mathbb{E}[Z(x_i)Z(x_j)]-\mu_\lambda^2$$

$[Z(x)]_{x\in\mathbb{R}^d}$ 的一阶矩和二阶矩描述了高斯过程的有限维分布特征：

$$\mu(x_1)=\mathbb{E}[Z(x_1)]$$
$$R(x_1,x_2)=\mathbb{E}[Z(x_1)-\mathbb{E}[Z(x_1)](Z(x_2)-\mathbb{E}[Z(x_2)])]$$

实际上，$[Z(x_1),\cdots,Z(x_n)]^{\mathrm{T}}$ 的有限维分布具有以下傅里叶变换形式的概率密度函数

$p(z_1, \cdots, z_n)$：

$$\begin{aligned}\int_{\mathbb{R}^n} \mathrm{e}^{\mathrm{i}\sum_{j=1}^{n}\lambda_j z_j} p(z_1,\cdots,z_n)\mathrm{d}z_1\cdots\mathrm{d}z_n &= \mathbb{E}[\mathrm{e}^{\mathrm{i}\sum_{j=1}^{n}\lambda_j Z(x_j)}] \\ &= \mathbb{E}[\mathrm{e}^{\mathrm{i}Z_\lambda}] = \int_{\mathbb{R}} \mathrm{e}^{\mathrm{i}z} p_{Z_\lambda}(z)\mathrm{d}z = \exp\left(\mathrm{i}\mu_\lambda - \frac{\sigma_\lambda^2}{2}\right) \\ &= \exp\left[\mathrm{i}\sum_{j=1}^{n}\lambda_j\mu(x_j) - \frac{1}{2}\sum_{j,l=1}^{n}\lambda_j\lambda_l R(x_j,x_l)\right]\end{aligned}$$

结合式（13.13），可知$[Z(x_1),\cdots,Z(x_n)]^{\mathrm{T}}$具有均值为$[\mu(x_j)]_{j=1,\cdots,n}$、协方差矩阵为$[R(x_j,x_l)]_{j,l=1,\cdots,n}$的高斯概率密度函数。因此，高斯过程的分布特征可由均值函数$[\mu(x_1)]_{x_1\in\mathbb{R}^d}$和协方差函数$[R(x_1,x_2)]_{x_1,x_2\in\mathbb{R}^d}$刻画。

均值函数$\mu(x)$ 和协方差函数$R(x, x')$ 一旦给定，实现高斯过程$[Z(\boldsymbol{x})]_{x\in\mathbb{R}^d}$将变得非常容易。如果（$x_1$，…，$x_n$）是网格节点，以下算法描述了$[Z(x_1),\cdots,Z(x_n)]^{\mathrm{T}}$的实现过程：

（1）计算均值向量$m_i=\mathbb{E}[Z(x_i)]$和协方差矩阵$C_{ij}=\mathbb{E}[Z(x_i)Z(x_j)]-\mathbb{E}[Z(x_i)]\mathbb{E}[Z(x_j)]$；

（2）生成一个由 n 个均值为 0、方差为 1 的独立高斯随机变量构成的随机向量$\boldsymbol{Y}=(Y_1, \cdots, Y_n)^{\mathrm{T}}$［在 matlab 中使用 rand(n) 函数，或使用 Box-Müller 算法］；

（3）计算 $\boldsymbol{Z}=\boldsymbol{m}+\mathrm{C}^{1/2}\boldsymbol{Y}$。

向量$\boldsymbol{Z}$具有$[Z(x_1),\cdots,Z(x_n)]^{\mathrm{T}}$的分布，因为它具有高斯分布（高斯向量$\boldsymbol{Y}$的线性变换）所需的均值向量和协方差矩阵。

从计算成本的角度来看，计算矩阵C的平方根非常耗费资源，通常选择使用 Cholesky 方法进行计算。对于稳态高斯过程，将在 13.5.8 小节中讨论一种更快捷的算法。

13.5.8　稳态高斯过程

本节主要关注稳态高斯过程。由于高斯过程的分布以其一阶矩和二阶矩为特征，因此，当且仅当其均值$\mu(x)$ 恒定且其协方差函数$R(\boldsymbol{x}, \boldsymbol{x}')$ 仅取决于延迟量（$\boldsymbol{x}'-\boldsymbol{x}$）时，高斯过程才是稳态的。下面考虑一个均值为零且协方差函数为$c(x)=\mathbb{E}[Z(x')Z(x'+x)]$的稳态高斯过程$[Z(\boldsymbol{x})]_{x\in\mathbb{R}^d}$。根据博赫纳定理（Gihman and Skorohod，1974），$c(x)$ 的傅里叶变换必然是非负的。实值稳态高斯过程$[Z(\boldsymbol{x})]_{x\in\mathbb{R}^d}$的频谱可以表示为

$$Z(x)=\frac{1}{(2\pi)^d}\int_{\mathbb{R}^d}\mathrm{e}^{-\mathrm{i}\boldsymbol{k}\cdot x\sqrt{\hat{c}(\boldsymbol{k})}\hat{n}_k}\mathrm{d}k$$

式中，$(\hat{n}_k)_{k\in\mathbb{R}^d}$为复值高斯白噪声，$\hat{n}_{-k}=\overline{\hat{n}_k}$，$\mathbb{E}[\hat{n}_k]=0$ 且$\mathbb{E}[\hat{n}_k\overline{\hat{n}_{k'}}]=(2\pi)^d\delta(k-k')$（该表示形式是正式的，实际上应该用关于布朗运动的随机积分 $\mathrm{d}\hat{W}_k=\hat{n}_k\mathrm{d}k$）。复值白噪声实际上是实值白噪声的傅里叶变换 $\hat{n}_k=\int\mathrm{e}^{\mathrm{i}k\cdot x}n(x)\mathrm{d}x$，其中$[n(\boldsymbol{x})]_{x\in\mathbb{R}^d}$是实值白噪声，即$n(x)$为$\mathbb{E}[n(x)]=0$、$\mathbb{E}[n(x)n(x')]=\delta(x-x')$的实值高斯过程。

利用谱表示和快速傅里叶变换很容易生成均值为零且协方差函数为$c(x)$ 的稳态高斯过程。当维数 $d=1$ 时，如果固定网格点 $x_j=(j-1)\Delta x, j=1,\cdots,n$，则可以通过以下算法生

成随机向量$[Z(x_1),\cdots,Z(x_n)]^{\mathrm{T}}$。

（1）计算协方差向量$c=[c(x_1),\cdots,c(x_n)]^{\mathrm{T}}$；

（2）生成一个由 n 个均值为 0、方差为 1 的独立高斯随机变量构成的随机向量$\boldsymbol{Y}=(Y_1,\ \cdots,\ Y_n)^{\mathrm{T}}$；

（3）用 c 的离散傅里叶变换（DFT）的平方根进行滤波：

$$Z=\mathrm{IFT}[\sqrt{\mathrm{DFT}(c)}\ \cdot\times\mathrm{DFT}(Y)]$$

式中，·×表示元素与元素相乘。

向量 $\boldsymbol{Z}$ 就是$[Z(x_1),\cdots,Z(x_n)]^{\mathrm{T}}$的具体形式。实际上，人们通常使用快速傅里叶变换（FFT）和逆快速傅里叶逆变换（IFFT），而不是离散傅里叶变换（DFT）和傅里叶逆变换（IFT）。并且，由于使用了快速傅里叶变换，获得的随机向量$[Z(x_1),\cdots,Z(x_n)]^{\mathrm{T}}$也是周期性的。当模型区域尺度 $n\Delta x$ 远大于随机过程的相关长度（即协方差函数 c 的宽度）时，该实现过程可以获得令人满意的结果。可以通过删除厚度量级为相关长度的条带中网格的端点来消除这种周期效应。实际上，这种谱算法比切比雪夫方法更有效，它可以很容易地扩展到维数 $d>1$ 的稳态高斯过程中。

13.5.9　矢量高斯过程和复值高斯过程

最后介绍多值高斯过程，它是前面讨论的实值高斯过程的扩展。

对于 $\lambda_i\in\mathbb{R}$、$j_i\in\{1,\cdots,p\}$，并且 $x_i\in\mathbb{R}^d$，如果任意有限线性组合 $\sum_i\lambda_i Z_{j_i}(x_i)$ 是实值高斯随机变量，则$\mathbb{R}^p$-值过程$[Z(\boldsymbol{x})]_{x\in\mathbf{R}^d}$是高斯过程。因此，坐标函数系列$[Z_1(\boldsymbol{x})]_{x\in\mathbf{R}^d},\cdots,[Z_p(\boldsymbol{x})]_{x\in\mathbf{R}^d}$是实值随机过程；更确切地说，它们是相关的实值高斯过程。$\mathbb{R}^p$-值高斯过程$[Z(\boldsymbol{x})]_{x\in\mathbf{R}^d}$的分布特征由其矢量均值函数$\boldsymbol{\mu}(x)=\mathbb{E}[Z(x)]$和其协方差函数矩阵$\boldsymbol{R}(\boldsymbol{x},\boldsymbol{x}')=[R_{ij}(\boldsymbol{x},\boldsymbol{x}')]_{i,j=1,\cdots,p}$表征，其中 $R_{ij}(x,x')=\mathbb{E}[Z_i(x)Z_j(x')]$。特别地，对于所有的 $x,\ x'\in\mathbb{R}^d$，当且仅当 $R_{ij}(x,\ x')=0$ 时，坐标函数$[Z_i(x)]_{x\in\mathbf{R}^d}$和$[Z_j(x)]_{x\in\mathbf{R}^d}$是相互独立的。

如果任意有限线性组合 $\sum_i\lambda_i\mathrm{Re}[Z(x_i)]+\sum_j\lambda'_j\mathrm{Im}[Z(x'_j)]$ 是实值高斯随机变量，则$\mathbb{C}$-值过程是高斯过程。一个$\mathbb{C}$-值高斯过程$[Z(\boldsymbol{x})]_{x\in\mathbf{R}^d}$可以看成是$\mathbb{R}^2$-值高斯过程$[\tilde{\boldsymbol{Z}}(\boldsymbol{x})]_{x\in\mathbf{R}^d}$，其中$\tilde{\boldsymbol{Z}}=[\mathrm{Re}(Z),\mathrm{Im}(Z)]^{\mathrm{T}}$。其分布可以用关于$[\tilde{Z}(\boldsymbol{x})]_{x\in\mathbf{R}^d}$的矢量均值函数$\tilde{\boldsymbol{\mu}}(x)$和协方差函数矩阵$\tilde{\boldsymbol{R}}$来表征。类似地，也可以用复数均值函数$\mu(x)=\mathbb{E}[Z(x)]$、协方差函数$R(x,x')=\mathbb{E}\{[Z(x)-\mu(x)][\overline{Z(x')}]-\overline{\mu(x')}\}$，和关系函数$Q(x,x')=\mathbb{E}\{[Z(x)-\mu(x)][Z(x')]-\mu(x')\}$来表征。随机向量$[Z(x_1),\cdots,Z(x_n)]^{\mathrm{T}}$的概率密度函数（关于$\mathbb{C}^n$上的勒贝格测度）为

$$p(z)=\frac{1}{\pi^n\det(\boldsymbol{D})^{1/2}\det(\overline{\boldsymbol{D}}-\overline{\boldsymbol{C}}^{\mathrm{T}}\boldsymbol{D}^{-1}\boldsymbol{C})^{1/2}}\exp\left[-\frac{1}{2}\begin{pmatrix}\bar{z}-\overline{m}\\ z-m\end{pmatrix}^{\mathrm{T}}\begin{pmatrix}\boldsymbol{D} & \boldsymbol{C}\\ \overline{\boldsymbol{C}}^{\mathrm{T}} & \overline{\boldsymbol{D}}\end{pmatrix}^{-1}\begin{pmatrix}z-m\\ \bar{z}-\overline{m}\end{pmatrix}\right]$$

其中

$$D_{ij}=R(x_i,x_j),\quad C_{ij}=Q(x_i,x_j),\quad m_i=\mu(x_i)。$$

对于任意 $\boldsymbol{x}$，$\boldsymbol{x}' \in \mathbb{R}^d$，循环对称复高斯过程是 $\mu(x)=0$ 且 $Q(x,x')=0$ 的$\mathbb{C}$-值高斯过程，分布特征可由其协方差函数 $R(x,x')=\mathbb{E}[Z(x)\overline{Z(x')}]$ 刻画。另外，如果协方差函数 R 是实值函数，则实部 $\{\mathrm{Re}[Z(x)]\}_{x\in\mathbf{R}^d}$ 和虚部 $\{\mathrm{Im}[Z(x)]\}_{x\in\mathbf{R}^d}$ 相互独立且服从完全一样的分布，都是均值为 0 且协方差函数为 $R(x,x')/2$ 的高斯过程。

参考文献

M. Abramowitz and I. Stegun. *Handbook of Mathematical Functions.* Dover Publications, New York, 1965.

D. G. Alfaro Vigo, J. - P. Fouque, J. Garnier, and A. Nachbin. Robustness of time reversal for waves in time-dependent random media. *Stochastic Process. Appl.* , (2004) **111**, 289-313.

H. Ammari, E. Bonnetier, and Y. Capdeboscq. Enhanced resolution in structured media. *SIAM J. Appl. Math.* , (2009) **70**, 1428-1452.

H. Ammari, J. Garnier, and W. Jing. Passive array correlation- based imaging in a random waveguide. *SIAM Multiscale Model. Simul.* , (2013) **11**, 656-681.

T. Anggono, T. Nishimura, H. Sato, H. Ueda, and M. Ukawa. Spatio- temporal changes in seismic velocity associated with the 2000 activity of Miyakejima volcano as inferred from cross- correlation analyses of ambient noise. *Journal of Volcanology and Geothermal Research*, (2012) **247-248**, 93-107.

M. Asch, W. Kohler, G. Papanicolaou, M. Postel, and B. White. Frequency content of randomly scattered signals. *SIAM Review*, (1991) **33**, 519-626.

M. M. Backus. Water reverberations-their nature and elimination. *Geophysics*, (1959) **24**, 233-261.

A. Bakulin and R. Calvert. The virtual source method: Theory and case study. *Geophysics*, (2006) **71**, SI139-150.

C. Bardos, J. Garnier, and G. Papanicolaou. Identification of Green's functions singularities by cross correlation of noisy signals. *Inverse Problems*, (2008) **24**, 015011.

G. D. Bensen, M. H. Ritzwoller, M. P. Barmin, A. L. Levshin, F. Lin, M. P. Moschetti, N. M. Shapiro, and Y. Yang. Processing seismic ambient noise data to obtain reliable broad- band surface wave dispersion measurements. *Geophys. J. Int.* , (2007) **169**, 1239-1260.

P. Bernard. *Etude sur l' Agitation Microséismique et ses Variations.* Presses Universitaires de France, Paris, 1941.

J. Berryman. Stable iterative reconstruction algorithm for nonlinear travel time tomography. *Inverse Problems*, (1990) **6**, 21-42.

G. Beylkin, M. Oristaglio, and D. Miller. Spatial resolution of migration algorithms. In *Proceedings of 14th International Symposium on Acoustical Imaging*, edited by A. J. Berkhout, J. Ridder, and L. F. van der Walls (Plenum, New York, 1985), 155-167.

B. L. Biondi. *3D Seismic Imaging.* Volume 14 in *Investigations in Geophysics*, Society of Exploration Geophysics (Tulsa, 2006) .

D. T. Blackstock. *Fundamentals of Physical Acoustics* (Wiley, New York, 2000) .

N. Bleistein and R. Handelsman. *Asymptotic Expansions of Integrals* (Dover, New York, 1986) .

N. Bleistein, J. K. Cohen, and J. W. Stockwell Jr. *Mathematics of Multidimensional Seismic Imaging, Migration, and Inversion* (Springer Verlag, New York, 2001) .

P. Blomgren, G. Papanicolaou, and H. Zhao. Super- resolution in time- reversal acoustics. *J. Acoust. Soc. Amer.* , (2002) **111**, 230-248.

L. Borcea, G. Papanicolaou, and C. Tsogka. Theory and applications of time reversal and interferometric imaging. *Inverse Problems*, (2003) **19**, S134-164.

L. Borcea, G. Papanicolaou, and C. Tsogka. Interferometric array imaging in clutter. *Inverse Problems*, (2005) **21**,

1419-1460.

L. Borcea, G. Papanicolaou, and C. Tsogka. Adaptive interferometric imaging in clutter and optimal illumination. *Inverse Problems*, (2006a) **22**, 1405-1436.

L. Borcea, G. Papanicolaou, and C. Tsogka. Coherent interferometric imaging in clutter. *Geophysics*, (2006b) **71**, SI165-175.

L. Borcea, G. Papanicolaou, and C. Tsogka. Optimal illumination and waveform design for imaging in random media. *J. Acoust. Soc. Am.*, (2007) **122**, 3507-3518.

L. Borcea, F. Gonzalez del Cueto, G. Papanicolaou, and C. Tsogka. Filtering deterministic layering effects in imaging. *SIAM Multiscale Model. Simul.*, (2009) **7**, 1267-1301.

L. Borcea, T. Callaghan, J. Garnier, and G. Papanicolaou. A universal filter for enhanced imaging with small arrays. *Inverse Problems*, (2010) **26**, 015006.

L. Borcea, J. Garnier, G. Papanicolaou, and C. Tsogka. Enhanced statistical stability in coherent interferometric imaging. *Inverse Problems*, (2011) **27**, 085004.

L. Borcea, T. Callaghan, and G. Papanicolaou. Synthetic aperture radar imaging with motion estimation and autofocus. *Inverse Problems*, (2012) **28**, 045006.

M. Born and E. Wolf. *Principles of Optics* (Cambridge University Press, 1999).

L. Breiman. *Probability* (Addison- Wesley, Reading, 1968; reprinted by Society for Industrial and Applied Mathematics, Philadelphia, 1992).

F. Brenguier, N. M. Shapiro, M. Campillo, A. Nercessian, and V. Ferrazzini. 3D surface wave tomography of the Piton de la Fournaise volcano using seismic noise correlations. *Geophys. Res. Lett.*, (2007) **34**, L02305.

F. Brenguier, M. Campillo, C. Hadziioannou, N. M. Shapiro, R. M. Nadeau, and E. Larose. Postseismic relaxation along the San Andreas fault at Parkfield from continuous seismological observations. *Science*, (2008a) **321**, 1478-1481.

F. Brenguier, N. M. Shapiro, M. Campillo, V. Ferrazzini, Z. Duputel, O. Coutant, and A. Nercessian. Towards forecasting volcanic eruptions using seismic noise. *Nature Geoscience*, (2008b) **1**, 126-130.

F. Brenguier, M. Campillo, T. Takeda, Y. Aoki, N. M. Shapiro, X. Briand, K. Emoto, and H. Miyake. Mapping pressurized volcanic fluids from induced crustal seismic velocity drops. *Science*, (2014) **345**, 80-82.

T. Callaghan, N. Czink, A. Paulraj, and G. Papanicolaou. Correlation- based radio localization in an indoor environment. *EURASIP Journal on Wireless Communications and Networking*, (2011) **2011**, 135: 1-15.

A. J. Calvert. Ray- tracing based prediction and subtraction of water- layer multiples. *Geophysics*, (1990) **55**, 443-451.

M. Campillo and L. Stehly. Using coda waves extracted from microseisms to construct direct arrivals. *Eos Trans. AGU*, **88** (52) (2007), Fall Meet. Suppl., Abstract S51D - 07.

A. Chai, M. Moscoso, and G. Papanicolaou. Imaging strong localized scatterers with sparsity promoting optimization. *SIAM J. Imaging Sciences*, (2014) **7**, 1358-1387.

J. Chen and G. Schuster. Resolution limits of migrated images. *Geophysics*, (1999) **64**, 1046-1053.

M. Cheney. A mathematical tutorial on synthetic aperture radar. *SIAM Review*, (2001) **43**, 301-312.

J. Cheng. Ghost imaging through turbulent atmosphere. *Opt. Express*, (2009) **17**, 7916-7917.

J. F. Claerbout. Synthesis of a layered medium from its acoustic transmission response. *Geophysics*, (1968) **33**, 264-269.

J. F. Claerbout. *Imaging the Earth's Interior*. Blackwell Scientific Publications, Palo Alto, 1985.

B. Clerckx and C. Oestges. *MIMO Wireless Networks: Channels, Techniques and Standards for Multi- Antenna, Multi- User and Multi- Cell Systems*. Academic Press, Oxford, 2013.

Y. Colin de Verdière. Semiclassical analysis and passive imaging. *Nonlinearity*, (2009) **22**, R45-R75.

R. Courant and D. Hilbert. *Methods of Mathematical Physics*. Wiley, New York, 1991.

P. Cupillard, L. Stehly, and B. Romanowicz. The one-bit noise correlation: a theory based on the concepts of coherent and incoherent noise. *Geophys. J. Int.*, (2011) **184**, 1397-1414.

A. Curtis and D. Halliday. Source – receiver wave field interferometry. *Phys. Rev. E*, (2010) **81**, 046601.

A. Curtis, P. Gerstoft, H. Sato, R. Snieder, and K. Wapenaar. Seismic interferometry-turning noise into signal. *The Leading Edge*, (2006) **25**, 1082-1092.

A. Curtis, H. Nicolson, D. Halliday, J. Trampert, and B. Baptie. Virtual seismometers in the subsurface of the Earth from seismic interferometry. *Nature Geoscience*, (2009) **2**, 700-704.

D. Dawson and G. Papanicolaou. A random wave process. *Appl. Math. Optim.*, (1984) **12**, 97-114.

M. V. de Hoop, J. Garnier, S. F. Holman, and K. Sølna. Scattering enabled retrieval of Green's functions from remotely incident wave packets using cross correlations. *CRAS Geoscience*, (2011) **343**, 526-532.

M. V. de Hoop, J. Garnier, S. F. Holman, and K. Sølna. Retrieval of a Green's function with reflections from partly coherent waves generated by a wave packet using cross correlations. *SIAM J. Appl. Math.*, (2013) **73**, 493-522.

M. de Hoop and K. Sølna. Estimating a Green's function from field-field correlations in a random medium. *SIAM J. Appl. Math.*, (2009) **69**, 909-932.

S. A. L. deRidder. *Passive Seismic Surface-Wave Interferometry for Reservoir Scale Imaging*. PhD thesis (Stanford University, 2014); available at http://sepwww.stanford.edu/data/media /public/docs/sep151/title.pdf.

A. Derode, P. Roux, and M. Fink. Robust acoustic time reversal with high-order multiple scattering. *Phys. Rev. Lett.*, (1995) **75**, 4206-4209.

A. Derode, A. Tourin, and M. Fink. Ultrasonic pulse compression with one-bit time reversal through multiple scattering. *J. Appl. Phys.*, (1999) **85**, 6343-652.

A. Derode, E. Larose, M. Tanter, J. de Rosny, A. Tourin, M. Campillo, and M. Fink. Recovering the Green's function from field-field correlations in an open scattering medium. *J. Acoust. Soc. Am.*, (2003) **113**, 2973-2976.

D. Draganov, K. Wapenaar, and J. Thorbecke. Seismic interferometry: Reconstructing the earth's reflection response. *Geophysics*, (2006) **71**, S161-S170.

D. Draganov, K. Heller, and R. Ghose. Monitoring CO_2 storage using ghost reflections retrieved from seismic interferometry. *International Journal of Greenhouse Gas Control*, (2012) **11**S, S35-S46.

D. Draganov, X. Campman, J. Thorbecke, A. Verdel, and K. Wapenaar. Seismic exploration-scale velocities and structure from ambient seismic noise (> 1 Hz). *J. Geophys. Res.: Solid Earth*, (2013) **118**, 4345-4360.

T. L. Duvall Jr, S. M. Jefferies, J. W. Harvey, and M. A. Pomerantz. Time-distance helioseismology. *Nature*, (1993) **362**, 430-432.

W. Elmore and M. Heald. *Physics of Waves*. Dover, New York, 1969.

L. Erdös and H. T. Yau. Linear Boltzmann equation as the weak coupling limit of the random Schrödinger equation. *Comm. Pure Appl. Math.*, (2000) **53**, 667-735.

L. C. Evans. *Partial Differential Equations* (2nd edition). American Mathematical Society, Providence, 2010.

A. Farina and H. Kuschel. Guest editorial special issue on passive radar (Part I). *IEEE Aerospace and Electronic Systems Magazine*, (2012) **27**, Issue 10.

J. R. Fienup. Phase retrieval algorithms: a comparison. *Appl. Opt.*, (1982) **21**, 2758-2769.

J. R. Fienup. Reconstruction of a complex-valued object from the modulus of its Fourier transform using a support constraint. *J. Opt. Soc. Am. A*, (1987) **4**, 118-123.

J. R. Fienup and C. C. Wackerman. Phase-retrieval stagnation problems and solutions. *J. Opt. Soc. Am. A*, (1986) **3**, 1897-1907.

M. Fink. Time reversed acoustics. *Physics Today*, (1997) **20**, 34-40.

J. P. Fouque, J. Garnier, G. Papanicolaou, and K. Sølna. *Wave Propagation and Time Reversal in Randomly Layered Media*. Springer, New York, 2007.

L. J. Fradkin. Limits of validity of geometrical optics in weakly irregular media. *J. Opt. Soc. Am. A*, (1989) **6**, 1315-1319.

U. Frisch. Wave propagation in random media. In *Probabilistic Methods in Applied Mathematics*, edited by A. T. Bharucha-Reid, Academic Press, New York (1968), 75-198.

J. Garnier. Imaging in randomly layered media by cross-correlating noisy signals. *SIAM Multiscale Model. Simul.*, (2005) **4**, 610-640.

J. Garnier and G. Papanicolaou. Pulse propagation and time reversal in random waveguides. *SIAM J. Appl. Math.*, (2007) **67**, 1718-1739.

J. Garnier and G. Papanicolaou. Passive sensor imaging using cross correlations of noisy signals in a scattering medium. *SIAM J. Imaging Sciences*, (2009) **2**, 396-437.

J. Garnier and G. Papanicolaou. Resolution analysis for imaging with noise. *Inverse Problems*, (2010) **26**, 074001.

J. Garnier and G. Papanicolaou. Fluctuation theory of ambient noise imaging. *CRAS Geoscience*, (2011) **343**, 502-511.

J. Garnier and G. Papanicolaou. Correlation based virtual source imaging in strongly scattering media. *Inverse Problems*, (2012) **28**, 075002.

J. Garnier and G. Papanicolaou. Role of scattering in virtual source array imaging. *SIAM J. Imaging Sciences*, (2014a) **7**, 1210-1236.

J. Garnier and G. Papanicolaou. Resolution enhancement from scattering in passive sensor imaging with cross correlations. *Inverse Problems and Imaging*, (2014b) **8**, 645-683.

J. Garnier, G. Papanicolaou, A. Semin, and C. Tsogka. Signal- to- noise ratio estimation in passive correlation-based imaging. *SIAM J. Imaging Sciences*, (2013) **6**, 1092-1110.

J. Garnier, G. Papanicolaou, A. Semin, and C. Tsogka. Signal to noise ratio analysis in virtual source array imaging. *SIAM J. Imaging Sci.*, (2015) **8**, 248-279.

J. Garnier and K. Sølna. Coupled paraxial wave equations in random media in the white noise regime. *Ann. Appl. Probab.*, (2009a) **19**, 318-346.

J. Garnier and K. Sølna. Background velocity estimation with cross correlations of incoherent waves in the parabolic scaling. *Inverse Problems*, (2009b) **25**, 045005.

J. Garnier and K. Sølna. Wave transmission through random layering with pressure release boundary conditions. *SIAM Multiscale Model. Simul.*, (2010a) **8**, 912-943.

J. Garnier and K. Sølna. Cross correlation and deconvolution of noise signals in randomly layered media. *SIAM J. Imaging Sciences*, (2010b) **3**, 809-834.

J. Garnier and K. Sølna. Background velocity estimation by cross correlation of ambient noise signals in the radiative transport regime. *Comm. Math. Sci.*, (2011a) **3**, 743-766.

J. Garnier and K. Sølna. Filtered Kirchhoff migration of cross correlations of ambient noise signals. *Inverse Problems and Imaging*, (2011b) **5**, 371-390.

I. I. Gihman and A. V. Skorohod. *The Theory of Stochastic Processes*, Vol. 1. Springer-Verlag, Berlin, 1974.

O. A. Godin. Accuracy of the deterministic travel time retrieval from cross- correlations of non- diffuse ambient noise. *J. Acoust. Soc. Am.*, (2009) **126**, EL183-189.

G. H. Golub and C. F. van Loan. *Matrix Computations*, 3rd ed. Johns Hopkins University Press, Baltimore, 1996.

C. Gomez. Time-reversal superresolution in random waveguides. *SIAM Multiscale Model. Simul.*, (2009) **7**, 1348-1386.

P. Gouédard, L. Stehly, F. Brenguier, M. Campillo, Y. Colin de Verdière, E. Larose, L. Margerin, P. Roux, F. J. Sanchez- Sesma, N. M. Shapiro, and R. L. Weaver. Crosscorrelation of random fields: mathematical approach and applications, *Geophysical Prospecting*, (2008) **56**, 375-393.

P. Gouédard, H. Yao, F. Ernst, and R. D. van derHilst. Surface-wave eikonal tomography for dense geophysical arrays. *Geophys. J. Int.*, (2012) **191**, 781-788.

N. D. Hardy and J. H. Shapiro. Reflective Ghost Imaging through turbulence. *Phys. Rev. A*, (2011) **84**, 063824.

P. Hariharan. *Optical Holography*. Cambridge University Press, 1996.

U. Harmankaya, A. Kaslilar, J. Thorbecke, K. Wapenaar, and D. Draganov. Locating near-surface scatterers using non-physical scattered waves resulting from seismic interferometry. *Journal of Applied Geophysics*, (2013) **91**, 66-81.

A. Ishimaru. *Wave Propagation and Scattering in Random Media*. IEEE Press, Piscataway, 1997.

F. B. Jensen, W. A. Kuperman, M. B. Porter, and H. Schmidt. *Computational Ocean Acoustics*, Chapter 9. Springer, New York, 2011.

A. Kaslilar, U. Harmankaya, K. Wapenaar, and D. Draganov. Estimating the location of a tunnel using correlation and inversion of Rayleigh wave scattering. *Geophys. Res. Lett.*, (2013) **40**, 6084-6088.

A. Kaslilar, U. Harmankaya, K. van Wijk, K. Wapenaar, and D. Draganov. Estimating location of scatterers using seismic interferometry of scattered Rayleigh waves. *Near Surface Geophysics*, (2014) **12**, 721-730.

O. Katz, Y. Bromberg, and Y. Silberberg. Compressive ghost imaging. *Appl. Phys. Lett.*, (2009) **95**, 131110.

J. B. Keller, R. M. Lewis, and B. D. Seckler. Asymptotic solution of some diffraction problems. *Comm. Pure Appl. Math.*, (1956) **9**, 207-265.

L. A. Konstantaki, D. Draganov, T. Heimovaara, and R. Ghose. Imaging scatterers in landfills using seismic interferometry. *Geophysics*, (2013) **78**, EN107-116.

E. Larose, L. Margerin, A. Derode, B. Van Tiggelen, M. Campillo, N. Shapiro, A. Paul, L. Stehly, and M. Tanter. Correlation of random wave fields: an interdisciplinary review. *Geophysics*, (2006) **71**, SI11-21.

E. Larose, P. Roux, and M. Campillo. Reconstruction of Rayleigh-Lamb dispersion spectrum based on noise obtained from an air-jet forcing. *J. Acoust. Soc. Am.*, (2007) **122**, 3437-3444.

T. Lecocq, C. Caudron, and F. Brenguier. MSNoise, a Python package for monitoring seismic velocity changes using ambient seismic noise. *Seismo. Res. Letter*, (2014) **85**, 715-726.

G. Lerosey, J. de Rosny, A. Tourin, and M. Fink. Focusing beyond the diffraction limit with far-field time reversal. *Science*, (2007) **315**, 1120-1122.

P. D. Letourneau. *Fast Algorithms and Imaging in Strongly Scattering Media*, PhD thesis, Stanford University, 2013; available at https://stacks.stanford.edu/file/druid:pf259md7940/Thesis-augmented.pdf.

C. Li, T. Wang, J. Pu, W. Zhu, and R. Rao. Ghost imaging with partially coherent light radiation through turbulent atmosphere. *Appl. Phys. B*, (2010) **99**, 599-604.

F. C. Lin, M. H. Ritzwoller, and R. Snieder. Eikonal tomography: surface wave tomography by phase front tracking across a regional broad-band seismic array. *Geophys. J. Int.*, (2009) **177**, 1091-1110.

Z. Liu, J. Huang, and J. Li. Comparison of four techniques for estimating temporal change of seismic velocity with passive image interferometry. *Earthq. Sci.*, (2010) **23**, 511-518.

O. I. Lobkis and R. L. Weaver. On the emergence of the Green's function in the correlations of a diffuse field. *J. Acoustic. Soc. Am.*, (2001) **110**, 3011-3017.

M. S. Longuet-Higgins. A theory of the origin of microseisms. *Phil. Trans. Roy. Soc. Series A*, (1950) **243**, 1-35.

A. E. Malcolm, J. Scales, and B. A. VanTiggelen. Extracting the Green function from diffuse, equipartitioned waves. *Phys. Rev. E*, (2004) **70**, 015601.

L. Mandel and E. Wolf. *Optical Coherence and Quantum Optics*. Cambridge University Press, 1995.

P. A. Martin. Acoustic scattering by inhomogeneous obstacles. *SIAM J. Appl. Math.*, (2003) **64**, 297-308.

K. Mehta, A. Bakulin, J. Sheiman, R. Calvert, and R. Snieder. Improving the virtual source method by wavefield separation. *Geophysics*, (2007) **72**, V79-86.

Y. Meyer. *Wavelets and Operators*. Cambridge University Press, 1992.

G. Papanicolaou, L. Ryzhik, and K. Sølna. Statistical stability in time reversal. *SIAM J. Appl. Math.*, (2004) **64**, 1133-1155.

G. Papanicolaou, L. Ryzhik, and K. Sølna. Self-averaging from lateral diversity in the Ito-Schrödinger equation. *SIAM Multiscale Model. Simul.*, (2007) **6**, 468-492.

B. Perthame and L. Vega. Energy concentration and Sommerfeld condition for Helmholtz equation with variable index at infinity. *Geom. Funct. Anal.*, (2008) **17**, 1685-1707.

J. Rickett and J. Claerbout. Acoustic daylight imaging via spectral factorization: Helioseismology and reservoir monitoring. *The Leading Edge*, (1999) **18**, 957-960.

P. Roux and M. Fink. Green's function estimation using secondary sources in a shallow water environment. *J. Acoust. Soc. Am.*, (2003) **113**, 1406-1416.

P. Roux, K. G. Sabra, W. A. Kuperman, and A. Roux. Ambient noise cross correlation in free space: Theoretical approach. *J. Acoust. Soc. Am.*, (2005) **117**, 79-84.

S. M. Rytov, Y. A. Kravtsov, and V. I. Tatarskii. *Principles of Statistical Radiophysics*. 4. *Wave Propagation through Random Media*. Springer-Verlag, Berlin, 1989.

L. V. Ryzhik, G. C. Papanicolaou, and J. B. Keller. Transport equations for elastic and other waves in random media. *Wave Motion*, (1996) **24**, 327-370.

K. G. Sabra, P. Gerstoft, P. Roux, and W. Kuperman. Surface wave tomography from microseisms in Southern California. *Geophys. Res. Lett.*, (2005) **32**, L14311.

K. G. Sabra, P. Roux, P. Gerstoft, W. A. Kuperman, and M. C. Fehler. Extracting coherent coda arrivals from cross correlations of long period seismic waves during the Mount St Helens 2004 eruption. *Geophys. Res. Lett.*, (2006) **33**, L06313.

H. Sato and M. Fehler. *Wave Propagation and Scattering in the Heterogeneous Earth*. Springer-Verlag, New York, 1998.

G. T. Schuster. *Seismic Interferometry*. Cambridge University Press, 2009.

G. T. Schuster, J. Yu, J. Sheng, and J. Rickett. Interferometric daylight seismic imaging. *Geophysical Journal International*, (2004) **157**, 832-852.

C. Sens-Schönfelder and U. Wegler. Passive image interferometry and seasonal variations of seismic velocities at Merapi volcano (Indonesia). *Geophys. Res. Lett.*, (2006) **33**, L21302.

J. H. Shapiro. Computational ghost imaging. *Phys. Rev. A*, (2008) **78**, 061802 (R).

J. H. Shapiro and R. W. Boyd. The physics of ghost imaging. *Quantum Inf. Process.*, (2012) **11**, 949-993.

N. M. Shapiro, M. Campillo, L. Stehly, and M. H. Ritzwoller. High-resolution surface wave tomography from ambient noise. *Science*, (2005) **307**, 1615-1618.

P. Sheng. *Introduction to Wave Scattering, Localization, and Mesoscopic Phenomena*, 2nd edition. Springer-Verlag, Berlin, 2006.

R. Snieder. Extracting the Green's function from the correlation of coda waves: A derivation based on stationary phase. *Phys. Rev. E*, (2004) **69**, 046610.

R. Snieder, K. Wapenaar, and U. Wegler. Unified Green's function retrieval by crosscorrelation; connection with energy principles. *Phys. Rev. E*, (2007) **75**, 036103.

L. Stehly, M. Campillo, and N. M. Shapiro. A study of the seismic noise from its long-range correlation properties. *Geophys. Res. Lett.*, (2006) **111**, B1030.

L. Stehly, M. Campillo, and N. M. Shapiro. Traveltime measurements from noise correlation: stability and detection of instrumental time-shifts. *Geophys. J. Int.*, (2007) **171**, 223-230.

L. Stehly, M. Campillo, B. Froment, and R. Weaver. Reconstructing Green's function by correlation of the coda of the correlation (C3) of ambient seismic noise. *J. Geophys. Res.*, (2008) **113**, B11306.

W. W. Symes and J. J. Carazzone. Velocity inversion by differential semblance optimization. *Geophysics*, (1991) **56**, 654-663.

F. D. Tappert. The parabolic approximation method. In *Wave Propagation and Underwater Acoustics*, Springer Lecture Notes in Physics, Vol. 70 (1977), 224-287.

V. I. Tatarski. *Wave Propagation in a Turbulent Medium.* Dover, New York, 1961.

B. J. Uscinski. *The Elements of Wave Propagation in Random Media.* McGraw Hill, New York, 1977.

A. Valencia, G. Scarcelli, M. D'Angelo, and Y. Shih. Two-photon imaging with thermal light. *Phys. Rev. Lett.*, (2005) **94**, 063601.

D. J. vanManen, A. Curtis, and J. O. A. Robertsson. Interferometric modeling of wave propagation in inhomogeneous elastic media using time reversal and reciprocity. *Geophysics*, (2006) **71**, SI47-60.

M. C. W. van Rossum and Th. M. Nieuwenhuizen. Multiple scattering of classical waves: microscopy, mesoscopy, and diffusion. *Reviews of Modern Physics*, (1999) **71**, 313-371.

G. W. Walker. *Modern Seismology.* Longmans, Green and Co., London, 1913.

K. Wapenaar. Retrieving the elastodynamic Green's function of an arbitrary inhomogeneous medium by cross correlation. *Phys. Rev. Lett.*, (2004) **93**, 254301.

K. Wapenaar and J. Fokkema. Green's function representations for seismic interferometry. *Geophysics*, (2006) **71**, SI33-146.

K. Wapenaar, D. Draganov, R. Snieder, X. Campman, and A. Verdel. Tutorial on seismic interferometry: Part 1-Basic principles and applications. *Geophysics*, (2010a) **75**, A195-A209.

K. Wapenaar, E. Slob, R. Snieder, and A. Curtis. Tutorial on seismic interferometry: Part 2- Underlying theory and new advances. *Geophysics*, (2010b) **75**, A211-A227.

R. Weaver and O. I. Lobkis. Ultrasonics without a source: Thermal fluctuation correlations at MHz frequencies. *Phys. Rev. Lett.*, (2001) **87**, 134301.

B. White, P. Sheng, and B. Nair. Localization and backscattering spectrum of seismic waves in stratified lithology. *Geophysics*, (1990) **55**, 1158-1165.

R. Wong. *Asymptotic Approximations of Integrals.* SIAM, Philadelphia, 2001.

H. Yao and R. van derHilst. Analysis of ambient noise energy distribution and phase velocity bias in ambient noise tomography, with application to SE Tibet. *Geophys. J. Int.*, (2009) **179**, 1113-1132.

H. Yao, R. D. van derHilst, and M. V. de Hoop. Surface-wave array tomography in SE Tibet from ambient seismic noise and two-station analysis I. Phase velocity maps. *Geophysical Journal International*, (2006) **166**, 732-744.

P. Zhang, W. Gong, X. Shen, and S. Han. Correlated imaging through atmospheric turbulence. *Phys. Rev. A*, (2010) **82**, 033817.

彩　　插

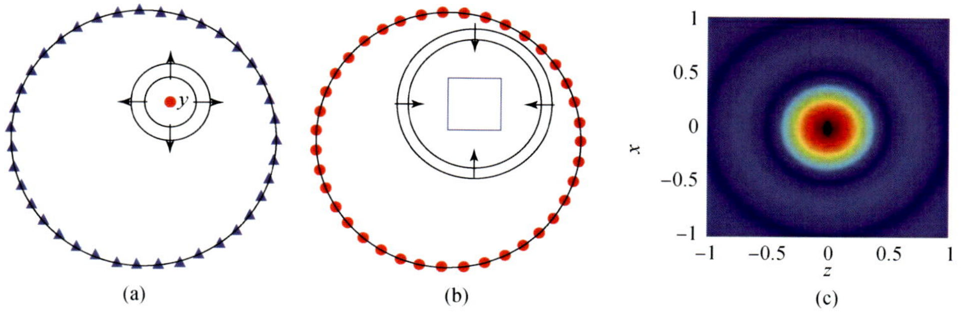

图 4.3　y 处点源发出短脉冲被环绕该源的检波器阵列记录［图（a）］。逆时成像函数以数字形式反传逆时记录信号［图（b）］。逆时偏移图像是一个以原始源位置为中心、宽度为 $\lambda/2$、sinc 函数形式的峰［图（c）绘制了该成像函数的模，其中 x 和 z 是主波长 λ 的倍数］。

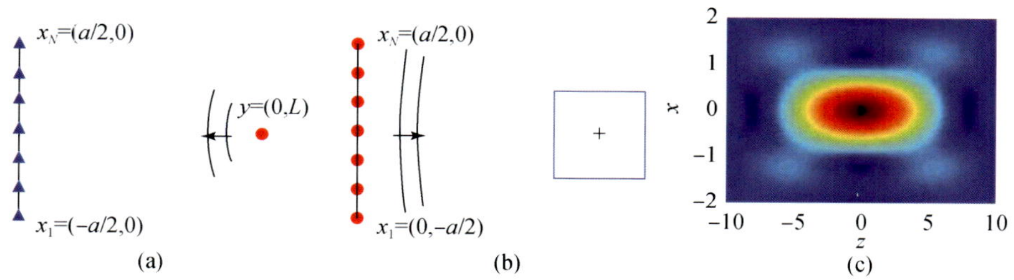

图 4.5　（a）位于 $y=(0, 0, L)$ 处的点源发出一个短脉冲，该短脉冲由 $\{\boldsymbol{x}_\perp \in \mathbb{R}^2, |\boldsymbol{x}_\perp| \leqslant a/2\} \times \{0\}$ 中的圆形检波器阵列记录到。（b）记录信号被逆时偏移函数反传。（c）逆时偏移函数的模，其中 x 为 $\lambda L/a$ 的倍数，z 为 $\lambda L^2/a^2$ 的倍数，其图像是一个以源为中心的峰。这里假设源脉冲的带宽 B 小于 $\omega_0 a^2/L^2$，因此峰的径向形式不是由脉冲形式决定的，而是由菲涅耳衍射带决定的，见式（4.22）。

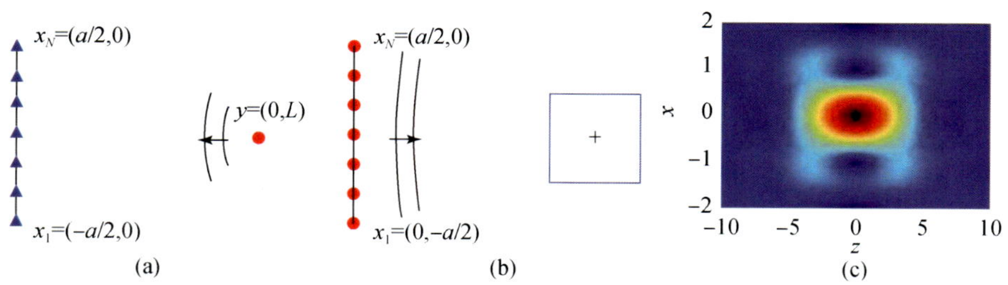

图 4.6　（a）位于 $y=(0, 0, L)$ 处的点源发出一个短脉冲，该短脉冲由区域 $\left[-\frac{a}{2},\frac{a}{2}\right]\times\left[-\frac{a}{2},\frac{a}{2}\right]\times\{0\}$ 中的方形检波器阵列记录到。（b）记录信号被逆时偏移函数反传。（c）逆时偏移函数的模，其中 x 为 $\lambda L/a$ 的倍数，z 为 $\lambda L^2/a^2$ 的倍数，其图像是一个以源为中心的峰。这里假设源脉冲的带宽 B 小于 $\omega_0 a^2/L^2$，因此峰的径向分辨率不是由脉冲形式决定的，而是由菲涅耳衍射带决定的。

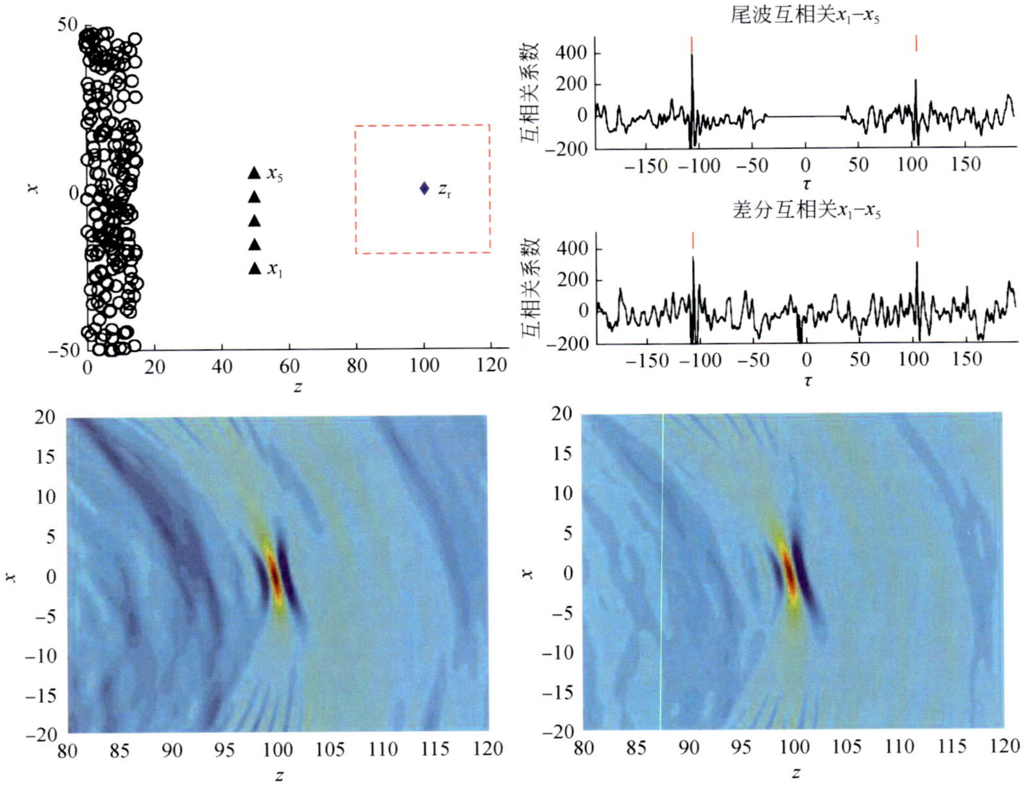

图 5.4　采用 5 个被动源检波器（左上图的三角形）台阵进行光照偏移成像的数值模拟。待成像的反射体（菱形）位于（$x_r=0$，$y_r=0$，$z_r=100$）处，由噪声源（小圆圈）照明。台阵两端的两个检波器所记录信号的差分互相关和尾波互相关如右上图所示。差分互相关的偏移成像函数式（5.7）成像如左下图所示。右下图显示了尾波互相关式（5.8）偏移成像函数成像。此处 $z^S=(x, 0, z)$ 变化的图像窗口是反射体周围 40×40 个分辨率单位的区域。

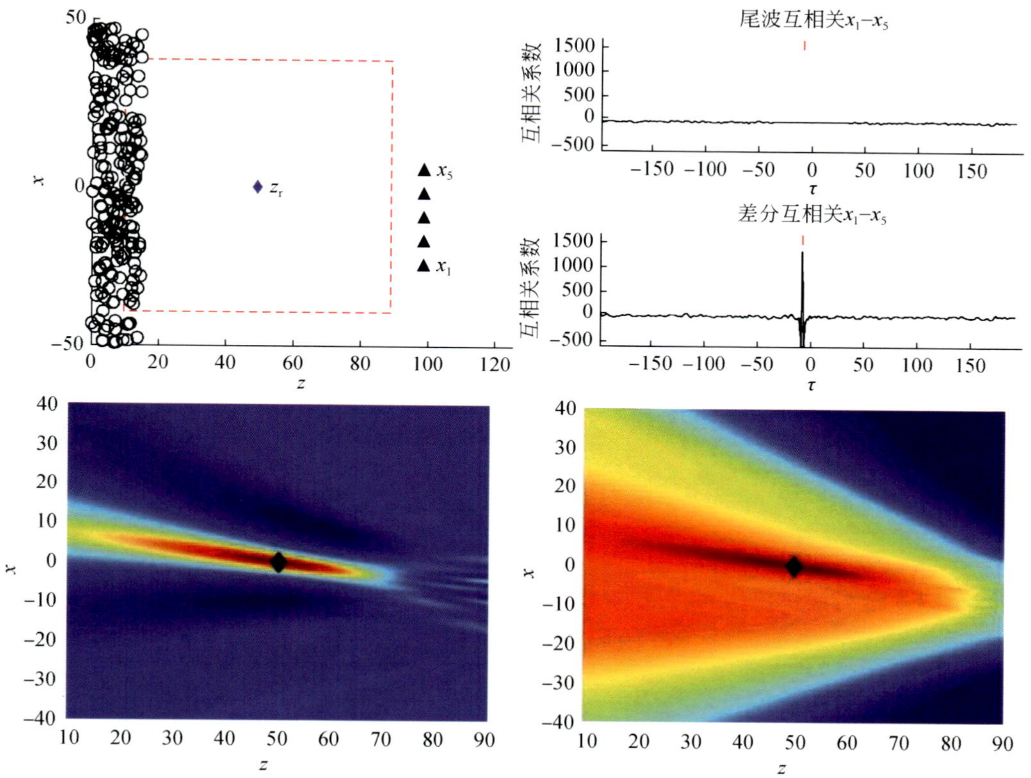

图 5.5　采用 5 个被动源检波器（左上图的三角形）阵列进行背光照明偏移成像的数值模拟，待成像的反射体（菱形）位于（$x_r=0$，$y_r=0$，$z_r=50$）处，由噪声源（小圆圈）照明。阵列两端的两个检波器所记录信号的尾波相关和差分互相关如右上图所示。使用差分互相关的偏移成像函数式（5.11）成像如左下图所示。这里不可能像在图 5.4 中光照成像那样使用尾波互相关。用式（5.12）反向传播完整互相关函数，得到右下图，其中 $z^S=(x, 0, z)$ 变化的图像窗口是反射体周围的 80×80 个纵向分辨率单位。

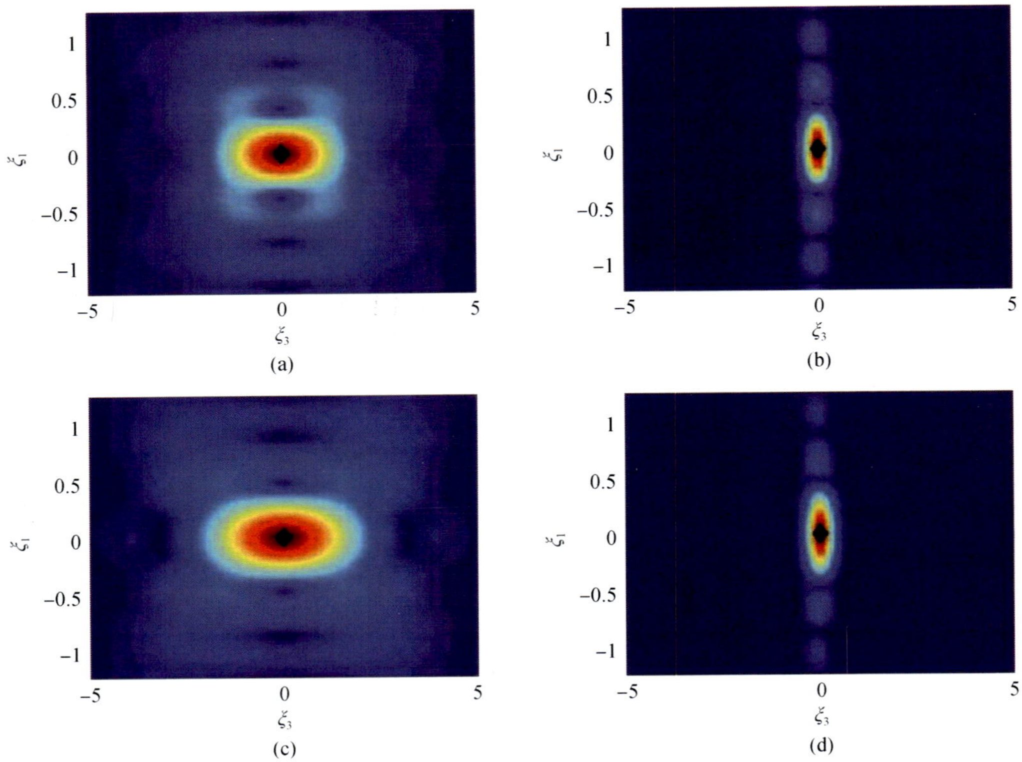

图 6.3 光照成像函数中点扩散函数 $\mathcal{P}^{\mathrm{D}}(\xi_1,0,\xi_3)$ 在切向 $\hat{\boldsymbol{f}}_1$（坐标为 ξ_1）和纵向 $\hat{\boldsymbol{f}}_3$（坐标为 ξ_3）上的缓变包络。反射点 $\boldsymbol{z}_{\mathrm{r}}=(0,0,100)$ 位于直径为 $a=10$ 的圆形检波器阵列对称轴上，噪声源频谱满足主频 $\omega_0=2\pi$、特征波长 $\lambda=1$（背景介质速度 $c_0=1$）的高斯分布 $F_H(t)=\exp(-B_H^2t^2)\cos(\omega_0 t)$。式（6.35）的临界带宽为 $B_c\simeq 0.03$。（a）$B_H=0.01$ 的窄频带噪声源、边长 $a=10$ 的正方形检波器阵列；（b）$B_H=0.1$ 的宽频带噪声源、边长 $a=10$ 的正方形检波器阵列；（c）$B_H=0.01$ 的窄频带噪声源、直径 $a=10$ 的圆形检波器阵列；（d）$B_H=0.1$ 的宽带噪声源、直径 $a=10$ 的圆形检波器阵列。

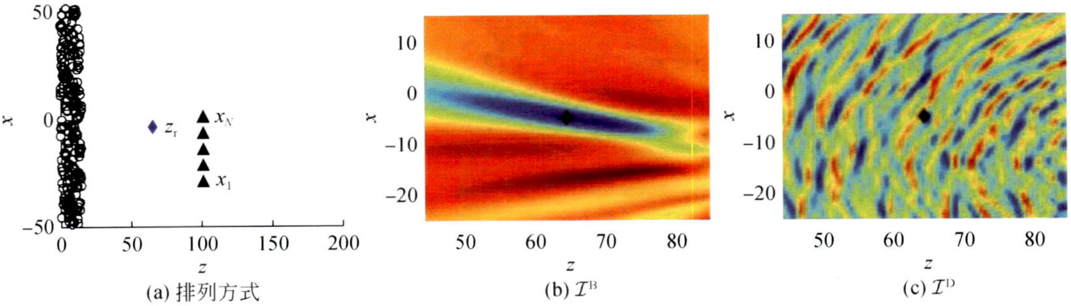

图 6.4 均匀背景介质中差分互相关被动源成像示意图。背光照明成像方式如图（a）所示：圆圈表示噪声源，三角形表示检波器，菱形表示反射体。图（b）为背光成像函数式（6.41）得到的图像。图（c）为光照成像函数式（6.20）得到的图像。

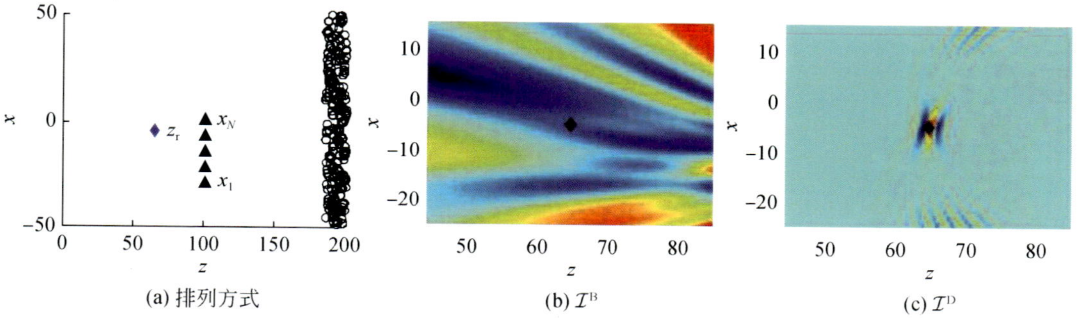

图 6.5　均匀背景介质中差分互相关被动源成像示意图。光照成像方式如图（a）所示：圆圈表示噪声源，三角形表示检波器，菱形表示反射体。图（b）为背光成像函数式（6.41）得到的图像。图（c）为光照成像函数式（6.20）得到的图像。

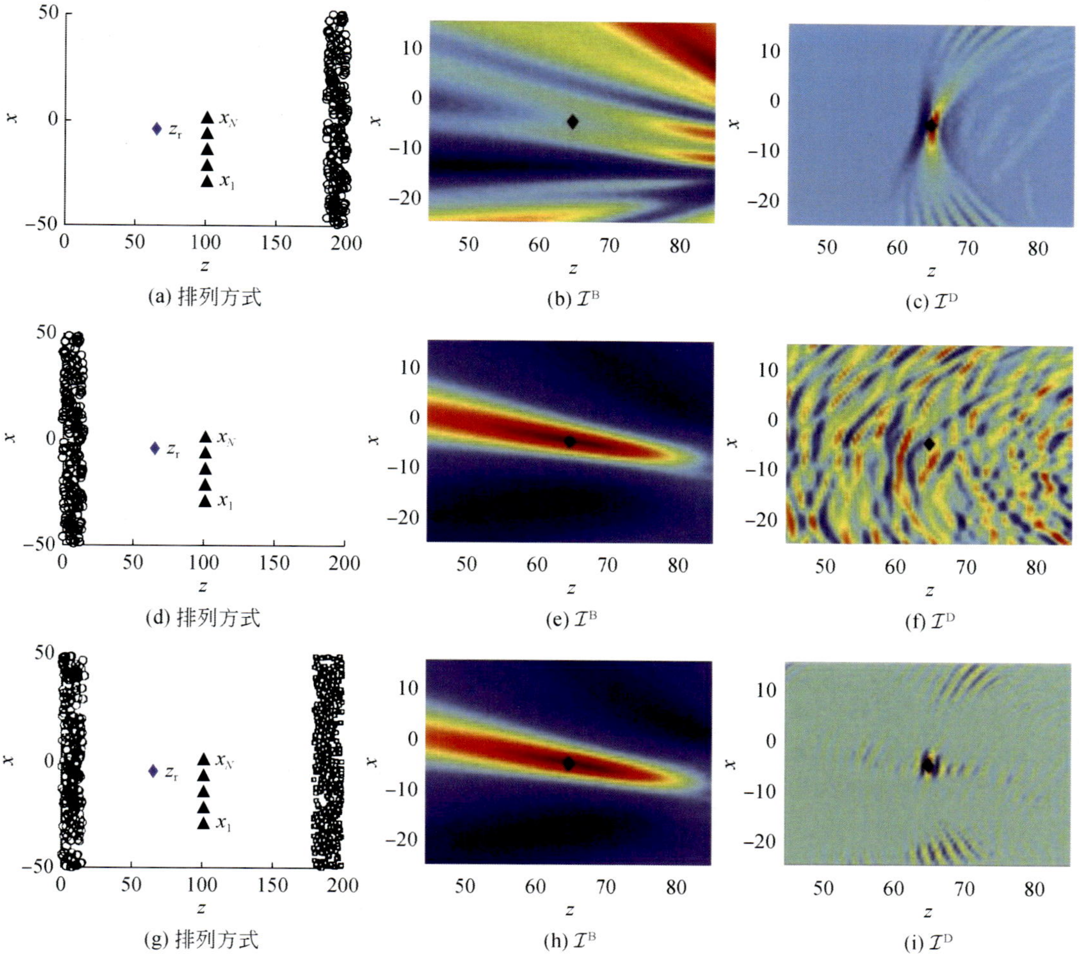

图 8.4　基于图 8.1 的三种成像方式使用差分互相关技术的被动检波器成像：均匀背景介质中的光照成像（顶行）、均匀背景介质中的背光照明（中间行）及散射介质中的基本背光照明和二次源光照照明（底行）。排列方式如图（a）（d）（g）所示：圆形表示噪声源，三角形表示传感器，菱形表示反射体，正方形表示散射体。图（b）（e）（h）表示用背光成像函数式（6.41）获得的图像。图（c）（f）（i）表示利用光照成像函数式（6.20）获得的图像。

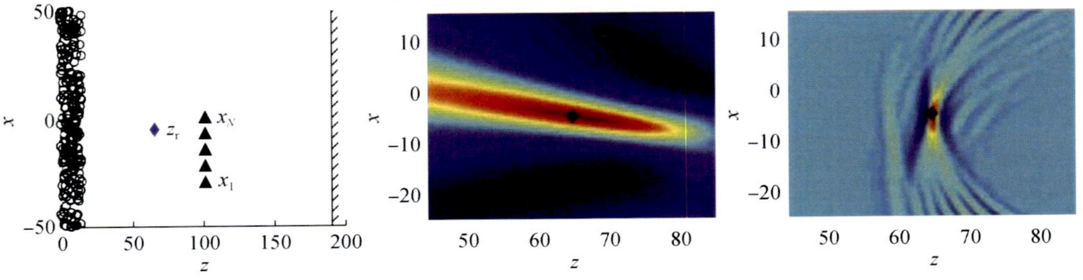

(a) 排列方式　(b) I^B　(c) I^D

图 8.5　在具有反射边界的均匀介质中差分互相关技术被动源成像示意图。排列方式如图（a）所示：圆圈代表噪声源，三角形代表检波器，菱形代表反射体。图（b）显示了使用背光成像函数式（6.41）获得的图像。图（c）显示了利用光照成像函数式（6.20）获得的图像。

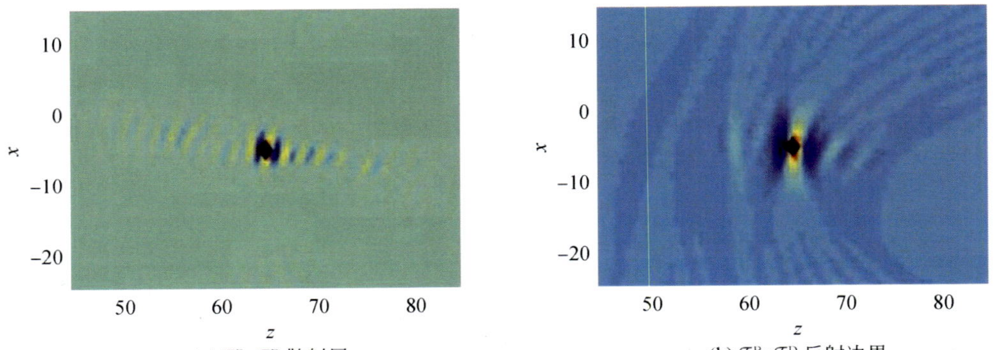

(a) $\mathcal{I}^B\times\mathcal{I}^D$,散射层　(b) $\mathcal{I}^B\times\mathcal{I}^D$,反射边界

图 8.6　背光成像函数式（6.41）与光照成像函数式（6.20）相乘而获得的图像。图（a）对应于图 8.4（a）具有散射层的排列方式，图（b）对应于图 8.5（a）具有反射边界的排列方式。

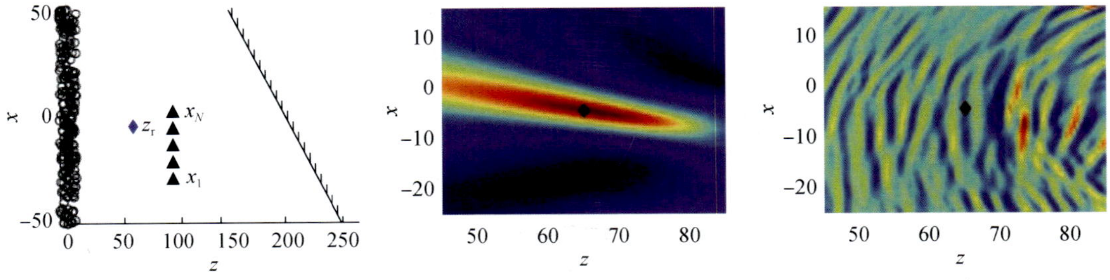

(a)　(b)　(c)

图 8.7　具有倾斜反射界面（倾角 45°）的均匀介质中差分互相关被动检波器成像。排列方式如图（a）所示，背光成像函数（6.41）获得的图像如图（b）所示，光照成像函数（6.20）获得的图像如图（c）所示。

(a) 排列方式　　　　　　　　(b) $\mathcal{I}^B$　　　　　　　　(c) $\mathcal{I}^D$

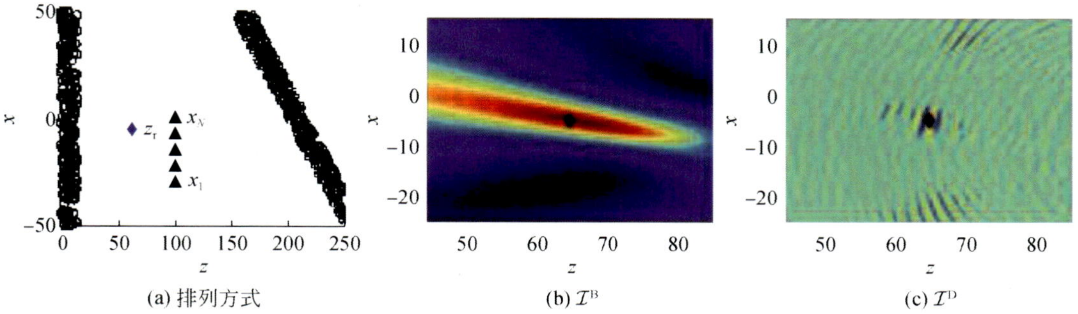

图 8.8　在具有倾斜随机散射层的均匀介质中使用差分互相关技术的被动源成像。排列方式如图
（a）所示。背光成像函数式（6.41）获得的图像如图（b）所示。光照成像函数式（6.20）获得的
图像如图（c）所示。

(a) 由$\Delta C^{(1)}$得到的$\mathcal{I}^B$　　(b) 由$\Delta C^{(1)}$得到的$\mathcal{I}^D$　　(c) 排列方式

(d) 由$\Delta C^{(3)}$得到的$\mathcal{I}^B$　　(e) 由$\Delta C^{(3)}$得到的$\mathcal{I}^D$　　(f) 由$\Delta C^{(3)}$得到的$\mathcal{I}^D$
　　　　　　　　　　　　　　　　　　　　　　　　与$\Delta C^{(1)}$得到的$\mathcal{I}^B$之积

(g) 由$\Delta C^{(4)}$得到的$\mathcal{I}^B$　　(h) 由$\Delta C^{(4)}$得到的$\mathcal{I}^D$　　(i) 由$\Delta C^{(4)}$得到的$\mathcal{I}^D$
　　　　　　　　　　　　　　　　　　　　　　　　与$\Delta C^{(1)}$得到的$\mathcal{I}^B$之积

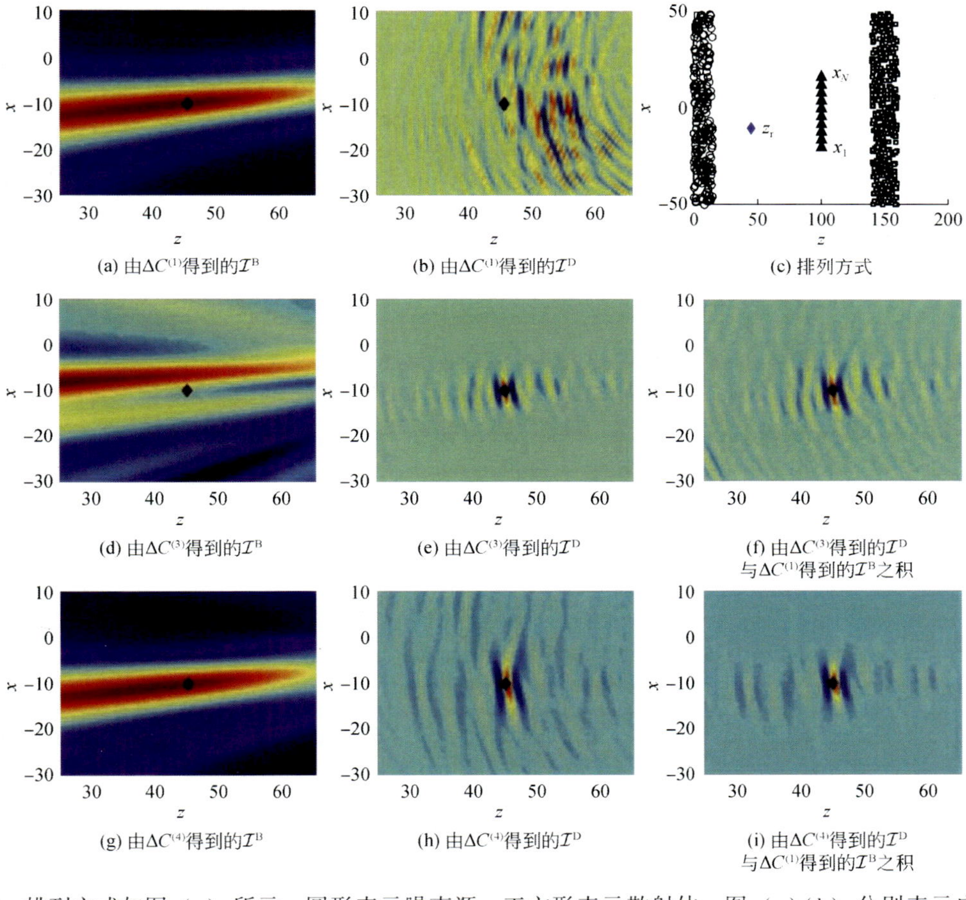

图 8.9　排列方式如图（c）所示：圆形表示噪声源，正方形表示散射体。图（a）(b）分别表示应用差
分互相关 $\Delta C^{(1)}$ 时用背光成像函数式（6.41）和光照成像函数式（6.20）获得的图像。图（d）(e）分别
表示应用差分尾波互相关 $\Delta C^{(3)}$ 时用背光成像函数式（6.41）和光照成像函数式（6.20）获得的图像。
图（f）显示了利用差分尾波互相关 $\Delta C^{(3)}$ 的光照成像函数式（6.20）图像乘以应用差分互相关 $\Delta C^{(1)}$ 的
背光成像函数式（6.41）图像之积。图（g）(h）分别表示应用差分尾波互相关 $\Delta C^{(4)}$ 时用背光成像函数
式（6.41）和光照成像函数式（6.20）获得的图像。图（i）显示了利用差分尾波互相关 $\Delta C^{(4)}$ 的光照成
像函数式（6.20）图像乘以应用差分互相关 $\Delta C^{(1)}$ 的背光成像函数式（6.41）图像之积。

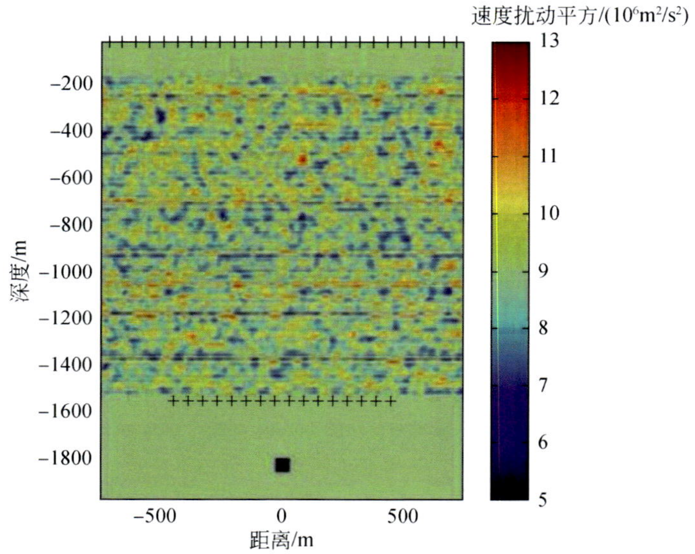

图 10.4　声速扰动成像排列方式。待成像的反射体位于复杂介质的下方，主动源阵列位于表面上，被动源阵列位于复杂结构的下方（Garnier et al.，2015）。

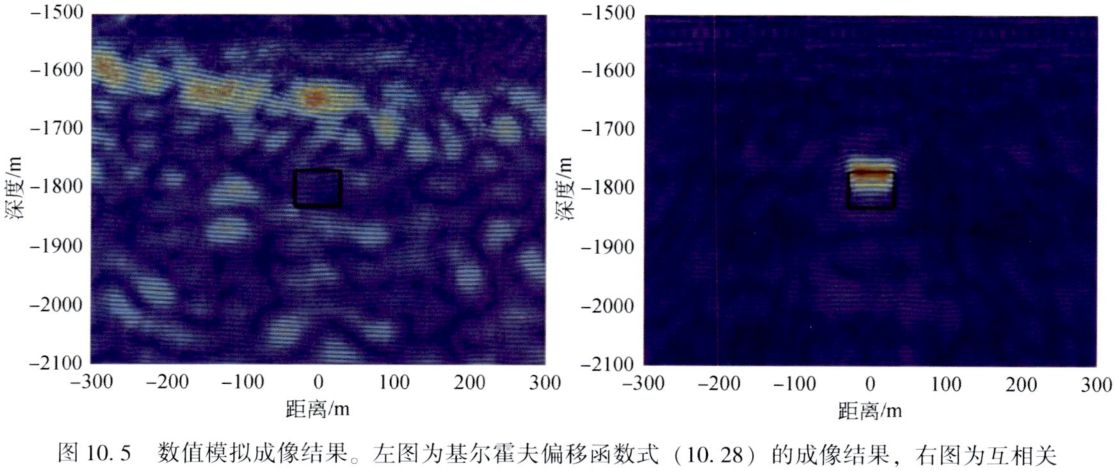

图 10.5　数值模拟成像结果。左图为基尔霍夫偏移函数式（10.28）的成像结果，右图为互相关成像结果（Garnier et al.，2015）。两个图像中心的黑色方框为反射体位置。